U0174390

电容器应用丛书

电解电容器原理与应用

陈之勃　陈永真　编著

机 械 工 业 出 版 社

本书讲解了先进的电解电容器的基本原理与特性，详尽地分析了电解电容器在反激式变换器、正激式变换器、各种桥式变换器、*LLC* 谐振式变换器和功率因数校正（PFC）电路等开关电源变换器中的工作状态和在逆变弧焊电源、变频器、静止无功发生器（SVG）等功率变换器中的工作状态，给出了典型的电解电容器技术数据。

本书适合电解电容器制造工程师，电气、电子工程师，科研人员，电子爱好者，以及高等院校与电容器相关的电类专业学生和教师阅读。

图书在版编目（CIP）数据

电解电容器原理与应用/陈之勃，陈永真编著. —北京：机械工业出版社，2023.4（2023.11 重印）

（电容器应用丛书）

ISBN 978-7-111-72746-0

Ⅰ.①电… Ⅱ.①陈… ②陈… Ⅲ.①电解电容器 Ⅳ.①TM535

中国国家版本馆 CIP 数据核字（2023）第 040046 号

机械工业出版社（北京市百万庄大街 22 号 邮政编码 100037）

策划编辑：林春泉　　责任编辑：周海越

责任校对：樊钟英　李　杉　　封面设计：王　旭

责任印制：单爱军

北京虎彩文化传播有限公司印刷

2023 年 11 月第 1 版第 2 次印刷

184mm×260mm · 18.5 印张 · 457 千字

标准书号：ISBN 978-7-111-72746-0

定价：99.00 元

电话服务	网络服务
客服电话：010－88361066	机　工　官　网：www. cmpbook. com
010－88379833	机　工　官　博：weibo. com/cmp1952
010－68326294	金　　书　　网：www. golden－book. com
封底无防伪标均为盗版	机工教育服务网：www. cmpedu. com

前言

电容器是电子电路不可或缺的元件，在很多电气设备中也能看到电容器的存在。我们的日常生活离不开电子电路，当然也离不开电容器。

电子技术的发展催促着电容器的发展。交流输电方式成为电网唯一的供电方式，而电子电路需要直流电，因此需要将交流电网的供电转换为直流电。交流电的能量函数是时变的，直流电的能量函数是恒定的，在一个交流电周期，交流电的能量与直流电的能量可以相等，如 1000W 交流电和直流电功率在一个工频电源周期的能量为 20J。但是，交流电转换成直流电过程中的瞬时能量是不相等的，破坏了能量守恒定律。如果完成交流电向直流电的转换，需要有一个能量缓冲装置或元件。最简单的能量缓冲装置或元件就是电容器。

由于交流市电仅为 50Hz 或 60Hz，交流电转换为直流电的过程需要很大的电容量来满足缓冲能量的需求，与此同时还要具有经济、体积小的特点，电解电容器应运而生。

时至今日，电子技术无处不在，如各类家电、手机、计算机，甚至照明也进入了电子化。电解电容器也随之进入人们生活的每一个角落，电解电容器的应用场景也越来越多。

对电解电容器性能的要求不再仅仅是早期的电容量、额定电压、漏电流、损耗因数 4 项指标，根据不同的应用场景提出了等效串联电阻（ESR）、纹波电流、工作温度范围、寿命、耐久性等性能需求。进一步的要求有：电解电容器的等效串联电感（ESL）、频率特性曲线、阻抗－频率特性曲线、寿命与温度以及纹波电流的特性曲线、纹波电流的频率折算系数和温度折算系数。因此，电解电容器需要根据不用的应用场景给出合适的性能与价格的最佳折中。

根据应用场景的不同，对电解电容器性能需求也不同。一般用途型电解电容器通常为 85℃/2000h 或 105℃/2000h，如 CD110 系列产品、CD29 系列产品、CD135 系列产品。这个水平的电解电容器对 100kHz 性能没有特殊要求，即便如此，也可以满足大多数对价格敏感的电子电路的要求。对于现在国内电解电容器制造水平，85℃/2000h 产品是电解电容器制造入门级产品，低于这个水平的产品无法进入国内电解电容器应用市场。

开关电源的密闭外壳要求电解电容器具有 105℃/2000h 以上的寿命，如 105℃/6000～10000h。

光伏逆变应用的电解电容器则希望有45℃/20年的寿命。

LED的工作条件恶劣，需要体积小且125℃以上的工作温度和至少3000h寿命的电解电容器。

智能手机充电器要求充电电流至少2A，液态电解电容器无法满足此要求，需要可以承受高纹波电流的固态铝电解电容器，这也是近十年来固态铝电解电容器发展的动力。

实际应用对电解电容器提出如此多的性能要求，需要电解电容器制造工程师清楚实际应用对电解电容器的性能要求。应用工程师需要了解电解电容器的特性，才能造好电解电容器、用好电解电容器。经常会出现因制造不当、应用不当或理解不当出现制造与应用的矛盾。

编写本书就是为了解决这个矛盾，让电解电容器制造商和应用工程师清楚什么样的应用场景对电解电容器有什么样的性能要求，电解电容器需要提供哪些技术数据才够用。

本书在第1~3章介绍了电解电容器的发展历程、基本结构与制造过程，电容器的基础知识和电解电容器需求的原因。

第4~8章详细解析了电解电容器的一般性能和特殊性能。

第9~14章详细讲解了电解电容器在反激式开关电源、各种桥式开关电源、*LLC*谐振式开关电源、功率因数校正电路、变频器、各类逆变弧焊电源等电力电子电路中的电流及电流的频率成分，电路对电容量的需求等。

为了方便读者对电解电容器性能的理解，第15~19章列出了典型的一般用途型电解电容器，高纹波电流、低ESR、长寿命液态电解电容器，固态铝电解电容器和车规级电解电容器的详细数据。

本书未涉及的内容如单相功率因数校正（Power Factor Correction，PFC）与各种电拓扑变换组合后直流母线（DC-Link）工作状态分析、光伏逆变中电容器的工作状态分析、“柔直”电容器工作状态分析、高压变频器功率单元中的直流母线电容器工作状态分析等电解电容器应用领域的内容在《薄膜电容器原理与应用》一书中进行详细讲解。

电容器除了电解电容器外，还有薄膜电容器、陶瓷电容器，与薄膜电容器、陶瓷电容器相关的内容，见后续出版的《薄膜电容器原理与应用》《陶瓷电容器原理与应用》。

电容器失效是电容器应用中不可避免的问题，在实际应用中需要弄清楚电容器失效的原因及解决方法，相关内容可以见后续出版的《电容器失效分析及型式试验》。

本书第1~3、15~19章由陈永真编写，第4~14章由陈之勃编写。全书由陈永真统稿。

本书经历了近十年的准备与撰写，通过与电解电容器制造工程师和应用工程师的技术交流，使编者对电解电容器的认识不断提高，相对于十年前对电解电容器的理解和分析问题的能力得到质的飞跃。在本书写作的近十年历程中，看到了我国电解电容器在数量和质量上的发展与进步。在我国电解电容器专家的不断努力下，开发出性能更优异的电解电容器品种、性能更优异的电解电容器基础材料；在我国电解电容器制造工程师的努力下，制造出更新、性能更优异或更廉价的电解电容器，为客户提供更优质的技术支持和服务；在我国电解电容器设备制造商的努力下，制造出更加节能、品质更好的电解电容器制作设备，为电解电容器制造商提供更优异的服务；我国电解电容器应用（电力电子）工程师对电解电容器的理解不断地加深，更加合理地应用电解电容器、拓展电解电容器的新应用领域。我国电解电容器会有更美好的未来！谨此，对电解电容器研发、制造、应用领域的专家、制造商、工程师表达最崇高的敬意！

编　者

于辽宁工业大学

目录

第4章　电解电容器的基本性能分析 ………………… 31

第5章　电解电容器的新电气性能分析 ………………… 51

第 6 章 高导电聚合物电解电容器性能分析 …… 76

第 7 章 钽电解电容器 …… 95

第8章 电解电容器的自身修复功能……109

第9章 反激式开关电源中电解电容器的工作状态与选型……115

第10章 中大功率开关电源中电解电容器的工作状态与选型 …… 128

第11章 LLC谐振式变换器中电解电容器的工作状态与选型 …… 132

第12章 单相功率因数校正中的电解电容器工作状态分析 …… 138

第13章 逆变弧焊与逆变电阻焊电源 …………………… 150

第14章 变频器与三相SPWM逆变器中电解电容器的工作状态与选型 ………… 165

第 19 章 轴向引线和“皇冠”封装铝电解电容器 …… 278

参考文献 ………………………………………… 282

第1章 电解电容器的发展

1.1 电容器的来源

众所周知，电容器是三大无源元件（电阻、电容、电感）之一，是电气技术领域、电子技术领域不可或缺的元件。但是，在电容器应用的初期，电气技术尚处于黎明前的一丝曙光时，电容器基本无用武之地。因此，最早的电容器除了科学实验、科学研究，就是用来娱乐。

1. 最早的电容器用于娱乐

最早的电容器是“莱顿瓶”，如图 1-1 所示，即在玻璃瓶的内外壁敷上锡箔，形成两个电极。

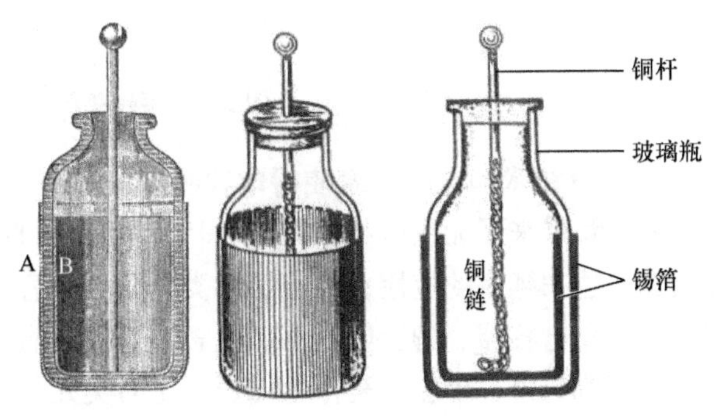

图 1-1 莱顿瓶

1745 年，荷兰莱顿大学的教授 Musschenbroek（1692—1761）在做电学实验时，无意中使一个带了电的铁钉掉进玻璃瓶里，他以为要不了多久，铁钉所带的电就会跑掉，过了一会儿，他想把铁钉取出来，可当他一只手拿起桌上的瓶子，另一只手刚碰到铁钉时，突然感到一种电击式的振动。这到底是铁钉上的电没有跑掉，还是自己的神经太敏感呢？于是，他又照着刚才的做法重复做了几次，而每次的实验结果都和第一次相同，因此他非常高兴地得到一个结论：把带电的物体放在玻璃瓶里，电就不会跑掉，这样就可把电储存起来。

另一本书中是这样记载的：1745 年，荷兰莱顿大学的教授 Musschenbroek（1692—1761）发明了莱顿瓶。他做了这样一个实验：把一支枪管悬在空中，将起电机跟枪管连接，让助手握住玻璃瓶，自己摇起电机，这时他的助手另一只手不小心触及枪管，突然感觉到一次强烈的电击以致喊叫起来。于是他与助手互换位置，助手摇起电机，自己一手握瓶，一手去碰枪管，强烈的电击使他以为：这下我可完蛋了！他的结论是：把带电体放在玻璃瓶内可以把电保存下来，只是当时他不清楚是瓶子还是瓶子里的水起到保存电的作用。

在当时，莱顿瓶仅仅是娱乐工具或玩具。因为在那个年代，电容器还没有用处。

这些电学示范中规模最大的应是 1748 年，法国人诺莱特（1700—1770）在巴黎圣母院外面表演给法国国王路易十五的皇室成员看的 700 人表演。他让 700 个人手拉手排成一行，排头的人用手握住莱顿瓶，排尾的人用手握住莱顿瓶的引线，然后他用起电机让莱顿瓶起电。当摇动起电机的一瞬间，这 700 个人因受电击几乎同时跳起来，如图 1-2 所示，这让在场的人无不目瞪口呆！

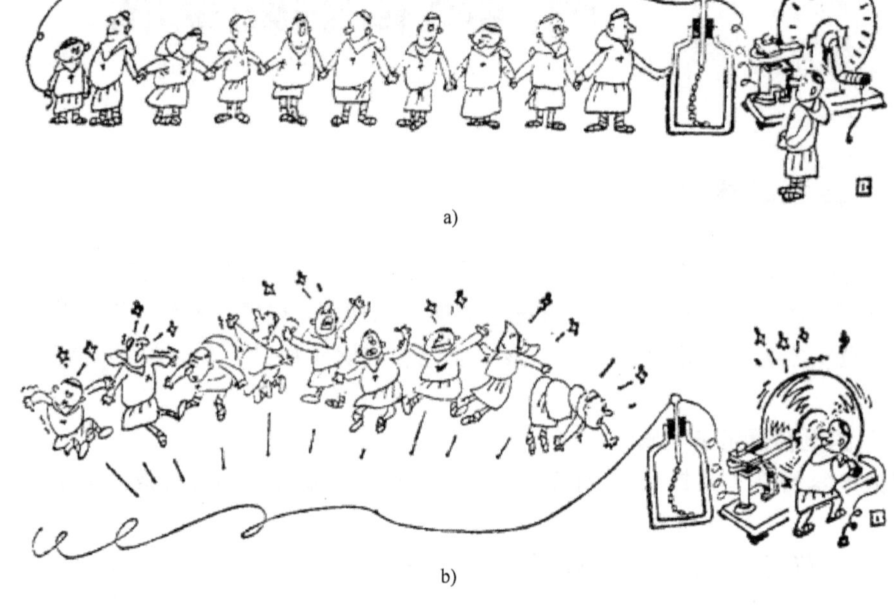

a)

b)

图 1-2 莱顿瓶最早应用于娱乐

2. 电气技术和电子技术使得电容器步入实用

真空管带来了无线电技术革命，1912 年应用真空管实现了实用化的电子电路，电容器开始有了越来越多的应用，出现了各类介质的电容器，如空气电容器、真空电容器、云母电容器、纸介电容器、陶瓷电容器、电解电容器、有机薄膜电容器等。

电容器的第一个应用是作为谐振、定时类元件，常见于最初的无线电发射与接收的电子设备。

电容器的第二个应用是在将工频交流电转换为直流电的过程中对整流后的“直流”电压进行“平滑”使之满足应用需求。在这种状态下，需要比较大的电容量和足够的工作电压。

电容器的第三个应用是作为电源旁路，将电子电路工作时向直流电源索取的交流电流分量旁路，确保电子电路的直流电源质量。

电容器的第四个应用是对交流电网的无功补偿，在现代电力电子技术兴起前，无功补偿电容器产值最高。

对于电解电容器，由于有极性的限制，绝大多数应用于直流电压状态，至少端电压不可反极性。因此，对于上述四个应用中的第二个应用，电解电容器是最佳的选择。第三个应用通常也需要电解电容器。

1.2 电解电容器是时代需要的产物

需求促进科技发展。真空管的出现使人类进入电子时代。特斯拉发明的三相交流发电/输电技术使人类进入电气时代。随着无线电发射、接收设备应用越来越多，应用电池成为极其不经济的选择。将相对廉价、功率相对极大的交流电转换成直流电，成为电子电路的必然选择。完成这一功能的电路单元就是整流滤波电路。尽管这个电路简单，应用了近 100 年的时间，至今仍是无可替代的电路与能量转换形式。

整流电路利用二极管的单向导电特性，保留交流电的正半周电压，并将其负半周电压翻转为正电压极性，获得正弦波电压的“绝对值”。完成将交流电转换为“直流电”的整流功能。

如果不采取措施，整流输出电压将是脉动直流电，如图 1-3 所示。

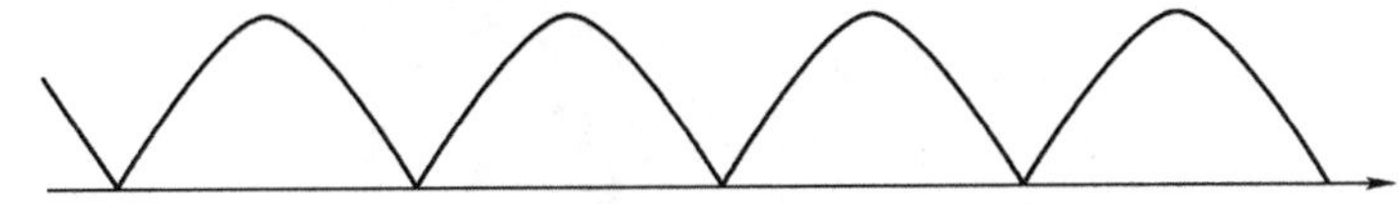

图 1-3 整流输出的脉动直流电压波形

这样的电压波形不能满足电子电路对直流电源的要求。需要将这样的电压波形进行平滑。最简单的办法就是应用电容器的电压不能跃变特性和电压保持特性将脉动很大的直流电平滑成比较平稳的直流电。

对于 50/60Hz 低频交流电来说，要想比较好地平滑整流后的直流电压，就需要较大电容量的电容器。如果选用当时的纸介电容器，则体积必将很大，也很昂贵。这就需要一种仅仅对工作电压和电容量有要求的电容器，也就是后来问世的电解电容器。

在 1912 年首个电子电路问世后，9 年后的 1921 年出现液体铝电解电容器，1938 年前后改进为由多孔纸浸渍导电糊的干式铝电解电容器，1949 年出现液体烧结钽电解电容器，1956 年制成固体烧结钽电解电容器，20 世纪末又出现了固态高分子导电聚合物铝电解电容器。不同形式的电解电容器具有不同的特性来适合不同的需求。

1.3 最初的电解电容器

早期应用的电解电容器是由多孔纸浸渍导电糊的干式铝电解电容器。这样的电解电容器在 20 世纪 50 年代甚至 70 年代的真空管收音机中可以看到。

早期铝电解电容器的封装为纸筒封装、轴向引线，这种封装方式很适合真空管电路的接线架搭接方式，如图 1-4 所示。

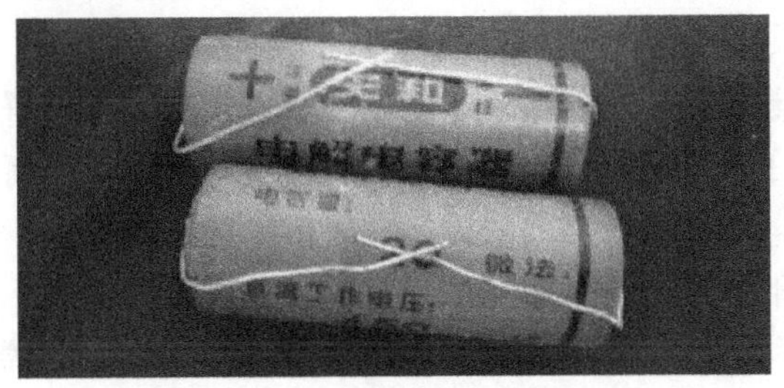

图 1-4 老式纸筒铝电解电容器

在那个时代，铝相对比较昂贵，电解电容器的外壳通常是浸蜡的纸筒，两端用树脂密封。尽管如此，其密封性远不如铝外壳电解电容器。因此经常会看到这类电解电容器用一段时间就会失效，现象是电解液干涸。

铝壳封装的电解电容器外壳为负极，一个引出端为正极，这种封装方式适合于真空管的底台接地方式，可以将外壳直接固定在电子设备的底台上，与汽车蓄电池搭铁类似。其在电流不大时使用，外观如图 1-5 所示。

图 1-5 老式铝壳电解电容器

这期间的电解电容器的正极箔仅采用简单的腐蚀工艺，单位面积铝箔的电容量（以下简称比容）相对很低，制作比较简单，可以应用于不计体积的一般真空管电子电路。

1.4 晶体管电路需要小型电解电容器

电子电路进入晶体管时代后，由于晶体管体积远远小于真空管，因此晶体管电路中的电阻、电容、电感、接插件、开关等均需要小体积。对应的电解电容器必须小型化。

电解电容器小型化需要提高正极箔的比容，因此进入了电腐蚀时代。在那个年代，可以在手持式晶体管收音机中看到小型化的电解电容器，尽管体积比现在的电解电容器大得多，但是比起真空管时代的电解电容器，体积小了许多。

20 世纪 70 年代末、80 年代初，黑白电视机在我国开始流行。小型化电解电容器得到了飞速发展，迅速淘汰了早期与真空管配套的电解电容器。

从 20 世纪 90 年代初开始，彩色电视机开始在我国普及。其耗电从黑白电视机的 20W 左右，提升到 60W。这时，采用线性稳压电源的 12V 直流电供电方式，由于需要笨重的工频变压器和大型的滤波元件不再适合，而由 220V 直接整流滤波的开关型稳压电源供电，这就需要耐压 400V 的高压电解电容器。

最初，我国的电解电容器制造技术还不能制造小型化的高压电解电容器，只能采用国外的电解电容器，相对现在的高压电解电容器，当时彩色电视机用的高压电解电容器还是很贵的。尽管如此，当时的电视机最主要的故障还是电解电容器的失效。由此可见，电解电容器的性能是与时俱进的，不是某一个制造商从一开始就可以达到的。

经过我国研究人员和制造商的不懈努力以及国内通信制造商的鼎力支持，到了 20 世纪 90 年代初我国能够制造出适合于彩色电视机的高压电解电容器。再后来，可以制造出 85℃/2000h 的高压电解电容器。大约在 2005 年，国内电解电容器制造最低门槛为 85℃/2000h 或 105℃/2000h，即通用型电解电容器或者一般用途的电解电容器。

随着新型电子电路的不断出现，要求电解电容器的体积不断缩小。例如，真空管时代的 1000μF/50V 电解电容器，尺寸为 ϕ35mm × 60mm，电极为焊片式引出方式，而现在的电解电容器引线式结构，尺寸为 ϕ12.5mm × 25mm。

1.5 电解电容器封装形式的变化

在电解电容器改进的过程中，电解电容器的封装形式也发生了变化。小型电解电容器从过去的蜡管封装和负极为铝壳、正极为焊片的封装方式变成现在的轴向引线方式，如图1-6所示。

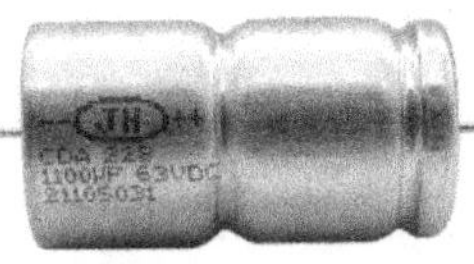

图1-6　轴向引线式小型电解电容器

这种封装形式的优点是安装牢固，大多在欧美电子电路中应用，缺点是制造过程相对麻烦，成本相对较高。

随着电子电路的商业化，作为商业竞争，要求电子电路中的每一个元器件的成本要尽可能的低，日本则采用了同侧引线方式，如图1-7所示。

图1-7　同侧引线式电解电容器

同侧引线式电解电容器便于机械化大批量生产，生产成本低，同时还可以减小电解电容器占用电路板的面积，有利于减小电子电路的体积。在小型电解电容器封装竞争过程中，同侧引线式电解电容器战胜了轴向引线式电解电容器。国产小型电解电容器多为同侧引线方式。

与此同时，电容器的体积在不断地减小。例如10μF/400V电解电容器，蜡管封装时尺寸大概需要ϕ25mm×60mm（不包括引线），20年前，同规格的同侧引线式电解电容器尺寸约为ϕ12.5mm×20mm，现在则仅仅需要ϕ10mm×16mm，甚至小尺寸的可以达到ϕ8mm×16mm或ϕ10mm×12.5mm。

大电容量电解电容器仅靠两个引线固定显得不可靠，需要更坚固的固定方式。早期的大电容量电解电容器为焊片式，采用卡子固定方式。对于晶体管电子电路和集成电路，这种安装方式不适合，需要更简单的安装方式，最好是直接焊接在电路板上，并且用焊接的引脚将电解电容器固定，这需要比较结实的引脚。最常见的就是“牛角”型电解电容器。这种电解电容器引出线为同侧比较粗的引脚，为了波峰焊条件下能牢固地固定在电路板上，引脚为弯曲形状，以勾在电路板的焊孔里不至于脱落。这种引脚很像牛角，故称为“牛角”型电解电容器，如图1-8所示。

图1-8　“牛角”型电解电容器

电解电容器体积更大时，两只插脚的机械强度显得不够，需要用四只插脚或五只插脚固定，如图1-9a、图1-9b所示。

通常，由于电解电容器仅仅需要两只引脚作为电极，四插脚的“牛角”型电解电容器有两只插脚是内部不连接正极和负极。但是由于电解电容器内部电解液的存在，没有内部连接的插脚可以认为与负极等电位，但是不能作为电极承受电流。

现在“牛角”型电解电容器最大可以做到2200μF/400V。大型“牛角”型电解电容器

a) 四只插脚

b) 五只插脚

图 1-9 多插脚的电解电容器

相对于螺栓式电解电容器便宜得多。

大型“牛角”型电解电容器除了选用四插脚方式外，近年来还出现了新型的插片式电解电容器，由于插片的机械强度远大于插脚，且两只插片以 90°垂直方向安装，可以获得比四插脚的电解电容器更坚固的安装强度。插片式电解电容器如图 1-10 所示。

电容量继续增大，“牛角”型电解电容器的引脚无法可靠地固定电解电容器时，需要更坚固、可以通过更大电流的封装形式，这就是螺栓式电解电容器，如图 1-11 所示。

图 1-10 插片式电解电容器

螺栓式电解电容器的固定通常不适用电极的螺栓，而是用卡子，所以比较著名的电解电容器制造商会将卡子与电解电容器一同出售。螺栓式电解电容器甚至可以做到 10mF/450V 或 3F/16V，尺寸可以做到直径约 100mm，高度近 250mm。如果需要更大的电解电容器就需要采用多只并联方式，至少现在是这样。

电子元件装配进入贴片化后，要求电解电容器也要满足贴片的要求，贴片式封装的电解电容器应运而生，如图 1-12 所示。

图 1-11 螺栓式电解电容器

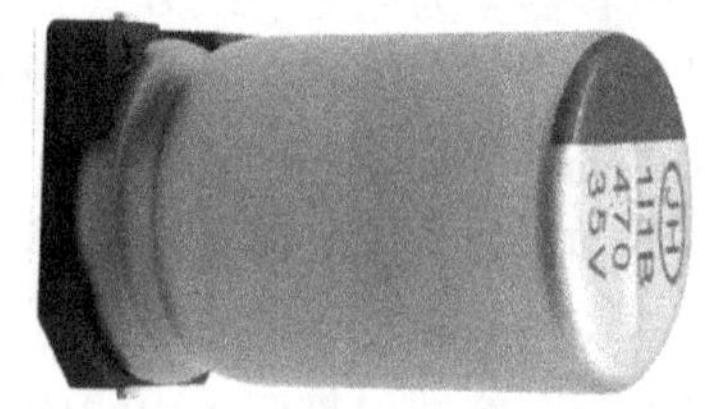

图 1-12 贴片式封装的电解电容器

上述电解电容器均为卷绕而成，存在较大寄生电感，而叠片形式（即 MLCC 或贴片式钽电解电容器的封装形式）的电容器具有很低的寄生电感，为了减小电解电容器的寄生电感，提高电解电容器的频率性能，要求电容器采用贴片式钽电解电容器的封装形式。叠片式电解电容器如图 1-13 所示。

图 1-13 叠片式电解电容器

电解电容器封装也决定了电解电容器可以承受的电流能力。例如，引线式电解电容器每个电极只有一个导针，而“牛角”型电解电容器每个电极至少有两个导流条，螺栓式电解电容器每个电极根据流过的电流，可以有更多的导流条。

很显然，每个电极仅有一个导针时，对应的载流能力相对最小。“牛角”型电解电容器至少有两个导流条，载流能力肯定比仅有一个导针的大，而更多的导流条会成倍地增加载流能力。

可以相信，如果将来的电解电容器需要更高的载流能力，必然会出现具有更高载流能力的电极导流方式和全新的封装形式。

1.6　电解液的革新

早期的电解液主要成分是硼酸，相对来说电阻率比较大，不需要考虑闪火电压问题。由于正极箔的比容很低，需要很大的铝箔才能得到需要的电容量。因此，电解液与铝箔的接触面积相对很大，从客观上基本抵消了电解液电阻率高的问题。

由于早期电解电容器的体积比较大，散热能力也比较好，加上当时的电子电路产生的纹波电流相对比较小，因此发热的温升比较低，用时无须考虑散热问题；由于整流变压器的存在，整流滤波产生的纹波电流也小于现在220V直接整流产生的100Hz纹波电流。

早期电解电容器的最高工作温度仅为55℃。随着电解电容器体积的大大减小，铝箔面积大大减小，电解液接触滤波的面积也大大减小。与此同时，需要电解电容器能承受的电流越来越大，原来的高电阻率电解液已不能适应新的需求，需要尽可能地降低电阻率。与此同时，根据应用需求，还要拓宽电解电容器的应用温度。

现在的电解液，溶剂采用乙二醇，再根据不同的应用需求，加入需要的添加剂。

随着电解电容器的工作温度升高到125℃甚至是130℃以上，高压电解电容器的电解液的溶剂改为乙二醇+二甘醇，对于需要满足-55℃的低压电解电容器，其电解液的溶剂需要用γ-丁内酯。

1.7　加强安全性的强制措施

随着电解电容器小型化的需求，同时纹波电流远高于早期电解电容器，早期电解电容器的高电阻率的导电糊膏被电阻率低的电解液替代。当电解电容器严重过电流或漏电流过大，就会使电解电容器过热导致其内压增高，最终可能产生电解电容器外壳爆破射出的危险现象。为了避免这种现象，需要在电解电容器外壳、盖板、胶塞上设置泄压装置，即防爆阀。

图1-14　引线式电解电容器的防爆阀

引线式电解电容器一般立于电路板上，胶塞面对电路板，为了防止电解液泄漏到电路板上和防爆阀准确地泄压，引线式电解电容器的防爆阀通常设置在铝壳的顶端，如图1-14所示。

对于小直径引线式电解电容器，由于壳内体积有限，所产生的气体一般只能将铝外壳与胶塞分离。随着电解电容器直径的增加，异常状态时将产生较高气压，将铝外壳高速射出，产生危险。因此，直径大于或等于8mm的电解电容器外壳必须设置防爆阀。

用刻痕降低被刻部分的强度，当电解电容器内压超过安全值时，电解电容器外壳内部气体冲破防爆阀，产生凸底现象，如图1-15所示。当引线式电解电容器在上电过程中产生内爆时，电容器的防爆阀被顶开，不再仅仅是凸底。通常在防爆阀的划痕处炸开，将高压气体和部分电解液爆出，通常称为“爆浆”，如图1-16所示。

图1-15　引线式电解电容器内压升高导致的凸底现象

图1-16　引线式电解电容器爆浆

“牛角”型电解电容器的引脚焊接在电路板上，通常引脚在下面，因此“牛角”型电解电容器的防爆阀与引线式电解电容器的防爆阀类似，设置于铝壳的顶端，如图1-17所示。也有体积较大的“牛角”型电解电容器采用侧划痕的防爆阀设计，原理与铝外壳顶部划痕相同，这里不再赘述。

螺栓式电解电容器通常用钢卡将电解电容器固定，作为电极的螺栓，一般是向上的，因此螺栓式电解电容器的防爆阀设置在盖板上，如图1-18所示。

图1-17　“牛角”型电解电容器的防爆阀

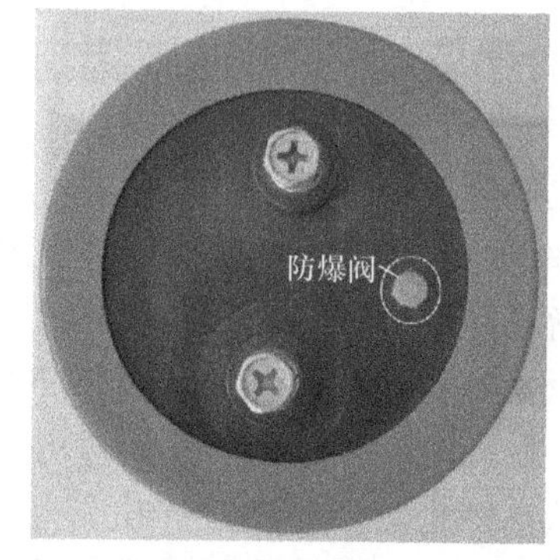

图1-18　螺栓式电解电容器的防爆阀

引线式电解电容器、“牛角”型电解电容器、螺栓式电解电容器的防爆阀极限压力一般设置为0.25MPa，即约2.5个大气压。“牛角”型电解电容器或螺栓式电解电容器出现内爆现象时，通常是防爆阀打开泄压，但是个别的电解电容器防爆阀可能存在瑕疵，造成防爆阀没来得及打开外壳就爆炸了，如图1-19所示。

固态电解电容器由于不存在产生气体问题，所以不需要设置防爆阀。但是，固态电解电容器在极端条件下也会出现将铝外壳炸飞的现象，其原因可能是在极端情况下，由于固态电解电容器没有氧化膜修复能力，一旦正极箔瑕疵点被击穿，就会出现固态铝电解电容器短路

图 1-19　防爆阀没打开的内爆

现象。流过远高于纹波电流承受能力的极度过电流，造成极度的发热，使高导电聚合物汽化，在固态电解电容器内部产生高压，是固态电解电容器爆炸的原因。

1.8 开关电源让电解电容器飞速发展

计算机小型化体积变小，同时运算能力也快速提高，导致耗电大大增加，需要能提供 50A 甚至 100A 电流能力的电源，这时工频变压器、线性稳压电路就不再适用。要想解决这个问题，首先要将 50Hz 工频变压器用 20kHz 以上的变压器替代，稳压方式也要通过 PWM 方式的开关型功率变换实现。

开关电源出现以前，程控交换电源采用工频变压器加晶闸管相控稳压、稳流电路。由于工频变压器和工频滤波电路体积很大，当程控交换电源输出电流超过 100A 甚至 1000A 时，工频供电技术需要付出很大代价才能实现。采用开关电源解决方案可以很好地解决体积大、效率低、成本高的问题。

开关电源中需要高压电解电容器，如果安装在电路板上，要求电压高且电容量较大，则选用“牛角”型电解电容器，而输出部分往往采用引线式电解电容器。

开关电源需要的高压电解电容器应能承受比早期电解电容器高很多的纹波电流，在选择电解电容器时甚至会出现纹波电流决定电容器电容量的现象。输出端的电解电容器需要考虑滤除纹波电流能力、滤波效果，电容量往往不是首先考虑的因素。

彩色电视机均采用开关电源供电，无论是内置电源还是适配器，都是开关电源供电模式。伴随计算机、显示器的广泛使用，同样需要内置的开关电源。

不同的电路结构、控制模式、电路工作状态影响着电解电容器的工作状态，甚至影响电解电容器的寿命。

可以说，开关电源的普及应用推动了电解电容器产业的发展，同时使中小型电解电容器性能得到了极大的提升。

1.9 电源适配器需要的电解电容器

电子设备如笔记本计算机、手机充电器、无处不在的电源适配器大量应用，这些应用对电解电容器的需求量极大，每年需要数十亿只电解电容器。与此同时，对电解电容器的性能提出了越来越高的要求。

每台笔记本计算机寿命期至少要配置一个以上的电源适配器。电源适配器中不仅需要高压电解电容器，也需要低压电解电容器，每年用量在亿只以上。笔记本计算机内部的 DC/DC 变换器、主板电路均需要大量的电解电容器、高频低阻电解电容器或固态电解电容器。

电源适配器中还有手机充电器，每年手机充电器需求量保守估计在 20 亿个。手机充电器中不仅需要高压电解电容器，还需要低压电解电容器。手机充电器对电解电容器的需求量之大成为现在电解电容器产能不可忽视的一部分。

开关电源类产品催生了“牛角”型电解电容器，催生了输出滤波用的“高频低阻”电解电容器，甚至催生了固态电解电容器和叠片式电解电容器。手机充电器的低压电解电容器成就了固态电解电容器。因手机充电器，特别是快速充电器的大量需求，甚至产生过固态电解电容器产能跟不上需求的特殊现象。

1.10 变频器、新型能源与智能电网强有力地助推大型电解电容器的发展

1. 变频器给了电解电容器第二次飞速发展的机会

20 世纪 80 年代起，电动机调速开始从直流电动机调速逐渐被交流调速替代。交流调速最有效的方法就是改变提供给交流电动机电源的频率，而工频交流电网的频率是不变的，改变频率大多采用变频器。随着电力晶体管、绝缘栅双极晶体管的应用，变频器得以普及应用。

在变频器中需要大型电解电容器，例如 15kW 变频器需要两只 3900μF/400V 电解电容器串联应用，对应地，30kW 变频器则需要四只 3900μF/400V 电解电容器两并、两串应用。这些电解电容器都是大型螺栓式电解电容器。相对而言，做十只或者数十只“牛角”型电解电容器的产值才能与一只螺栓式电解电容器相比，而引线式电解电容器则需要成百上千只才能达到相近的产值。

由此可见，变频器应用得越来越多，对电解电容器的需求之大，成就了大型电解电容器产业的发展。

2. 新能源与智能电网

新能源主要有风能、太阳能、生物质能等。风能的最常见利用形式为风力发电，大功率的风力发电电压高，主要应用薄膜电容器。

由于光伏电池的绝缘等级限制，母线峰值电压不超过 1000V，还是 50Hz 逆变，因此电解电容器成为光伏逆变的主要电容器，特别是单相光伏逆变，电解电容器是唯一的选择。

电动汽车的迅猛发展给电解电容器带来新的应用领域。首先，电动汽车车载充电器需要大量的高压电解电容器，至少需要配置 3000μF 总电容量的 450V 电解电容器。每台单相供电充电桩也需要不少于电动汽车车载充电器的电解电容器，大功率充电桩则需要更多的高压电解电容器或薄膜电容器。因此，电动汽车是现在和未来电解电容器的一大应用领域。

我国电网进入了柔性输电和智能电网时代，需要大量的静止无功发生器（Static Var Generator，SVG）和有源滤波器（Active Power Filter，APF），而低压侧（0.4kV）SVG 和 APF 需要高可靠性高压电解电容器。

1.11　电子照明给了电解电容器第三次飞速发展的机会

1. 节能灯需要的电解电容器

20 年前，节能灯以其节电、使用方便开始大量应用，最高峰时年产量数十亿只相应地也需要数十亿只电解电容器，这使得节能灯电解电容器成为电解电容器的一大亮点，国内很多电解电容器制造商依靠节能灯电解电容器起家和发展，甚至成为目前国内产值最高的电解电容器制造商。

由于节能灯的特殊工作环境和应用特点，要求节能灯电解电容器具有耐高温和寿命长的特点。这个需求推动了 105℃/10000h 和 125℃甚至 140℃工作温度产品的问世，使电解电容器的最高工作温度和寿命得到了极大的提高。在国内，性能最低的电解电容器也要 85℃/2000h，这使得开关电源中的电解电容器不再受寿命短的困扰。甚至可以说，只要电解电容器选择得当，它不再是电子电路可靠性的短板。

节能灯电解电容器的另一个特点就是要承受高纹波电流，需要提供 3W/μF 甚至 5W/μF（单位电容量可以支撑的输出功率）的能力。单位输出功率对应的纹波电流能力要达到：工频纹波电流约 6mA/W，高频纹波电流约 9mA/W，折合到 100Hz 的总有效值约为 7.5mA/W，对应 22.5mA/μF，至少为 20mA/μF。对于电解电容器来说，在超高纹波电流的性能要求条件下还要满足 105℃/10000h 的温度与寿命要求。

因此，无论在产量还是性能上，节能灯电解电容器让小型高压电解电容器飞速发展。

2. LED 照明需要的电解电容器

近年来，LED 照明开始代替节能灯，LED 球泡可以直接拧进 E27 型通用灯口以及特殊型号的灯口中，同时希望驱动电路越小越好。因此铝散热器是外露的，要求原来的铝散热器外壳驱动电路必须是隔离型的，LED 灯珠（单体 LED）多为 3～10 个，电流为 0.33A，输出电解电容器需要流过约 400mA 的纹波电流。输出滤波电容器需要 220μF 以上的电容量，因此只能选择电解电容器；由于输入整流是单相工频整流滤波，即使带有功率因数校正（PFC），也需要较大电容量的滤波电容器，高压电解电容器必将成为唯一选择。

如果 LED 灯珠及其散热器可以与外界电气隔离，就可以应用效率更高的非隔离型驱动器。即便如此，输入整流滤波电解电容器和输出整流滤波电容器也必不可少，且需要大电容量。

为了简化驱动电路，如果电路设计合理，甚至可以采用线性驱动电路，但仍需输入整流滤波电解电容器，只是仅需要一只高压电解电容器。也可以采用电容降压方式的驱动电路，其中也要求有一只电解电容器。

LED 照明几乎替代了荧光灯/节能灯照明和白炽灯照明，也部分替代了高强度气体放电（HID）灯照明。因此每年市场需要数十亿只 LED 驱动器，也就需要数十亿只电解电容器。

由于大多数 LED 驱动器的工作环境很恶劣，主要是高温环境，这就要求电解电容器不仅要体积小，还要在高温和高纹波电流条件下能长期工作。因此，高压电解电容器的性能在节能灯电解电容器基础上再次得到提升。

为了降低 LED 驱动器成本，LED 驱动器制造商对高压电解电容器提出了更高的技术要求，但这些要求电解电容器制造商无法满足。也许在不远的将来，我国会像攻克节能灯电解电容器那样，攻克这一难关，走在世界前列。

1.12 手机充电器推动了固态电解电容器的发展

1. 电解电容器的应用问题

1）相对其他电容器，传统的观念认为电解电容器的寿命短，现在寿命最长的电解电容器可以达到105℃/16000h，与薄膜电容器号称的100000h相差很多。

2）等效串联电阻较大，导致电解电容器可以承受的纹波电流有限，使其不得不选择增大电容量的方式满足应用。

第一个问题，在实际应用中已经不再制约电解电容器，而第二个问题越来越严重。对于应用者，是否有可以替代它的其他介质电容器？事实上几乎没有！低压、大电容量薄膜电容器体积很大，也很昂贵；性能好的陶瓷电容器很难做到100μF以上；钽电解电容器同样存在纹波电流能力不足的问题，而且价格较高。

实际上，电解电容器最大的问题在于，电解液的电导率低，如果能将电导率提升一个数量级甚至两个数量级，则电解电容器承受纹波电流的能力将成倍地增加。

用电导率高的高分子导电聚合物替代常规的电解液制成固态电解电容器，可以获得高纹波电流能力，如330μF/16V固态电解电容器，具有接近5A的纹波电流能力，而相同规格的高频低阻电解电容器，纹波电流能力也不会超过0.4A！巨大的纹波电流能力得益于超低的等效串联电阻（Equivalent Series Resistance，ESR），例如330μF/16V固态电解电容器的ESR最大值为10mΩ，纹波电流能力为7.7A（引自常州洲宇电子的ZE系列数据），而同规格即使是最好的高频低阻电解电容器，ESR也要0.22Ω，纹波电流能力为0.4A（引自RUBYCON的YXJ系列数据）。

2. 固态电解电容器应用需求的起因

20世纪80年代中后期，台式计算机进入了奔腾时代，CPU主频从MHz很快地上升到GHz以上，CPU电流也攀升到数十安培，对应的主板电源旁路电容器中的纹波电流上升到2A甚至更高，与此同时，台式计算机显卡的电源旁路电容器电流也超过了1A，这就使得普通电解电容器无法适应，尽管后来出现了高频低阻电解电容器，在纹波电流和温度方面还是显得力不从心，从而导致其早期失效。例如戴尔计算机主板电解电容器爆浆事件，甚至好多计算机使用几年后出现卡顿以至于无法工作的现象，但更换主板电解电容器后可恢复，也可以在每个电解电容器处并联两个10μF的MLCC（叠片式陶瓷电容器）就可以了。

固态电解电容器就是在这种应用需求下应运而生的。从前面的数据看，固态电解电容器可承受纹波电流能力是高频低阻电解电容器的10倍，可以很好地解决计算机主板、显卡等高频、高纹波电流应用的电源旁路问题。

随着固态电解电容器的国产化，其价格仅约为相同规格高频低阻电解电容器的3倍，在实际应用时具有很强的竞争力。

3. 固态电解电容器的延伸应用

如果固态电解电容器仅仅用于计算机领域，其应用量还不很大，价格也不会下降到今天的水平。

第四代智能手机的大量应用从而需要大量的充电器，第四代手机电池明显大于第二代、第三代手机，充电电流从0.3～0.5A上升至2A，快速充电器甚至可以达到4A！对应的充电器输出滤波电容器流过的纹波电流从二代和三代手机充电器的约 0.5A 上升到第四代智能手机的 1.2A、2.4A 或快速充电器的 4.8A。即便是 1.2A，一般 1000μF/10V 电解电容器也是过电流状态，尤其是手机充电器中的电解电容器。要使手机充电器的体积尽可能的小，就需要输出电解电容器的体积越小越好，对于能够承受 2.5A 纹波电流能力的液态电解电容器是绝对无法办到的。

由于固态电解电容器的碳箔负极具有非常高的比容，使固态铝电解电容器的体积明显减小，甚至比相同额定电压、电容量的液态铝电解电容器的体积还小。因此，它成为手机充电器在保证性能的前提下，体积大大缩小的原因之一。

在 4A 输出状态下，选用两只 820μF/10V 固态电解电容器并联可以承受 12A 的纹波电流。

实际上，用一只固态电解电容器就可以满足手机充电器输出 2A 电流，而高频低阻电解电容器则是不可想象的。

固态电解电容器还可以用在开关电源中。比较极端的情况是将所有低压高频低阻电解电容器用固态电解电容器替代，选用高频低阻电解电容器 1/3 的电容量，保持与高频低阻电解电容器相同的成本，获得更优异的滤波特性；保守一些可以用固态电解电容器替代一般高频低阻电解电容器，简化环路补偿。所花费的成本相同，但获得的性能比全部用高频低阻电解电容器更好。

通信设备中，很多电路板单元不仅需要比较大的供电电流，而且负载所产生的纹波电流很大，如果仅仅选用陶瓷电容器，电容量不足，如果仅仅选用高频低阻电解电容器，纹波电流能力明显不足，选用固态电解电容器则可以很好地解决这个问题。

随着电子电路产生的纹波电流越来越大，高纹波电流电源旁路、整流滤波变得不可避免。固态电解电容器将是最好的选择之一。

1.13 钽电解电容器

电解液作为负极的铝电解电容器总是存在寿命问题、性能随温度变化、漏电流、可承受纹波电流小等问题。在应用领域特别是军工领域等高可靠应用领域，铝电解电容器显得有些力不从心。于是产生新的替代想法。电解电容器最大的特点就是电容量大。除了铝以外所有的“阀金属”在理论上都可以做成电解电容器，而铝电解电容器则是第一个可以实用的电解电容器。所谓的“阀金属”就是通过电化成方式获得稳定氧化膜介质的金属。

在铝电解电容器之后，钽电解电容器问世。由于钽电解电容器的氧化钽介质薄膜的化学性质和制造方法与铝电解电容器不同，因此不存在铝电解电容器中的氧化铝膜被氯离子腐蚀或与其他金属产生电化学反应等问题。因此，钽电解电容器的性能相对铝电解电容器稳定。

钽是一种比较硬的金属，延展性不好，因此无法像铝电解电容器那样轧制成钽箔，也由于钽的化学性质相对铝非常稳定，不适合用电化成方式获得氧化钽膜，使得钽电解电容器的问世远远落后于铝电解电容器。

在有限的面积或体积下获得尽可能大的表面积，除了轧制成箔、使表面凹凸不平的腐蚀箔以外，还可以像泡沫塑料那样制成多孔化材料。钽电解电容器就是基于这个思路制成的。将压制成型的钽粉烧结成多孔化的钽块，再将多孔化钽块所有的表面“氧化”获得致密的氧化钽膜，形成钽电解电容器的正极和介质膜。

将负极与氧化钽膜紧密地接触最简单的办法就是用液态负极，因此最早的钽电解电容器就是液态钽电解电容器，问世于1949年。液态负极应用起来还是不方便，人们总是希望固态负极的钽电解电容器，设法将二氧化锰进入化成好的钽块内部每一个空洞中，再用石墨或银等将负极引出，就可以制成固态钽电解电容器。1956年，固体烧结钽电解电容器问世。固态钽电解电容器问世使我们在电路板上经常看到贴片装配的钽电解电容器或插件的钽电解电容器。

尽管钽电解电容器有着许多铝电解电容器的优点，但是铝电解电容器还是占据着大多数的电解电容器应用领域，甚至军工电容器中也有铝电解电容器。这说明钽电解电容器也有明显缺点：其一，钽是稀土金属，价格昂贵，而地壳丰度最高的铝很容易得到；其二，钽电解电容器无法制成高压电容器，因此在高压应用中不得不用铝电解电容器。而且随着新型电容器的问世和廉价化，使得钽电解电容器的应用越来越少。

钽电解电容器也有特殊的优势，如选择合适的电解液，可以做出在230℃高温下工作的电解电容器。在这个温度下除了聚四氟电容器外，铝电解电容器与绝大多数薄膜电容器和陶瓷电容器无法做到。

1.14 钛电解电容器与“铁电解电容器”的无奈

在阀金属中还有铌、铁、钛等，铌电解电容器与钽电解电容器类似，不再赘述。由于铁比较活泼，其氧化层很容易被酸性或碱性液体改变化学性质，因此无法实现铁电解电容器。

金红石态的氧化钛具有特别高的介电系数，高达140！其介电强度接近于氧化铝。若能将金红石态氧化钛作为介质膜，可以使相同体积的电解电容器电容量提高数十倍，甚至可以做出电池级电解电容器，如果能实现，必将替代现在的蓄电池！因为单体耐压可以做到数百伏，而现有的蓄电池单体最高电压仅为4V，在电动汽车、智能电网领域至少需要数百伏电压。如果应用蓄电池就需要数百节单体电池串联，可靠性会大大下降。

非常遗憾的是，钛电解电容器无法实现，原因是氧化钛是疏松的状态，无法实现致密的氧化钛将正极的金属钛与负极的电解液隔绝，会导致严重的漏电，从而无法应用。

即便如此，钛在电容器领域还可大显身手，如钛酸钡材料成为陶瓷电容器的基础材料。

1.15 革新的制造工艺引领电解电容器性能的提高

1. 电解电容器从信息电子技术走入电力电子技术

电力电子技术经历了电子管的无线电和工业电子学时代、变流机组时代、晶闸管的经典电力电子技术时代、以开关电源为标志的现代电力电子技术时代和即将开始的以宽禁带功率半导体器件引领的射频电力电子技术时代。

在无线电时代，电解电容器为适应廉价要求和铝资源的匮乏，采用纸筒封装。在现在看来，这种封装是一个很大的尺寸，但是可以适应体积很大的电子管电路的应用要求；到了晶体管时代，由于晶体管体积远小于电子管，也对其他电子元器件产生的小体积需求，电解电容器也不例外，因此小体积电解电容器应运而生；对于大功率变换器如交流机组和晶闸管而言，似乎与电解电容器无缘，因此该时期对高压大电容量电解电容器并无需求。

开关电源的问世标志着电力电子技术进入了现代电力电子技术时代，电能转换不再依靠变流机组、电子管变流器、晶闸管变流器。

由于电力半导体器件不再像晶闸管、二极管那样只能靠正极反向电压关断，而是可以用控制极信号关断，使电力电子电路的控制模式和工作状态发生了本质性变化，从电流源功率变换器变为电压源功率变换器，而且随时随地可以关断电力半导体器件。这时，直流母线需要具有良好的“全频段”低阻抗特性，而直流电源不具备这个特性，需要在直流母线并联电容量较大的电容器。如变频空调、电视机、变频器、逆变弧焊电源、光伏逆变、电动机驱动器、电动汽车车载充电器、充电桩、智能电网的 SVG 等需要中、大型电解电容器，甚至电子照明同样需要大量的电解电容器。

现代电力电子技术时代需要电解电容器具有能够承受越来越高的电流有效值、良好的高频特性、更小的体积、更长的寿命和更高的工作温度的特点。现在的电解电容器似乎可以满足现在电力电子电路对电解电容器性能的要求。

2. 射频电力电子技术对电解电容器提出更高的要求

随着宽禁带电力半导体器件的实用化，电力电子电路的开关频率至少要提高一个数量级，中小电解电容器需要满足开关频率 500kHz 的需求，并在 1MHz 时具有良好的低阻抗特性，要求电解电容器不仅具有更高的电流耐受能力和小体积，最关键的是要设法降低电解电容器的寄生电感，而且要降低一个数量级甚至两个数量级，现有的制造方式将不再满足要求。如果电解电容器不能适应这一技术要求，电解电容器在射频电力电子技术领域将处于辅助其他电容器的地位。

射频电力电子技术用电解电容器不仅仅是体积更小的电解电容器，而且是具有更低寄生电感、可以承受更高纹波电流、可以耐受更高温度的电解电容器。

3. 电解电容器的未来

电解电容器的发展也将遵循奥林匹克格言“更快、更高、更强”，更快就是要具有更低的寄生电感，更高则是具有更高的电流耐受能力，更强则是适应各种严酷工作条件的冲击。

如现在的固态铝电解电容器，可以将相同耐压电解电容器的单位电容量的耐电流能力提高一个甚至两个数量级；通过负极延伸电解电容器中心部位强迫冷却，提高耐电流能力；通过叠片式制造技术消除卷绕式固有的卷绕寄生电感，只剩下物理长度的寄生电感；通过二次甚至多次含浸、老化，基本消除液态电解电容器老化不良的固有瑕疵。

未来甚至可以借鉴穿心电容器理论实现“穿心电解电容器”，进一步削弱由于物理长度产生的寄生电感；可以借鉴薄膜电容器的无感制造技术，实现卷绕芯子的“无感”化；将钉卷后的芯子进行正极箔“化成”，再含浸电解液，极大地减小了老化过程产气量和由于老化不良产生的漏电流引起的凸底甚至内爆现象。这有利于提高电解电容器的可靠性和运行寿命，大大地减小电解电容器的失效率。

如果能设法将电解电容器的比容提高一个数量级，则可以实现高压（如 400V 甚至更高）的超级铝电解电容器，替代现有耐压仅仅 2.7V 的双电层超级电容器，极大地提高超级电容器的可靠性和运行寿命。有朝一日，能量密度达到或超过 100W · h/kg 的“电池级”超级电容器，就可能替代现有的大部分动力电池，因为不需要大量的串联，电储能系统的可靠性会极大地提高！

这些都要依靠电解电容器研发、设计、制造专家学者的智慧与努力，将梦想变成现实。

第2章 电解电容器基本构造与基础材料及制造工艺

电解电容器的基础材料主要是电极、介质和辅助材料。根据电极材料的不同，电解电容器可以分为铝电解电容器和钽电解电容器。

铝电解电容器的正极电极材料为铝，绝缘介质为附在正极铝箔上的氧化铝膜；负极为电解液或导电高分子聚合物，引出电极为负极铝箔，正极箔与负极箔之间的电容器纸，用来承载电解液并确保正极箔与负极箔之间的间距，防止由于铝箔的毛刺等造成的尖端放电。

铝电解电容器制造过程主要为：制造高纯铝并加工成铝锭，将铝锭轧制成铝箔（光箔）；将光箔腐蚀成用于正极和负极的腐蚀箔；再将需要做成正极的腐蚀箔化成，形成带有所需厚度氧化层的化成箔；将用于负极的腐蚀箔和用作正极的化成箔以及用于含浸电解液的电容器纸分切成所需宽度的铝箔、电容器纸；将正极箔、负极箔、电容器纸分层卷绕成电解电容器的芯子；将芯子放在电解液中含浸，将含浸电解液的芯子封装在铝壳中（组立）；加电压老化，将制造过程被破坏的氧化铝介质层修复，通过高温老化巩固修复的氧化铝介质层并改善其绝缘特性；测试合格后完成铝电解电容器的整个制造过程。

2.1 铝电解电容器的结构

铝电解电容器的电极结构如图 2-1 所示。其中正极铝箔由高纯铝腐蚀出许多个微小隧道，以增加与电解液的接触面积，图 2-1 中的放大部分为铝电解电容器两个电极之间的显微结构。

铝电解电容器由正极铝箔、隔离纸和负极铝箔相交叠经过卷绕成型，如图 2-2 所示，再浸透液体电解液，使正极的氧化铝介质与电解液严密接触，用引出端的引线（或螺栓）连接，安装在密闭容器内。

铝电解电容器的正极板是正极铝箔，介电质是紧密附在正极铝箔上的氧化铝，真正的负极板是可导电的液体电解液，负极铝箔为真正负极的电解液的引出电极。

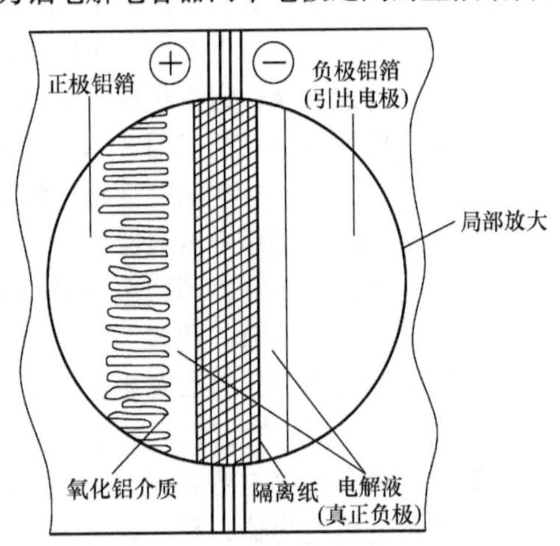

图 2-1　铝电解电容器的电极结构

由于经过腐蚀加工后的正极铝箔表面积是其几何面积的数百倍，同时氧化铝电介质厚度不足 1μm，因此得到的电容器有巨大的板面积和非常近的极板距离，因而可以获得非常大的电容量。电容量一般可达 2.7F/6.3V（CDE 生产）、10mF/450V（江海电容器厂生产），额定电压可以覆盖从低压的 3V 到高压 550V 的整个电压范围。

通过上面描述可以看到，通常的电解电容器有明显的正负端，是双极装置，不可反极性应用。

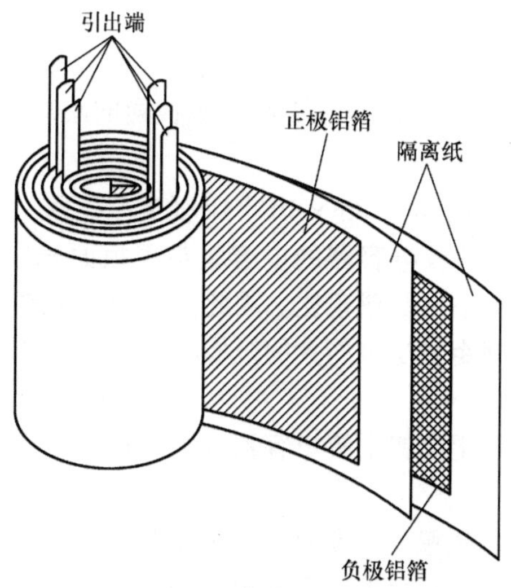

图 2-2　卷绕结构电解电容器的结构示意图

2.2　高纯铝锭与铝箔

铝电解电容器的介质是氧化铝，并且附在正极箔，即电解电容器的氧化铝膜是在正极箔产生。接下来的问题是，如果氧化铝膜不纯净，铝电解电容器工作时就会产生漏电流，氧化铝膜越不纯净，漏电流越大，甚至无法应用，所以在实际应用中漏电流越小越好。薄膜电容器、陶瓷电容器、电解电容器三类电容器中，铝电解电容器的漏电流最大。

实际应用的铝电解电容器要求漏电流很低，衡量电解电容器漏电流时需要考虑电容量和额定电压，在电容量和电压乘积相同的条件下，漏电流应低于 $0.01CU$。由于杂质会产生附加的漏电流，因此需要铝电解电容器的铝箔是高纯铝，纯度需要达到 99.99%，特别是正极箔。

在体积不变时要想获得尽可能高的电容量，可以采用尽可能薄的电极和绝缘介质，最好将电极、绝缘介质相间地卷绕，以获得更高的电极面积，实现更大的电容量。铝的延展性非常好，可以轧制出很薄的铝箔，这就为单位体积内获得大电容量创造了条件。因此，绝大多数铝电解电容器均采用铝箔卷绕方式。

将高纯铝锭精轧成铝箔，一般厚度为 20 ~ 100μm，轧制成的铝箔要求厚度均匀，并且表面有非常高的光洁度。当然，铝箔可以轧制得更薄，如 5μm，但是对于铝电解电容器，如此薄是不合适的。

将高纯铝锭轧制成宽度为 400 ~ 500mm，并卷绕成卷，然后用塑料薄膜密闭包封以保证高纯铝箔从制造商到用户端保持铝箔的高纯化学成分。

2.3　比容与腐蚀箔

1. 比容

电容器的电容量为

$$C = \frac{\varepsilon_0 \varepsilon_r S}{d} \tag{2-1}$$

式中，S、d、ε_0和ε_r分别为电容器的极板面积、极板间的距离、真空介电常数和极板间介质相对真空的介电常数。而ε_0为

$$\varepsilon_0 = 8.85 \times 10^{-12} \mathrm{C^2/(N \cdot m^2)} \tag{2-2}$$

从式（2-1）可以得到：平板电容器的电容量与极板面积成正比、与极板间距离成反比，并且与介质相对真空的介电常数成正比。因此，欲获得大的电容量，应选用尽可能大的极板面积、尽可能小的极板间距和尽可能大的极板间介质的介电常数。这就是制造电容器的准则。

从电极角度考察，大幅度提高铝电解电容器的电容量可以提高单位极板面积的电容量，即比容。

比容：在单位（带有氧化铝膜）极板面积条件下的电容量。

比容越高，单位极板面积上获得的电容量越大。

对于铝电解电容器这个特殊的电容器来说，加大单位极板面积电容量最简单的方法就是加大极板表面积。可以通过让铝箔表面变得凹凸不平的方式获得尽可能大的表面积，如图2-3所示。

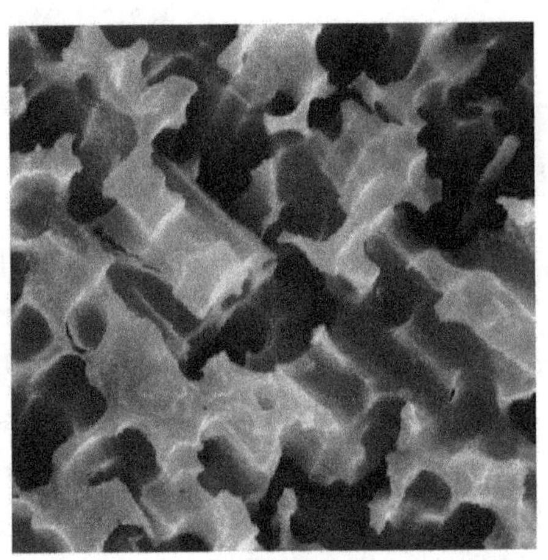

图2-3　铝箔表面凹凸不平可以增加极板表面积

2. 腐蚀

如何使光滑的铝箔表面凹凸不平？最简单、最经济的办法就是腐蚀！用合适的酸、合适的时间和温度腐蚀铝箔，使其获得凹凸不平的表面，如图2-4所示。

腐蚀后的铝箔为腐蚀箔，既可以做负极箔，又可以做正极箔。为什么负极也需要腐蚀箔？原因是铝箔在空气中会被氧气氧化，形成密致的氧化层，这使得负极箔与电解液之间无法直接地欧姆接触，而是中间相隔一个氧化层，形成天然的电容器。为了尽可能地加大负极箔与电解液的电容量，确保电解电容器电容量与正极箔和电解液的电容量尽可能地接近，负极箔也需要是高比容的腐蚀箔。

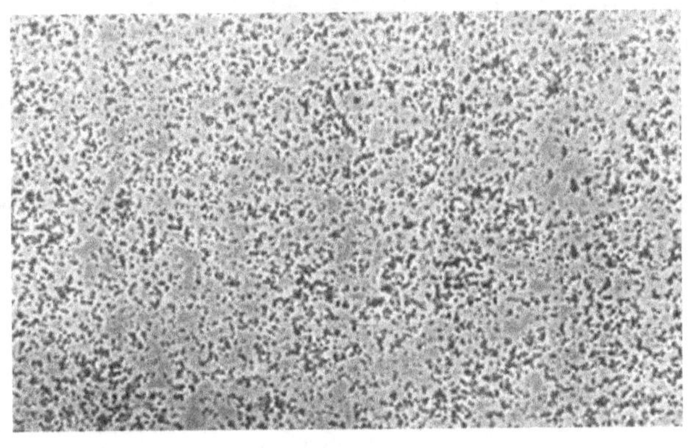

图2-4　腐蚀箔表面

高压铝电解电容器的正极箔需要的氧化铝层厚度比较厚，因此作为高压电解电容器的化成箔将腐蚀得更深，甚至达到数十微米，高压化成箔的断面结构如图 2-5 所示。

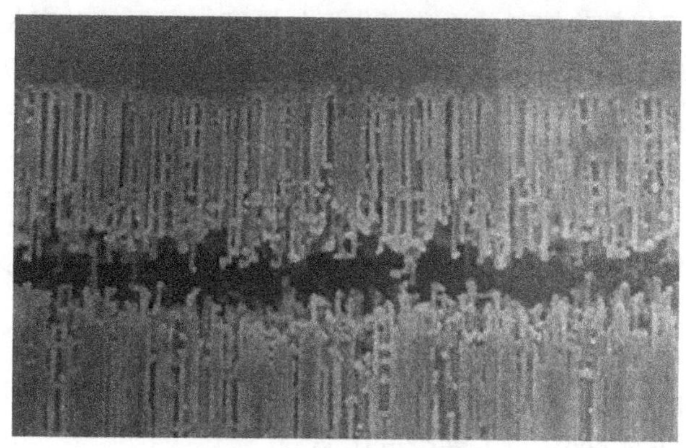

图 2-5　高压化成箔断面

2.4　正极箔与介质薄膜的获得：化成

铝电解电容器的正极制作成凹凸不平的腐蚀箔，介质膜也需要与凹凸不平的正极箔或负极箔严密接触，中间不能存在空气或其他介电常数低的介质部分。这个介质膜就是氧化铝膜。

在日常生活中，最常用的金属之一是铝。为了增加铝的表面硬度和耐磨性，通常要在铝的表面进行正极氧化，通过增加氧化铝膜的厚度来增加表面硬度。氧化铝是一种良好的绝缘体，而且相对介电常数很高（约为 8），介电强度也很高（约为 800×10^{6}V），因此是一种良好的介质材料。

幸运的是铝是一种“阀金属”，可以通过正极氧化的方法在铝表面形成氧化铝介质层，这个介质层的耐压取决于正极氧化时施加的电压。

除了铝以外，能够通过正极氧化的方法在金属表面形成氧化膜介质的金属还有钽、铌、钛等，统称为阀金属。利用铝或钽阳极氧化方法在铝或钽表面形成密致的氧化膜，作为电解电容器的绝缘介质。氧化铝、氧化钽相对介电常数大（氧化铝相对介电常数为 8、氧化钽为 20 左右，远高于一般薄膜的 2 ~ 3）。

为了有效地利用氧化铝和氧化钽的相对介电常数，必须使电解电容器电极与氧化铝或氧化钽与凹凸不平的绝缘介质紧密接触，两者中间不得带有其他相对介电系数低的介质如空气，需要用硝酸锰液体浸入钽块，硝酸锰分解产生二氧化锰，形成钽电解电容器实际的负极，并与氧化钽介质形成严密接触。

除了铝具有良好的延展性外，其他的阀金属均比较硬并且延展性远远不如铝，因此采用其余阀金属构成电解电容器，通常需要将阀金属以颗粒形式压成类似于泡沫塑料的多孔化金属块并烧结成型，来增加表面积。

厚度均匀、质地均匀的氧化铝薄膜可以通过正极氧化的形式来得到，氧化铝薄膜的厚度可以通过控制正极氧化电压精确地控制。即使是表面粗糙的电极，氧化铝薄膜的厚度与质地均匀性都不会受到影响，并且会与铝紧密接触。这就为铝电解电容器的实现打下了最坚实的第一步。

“正极氧化”的工艺过程为：将铝箔卷上的正极箔通过电解液槽，不断应用槽与箔的直流电压完成氧化铝膜形成过程。电压是最终电容器额定电压的135%～200%，因此，铝电解电容器的介质厚度可以精确控制。通常氧化铝的厚度与电压的对应关系为1V对应1.2～1.5nm，如450V电容器的正极箔形成电压可大于600V，氧化铝厚度是720～900nm，不到人头发直径的1/100。

由于腐蚀箔特别细微的部分可能被氧化铝阻塞，正极氧化减小了正极箔表面的有效面积。高压的正极腐蚀箔在腐蚀工艺上比低压正极箔或负极箔多了一个扩孔工艺，如图2-6所示。

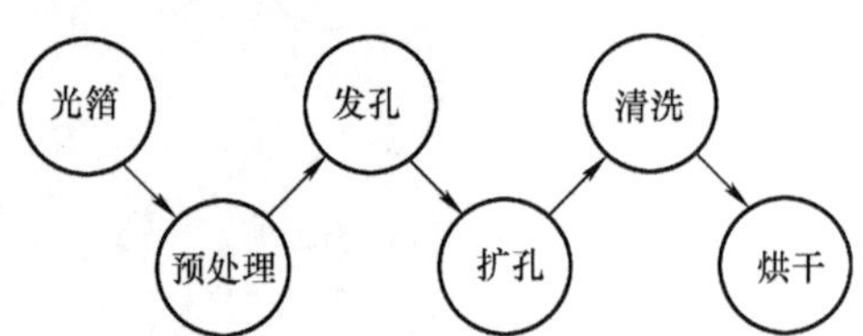

图2-6 高压正极箔腐蚀工艺过程

由于氧化铝自身的脆性，氧化铝膜“过厚”会在电解电容器卷绕时脆裂，使铝电解电容器的性能下降，这就是很少见600V以上额定电压的铝电解电容器的原因。

2.5 负极与负极箔

仅仅通过增加正极表面的粗糙面积与金属负极在事实上并不能增加极板的有效面积，只有负极的极板与正极同样粗糙并且连着电极的表面处处严密接触才能实现极板面积的有效增加，如果采用常规的固体金属电极，这将是不可能实现的。想要实现正负电极在粗糙的表面下严密接触只能是一个电极为固态金属，而另一电极是非固态或设法制造出这样的负极，如导电的液体或气体，考虑气体的导电性远不如液体，故应该选择导电的液体，使两个电极的有效面积比电极的几何面积大得多，从而使电容量大大增加。因此，铝电解电容器、钽电解电容器的电容量可以是一般电容器的数百倍，很容易获得数百微法甚至几法的电容量，这是一般薄膜电容器不能实现的。

然而不可否认的是，液态电解质和固态电解质均为离子导电，其电导率、温度的稳定性均不如自由电子导电的金属。这也是电解电容器的ESR、损耗因数（Dissipation Factor，DF）等参数均不如金属电极的薄膜电容器、陶瓷电容器的最主要原因之一。

电解液负极是无法引出的，需要用金属电极将其引出，这就是负极箔。由于铝箔天然地带有氧化层，甚至为了适应比较大的纹波电流需要，负极箔还要化成一定的电压。这时，负极箔虽然可以与电解液严密地物理接触，但由于负极箔存在氧化铝膜，使得电解液与负极箔之间又构成实际上的电容器。因此，整个电解电容器的电容量实际上等效为正极箔和电解液之间的电容和电解液和负极箔之间的电容串联。如果负极箔不是腐蚀箔而是光箔，就会使得电解液与负极箔之间的电容量远比腐蚀箔负极与电解液构成的电容量小得多，并由于两个电容器串联，整个电容器的实际电容量就会减小。负极箔与电解液之间的电容量越小，整个电容器的电容量就会比正极箔与电解液的电容量小得越多，因此负极箔一定是高比容的腐蚀箔。

2.6 电解电容器纸与电解液

作为负极的电解液需要承载物，同时还需要在正极箔与负极箔之间加一个物理隔离，防止正极箔与负极箔碰撞（电解电容器流过电流时会在正极箔与负极箔产生安培力，使得正极箔与负极箔之间产生机械碰撞，可能会破坏氧化铝膜，造成电解电容器失效），为了避免正极箔与负极箔之间的刚性碰撞，需要在正极箔与负极箔之间加一个柔性的缓冲物质，即电解电容器纸。

电解电容器纸与纸介电容器的电容器纸不同的是，纸介电容器纸满足浸蜡或含浸电容器油，不破坏电容器油的绝缘性能即可，不希望有通透性。而电解电容器纸需要具有良好的化学特性，不能造成电解液的成分变化，更不允许存在有害的物质如氯离子等。与此同时，电解电容器纸需要具有良好的吸含电解液的特性，确保电解电容器含存足够的电解液。电解电容器纸还需要具有好的电解液通透性，尽可能地降低电解电容器工作时离子在电解液中运动的阻力。高压电解电容器纸的耐压要求相对比低压电解电容器纸的耐压要求高得多，同时流过的电流相对比较小，对 ESR 的要求不需要像低压电解电容器那么低，因此高压电解电容器纸相对低压电解电容器纸致密、厚，使得单位面积铝箔的高压电解电容器的 ESR 相对低压电解电容器高。而低压电解电容器需要尽可能低的 ESR，需要电解电容器纸具有相对于高压电解电容器纸更好的电解液通透性，使得电解电容器工作时的离子运动阻碍尽可能的少。因此，低压电解电容器纸相对高压电解电容器纸薄、稀疏。

电解电容器最终需要含浸作为真实负极的电解液，作为负极的电解液决定着电解电容器的性能。

铝电解电容器的氧化铝介质层会由于铝箔纯度、电解液等产生微电池效应而被破坏，因此需要电解液具有修复氧化铝介质层的能力，以确保铝电解电容器的漏电流不至于过大。

现在，铝电解电容器的应用场景为电力电子电路、相对高纹波电流电路的电源旁路，需要电解电容器具有尽可能低的 ESR，如开关电源、LED、逆变弧焊电源、感应加热、充电桩与车载充电器、高纹波电流电源旁路大多需要很好地滤除高频纹波电流，因此要求铝电解电容器具有比较优良的高频低阻特性，可以通过选择电解液实现。而对于工频以及工频倍频的铝箔，则需要改善正极箔的特性来获得，正极箔不同的孔洞规格，会有不同的低频 ESR 特性，也可以通过增大铝箔面积获得低阻特性，这需要付出成本和体积的代价。

2.7 铝电解电容器制造过程简介

铝电解电容器的制作过程主要为正极箔、负极箔、电解电容器纸的分切，钉卷，含浸，组立，套管，老化，测试等。

1. 分切

40 ~ 50cm 宽的铝箔卷经过腐蚀和正极氧化后，再根据电容器长度分成需要的宽度。

分切工艺的质量要求为分切出来的铝箔、电解电容器纸绕制出的电解电容器具有尽可能优秀的性能与品质。

首先，铝箔、电解电容器纸分切后需要尽可能的平整，以卷绕出各处松紧一致的芯子。然后，铝箔切口的毛刺长度尽可能短，尽可能地减小老化过程中老化不良现象，尽量减少电解电容器的上电凸底甚至爆浆现象。

对于电解电容器制造来说，铝箔特别是正极箔的分切对电解电容器质量影响很大，因此这是重要的工艺过程。也可以通过铝箔分切制造商完成分切，电解电容器制造商仅需购买分切好的正极箔、负极箔和电解电容器纸。

铝箔或电解电容器纸的分切过程如图 2-7 所示。图 2-7a 为分切机实物图，图 2-7b 为分切示意图。分切机将铝箔或电容器纸分切成卷绕各种型号电解电容器芯子需要宽度的铝箔和电容器纸。铝箔通过刀片将铝箔或电容器纸分切，将分切后的铝箔或电容器纸卷绕成可以安装到卷绕机上新的卷筒，如图中裁切后的材料部分。

电解电容器铝箔分切质量可以从分切的毛刺、分切宽度一致性、分切后的扭曲度和平整度来判断。

毛刺是电解电容器质量的决定因素，如果分切后的铝箔特别是正极箔有毛刺，严重时会导致电解电容器老化不良，甚至因老化不良在客户端产生内爆。具体原因见《电解电容器失效分析与型式试验》一书。

扭曲和平整度不良将导致卷绕后的芯子松弛，甚至不良品率升高或客户端早期失效率升高。

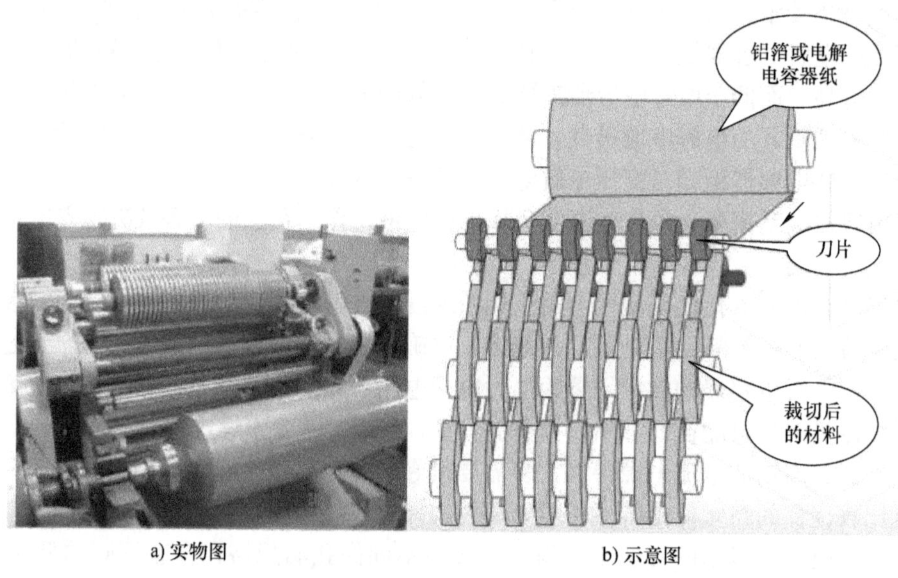

a) 实物图　　b) 示意图

图 2-7　铝箔或电解电容器纸的分切过程

2. 钉卷

用分切好的正极箔、负极箔、电解电容器纸就可以钉卷电解电容器芯子。

钉卷是两个动作。钉是将导针（导针式电解电容器）或导流条（插脚式或螺栓式电解电容器）“钉”在正极箔和负极箔上，以实现电解电容器的引出电极，如图 2-8 所示。

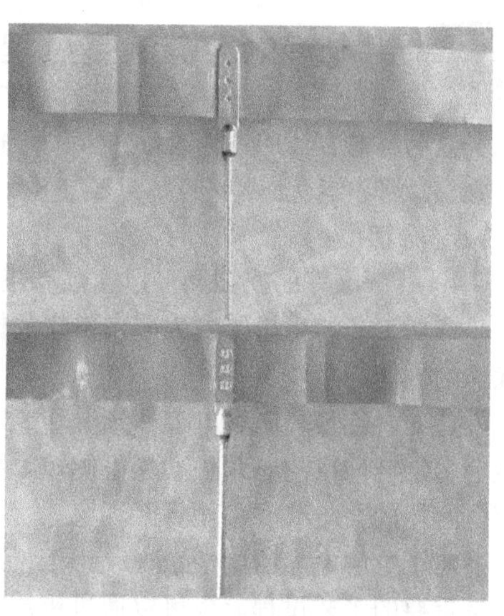

图 2-8　正常的刺铆处打扁后的铆花

钉的过程分为刺铆和压扁（或称为打扁）。

刺铆过程是将导针或导流条在钉卷过程中附在铝箔预先设计好的位置上，然后通过刺铆即将导针或导流条穿刺，使导针或导流条铆接在铝箔上，形成机械上的结合与电气上的良好导电性。

打扁过程是将刺铆过程产生的毛刺打扁，避免形成新毛刺，还不能将铝箔打裂。特别是小电容量的高压铝电解电容器，铝箔比较窄，机械强度相对

较低，处理不好容易将铝箔打裂。

实际上，钉卷是在同一台钉卷机上实现的。在钉卷机上，铝箔走到预定位置，将正极导针与正极箔刺铆、打扁，负极导针与负极箔刺铆、打扁，正极箔与负极箔分别带着导针“走到”卷绕位置。将正极箔、负极箔、电解电容器纸相间卷绕，得到预定的卷绕圈数或长度后切断铝箔，电解电容器纸将铝箔包裹好后用胶带固定好。

3. 含浸

电解电容器的实际负极是电解液，而电解电容器中的电解液可以用电容器纸含浸方式承载。为了保证电容器纸以饱和方式含浸电解液，需要排除芯包中的气体，特别是电容器纸中的气体，因此需要抽真空环境下含浸电解液。

4. 密封

电解液在高温下很容易挥发，导致负极的有效面积减小，因此电解电容器需要密封。在20世纪60年代或更早的年代，为降低成本和减少铝的用量（当时铝的产量不高并且我国当时的铝主要用于制造飞机），商品级电解电容器（当时称为民品）基本采用蜡纸管并且两端用树脂灌封，由于密封性差，多在使用数年后失效（有时只有一两年就彻底失效，如电子管收音机的汽船声就是由于电源的交流阻抗高造成的有害耦合而产生的自激现象，这是电解电容器中电解液挥发后所剩电容量不足的表现，而严重的交流声即告知滤波用电解电容器彻底失效），而且工作温度仅为55℃。现在的电解电容器芯包密封在容器内。而大多数容器是铝制的，在容器端口用密封性良好的胶塞或胶垫加树脂板压紧（见图2-9），以有效阻止电解液的挥发。为防止电解电容器在故障时产生气体压力而爆炸，直径8mm以上的电解电容器均安装压力释放装置，通常是在铝壳端面上刻有K、>、Y和×形压痕，使电解电容器内部气压涨开胶塞前破裂泄压。

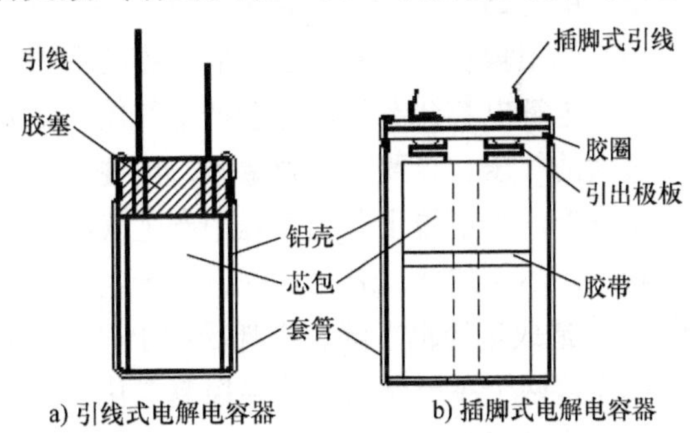

图2-9　铝电解电容器封装结构示意图

密封的步骤如下：

1）导针式电解电容器需要将含浸好的芯子上的导针穿过胶塞预留的孔，并将胶塞插在芯子上面。插胶塞的力过大会使导针大力摩擦电解电容器纸，导致电解电容器纸在摩擦部位受损而耐压不足，一旦产生瞬时过电压或浪涌电压，电解电容器纸的摩擦受损部位就可能被击穿导致该处打火，最终导致电解电容器失效。

对于插脚式电解电容器或螺栓式电解电容器则需要将含浸好的电解电容器芯子的导箔条紧密铆接在盖板引出电极的铆钉上。

在这个过程中需要将电解电容器的正负极清楚地区分。导针式电解电容器采用长、短导针来区分电解电容器的正、负极。

插脚式电解电容器和螺栓式电解电容器采用导箔条引出非对称方式确认导箔条的正负极。然后在插脚式电解电容器盖板上的电极铆钉上压出麻点或加上黑色表示负极，螺栓式电解电容器则是在正极接线柱侧盖板上标注“+”表示电解电容器正极。

2）将插好胶塞的芯子或铆接好盖板的芯子插入铝桶中。

3）旋转压缩导针式电解电容器的胶塞腰部的铝桶部位，以固定胶塞。同时旋压铝桶端部，将弯曲的铝桶部分与胶塞紧密结合，实现密封。

5. 套管

大多数电解电容器带有套管。套管的作用为美观，可以印制电解电容器的信息（如额定电压、电容量、工作温度范围、负极标识、制造商商标等），将导电的电解电容器外壳包裹，避免外壳与其他导电体接触。

需要注意的是电解电容器的套管为热缩套管，而传统的热缩套管在电气安全规则中不算绝缘体，原因是其过热后会裂开，从而丧失绝缘性能。如果需要套管绝缘，就必须选用电气安全规则认可的热缩套管。一般来说，满足电气安全规则的绝缘套管的外观没有传统的热缩套管美观。

将已经印好电解电容器信息的热缩套管裁切好，并将负极标识与电解电容器负极对正，将套管套在电解电容器上，两侧留好热缩裕量，用热风将热缩套管紧紧地收缩在电解电容器外壳上。

6. 常温老化

电解电容器的老化（固态铝电解电容器将这个过程称为化成）过程是将电解电容器的正极箔在铝箔裁切、钉卷过程中氧化膜的受损部分修复。

由于电解电容器老化过程会产生气体，如果这些气体在电解电容器壳体内积累过多就会产生过大的气压，导致防爆阀爆破，出现废品。因此，在老化过程中需要避免电解电容器的凸底或气爆。为了防止老化过程中产生气爆，需要使老化过程中的产气速度与电解液的消气速度相近。不仅如此，老化过程也会产生相对大量的热，会使得老化过程中电解电容器芯子“干包”，造成电容量下降，损耗因数上升，出现废品。

基于这两个主要原因，需要控制老化过程中的电流和老化温度。因此，电解电容器老化过程只能是常温老化过程。

综上所述，为了简化常温老化过程中的电压施加，大多采用电解电容器串联电阻，施加到直流电源分级施加电压。用串联电阻为了限制老化电流，分级施加电压可以降低限流电阻的电能损耗。

在导针式电解电容器老化时，为了简化老化电路，通常一个限流电阻为多个电解电容器限流，这样做可能产生一个隐患，即一旦某个电解电容器老化过程中正极箔损伤过多，可能会导致老化电流过于集中在某个电解电容器的某个部位，如正极箔分切过程产生比较大的毛刺，由于毛刺的曲率极大，造成老化电流集中在毛刺尖端，而毛刺部位由于电流过大产生高热，烤干这个部位的电解液，使得这个部位不再获得老化电流，从而导致该部位老化不良。由于高压电解电容器的电解液很黏稠，电解液重新浸润到老化过程烤干的部位需要几天甚至几周的时间，这样就会造成高温老化后测试该电解电容器是良品。但是送到客户处安装到电路板时，上电后会出现凸底甚至内爆现象。

更严重的是正极箔存在“白点”即化成箔表面的杂质，使该处在化成过程未能形成有效的氧化膜。这样带有白点的化成箔制成高压电解电容器时在老化过程中会产生局部电解液被烤干现象，在客户端会出现内爆现象。

为了减少铝箔的毛刺（正极箔和负极箔），需要在分切过程将毛刺高度控制在一定的数值如 30μm 以内。很多低端电解电容器凸底现象多的原因之一可能是铝箔毛刺过高。

常温老化后还需要高温老化过程。

7. 高温老化

常温老化获得耐压，在高温状态下耐压下降，温度越高耐压衰减越严重，甚至衰减到常温老化耐压的2/3以下。所以，105℃以上的电解电容器化成箔的化成电压是85℃化成电压的1.33倍以上，也就是400V化成电压为530V。如果是130℃，则化成箔至少为85℃化成电压的1.5倍以上!

常温老化的氧化膜是水和氧化铝，而电解电容器氧化膜需要的是致密的γ氧化铝膜，需要高温老化过程，这个过程时间也比较长，一般来说高温老化时间越长，电解电容器的漏电流越低。为了在漏电流和生产成本（老化时间越长，消耗电能越多，主要是电加热的耗能）之间折中，选择一个客户可以接受的老化时间。

常温老化过程中，没有老化好的电解电容器在高温老化过程中会出现短路、电容量负差（电解电容器芯子部分干包）、损耗因数过大（常温老化导致的干包）、漏电流超标、短路、凸底等不良品，它们都会在此过程中剔除。

有些电子工程师担心电解电容器制造商没有对电解电容器进行高温老化，实际上电解电容器在出厂前必须进行高温老化过程，不同制造商的产品质量差异与老化过程的老化电压、老化温度、老化时间、良品漏电流阈值设置等有关。电子工程师遇到的问题只是个别电解电容器在老化过程中因各种因素导致的老化不良。

8. 测试

老化过程结束并且电解电容器温度降低到室温后，开始对电解电容器进行出厂前测试。导针式电解电容器测试是在自动高温老化机的测试装置中进行，可以将短路、电容量负差、损耗因数过大、漏电流超标检测出并分类剔除。

采用高温老化箱老化导针式电解电容器、插脚式电解电容器或螺栓式电解电容器，然后将其在电解电容器测试系统上测试并剔除不良品。

第3章 电容器基础知识以及对大电容量的需求

3.1 什么是电容量

电容量是什么？顾名思义，就是能容下电量的能力，有的书中这样描述：“对任一‘孤立’的不受外界影响的导体来说，当导体带电时，导体所带的电量 q 与相应的电位 U 的比值 C，是一个与导体所带的电量无关的物理量，称为‘孤立’导体的电容量”，即

$$C = \frac{q}{U} \tag{3-1}$$

导体的电容量表征导体特有的性质，指这个导体相对无穷远处的参考电位为“一”单位时导体所带的电量。

在国际单位制中，电容量的单位为法拉［法］。如果导体所带的电量为1C，相应的电位为1V时，这个导体的电容量即为1法拉，即1F。如果嫌F这一单位太大，还可以用mF、μF、nF、pF等较小的单位表示，它们的相互关系为

$$1\text{F} = 10^3\text{mF} = 10^6\mu\text{F} = 10^9\text{nF} = 10^{12}\text{pF} \tag{3-2}$$

电容的量纲为 $I^2L^{-2}M^{-1}T^4$。

3.2 什么是电容器

电容器是什么？顾名思义就是容纳电荷的器件。当导体周围有其他物体存在时，这个导体的电容量就会受到影响。因此，有必要设计一种导体组合，使其电容量值较大，而几何尺寸不大，而且不受其他物体影响。这样的导体组合就是电容器，在物理学中电容器的概念可表述为：在周围没有其他带电导体影响时，由两个导体组成的导体体系。电容器的电容量（或称电容）定义为当电容器的两极板分别带有等值异电荷 q 时，电量 q 与两极板间相应的电位差 $U_A - U_B$ 的比值，即

$$C = \frac{q}{U_A - U_B} \tag{3-3}$$

孤立导体实际上仍可以认为是电容器，但另一导体在无限远处，且电位为零，则式（3-3）变为式（3-1）。因此，孤立导体的电容实际上还是两个导体间的电容量。但电容毕竟是导体之间的特性，孤立导体的电容量事实上是不存在的。

3.3 电容器的物理意义

1. 在时域中电容器的物理意义

电容器最基本的物理性质可以用式（3-3）表示，即电容、电荷、电位差的关系。由这

个关系以及电荷与电流的关系还可以得到电路与电子学中最常用的电容上的电压与电流的关系，即

$$q = It \tag{3-4}$$

若电流是变化的，则式（3-4）应写为

$$q = \int i\mathrm{d}t \tag{3-5}$$

在一般的应用中，电容器两极板间的电位差为电容器上的电压，用 U_C表示。由式（3-4）、式（3-5）得到电容器电压、电流的关系为

$$u_C = \frac{1}{C}\int i\mathrm{d}t \tag{3-6}$$

电容器的储能为

$$A = \frac{1}{2}CU^2 \tag{3-7}$$

A 的单位是 J。

2. 在频域中电容器的物理意义

当电压为正弦波信号时，式（3-6）变为

$$U_C\sin\omega t = \frac{1}{C}\int I_C\sin\omega t\mathrm{d}t \tag{3-8}$$

解积分得到

$$U_C\sin\omega t = \frac{1}{C}\frac{I_C\cos\omega t}{\omega} = \frac{I_C\cos\omega t}{\omega C} \tag{3-9}$$

式中，U_C、I_C、ω 分别为电压幅值、电流幅值、角频率，电压幅值和电流幅值均为标量。

从式（3-9）可知，正弦波电压施加到电容器并进入稳态后，流过电容器的电流超前电容器端电压 90°。

将式（3-9）整理得到

$$\frac{1}{\omega C} = \frac{U_C\sin\omega t}{I_C\cos\omega t} \tag{3-10}$$

很显然，式（3-10）很像欧姆定律，也就是说电容器在正弦波电压激励下，在电路中类似于电阻。但是由于电容器的电压与电流相位差 90°，因此在电容器上没有功率损耗。电容器电压与电流的比可以称为容抗。由于电容器的电压与电流存在 90°的相位差，为了电路分析方便，在频域分析中，电容器的容抗为虚数，而且是负的虚数。因此，可以将式（3-10）简化为

$$X_C = \frac{1}{\mathrm{j}\omega C} = \frac{1}{2\pi fC} = \frac{U_C}{I_C} \tag{3-11}$$

则式（3-11）更像欧姆定律。

从式（3-11）中可以看到当频率和电容量不变时，电压与电流成正比；当频率和电压不变时，电容量与电流成正比。这两个规律与欧姆定律极其相像。当电容量和电压不变时，电流与频率成反比，表明电容器的容抗随频率的增加而降低。

电容器频率的意义在于：可以与电感构成串联谐振或并联谐振，以获得极好的选频特性，使得非正弦波电压或电流通过电容和电感构成的谐振电路，在负载上获得正弦波电压或正弦波电流，如感应加热、射频功率放大器等。这在电气工程领域和电子技术领域非常重

要。电容器与电阻可以构成相移电路，使得正弦波电压通过电容电阻电路时，输入电压与输出电压相位和幅度发生变化。非正弦电压通过电容与电阻构成的电路时，波形会发生变化，可以得到所需要的电压波形或时间延迟。

3.4 平板电容器的电容量

物理学中的孤立电容几乎没有任何实际应用场景，实际应用是具有两个电极的电容器，通常近似于“平板电容器”。平板电容器的电容量公式见式（2-1）。

为了获得尽可能大的电极面积，铝电解电容器采用腐蚀箔方式，钽电解电容器则采用多孔化钽块的方式。由于氧化铝介质层可以用电化学方式精确获得，因此氧化铝膜可以做得非常薄，相当于极板距离非常近。

由于介电系数高、极板面积大、距离非常近，使铝电解电容器和钽电解电容器具有相对较小的体积。

3.5 单相整流滤波需要大电容量电容器

电容器的一个主要应用就是在工频整流过程中将脉动直流电平滑成为平稳的直流电（这个过程也可以称为滤波）。例如将正弦交流电转化为直流电时，为平滑整流后的直流电，通常需要电容器滤波，将脉动直流电中的交流成分用电容器“短路”。然而将从零到峰值（有效值的1.414倍）的脉动电压平滑成接近平滑的直流电压需要很大电容量的电容器，如将单相桥式整流输出电压平滑到仅有10%波动，需要多大电容呢？以单相桥式整流器为例：在电容输入式滤波电路中，一般每个整流二极管仅有3ms左右的时间导通，向输出供电，7ms左右的时间输出则由滤波电容供电，这时电容器的储能将波动约20%，即电容器的每半个电源周波向输出提供20%的储能，对应输出功率的70%。根据能量守恒定律，在50Hz半个电源周波整流滤波电容器需要提供的能量为

$$0.7P_o \times \frac{T}{2} = \frac{1}{2}C(U_1^2 - U_2^2)$$

式中，U_1、U_2 分别为整流滤波电容器的峰点电压和谷点电压，需要的电容量为

$$C = \frac{0.7P_oT}{U_1^2 - U_2^2} \tag{3-12}$$

当频率 $f=50\text{Hz}$ 时，电源周期为20ms，所需电容量为

$$C = \frac{0.7P_o \times 20 \times 10^{-3}}{U_1^2 - U_2^2}$$

例如，交流220V（1－20%）条件，即220V供电在最低输入电压，对应交流176V，其直接整流输出电压峰点电压大约为230V，整流输出电压谷点电压为190V，以向100W负载供电为例，需要的电容量为

$$C = \frac{0.7P_o \times 20 \times 10^{-3}}{U_1^2 - U_2^2} = \frac{0.7 \times 100 \times 20 \times 10^{-3}}{230^2 - 190^2}\text{F} \approx 83.3\mu\text{F}$$

约为83μF，一个83μF/400V的薄膜电容器的体积与价格都是很难以接受的。

再如为15V/1A（整流器在稳压电路前的峰点电压和谷点电压分别为25V和20V）供电

的整流器需要的电容量为

$$C = \frac{0.7P_o \times 20 \times 10^{-3}}{U_1^2 - U_2^2} = \frac{0.7 \times 15 \times 20 \times 10^{-3}}{25^2 - 20^2}\text{F} \approx 933.3\mu\text{F}$$

约为1000μF，1000μF/25V的薄膜电容器将是不能容忍的！

基于以上原因，必须寻求一种电容量大、体积小并且价格便宜的电容器。在电容器制造技术不是很先进的20世纪前半叶，想获得高电容量的电容器，薄膜电容器、陶瓷电容器在实现起来，价格将是极其昂贵的，不能投入使用，因此不得不另寻出路。

人们自然而然地想到，采用增加电容器极板表面积的方法，如使极板表面变得粗糙或将极板做成像海绵一样多孔化。接下来的问题就是，当一个极板变得粗糙或多孔化后，怎样使另一个极板与其紧密接触，而且中间还要夹一个厚度、质地均匀的介质材料。这些技术要求对于普通的薄膜电容器和陶瓷电容器来说几乎是不可能的。因此，需要寻求一种适应这种要求的介质和电极形式，电解电容器在这种技术需求和市场需求下应运而生。

3.6 低频功率电子电路电源旁路需要大电容量电容器

音频功率放大器需要工作在20Hz~20kHz。为了尽可能地提高效率，大多数音频功率放大器工作在接近B类放大器状态。因此，音频功率放大器向直流电源索取的电流是带有音频输出电流分量的直流脉动电流。需要注意的是，直流电源由于自身寄生电感的原因，无法向负载提供交流电流分量，这个交流电流分量只能由音频功率放大器的直流旁路电容器提供，避免直流电源电压因负载交流电流分量导致电压变化幅度超过允许值。

音频功率放大器的输出电流、向直流电源索取的电流以及旁路电容器的电流波形如图3-1所示。

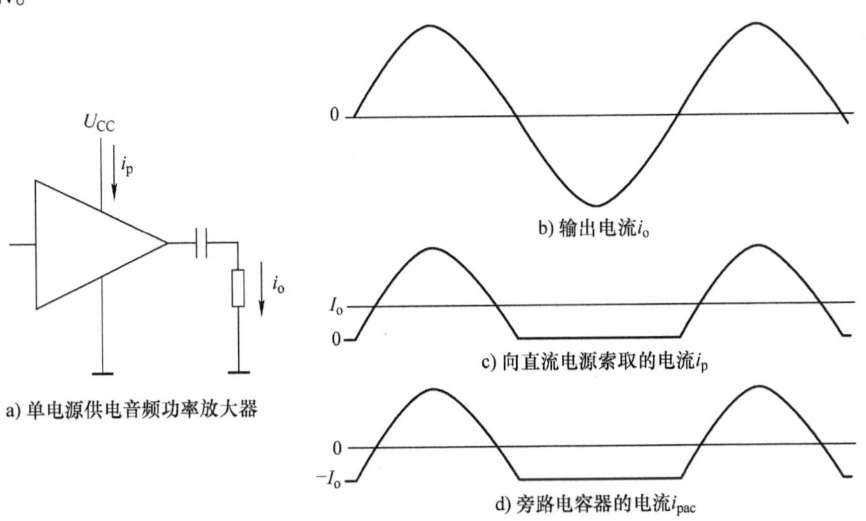

图3-1 单电源供电功率放大器的电源电流波形

需要注意的是，单电源供电的音频功率放大器输出电流负半周不是由直流电源供电，而是由输出耦合电容器提供，因此音频功率放大器向直流电源索取的电流仅仅是正弦半波。

如果是双电源供电，正电源和负电源提供的电流与图3-1相同，只是音频功率放大器输出正半周电流时，由正电源提供输出电流，输出负半周电流时，由负电源提供输出电流。

如果是推挽式音频功率放大器，则无论放大器输出正半周还是负半周，均由直流电源提供放大器输出电流，这时的放大器索取的电流为正弦波绝对值。

作为旁路电容器，其工作频段的交流阻抗至少低于输出负载阻抗的1/10，甚至1/100。

同样是音频功率放大器，如果负载阻抗为8Ω，则旁路电容器的阻抗应为0.8Ω甚至0.08Ω。如果输出频率为20Hz，则旁路电容器在20Hz时的容抗应为0.8Ω甚至是0.08Ω。

由电容器容抗 $X_C = 1/2\pi fC$，推导出需要的电容量为

$$C = \frac{1}{2\pi f X_C} = \frac{1}{2\pi \times 20 \times 0.8}\text{F} \approx 0.00995\text{F} = 9950\mu\text{F}$$

很显然，这时一个非常大的电容量。如果选择薄膜电容器，将是巨大的体积并极其昂贵，而陶瓷电容器无法达到如此高的电容量，只有铝电解电容器能够满足要求。

从这个案例可以看到，对于低频旁路，当需要电容量为10μF以上时，需要考虑使用电解电容器。

第4章 电解电容器的基本性能分析

4.1 电解电容器分类

1. 按材质分类

1）电解电容器按正极材料分类，有铝电解电容器和钽电解电容器。

铝电解电容器正极为铝腐蚀箔。目前的大多数高压电解电容器、低压电解电容器、固态高分子聚合物电解电容器的正极为铝箔。钽电解电容器（正极材料为钽）包括液态钽电解电容器、固态钽电解电容器、高分子导电聚合物钽电解电容器。属于钽电解电容器一类的还有铌电解电容器，正极材料为铌。

2）电解电容器按负极材料分类，有液态铝电解电容器、液态钽电解电容器、固态铝电解电容器、固态钽电解电容器。

电解电容器的负极可以是电解液，如液态铝电解电容器和液态钽电解电容器。与正极箔氧化膜紧密接触的最简单、最有效的方法就是应用导电的电解液。引出负极需要电极板，液态铝电解电容器用负极箔将负极引出，液态钽电解电容器用外壳引出。

固态钽电解电容器的负极采用二氧化锰，再用石墨和引出电极引出负极；固态铝电解电容器的负极采用高分子导电聚合物，由铝箔引出负极。钽电解电容器也可以用高分子导电聚合物作为负极。

2. 按封装分类

纸筒式电解电容器是20世纪70年代前适用于电子管产品的电解电容器，由蜡纸筒和环氧树脂包封。与现在的电解电容器相比，它体积大、性能差、寿命短，随着电子管产品一同退出历史舞台。

螺栓式电解电容器是一种大型电解电容器，其外径为36～101mm，长度为53～240mm。低压螺栓式电解电容器可以做到3F/6.3V，高压的可以做到2200μF/450V。

由于螺栓式铝电解电容器需要流过较大的电流，也将产生较大的热量，所以铝电解电容器是导热相对困难的电子元件。为了改善散热，需要将电解电容器温度最高的芯子中心部分的热量设法导出，可以将芯子装配在带有中心导热孔的特制外壳中，应用时可以将散热棒插进散热孔，帮助电解电容器散热。可插散热棒的螺栓式电解电容器如图4-1所示。

图4-1 可插散热棒的螺栓式电解电容器

插脚式电解电容器是一种中型电解电容器，其特点是体积中型，可以方便地插在电路板上应用。插脚式铝电解电容器的直径为22～50mm，长度为25～100mm，如图4-2、图4-3所示。若其体积较大，采用两只以上插脚，如图1-7所示。

电解电容器是有极性的电容器，应用时不能反极性，两只插脚的铝电解电容器由于两个插脚形状相同，往电路板上装配时可能会插反，“防呆”设计的插片式铝电解电容器可以防止极性插反，如图 1-10 所示。

导针式电解电容器是小型电解电容器，最小直径为 3mm，最大直径可以做到 25mm，长度为 8 ~ 60mm，如图 4-4 ~ 图 4-6 所示。

图 4-2　矮胖型插脚式铝电解电容器

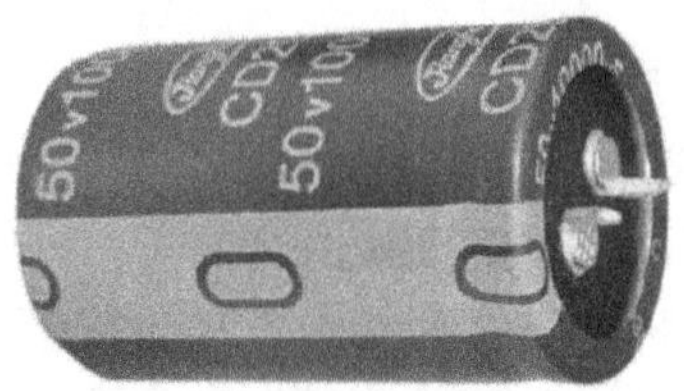

图 4-3　两只插脚的插脚式铝电解电容器

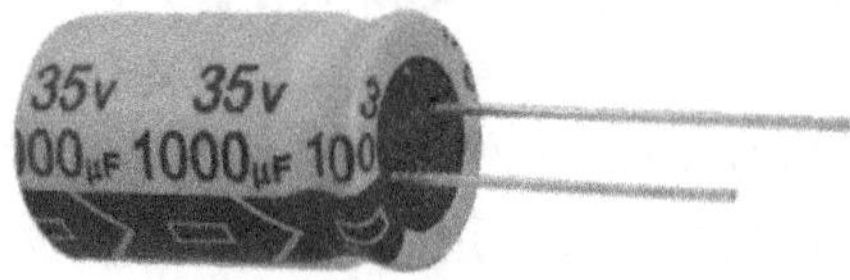

图 4-4　一般尺寸导针式铝电解电容器

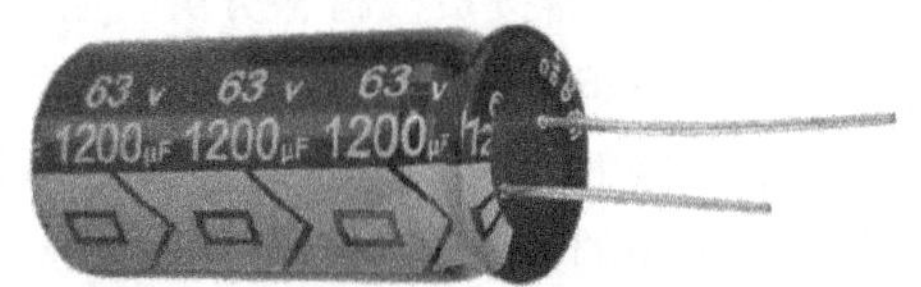

图 4-5　大尺寸导针式铝电解电容器

图 4-6　细长型导针式铝电解电容器

导针式电解电容器电容量的范围为 1 ~ 22000μF。

表面贴装式电解电容器是可以直接表面贴装在电路板上的，与导针式和插脚式电解电容器将电极引脚插过电路板预设的孔焊接不同，可以直接贴装在电路板表面，无须穿过电路板，可以大大减小占用电路板的空间，如图 1-2、图 1-3 所示。

20 世纪末，德国就将汽车定义为“电子产品”，而电解电容器在电子电路中不可或缺，因此电解电容器在汽车中也是不可缺少的。汽车需要在各种路况下行驶以及发动机工作等因素使得汽车难免会产生振动，而一般的电解电容器设计制造时没有考虑振动要求，因此安装到汽车上无法满足车规的振动要求。所以，汽车对电解电容器的需求催生出“车规级”电解电容器。

车规级电解电容器在外形上的特点就是外壳有“束腰”，用束腰将电解电容器的芯子与外壳固定住。另一个特点就是小型电解电容器轴向引线方式。电解电容器体积稍大或需要立式时，同侧引线的导针式封装方式仅靠导针将电解电容器固定在电路板上，无法通过振动测试。因此，需要用外壳的多只引脚将电解电容器固定在电路板上，这种封装俗称“皇冠式”电解电容器。

车规级轴向引线式电解电容器外形和皇冠式电解电容器外形如图 4-7 和图 4-8 所示。

图 4-7　车规级轴向引线式电解电容器

3. 按用途分类

(1) 通用型电解电容器　一般通用型电解电容器是曾经最常见的电解电容器，可以用于大多数电子产品，其典型型号有 CD03 系列和改进型小体积的 CD110 系列。由于 CD110 系列是按 50/60Hz 交流电的整流滤波应用以及一般电子电路的其他应用设计的，在电力电子技术广泛应用的今天，它的性能已经很难满足各类开关电源的性能要求，而且电解电容器的工业应用也是日新月异，因此新型电解电容器的应用成为必然。

图 4-8　车规级皇冠式电解电容器

(2) 工业用电解电容器　现代电力电子技术推动了变频器的发展，而 380V 和 660V 三相交流电输入的变频器需要高压大电容量的滤波电容器，螺栓式高压电解电容器和大电容量的插脚式高压电解电容器得到了广泛应用。

在各类工业应用中，工业用电解电容器除了变频器外，还有光伏逆变、风电逆变、逆变弧焊电源等工业应用。

相对于一般应用的电解电容器，工业用电解电容器需要更高的可靠性和更长的寿命。

开关电源类电解电容器：

20 世纪 70 年代开关电源开始应用，从计算机电源到通信电源、电视机电源，再到现在取代了绝大多数线性稳压电源的开关电源，更有今天的笔记本计算机电源适配器、各类手机充电器以及各类电源适配器等。它们成为小型电解电容器应用的主要用户。

开关电源是一种功率半导体器件工作模式的稳压/稳流电源，广泛应用于工业、军事、商业、日常生活，现已成为不可或缺的电子设备或装置。

开关电源对电解电容器的要求主要有：体积小、高频特性好、良好的纹波电流承受能力。这样的性能要求，一般用途的电解电容器比较难适应，因此出现了电视机、开关电源需要的插脚式高压电解电容器和高频低阻电解电容器，同时最高工作温度和寿命得到了提高。

(3) 照明电解电容器　电子技术进入照明领域，使得节能灯在很大程度上取代了白炽灯，节能灯中需要一只或两只高压电解电容器。节能灯电解电容器的特点就是高温长寿命和高耐纹波电流能力，如 105℃/10000h。

随着照明用 LED 大量应用，LED 灯逐渐替代了节能灯。这时，照明用电解电容器需要在节能灯电解电容器基础上更小的体积、更高的工作温度如 130℃。不仅是高压电解电容器，LED 驱动器还需要低压电解电容器，同样要做到高压电解电容器的最高工作温度。

(4) 手机充电器的电解电容器　随着智能手机的大量应用，手机充电器的需求量也大幅上升。手机充电器的入门充电能力为 5V/2A，近年来又出现了快充模式，充电器功率达到 40W、65W 甚至 120W。其中不仅需要高压电解电容器，还需要耐纹波电流能力高的低压电解电容器，耐纹波电流能力往往达到3～5A，这样的电解电容器只能是固态铝电解电容器。手机充电器对固态铝电解电容器的大量需求（一只手机充电器中需要至少两只固态铝电解电容器）使得我国的固态铝电解电容器在2014年后得到飞速发展。

（5）家电用电解电容器　家电用电解电容器的主力军是空调，变频空调成为空调主流后，电解电容器进入空调领域。空调的主板一般放置在外挂机内，工作环境恶劣，温度可达55℃以上，同时湿度可能会长时间保持在85%以上。在这种环境下，电解电容器的耐高温性能和抗湿度的需求是空调电解电容器的性能要求。

（6）车用电解电容器　随着汽车电子设备越来越多，车用电解电容器的需求也随之大幅度增长。相对固定或便携式电子设备而言，汽车电子需要耐受振动测试。考虑到汽车电子的可靠性，车用电解电容器必须是“车规级”电解电容器。车用电解电容器需要满足“车规”的宽温度范围，最严酷的部分为-40～120℃。

4.2　铝电解电容器一般技术数据的原始定义

第二次世界大战后，美国成为世界科技中心，具有科技话语权，很多电子元器件规则大都由美国制定，例如双列直插集成电路的引脚间距为0.1in（1in=0.0254m）的倍数。由于美国电网频率为60Hz，因此制定的电子器件测试条件也选择60Hz，电解电容器的特性大多在60Hz或60Hz整数倍条件下测试。

最初的电解电容器是在交流电整流后滤波用，其他用途很少，因此电解电容器的参数主要是在理想的整流滤波状态下测试的，即120Hz条件下测试的。

电子管时代的铝电解电容器的技术数据主要有：外形尺寸、额定电压、电容量、损耗因数、漏电流这5项参数，随着电解电容器应用领域拓展到电力电子领域并成为最主要的应用领域，仅仅标出这5项参数远远不够，需要有更多的技术数据。

4.3　电解电容器的外形

现在铝电解电容器通常是圆柱形，外形尺寸主要有直径与高度、电极引出方式和电极尺寸。

欧式的轴向引线式铝电解电容器尺寸表示如图4-9所示。

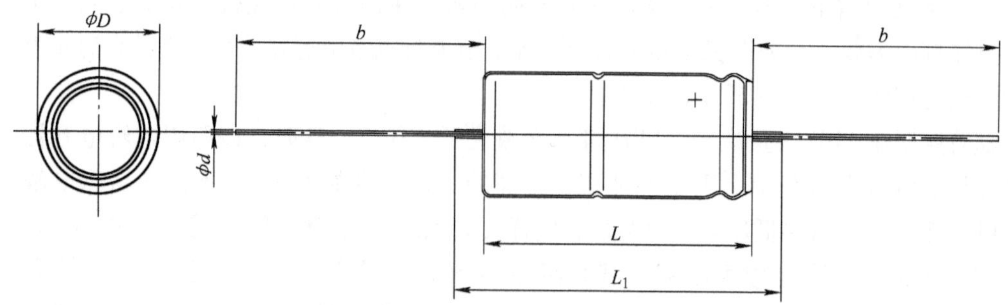

图4-9　轴向引线式铝电解电容器尺寸表示

同侧引线式铝电解电容器尺寸表示如图 4-10 所示。

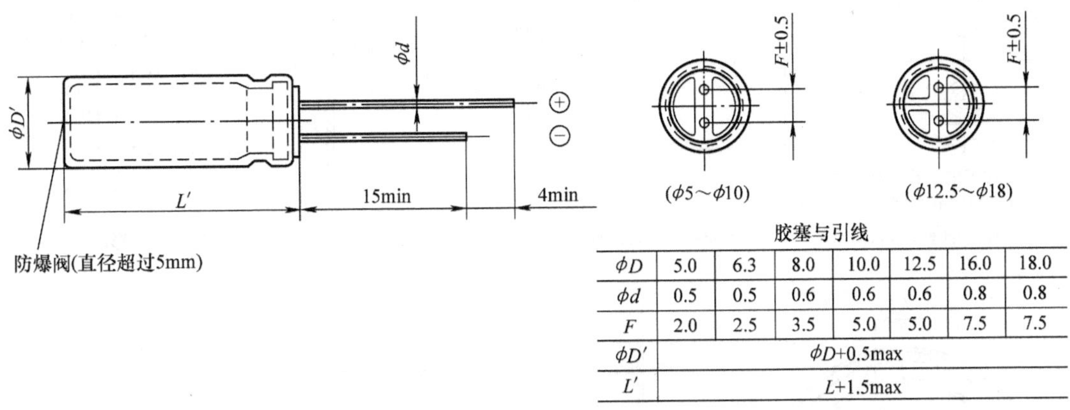

ϕD	5.0	6.3	8.0	10.0	12.5	16.0	18.0
ϕd	0.5	0.5	0.6	0.6	0.6	0.8	0.8
F	2.0	2.5	3.5	5.0	5.0	7.5	7.5
$\phi D'$	ϕD+0.5max						
L'	L+1.5max						

图 4-10　同侧引线式铝电解电容器尺寸表示

插脚式铝电解电容器尺寸表示如图 4-11 所示。

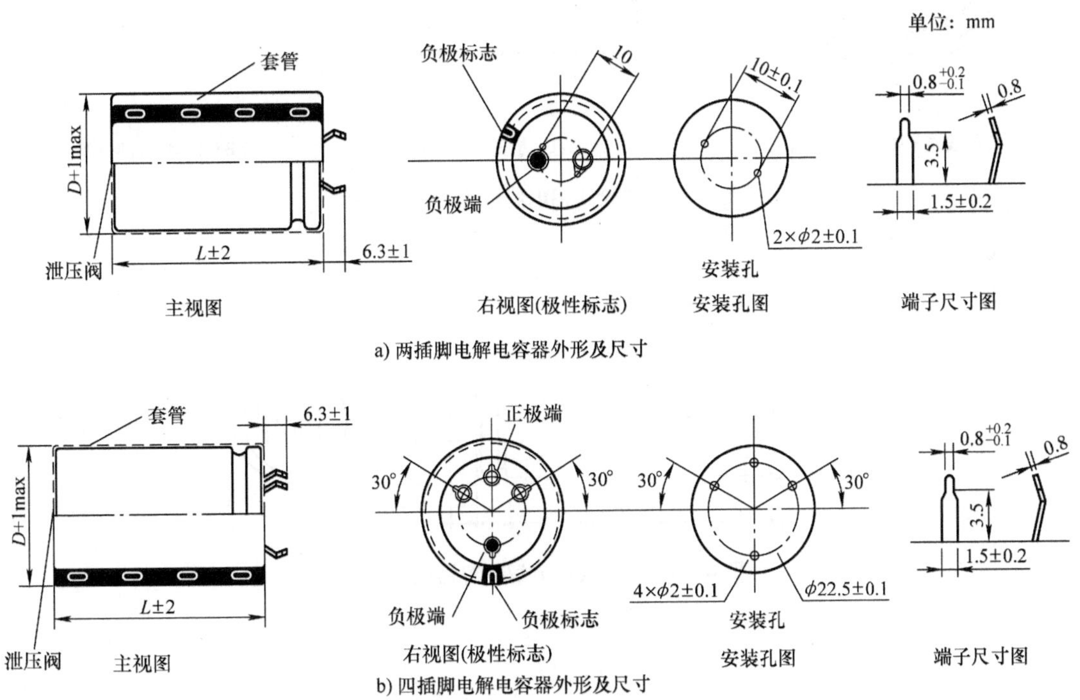

图 4-11　插脚式铝电解电容器尺寸表示

螺栓式铝电解电容器尺寸表示如图 4-12 所示。

焊片式铝电解电容器尺寸表示如图 4-13 所示。

表面贴装式铝电解电容器尺寸表示如图 4-14 所示。

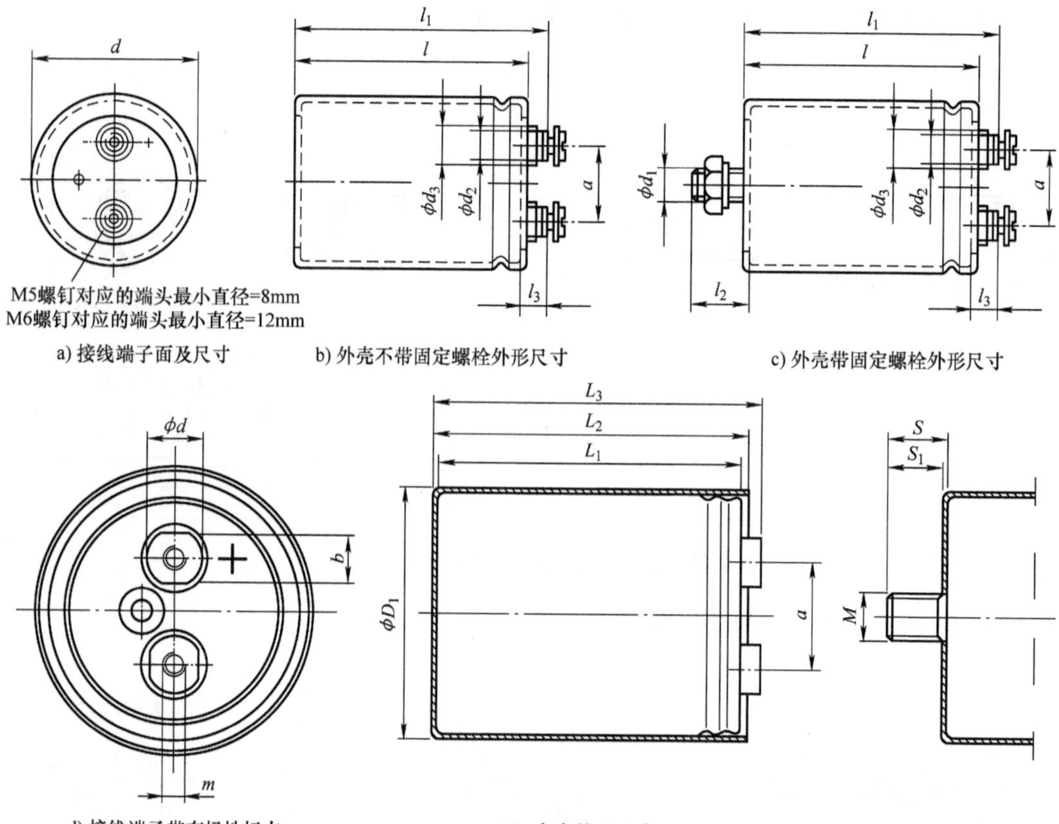

d
l_1
l
ϕd_3
ϕd_2
a
l_3
ϕd_1
l_2
M5螺钉对应的端头最小直径=8mm
M6螺钉对应的端头最小直径=12mm
a) 接线端子面及尺寸
b) 外壳不带固定螺栓外形尺寸
c) 外壳带固定螺栓外形尺寸
ϕd
b
m
L_3
L_2
L_1
ϕD_1
a
S
S_1
M

d) 接线端子带有极性标志　　e) U2方案外形尺寸　　f) B2方案特殊部分外形尺寸

图 4-12　螺栓式铝电解电容器尺寸表示

绝缘套
防爆阀
⊖负极
F±0.5
ϕD±1
L+2max
7

图 4-13　焊片式铝电解电容器尺寸表示

0.2max
W
D
H
P
C
L
R

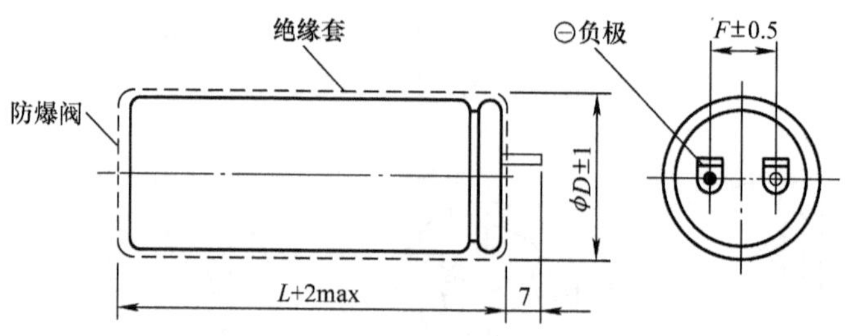

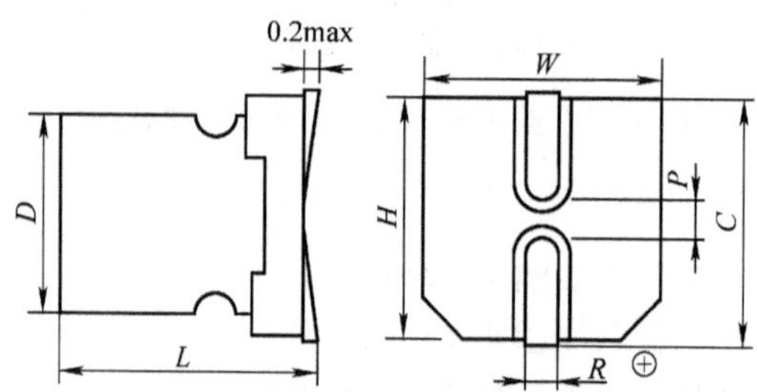

图 4-14　表面贴装式铝电解电容器尺寸表示

4.4 外观与极性标注方式

由于电解电容器是有极性的，不可以反接，因此需要从外封装上了解电解电容器电极的极性。电解电容器在外观上具有明显的极性标志。小型电解电容器的极性标注方式如图4-15所示。

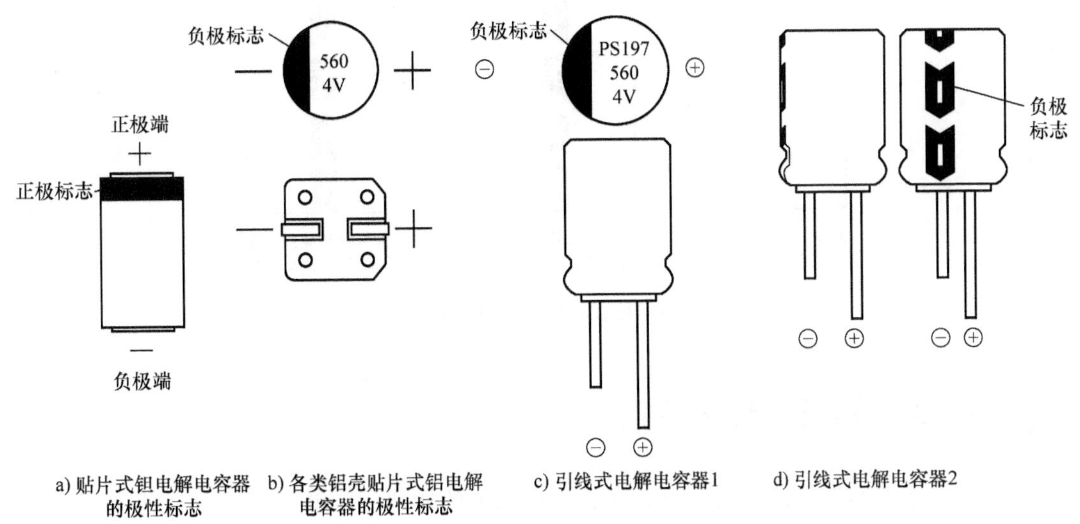

a) 贴片式钽电解电容器的极性标志 b) 各类铝壳贴片式铝电解电容器的极性标志 c) 引线式电解电容器1 d) 引线式电解电容器2

图4-15 小型电解电容器的极性标注方式

图4-15a是树脂封装的贴片式钽电解电容器，需要注意的是，与铝电解电容器和固态铝电解电容器极性标志不同，钽电解电容器的极性标志为正极，而铝电解电容器和固态铝电解电容器的极性标志为负极，这一点在应用中务必要注意。

图4-15b为贴片式铝电解电容器或固态铝电解电容器，贴片式铝电解电容器不仅在电容器顶端有明显的负极性标志，而且底座有缺口端是正极性端。

图4-15c、d是引线式铝电解电容器或引线式固态铝电解电容器。引线式电解电容器的长引线为正极，在其塑料热缩管上还有明显的负极标志（负号）。对于一些需要散热良好的引线式电解电容器，为了更好散热或贴片封装无法套热缩管时，通常在电容器顶端有明显的负极指示标志，如图4-15c所示。

插脚式电解电容器在其引线的铆钉上也标出正、负极标志，有的以铆钉上压有麻点作为负极标志，并且在塑料套管上印有负极标志，如图4-16b、c所示。

需要注意的是，尺寸比较大的插脚式电解电容器，为了获得良好的固定性能，通常做成四只引脚，图4-16c所示。四只引脚中一个为正极、一个为负极、另外两个为空脚，但是在电气连接上，这两个空脚一定不能与正极连在一起，而可以与负极连在一起，其原因是如果这两个空脚与电解电容器中的电解液接触，就相当于负极。

螺栓式电解电容器则在其封盖上有正、负极标志，而塑料套管上没有正、负极标志，如图4-16a所示。

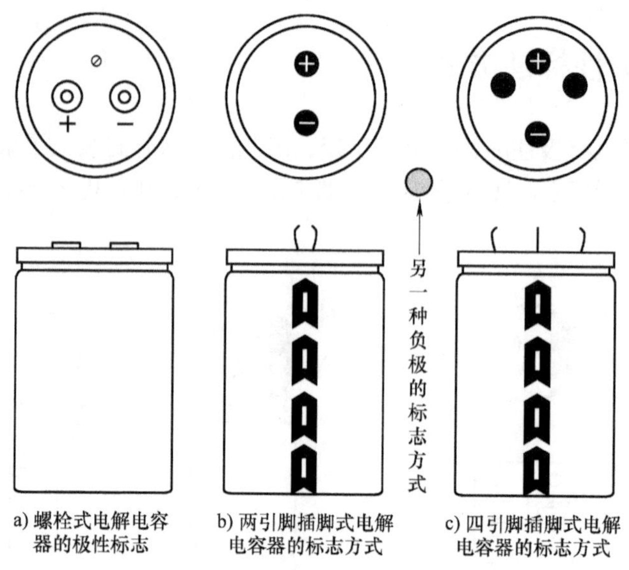

图 4-16　大型铝电解电容器的极性标注方式

4.5　电解电容器的参数识别

通常，电解电容器上除负极标志外，还有厂商的注册商标、温度范围、电容量、额定电压、电解电容器的型号，如图 4-17 所示。

图 4-17　各种封装的电解电容器的参数标志方式

图 4-17a、b 为导针式液态电解电容器，电解电容器的信息印制在套管上，标有制造商的商标、型号、额定电压、电容量、工作温度范围、负极标志，有的还有生产批号。

图 4-17c、d 为导针式固态铝电解电容器，所有的信息印制在外壳上，标有制造商的商标、型号、额定电压、电容量（单位为 μF）、负极标志，有的还有生产批号。

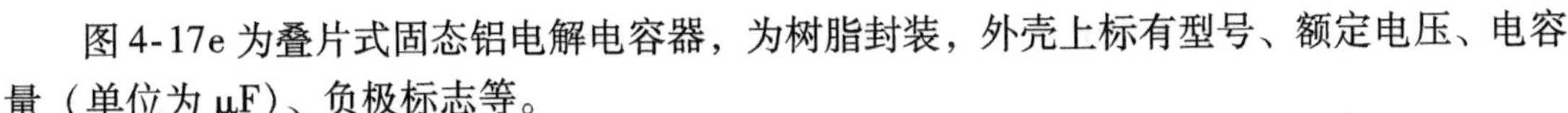

图4-17e为叠片式固态铝电解电容器，为树脂封装，外壳上标有型号、额定电压、电容量（单位为μF）、负极标志等。

图4-17f为插脚式电解电容器，信息印制在套管上，标有制造商的商标、型号、额定电压、电容量、工作温度范围、负极标志，有的还有生产批号。

图4-17g为螺栓式电解电容器，信息也印制在套管上，标有制造商的商标、型号、额定电压、电容量、工作温度范围，正极标志为“+”号，有的还有生产批号。

4.6 电解电容器的电压参数

铝电解电容器的电压指标主要有化成电压、闪火电压、老化电压、额定直流电压、额定浪涌电压、瞬间过电压和反向电压，下面将逐一介绍。

4.6.1 正极箔化成电压

化成电压是铝电解电容器正极箔在化成过程施加的电压，是铝电解电容器各电压指标中最高的。例如，额定电压为400V的铝电解电容器需要化成电压530V或更高的化成箔。寿命越长，需要的化成电压越高，有些制造商对短寿命（如2000h寿命）的铝电解电容器则选择480V化成箔，以降低成本和体积。

那么，化成电压有没有什么特性呢？有的！

如果化成电压是在室温下达成的，那么制成电解电容器后，这款电解电容器将会出现高温耐压不够。

通过测试可以知道85℃条件下化成电压的化成箔，到105℃时的耐压值仅剩85℃条件下化成电压的70%~80%。由此可以推断，到了125℃耐压值是否会下降到化成电压的60%，145℃时是否会下降到化成电压的40%？这需要通过测试验证，但是必须承认的就是随着电容器芯子温度高于化成温度后，氧化铝膜的耐压会随之下降，很可能下降较多。

正常105℃时电解电容器需要的化成电压大概是额定电压的1.32（1.15^2）倍，则额定电压为400V的电解电容器的化成电压为529V，约为530V。这就是额定电压400V的电解电容器需要530V化成箔的依据。

如果是85℃条件下，电解电容器需要1.15倍额定电压的化成箔，即460V对应的化成箔电压至少为480V。也就是说480V化成箔也可以做出额定电压为400V的电解电容器，但是仅仅限于85℃并且寿命为2000h或1000h的产品。

4.6.2 闪火电压

闪火电压是电解液的一个电气特性。电解液是导电的，但是不允许在无氧化层的两个铝电极之间施加老化电压时出现闪火，会导致电解电容器失效甚至燃烧。

为了防止电解液在正常电压下闪火，需要在电解液中添加防止闪火的添加剂（长链聚合物），闪火电压越高，聚合物的链越长，对应的电解液越黏稠。所以，高压电解电容器芯子含浸电解液的时间远比低压电解电容器长，甚至要加压含浸。

电解液的闪火电压需要高于高温老化电压，低于正极箔的化成电压。电解液的闪火电压没有必要高于正极箔的化成电压，而且大材小用，是一种浪费。

4.6.3 老化电压

老化电压是修复铝电解电容器在钉卷、含浸、组立后破损的氧化膜所需的电压。这个修复过程称为老化。不同老化过程的老化电压也不同。

1. 常温老化

常温老化是在常温环境下进行老化过程，修复制造过程中受损的氧化膜。这个修复过程是在电解液中完成的，为了降低电解电容器制造成本和提高制造速度，通常的老化过程是将电解电容器组立或密封好，再进行老化。

为了让破损的氧化膜得到有效的修复，电解液中需要加适量的氧化剂，来氧化正极箔上裸露的铝以及耐压不足的氧化铝部分。

老化过程所消耗的是组立或密封好的电解电容器存有的电解液的成分，老化的同时也会产生氢气等气体，如果不吸收这些气体，老化过程就会使电解电容器外壳鼓胀，特别是把防爆阀打开，令电解电容器失效。因此，需要在电解液中加入吸气剂（或称为消氢剂），为了让消氢剂有效工作，又要保证电解液性能以及电解电容器的寿命，老化电流需要限制在某个范围。

2. 高温老化

常温老化后，为什么还要高温老化？主要原因是常温老化产生的氧化铝膜为“水合氧化铝”，其中存在氢氧化铝成分，也就是“含水的”氧化铝，需要在高温老化过程中将其部分或大部分转化为“无水”氧化铝。

第二个原因可能是氧化铝耐压特性与温度有关，随着温度上升，氧化铝耐压下降。因此，在常温状态下老化的氧化铝部分在高温时的耐压可能不够用，需要在最高工作温度下再次进行老化，使被修补的氧化膜在高温下的耐压满足要求。

现在的105℃/400V的铝电解电容器一般需要选择化成电压为530V的化成箔，对应的常温老化电压为450~470V，高温老化电压为410~430V。

3. 为什么不把老化电压加到化成电压

化成电压是化成槽的电压，不一定是化成箔的化成电压。原因在于化成槽中的化成液具有较高的电阻率，化成电流会在化成液中产生电压降。因此，电解电容器的正极箔实际的化成电压必然低于化成槽的化成电压。

即便是将老化电压施加到化成电压的95%，都会超过电解电容器的正极箔即化成箔的老化电压，使得正极箔在封装好的电解电容器壳体内在老化电压作用下出现化成现象，电解电容器芯子将产生大量的气体和热量，使得组立好的铝电解电容器将无法承受这个过程所产生的热量和气体，轻者芯子干包，重者凸底，总之无法通过常温老化。

为什么高温老化电压要比常温老化电压低？原因是氧化铝膜的击穿场强随温度升高而降低。例如高温老化温度105℃下对于85℃温度下的化成箔，其化成电压会有明显的减小。在实际的高温老化过程中，施加的老化电压需要低于105℃温度下的实际化成电压。如果是125℃电解电容器在125℃温度下老化，其老化电压需要与125℃下的化成电压相对应，其电压差值比105℃老化温度下更大。由此可见，老化温度越高，老化电压与化成箔标称的化成电压相差越多。化成箔化成过程温度越低，这个差距越大。

在钽电解电容器部分可以看到，钽电解电容器的工作电压随温度升高而降低，甚至降低到额定电压的50%。

而常温状态下的耐压似乎可以达到常温老化电压，但这不是高温老化形成的氧化膜结构，会有较大的漏电流，因此只能应用到高温老化电压以下的工作电压。

固态铝电解电容器的化成电压明显高于额定电压，因为固态电解电容器在“化成”工艺过程中化成液温度约为70℃，明显低于固态电解电容器最高工作温度125℃，则氧化铝膜耐压将明显高于70～125℃的温度差造成的氧化铝耐压。

4.6.4 额定电压和工作电压

额定直流电压U_R是电容器在额定温度范围内所允许的最大持续工作电压，它包括在电容器两电极间的直流电压和脉动电压或连续脉冲电压之和。通常，铝电解电容器的额定电压在电容器上标明。额定电压≤100V的铝电解电容器为低压铝电解电容器，而额定电压≥150V的为高压铝电解电容器。

额定电压的标称值为3V、4V、6.3V、(7.5V)、10V、16V、25V、35V、(40V)、50V、63V、80V、100V、160V、200V、250V、300V、(315V)、350V、(385V)、400V、450V、500V、(550V)。其中，括号中的电压值为我国不常见的电压值。

工作电压是电容器在额定温度范围内所允许的连续工作电压。在整个工作温度范围内，从理论上讲，电容器既可以在额定电压（包括叠加的交流电压）下连续工作，也可以连续工作在0V与额定电压之间任何电压下。在短时间内，电容器也可承受幅值不高于－1.5V的反向电压。

4.6.5 反向电压

铝电解电容器是有极性的电容器，通常不允许工作在反向电压，在需要的地方，可通过连接一个二极管来防止反极性。通常，采用导通电压约为0.8V的二极管。在短于1s的时间内，小于或等于1.5V的反向电压是可以承受的，但仅仅是短时，绝不能是连续工作状态！

反向电压的危害主要是反向电压将产生减薄氧化铝膜的电化学过程，从而损坏铝电解电容器。

随着铝电解电容器耐纹波电流能力的增强，在大的纹波电流流过铝电解电容器时，电解液与负极箔之间的电容和ESR会使负极箔相对电解液呈现正电压，为了避免这个正电压对负极箔乃至整个电解电容器的影响，电解电容器的负极箔通常会化成几伏的化成电压，避免电解电容器在高纹波电流时负极被化成，导致电解电容器的早期失效。

4.6.6 过电压承受能力

过电压承受能力可以分为额定浪涌电压U_S和雷击电压。

额定浪涌电压U_S是铝电解电容器在短时间内能承受的电压值，其测试条件是：电容器工作在25℃，充电时间不超过30s，两次间隔不小于5min。IEC 384－4中规定的浪涌电压与额定电压的关系为

$$U_S = 1.15U_R \quad U_R < 315V\text{时} \tag{4-1}$$

$$U_S = 1.10U_R \quad U_R > 315V\text{时} \tag{4-2}$$

有些铝电解电容器（主要是大型铝电解电容器）在外壳上也标注浪涌电压，一般的标注方法为：×××U_S。

1. 浪涌电压测量

电容器额定浪涌电压的具体测试方法是：在正常室温下，电容量在2500μF以下的铝电解电容器可串联1000Ω±10%的电阻，而电容量为2500μF或更高者，需要串联电阻，其阻值为R=2.5/C，这个电阻值的单位为MΩ；C为电容量，单位为μF。在电压30s接通、4min30s关断的周期内，每个电容器通过充电电阻或等效电阻放电。重复120h的循环周期。通过测试的要求是测试前后的直流漏电流（DCL）、等效串联电阻（ESR）和损耗因数（DF）值不应有变化，并且没有机械损坏或电解液泄漏痕迹。

2. 浪涌电压测试对电解电容器的影响

通过这个测试条件可以看到，由于施加的浪涌电压高于高温老化电压，有可能使得铝电解电容器进入“老化”状态，由于测试电路中串联限流电阻，因此浪涌电压对应的浪涌电流最终值不会很大，例如额定电压为400V的铝电解电容器，常温老化电压为430V，根据式（4-2）可知浪涌电压为440V，大于430V，在这种状态下，电解电容器就会进入“常温老化”状态。其限流电阻将“老化”电流限制在初始值25mA，由于“老化”时间占空比不到1/10，等效的“老化”电流将不到2.5mA。随着“老化”进程，“老化”电流下降，最终维持在约1mA数量级，产气速率造成的电解电容器内部气压不足以使电解电容器凸底。

如果电解电容器老化不良，在浪涌电压作用下，产生比较大的“老化”电流，并产生比较多的气体，可能会出现电解电容器凸底现象。

3. 瞬间过电压

瞬间过电压指铝电解电容器一般能瞬间承受的极限过电压。对于铝电解电容器，瞬间过电压通常为超过电容器浪涌电压额定值的过电压状态，这种状态会造成很大的漏电流并进入恒电压状态，电压、电流特性很像稳压二极管的反向特性。如果电解电容器不能承受这个瞬时过电压，可能击穿失效，但是即使能够承受，这种状态也决不允许持续很长时间，因为电容器产生的氢气会导致不可逆的压力释放装置动作（爆浆），使铝电解电容器失效。即使压力释放装置不动作，这种状态也会消耗电解液，多次出现这种状态将会缩短铝电解电容器的使用寿命。因此，如果它在电子电路中仅需要极短的工作寿命，在某种意义上允许端电压达到浪涌电压或稍低于瞬时过电压。

RIFA公司的瞬间过电压的测试标准为：尖脉冲，上升时间在100μs～5ms之间；两次瞬间过电压间隔时间大于5min；寿命期间内可以承受1000次的瞬间过电压冲击。

4. 雷击过电压

为了降低小功率开关电源成本，很多制造商在小功率开关电源中取消了压敏电阻、共模电感、X电容甚至Y电容，这不仅仅大幅度降低了开关电源的成本，同时开关电源的体积减小了1/4～1/3，也使得本该由压敏电阻和X电容抑制的过电压甚至雷击功能“转嫁”到电解电容器上。这就需要电解电容器具有雷击过电压承受能力。

400V电解电容器需要耐受不低于X2电容器的瞬态过电压冲击而不失效，这在电容器领域中是非常不讲道理的。例如，额定电压为400V的一般用途薄膜电容器、甚至额定电压为630V的一般用途薄膜电容器是绝对无法通过2.5kV的瞬态过电压测试的，因此才有了价格更高的 X2 电容器。作为一般用途的额定电压为 400V 的铝电解电容器需要通过 3kV 甚至客户希望通过 6kV 雷击电压（相当于瞬态过电压）测试，这对电解电容器是极其不公平的。但是，铝电解电容器的确通过了雷击测试，表明铝电解电容器具有极其优异的瞬态过电压耐受特性，这得益于铝电解电容器氧化铝膜的化成特性。

电解电容器通过耐雷击过电压测试如耐 3000V 雷击电压测试，需要电解电容器老化良好，没有老化瑕疵，否则雷击过电压就会在老化瑕疵处产生大量气体导致电解电容器凸底，甚至会将老化瑕疵处击穿。

5. 交流叠加，纹波电压

铝电解电容器两端之间不仅可以施加直流电压，而且可以在施加直流电压基础上叠加交流电压如纹波电压，但是必须符合以下条件：

1）直流电压与交流叠加电压和纹波电压之和不超过额定电压，而且不发生反极性现象。

2）流过电解电容器的纹波电流有效值不得超过额定纹波电流。

4.7 电容量

铝电解电容器的电容量指标主要有额定电容量、静电电容量和电容量测量的容差范围等。

1. 额定电容量

额定电容量是标称电容量，定义在 120Hz/25℃测试时。额定电容量也就是单体电容量。标称电容量多数为 E12 系列优选值，即 1.0、1.2、1.5、1.8、2.2、2.7、3.3、3.9、4.7、5.6、6.8、8.2，也有特殊额定电容量，如 8000μF。

2. 静电电容量

静电电容量即直流电容量，是在对电容器施加直流电压时测量其电荷得到的，在常温下其值比交流时稍大，并且具有更优越的稳定特性。

3. 电容量测量

电容器的电容量可通过测试它的交流阻抗或直流电压下它可保持的电荷量获得，两种方法产生的结果略有不同。一般来说，采用直流电压测试方法测得的电容量（直流电容量）稍高于交流电流方法测得的电容量（交流电容量）。

为了与最普遍的应用（如整流滤波或隔直耦合）条件一致，铝电解电容器交流电容量的最常见的测试频率一般为 50Hz 或 60Hz 的工频交流电的 2 倍频，即 IEC 384－1、IEC 384－4 给出的 100Hz 或 120Hz。此结果是在 IEC 384－1 和 IEC 384－4 中给出的特殊测试方法测得的。

可以在铝电解电容器上施加一个小于或等于 0.5V（不会使铝电解电容器反向击穿）的交流电压，检测电容器电流。电容量根据 $C = I/(2\pi fU)$ 即可确定。交流电容量随温度的变化可能大于 10%，同时也随频率的增加而减小，因此 IEC 384－1、IEC 384－4 给出了频率为 100Hz 或 120Hz、温度为 20℃时的基本测试条件。也可以采用测试一般电容器电容量的测试方法，利用测试电容量的桥式电路在电源侧施加 $1V_{rms}$，最大 AC 信号电压是无直流正偏电压的无高次谐波和次谐波的 120Hz 正弦波电压，尽管电源电压的峰值接近 1.5V，但是通过桥式电路的分压作用，施加在铝电解电容器的峰值电压将低于 1V，不会对铝电解电容器造成损害。一般而言，铝电解电容器多用于整流后的滤波、旁路和隔直耦合，这些应用对电容量的数值和精度要求不高，电容容差（精度）为 ±20% 就可以很好地满足要求。

在一些应用（如放电电路和定时电路）中，直流电容量起决定性作用。这就需要测量直流电容量，通常可以采用充/放电的方式测量。根据 $C = It/\Delta U_C$，采用恒流充/放电，通过检测时间 t 得到电容量 C。考虑到电解电容器的漏电流不是一个固定值，不确定的漏电流将影响恒流源对电容器实际充电电流值的准确性，在需要精确的直流电容量时最好不用铝电解电容器。为了获得比较精确的电容量，可以采用多只电容器并联的方式进行测量。

然而，也有一些例外的情况需要确定直流电容量，而且 IEC 标准没有给出任何相关的说明。因此，确定了一个独立的 DIN 标准，即 DIN 41328－4，它描述了关于一次性、非循环充/放电电容器测试方法。

4. 电容容差

电容容差是允许的最小和最大电容值与额定电容量的差值同额定电容量的比，通常用百分数表示。早期电解电容器典型电容容限为 ±20%、－10% ~50% 和 －10% ~75%。高压电容器的容差可以做得比较小，如大于 150V 时一般容差可以做到小于 ±10%。电容量随温度和频率变化，通常这个变化也应在电容容差范围内，这个变化本身也受电容器的额定电压和尺寸的影响。

为了降低铝电解电容器的成本，制造商通常会采用负偏差电容量的产品，这个潜在规则源于国外电解电容器制造商。

4.8 损耗因数

4.8.1 损耗因数的定义与测试方法

电解电容器的损耗因数（DF）可以理解为在交流电流激励下，电解电容器的等效串联电阻（ESR）的有功功率和无功功率之比，即

$$DF = \frac{每个周期消耗的功率(有功功率)}{每个周期存储的功率(无功功率)} \tag{4-3}$$

无功功率为 $I^2/\omega C$，ESR 的有功功率为 I^2R，代入式（4-3）中得

$$DF = \frac{I^2R}{I^2/\omega C} = \omega CR \tag{4-4}$$

很显然，损耗因数是容抗与 ESR 之比。由于式（4-4）非常像交流电路中 RC 电路的公式，而且这个比值非常像三角函数中的正切函数，因此电解电容器的损耗因数在很多技术文献中也称为损耗角正切（$\tan\delta$），如图 4-18 所示。

由式（4-4）可以看到，随着频率 ω 的增加，电解电容器的损耗因数随之增大。

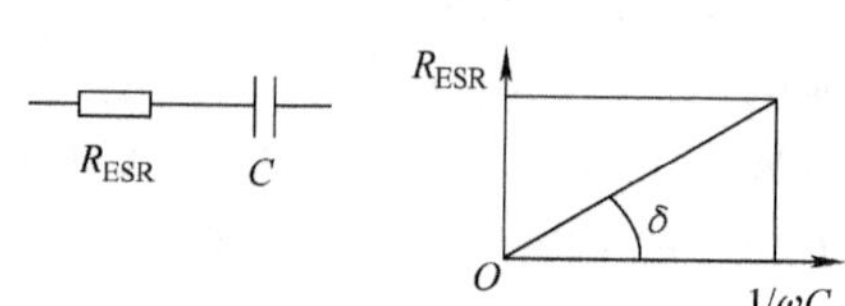

图 4-18　电解电容器的简化等效电路与损耗角正切的关系

由于电容器损耗因数的测试标准使用的是 60Hz 频率，故电容器的损耗因数的测试频率为 60Hz 交流电全波或桥式整流后的最低纹波频率（60Hz 的 2 倍频）120Hz。这个测试条件的测试值比我国的 50Hz 电网频率下的损耗因数大 20%。

损耗因数测量在 25℃/120Hz，无正向电压偏置，最大交流有效值为 1V 的信号电压条件

下进行，由测得的损耗因数推算出的 ESR 就是电容器在 120Hz 条件下的 ESR。

由损耗因数定义、测试方法和图 4-18 的解释可以看出：损耗因数就是电容器的 ESR 与容抗的比值，与介质损耗无关。

4.8.2　铝电解电容器的损耗因数与应用的关系

环境温度和工作频率对铝电解电容器的损耗因数有着比较明显的影响。铝电解电容器的损耗因数与温度、频率的关系如图 4-19 所示。

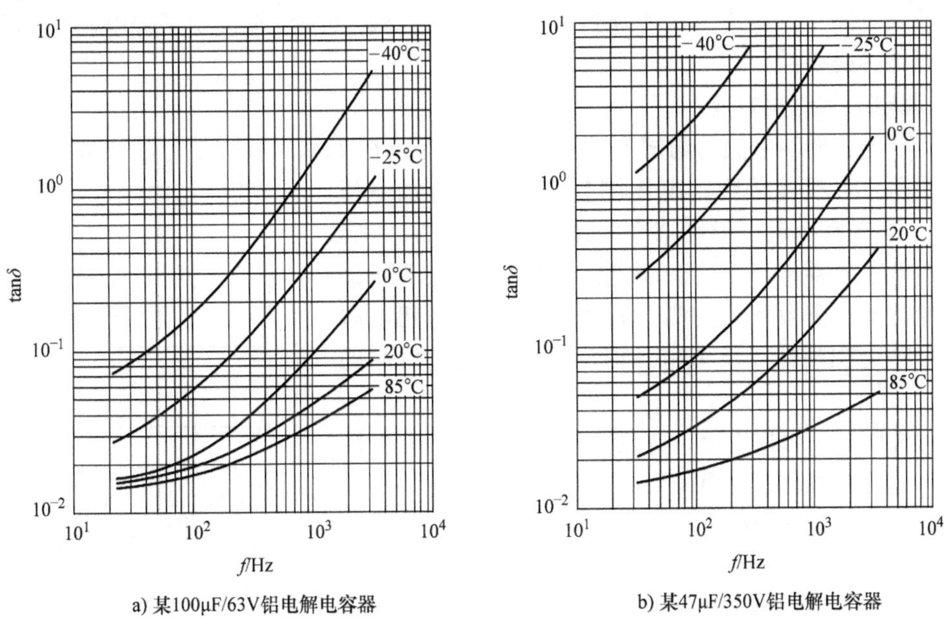

图 4-19　铝电解电容器的损耗因数与温度、频率的关系

从图 4-19 中可以看出，铝电解电容器的损耗因数将随温度的上升而减小，因此由损耗因数引起的损耗随着温度的上升而得到抑制，是一个收敛的结果。由于电解液的电阻率随温度的上升而减小，因此损耗因数随测量温度的下降（ESR 增加）而增大。

铝电解电容器的损耗因数随频率增加，从图 4-19 中可以看出：频率增长一个数量级，损耗因数也随之增长约一个数量级。这种增长与式（4-4）的趋势变化基本一致。从图中还可以看到，实际的损耗因数增长速度快于式（4-4），其原因是：产生损耗的主体是作为负极的电解液的电阻，而电解液是离子导电，离子导电在不同频率下所产生的损耗是不同的。因此，铝电解电容器的损耗除了 ESR 的损耗外，还有不同频率作用下电解液产生的损耗。

这种损耗因数随频率而增加的结果与无极性电容器由于介质的损耗造成的损耗因数有质的区别，因为铝电解电容器的介质（氧化铝）损耗特性绝不会差到这种程度。

4.9　漏电流

1. 漏电流产生的原因和减小的必要性

漏电流产生的原因：氧化铝介质在铝箔切割、铆接过程中受到的损伤通过老化修复后性能不如化成工艺单氧化膜，会产生漏电流；氧化铝膜受电解液中氯离子的腐蚀而产生缺陷，进而产生漏电流；正极箔（铝箔）纯度不可能为100%，会存在微量其他元素，与电解液和氧化铝膜产生原电池效应破坏氧化铝膜，产生漏电流。

需要通过施加直流电压（阳极氧化）的方式加以修补，因此即使已经施加很长一段时间的直流电压，仍会有小的修补电流流过，这个电流称为漏电流。

漏电流低意味着电解液中的氯离子极少，可以得到良好的修补结果，也表明作为绝缘层的氧化铝介质是良好的。电解液和铝箔中的铁、铜离子在铝电解电容器的电极上施加电压后会产生原电池效应电流，需要较多的电荷将其消耗掉，这就是一些铝电解电容器在初次加电后需要较长时间“漏电流”才能降到正常值的原因。这种现象也说明了铝电解电容器出厂前需要老化的必要性。

2. 漏电流的测量方法

铝电解电容器漏电流的测试方法和测试条件为：在25℃，被测电容器串联一个1000Ω的保护电阻，直接接于额定电压测量漏电流。施加电压5min后，漏电流不超过说明书中的最大值为合格。小容量的铝电解电容器可以采用1min测试的结果，大容量的铝电解电容器将需要更长的测试时间。图4-20为铝电解电容器串联电阻后接于直流电压时漏电流与充电时间的关系。

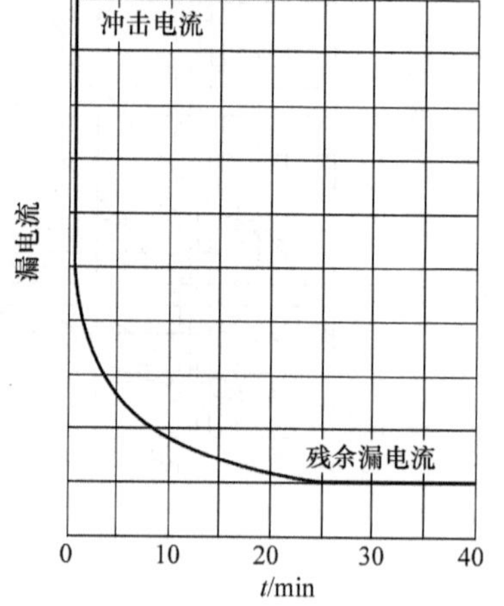

图4-20 铝电解电容器漏电流与充电时间的关系

从特性曲线中可以看出，电流将无限趋近于最终的漏电流值——修补氧化铝介质需要的电流值。

铝电解电容器的漏电流可以通过计算得到，如EPCOS公司的铝电解电容器的I_{lkop}为

LL级

$$I_{\mathrm{lkop}} = 0.0005C_{\mathrm{r}}U_{\mathrm{r}} + 1$$

GP级

$$I_{\mathrm{lkop}} = 0.001C_{\mathrm{r}}U_{\mathrm{r}} + 3$$

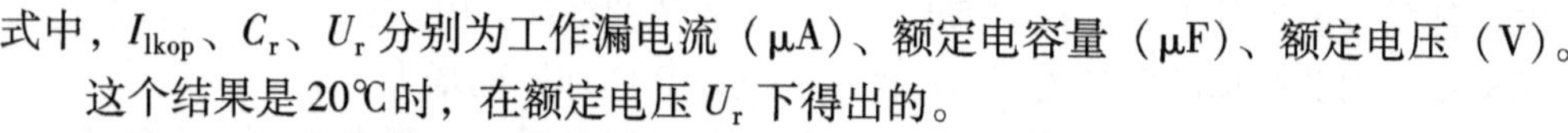

式中，I_{lkop}、C_{r}、U_{r}分别为工作漏电流（μA）、额定电容量（μF）、额定电压（V）。

这个结果是20℃时，在额定电压U_{r}下得出的。

3. 漏电流与应用环境的关系

漏电流是对铝电解电容器损伤最大的问题之一，因为漏电流会消耗电解液，造成铝电解电容器过早的干涸失效。因此，要格外关注漏电流问题。

（1）长期放置会增加铝电解电容器的漏电流及其解决方法　需要注意的是，铝电解电容器经过长时间无电压状态的存储后而没有任何应用。其电解液中的氯离子对氧化铝膜的损伤最大，尤其在温度很高的条件下进行存储。在这种情况下从氧化层到阳极没有漏电流流过，氧化层就不能重新产生，当延长存储后接入电压时，会产生一个高于正常值的漏电流。然而，随着使用过程中氧化层的重新产生，漏电流会逐渐降低至正常值。同时由于铁、铜离子的原电池效应也逐渐恢复，这使得铝电解电容器的漏电流将需要长时间的施加电压加以恢复。这个过程称为老化或赋能。通常在铝电解电容器使用前进行赋能。

铝电解电容器可在无电压状态下存储，国内一般厂商存储1年或国内外著名厂商存储2年以上的，在应用前需要进行赋能。

如果长期放置的铝电解电容器没有进行赋能，可能会出现第一次通电时漏电流值高达其正常值的 100 倍！当电容器的存储时间超过 2 年时，电容器能否承受得住这个高的初始漏电流？因此，在铝电解电容器装入电路前，最好是对铝电解电容器进行赋能。另外，带有电容器的电路已经达到或超过存储年限以上时，应该使电容器工作在无负载状态下 1h，以防止过大的漏电流和纹波电流共同作用使铝电解电容器过热而导致爆浆。由此可以看到，对于带有铝电解电容器的电路在存储期间，应每年加电一次（数小时）以保证存储时电路中铝电解电容器的性能。

不可否认的是，密封良好的铝电解电容器甚至可存储 15 年而没有任何的性能损耗。如果铝电解电容器存储时间没有超出极限时间，电容器从库中取出后可直接应用于额定电压。在这种情况下，赋能过程可以不需要。

需要注意的是，存储过期的电解电容器，即使通过常温赋能，常温漏电流降低到出厂值，也无法保证该电解电容器的使用寿命，甚至重新做高温老化时会凸底。这样的电解电容器不能作为正常产品提供给客户。

同样，如果电解电容器在客户端放置时间过长，寿命也会缩短。

（2）漏电流的电压特性　在数据手册中，铝电解电容器的漏电流测试条件为：电压为额定电压，温度为最高工作温度。在不同的电压下，铝电解电容器的漏电流随所施加的电压变化，如图 4-21 所示。

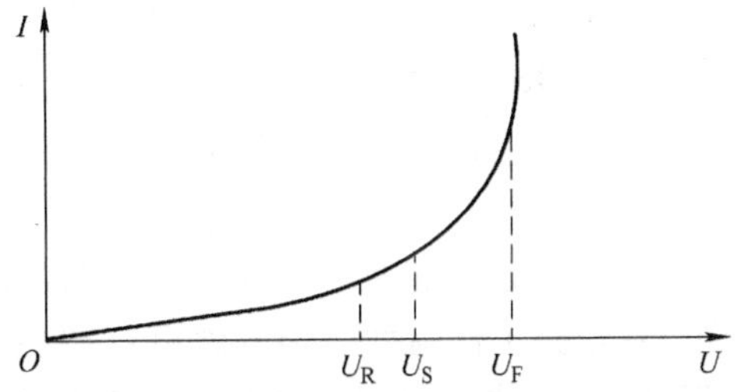

图 4-21　铝电解电容器的漏电流与电压的关系

图 4-21 中，U_R 为铝电解电容器的额定电压，U_S 为浪涌电压，U_F 为阳极氧化电压（击穿电压）。从图中可以看到 $U_F > U_S > U_R$，漏电流随电解电容器端电压上升而增加，当端电压超过额定电压并接近浪涌电压时，漏电流的上升速率随电压的上升而增加，当端电压接近击穿电压时漏电流将急剧增加，最后变为类似雪崩击穿的恒压特性，这种“雪崩击穿”特性在铝电解电容器没有产生爆浆、凸底等不可逆的损坏时是可逆的。可以通过铝电解电容器的漏电流在电容器端电压接近浪涌电压后明显增加的特性测量铝电解电容器的实际额定电压。

图 4-22 为 CDE 公司生产的 4700μF/450V/85℃ 铝电解电容器的漏电流与施加电压的关系。

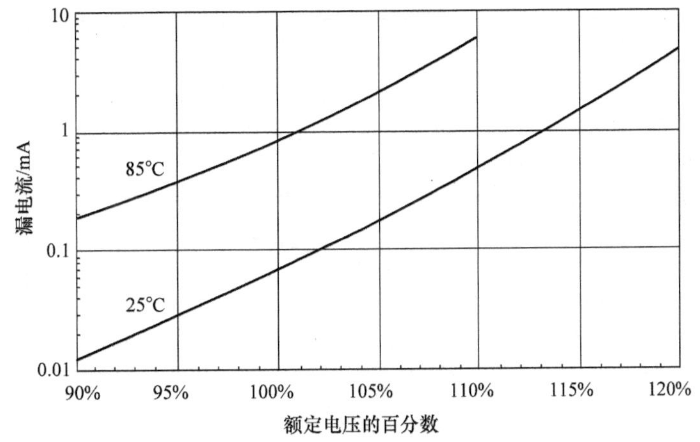

图 4-22　漏电流与施加电压的关系

从图 4-22 中可以看到：在最高工作温度 85℃时，100% 额定电压时的漏电流是 90% 额定电压时漏电流的 4 倍，是 95% 额定电压时漏电流的 2 倍。很显然，降低铝电解电容器的工作电压将有利于漏电流的降低。从图中还可以看到：在维持相同的漏电流的条件下，降低工作温度可以使工作电压提升。以漏电流为 1mA 为例，环境温度为 85℃时对应的工作电压为额定电压的 101.5%，而环境温度降低到 25℃后，对应的工作电压为额定电压的 113%。

由此可见，在最高工作温度和额定电压条件下，铝电解电容器所产生的热量会使铝电解电容器的芯包附加温升 1 ~1.5℃，大约占总温升的 10% ~20%。

（3）漏电流的温度特性　从定性关系看，以最高工作温度为 85℃的铝电解电容器为例，漏电流与温度的变化趋势如图 4-23 所示，可以看到铝电解电容器的漏电流随温度上升而明显增加。

从定量关系看，CDE 公司生产的 4700μF/450V/85℃铝电解电容器的漏电流与温度的关系如图 4-24 所示。

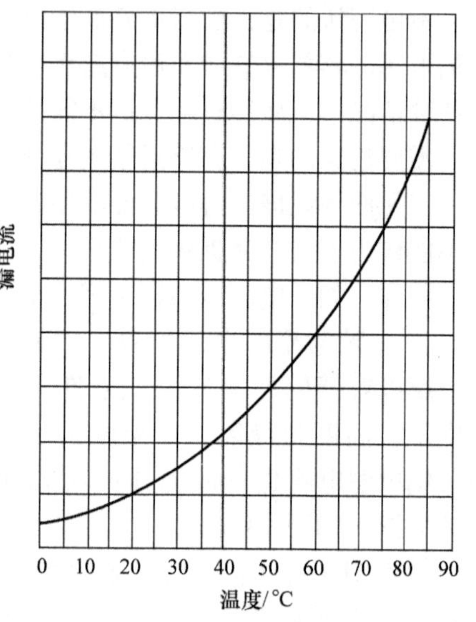

图 4-23　铝电解电容器漏电流与温度的关系

从图 4-24 中可以看到：85℃时的漏电流是室温（25℃）的 14 倍。漏电流的降低可以有效地降低电解液的消耗，有利于延长铝电解电容器的使用寿命。

（4）漏电流的损耗　从图 4-22 和图 4-24 可以看到，在最高工作温度时铝电解电容器在额定电压 U_R 下漏电流的损耗约为 0.4W，而工作在室温下仅仅为 0.03W，如果降低工作电压到 90% U_R，则损耗可以降低到 0.004W。从以上分析可以看出，适当地降低工作电压和环境温度可以使漏电流降低一到两个数量级，这对铝电解电容器的长期可靠使用有利。

因此，从漏电流角度考虑，铝电解电容器无论是否应用最好定期加电赋能，以确保铝电解电容器的性能；铝电解电容器无论是存储还是工作都不适于高温环境，高温环境将大大缩短铝电解电容器的寿命，并且使铝电解电容器的漏电流性能下降。

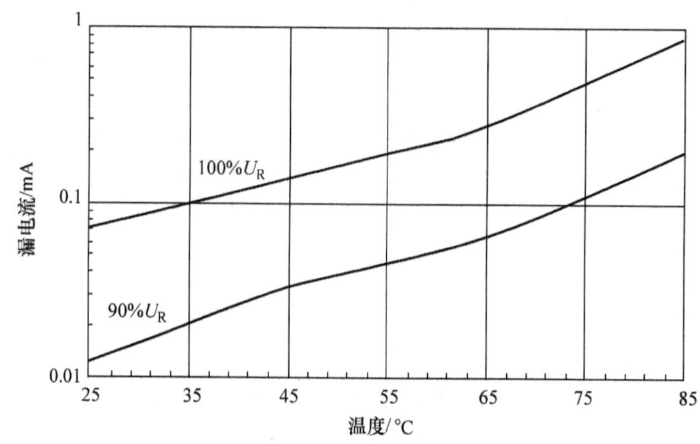

图 4-24　漏电流与温度的关系

4.10 工作温度范围

1. 电解电容器的工作温度

由于铝电解电容器的电解液为负极，温度的升高将会使电解液达到沸点。因此，电解液的沸点将是铝电解电容器不可逾越的最高工作温度。在实际应用中，最高工作温度要比电解液的沸点低 10~20℃；同样，也是由于铝电解电容器的负极是电解液，在温度过低时，电解液将变得黏稠甚至凝固，导致铝电解电容器不能应用。因此，铝电解电容器也有工作与存储温度的下限。在工作温度上限与下限之间的整个温度范围就是铝电解电容器的工作温度范围。

对于比较低级的商业应用，铝电解电容器的最高工作/存储温度和最低工作/存储温度分别为 85℃和 -20℃。如果对低温有特殊要求时，最低工作温度可以达到 -40℃；如果工作/存储温度比较高，则需要最高工作/存储温度为 105℃的铝电解电容器；当遇到更高温度的工作环境，如节能灯/LED 或汽车发动机舱内的应用时，要求铝电解电容器的最高工作温度要达到 125℃甚至 150℃。

通过上述分析可知，铝电解电容器的最高工作温度可以分为：一般应用的 85℃、较高工作温度的 105℃和非常高工作温度的 125℃甚至是 140℃、150℃。

2. 可使用时间

同样是由于铝电解电容器的负极是电解液，随着时间的推移，电解液会渐渐地干涸，当电解液干涸到一定程度后，铝电解电容器实际的负极板有效面积将明显变小，电容量开始明显降低，同时伴随着 ESR 的明显升高。当电容量减小、ESR 上升达到一定程度时，铝电解电容器将失去应用意义，这标志着铝电解电容器寿命终了。

根据应用环境和成本的折中考虑，不同规格的铝电解电容器有着不同的寿命。

3. 铝电解电容器的额定温度与寿命的额定参数

综上所述，铝电解电容器的额定温度是允许工作和存储的最高温度，根据工作环境温度要求通常可分为 85℃、105℃、125℃、140℃和 150℃五个温度等级，并且在各温度等级下有不同的寿命，如 1000h、2000h、3000h、4000h、5000h、8000h、10000h 甚至更高。

4.11 寿命

寿命是电解电容器的重要参数。电解电容器的寿命一般定义为在最高工作温度下施加的直流电压和交流电压叠加幅值不超过额定电压、流过电解电容器的纹波电流为额定纹波电流的条件下的寿命值。经过寿命测试后的电解电容器的电容量、漏电流、损耗因数不应超出数据表规定的限制值。

电解电容器的实际寿命随电解电容器工作温度的降低而变长，通常认为是每降低 10℃，寿命加倍；也有的电解电容器制造商给出每降低 7℃，寿命加倍；还有的电解电容器制造商给出每降低 5℃，寿命加倍。因此，电解电容器在低于最高工作温度下的寿命折算需要根据各制造商和其具体规格给出寿命曲线来进行折算，通常没有通用的折算公式。

电解电容器寿命长与短，与电解电容器芯子大小、含浸电解液的多少有关。例如导针式电解电容器，直径为 12.5mm 以上的寿命可以达到 10000h，而相同材质、相同工艺的直径为

10mm 的电解电容器只能做到 8000h 的寿命。同样，直径 8mm 以下的只能做到 5000h。其他寿命的电解电容器以此类推。

在电解电容器数据表中有两个电解电容器寿命参数，一个是高温负荷寿命，另一个是高温静置寿命。

高温负荷寿命是最常用的电解电容器寿命参数。其测试条件为：最高环境温度下、不超过额定电压时施加额定纹波电流。持续加载，电容量变化小于初始电容量的 ±20%，损耗因数不大于初始值的 200%，漏电流不高于规定值，这个加载的持续时间就是电解电容器的高温负荷寿命。

高温负荷寿命是在最高环境温度下并加载额定纹波电流的寿命，如果不加载纹波电流，仅仅加载直流电压，寿命将会比高温负荷寿命长，一般为 150% ~200% 的高温负荷寿命。

高温负荷寿命也体现了电解电容器使用时的相对寿命长短。

高温静置寿命的判据为：在环境温度为 85℃、加载电压为零，放置 1000h 后，电容量变化小于初始电容量的 ±20%，损耗因数不大于初始值的 200%，漏电流不高于规定值。

高温静置寿命体现了电解电容器在最高环境温度下，没有氧化膜修复能力时电解电容器性能的衰变速度。这个衰变主要是因为电解液对氧化铝膜的高温侵蚀以及水合反应的程度，体现了电解电容器的可靠性和耐久性。

影响电解电容器寿命的还有纹波电流参数、纹波电流频率特性等因素。因此，电解电容器的寿命需要考虑在各个参数影响下的结果，详细分析见第 5 章。

第5章 电解电容器的新电气性能分析

现今的电解电容器绝大多数是应用于电力电子电路的工频或高频的整流滤波、高纹波电流的电源旁路等。因此，除了电容器的传统性能：额定电压、电容量、损耗因数、漏电流外，现代电力电子技术与将来的射频电力电子技术对电解电容器提出了新的性能要求，主要有纹波电流承受能力、等效串联电阻、等效串联电感等参数。

5.1 电解电容器的等效电路

电解电容器在不同的工作条件下可以用不同的等效电路表示，比较能反映铝电解电容器特性的等效电路如图 5-1 所示。

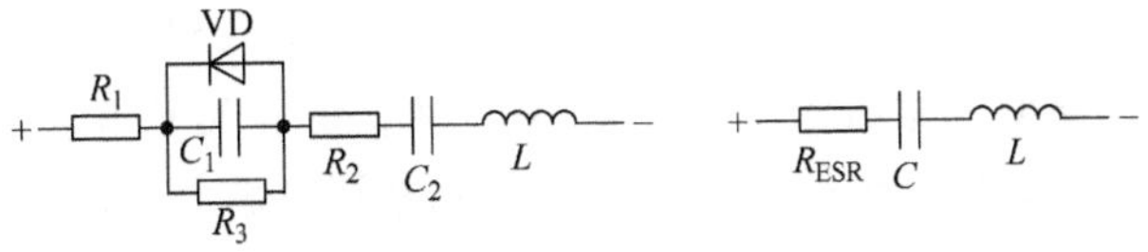

图 5-1　铝电解电容器的等效电路

图 5-1a 中的 R_1、R_2、R_3、C_1、C_2、L 和 VD 分别为电极和引出端子的电阻、电解液的电阻、氧化膜介质（被制造过程损伤后）的绝缘电阻、阳极箔电容量、阴极箔原始氧化膜电容量、电极和引线端子引起的电感和表明阳极氧化膜具有极性的二极管。

因此，电解电容器的反向电压超过 1.5V 将引起大漏电流，很像二极管正向导电。在这种情况下电解效应会产生氢气，使内部压力增大而胀破压力释放装置，与此同时，反向电压还将破坏氧化铝膜，使电解电容器的耐压急剧下降直至失效。这就是电解电容器不能反极性应用的原因。

阴极箔原始氧化膜很薄，耐压非常小，而且在负极性电压作用下残存无几，因此阴极箔原始氧化膜电容量 C_2 可以视为短路。

一般应用的等效电路多采用简化等效电路，即将图 5-1a 中的 R_1、R_2 合并，C_1、C_2 合并，忽略 R_3（漏电流很小）和 VD（正常应用不施加反向电压），得到常用的等效电路，如图 5-1b 所示。图 5-1b 中 R_{ESR} 和 L 都不是电容器所希望存在的，是铝电解电容器的寄生参数，铝电解电容器的寄生参数对其性能有很大影响。

5.2 等效串联电阻及其特性

首先分析等效串联电阻（ESR）。为了分析方便，可以将图 5-1 简化为电容器与 ESR 串联的等效电路，如图 5-2 所示。其中，电解液的电阻是 ESR 的主要部分。低 ESR 的铝电解电容器实际上是采用了低电阻率电解液。

ESR 的测量条件是在 25℃ 环境下，用有效值为 1V 的最大交流信号电压和无正向偏置电压的 120Hz 电源，对铝电解电容器的等效串联电路供电，对电路中的电阻进行测量。

对于一般应用的铝电解电容器，多数生产厂商不提供 ESR 数据，但对于开关电源用的低 ESR 铝电解电容器或电容量比较大的插脚式铝电解电容器则提供这个数据。

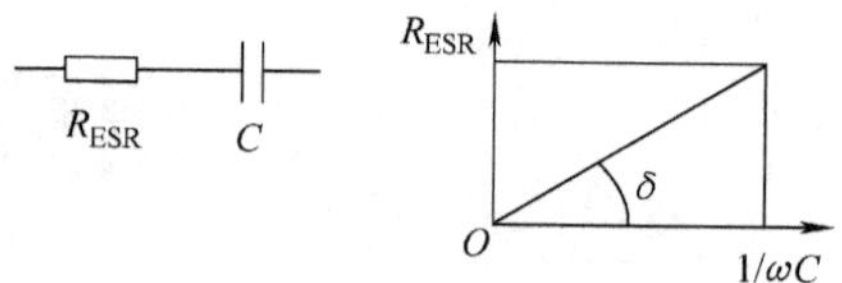

图 5-2 电解电容器的简化等效电路

多数铝电解电容器生产厂商不提供 ESR 数据的主要原因是：相对于其他介质的电容器，铝电解电容器的 ESR 太大。例如 1μF/16V 的普通铝电解电容器，其 ESR 一般在 20Ω 左右；100μF 的铝电解电容器，其 ESR 在 1.5～2Ω 之间。试想，这样的数据写在数据手册里肯定会影响应用者应用铝电解电容器的信心。因此，从某种意义上说，应用铝电解电容器是一种无奈的选择。

在开关电源的应用中时常会发现，采用普通的铝电解电容器时，对输出电压纹波和尖峰抑制效果很差，其主要原因就是常规的铝电解电容器的 ESR“太大”。在高频应用时，对于交流回路来说电解电容器表现为电阻特性。因此，要获得比较好的高频滤波效果，应尽可能地降低滤波电容器的 ESR，即选择低 ESR 铝电解电容器。低 ESR 铝电解电容器的 ESR 一般可以比普通铝电解电容器低一个数量级甚至更多。为了获得低 ESR 的铝电解电容器，采用低电阻率电解液。如果还需要降低等效串联电感，则在铝电解电容器的绕制工艺和电极引出上采用低寄生电感的措施。

5.2.1 等效串联电阻

ESR 是交流电流流过电解电容器时产生的热效应在电路上的等效。

为什么不是并联等效电阻呢？任何电容器都会有并联等效电阻，即漏电流对电路的影响。漏电流导致的发热主要是与电容器端电压有关，与流过的交流电流无关。而电解电容器流过交流电流导致的发热从电路等效上看是 ESR，不管是电解液的体电阻还是氧化铝膜在交流电流作用下引起的晶格振动导致发热的等效电阻。

铝电解电容器的等效串联电阻可以分为两部分：氧化铝膜流过交流电流时固体氧化铝膜的极性晶格随交流电场振动产生发热的电效应、电解液等效的电阻部分。

这两种等效串联电阻，由于产生的原因不同，因此电阻特性会在不同的频段产生不同的作用。

5.2.2 ESR 频率特性

与金属电阻特性不同，铝电解电容器的 ESR 随频率变化。其变化规律如图 5-3 所示。

从图 5-3 中可以看出，额定电压不同的电解电容器的 ESR 频率特性有所不同，但总的趋势是一致的，即随着频率的升高，ESR 值降低，额定电压越高，ESR 随频率变化越明显。

考虑到大多数电解电容器用于整流滤波状态，即便是半波整流，流入电解电容器的纹波电流频率也是 50Hz。因此，ESR 频率特性的频率起点是 50Hz，最高频率为 100kHz。

在 50～200Hz 范围内，ESR 变化比较剧烈，可以认为是氧化铝膜的 ESR 随纹波电流频率升高而剧烈下降。

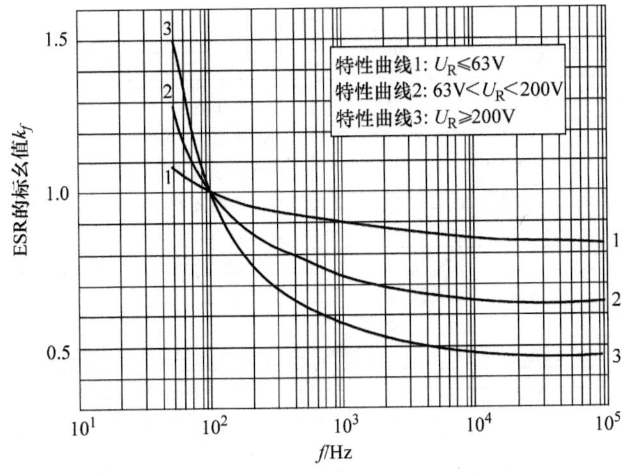

图 5-3　RIFA 公司的 PEF356 系列电解电容器 ESR 频率特性曲线

随着纹波电流频率的上升，氧化铝膜的 ESR 值大幅度降低，其在铝电解电容器总 ESR 中的比例逐渐降低，电解液部分的 ESR 比例越来越大。于是随频率的上升，电解电容器 ESR 下降趋势变缓。频率在 10kHz 以上时，电解液部分的 ESR 接近于电解电容器的 ESR，使得电解电容器 ESR 不再随频率变化。

图 5-3 也表明了，高压电解电容器的氧化铝膜产生的 ESR 比例相对低压电解电容器大得多，使高压电解电容器的 ESR 在低频段变化剧烈。

5.2.3　ESR 温度特性

电解电容器的 ESR 随温度变化，其温度特性曲线如图 5-4 所示。

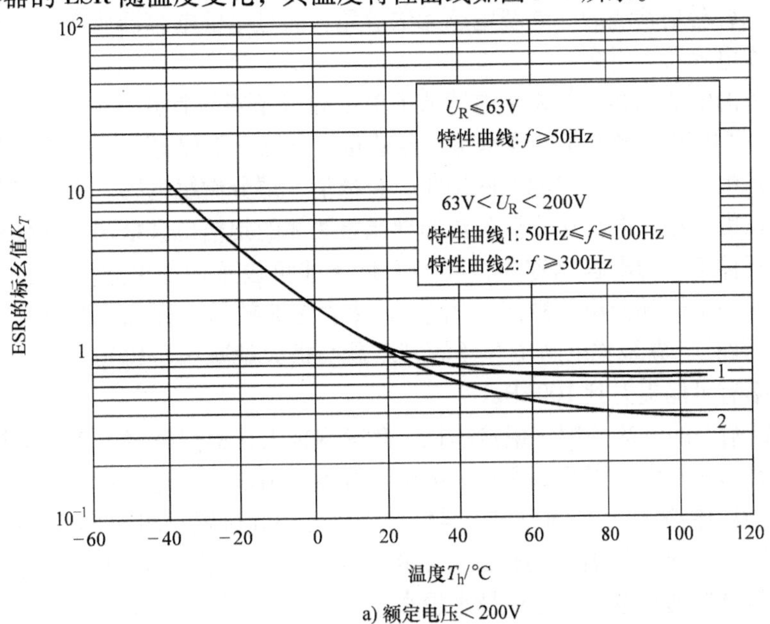

a) 额定电压<200V

图 5-4　RIFA 公司的 PEF356 系列电解电容器 ESR 的温度特性曲线

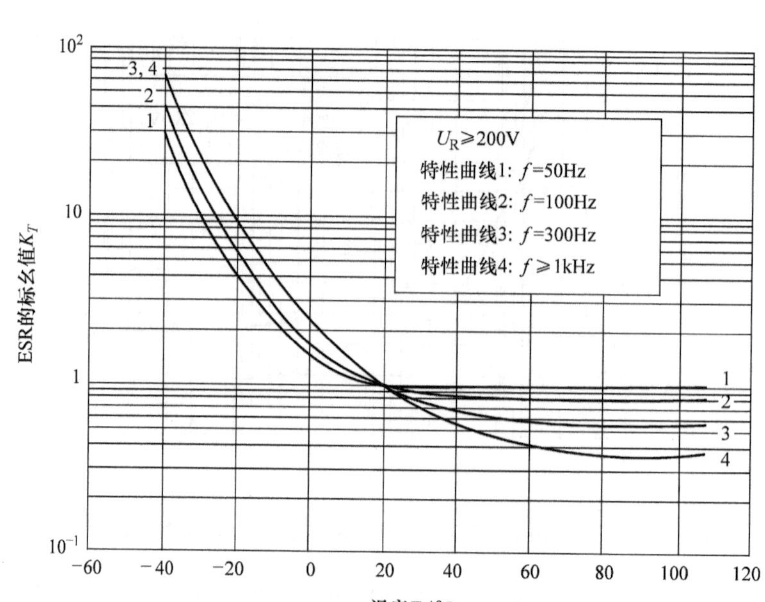

b) 额定电压 ≥ 200V

图 5-4 RIFA 公司的 PEF356 系列电解电容器 ESR 的温度特性曲线（续）

5.3 等效串联电感

各种电子元器件甚至导线本身都存在着寄生电感，电解电容器也不例外。

电解电容器的寄生电感在电容等效电路中与 ESR、理想电容器串联，因此电容器的寄生电感也称为等效串联电感（ESL）。

由于电解电容器是卷绕的，卷绕电感无法避免，而且电解电容器所产生的电感要比端头喷金的无感薄膜电容器大得多。

多组导流条的电解电容器的寄生电感低于单组导流条或导针式电解电容器的寄生电感。“中置”导针或“中置”导流条的电解电容器的寄生电感低于偏置导流条或偏置导针的电解电容器，原因是中置导针电流向滤波两侧流，会抵消一部分卷绕电感。多导流条使得两个导流条之间滤波长度减小，电流从导流条流向导流条两侧的铝箔也会抵消一部分卷绕电感。

采用负极延伸工艺的电解电容器，其 ESL 低于非负极延伸的电解电容器，原因是利用负极延伸将所有的负极部分用负极箔“短路”，尽管短路效果不理想，但也是短路。如果整个正极箔也“短路”，卷绕式电解电容器的 ESL 就会极大地减小。100μF 级电容量的电解电容器的谐振频率有可能提升到 100kHz。

ESL 影响铝箔上的电流分配，铝箔越长，其影响越大，铝箔越窄，其影响越大，纹波电流频率越高，其影响越大。图 5-5 所示为电解电容器铝箔电流分配示意图。

图 5-5a 上图为铝箔与导针的位置，导针位于铝箔中间位置；图 5-5a 下图为电流在铝箔上的分布。很显然，导针与铝箔接触部分的电流最大，每一侧电流为流入电容器电流的一半。随着铝箔离导针越来越远，电流越来越小，直到铝箔终端电流下降到零。

如果需要导针设置在铝箔的一侧，如图 5-5b 所示，很显然导针两侧电流分布出现不同，铝箔长的一侧电流大，铝箔短的一侧电流小。很显然，导针居铝箔中间位置，电容器的性能

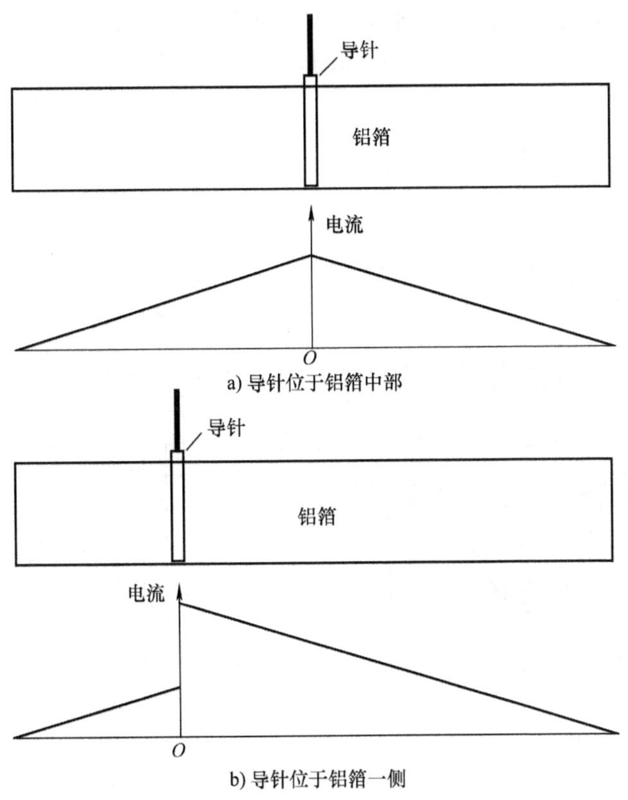

图 5-5　电解电容器铝箔电流分配示意图

最佳，导针偏离铝箔中心位置，电容器的性能会下降，导针离铝箔中间位置越远，性能越差，导针位于铝箔一端时性能最差。

由于电解电容器为卷绕式，不可避免会产生卷绕电感，受 ESL 影响的铝箔电流将更加集中在导针或导流条附近，频率越高越严重。原因是高频纹波电流流过 ESL，在 ESL 上产生电压降，而这个电压降 U 将阻碍电流流向导针或导流条远端的铝箔。电压降为

$$U = 2\pi f L_{ESL} I$$

例如 ESL 为 10nH、频率为 100kHz 时，将产生 6.28mΩ 阻抗。需要清楚的是，1000μF 高频低阻电解电容器的 ESR 不过 30mΩ，而 1000μF 电解电容器的 ESL 远不止 10nH！

导针偏离铝箔中心位置很大时，常规（120Hz）测试条件下，电容量、漏电流、损耗因数、ESR 等参数与导针位于铝箔中心位置的电容器差别不大，都是良品。但是，高温负荷寿命试验将会有较大的差别，高频特性也是不同的。所以在实际应用中，用户应尽可能避免应用导针远离铝箔中心的产品。

5.4　电解电容器的阻抗频率特性

5.4.1　导针式电解电容器的阻抗与频率、温度的关系

电解液的电阻是铝电解电容器 ESR 的主要部分，而且绝大多数电解液的电阻率随温度

上升而减小，因而铝电解电容器 ESR 也随温度上升而减小。某 100μF/63V 和 47μF/350V 铝电解电容器的阻抗频率特性与温度的关系如图 5-6 所示，图中显示了从 -40 ~ 85℃典型温度的阻抗频率特性。

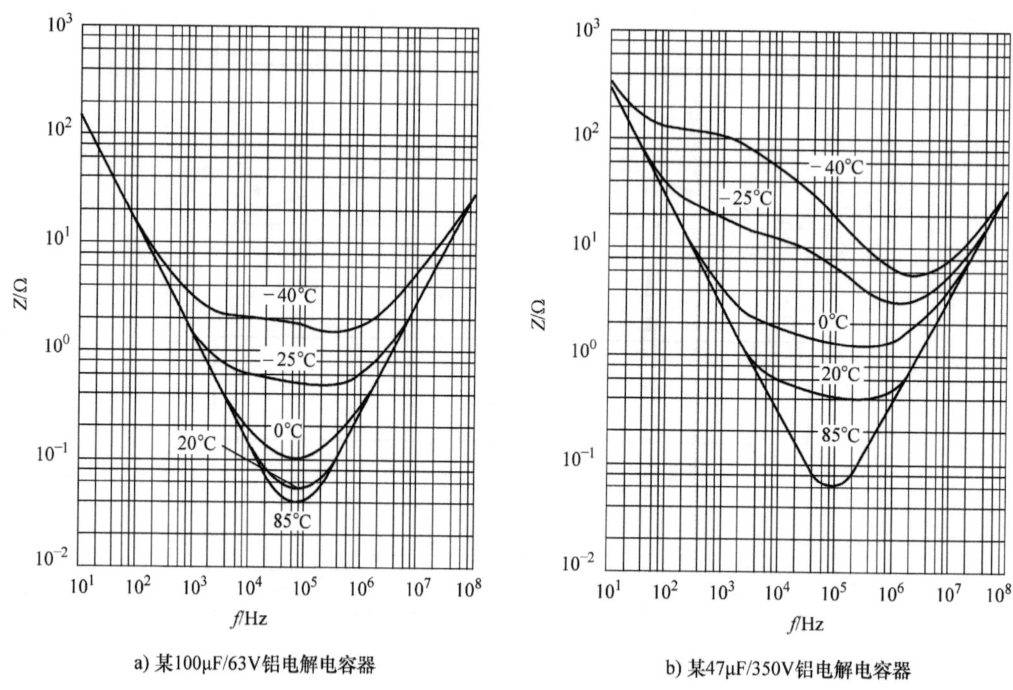

a) 某100μF/63V铝电解电容器　　b) 某47μF/350V铝电解电容器

图 5-6　铝电解电容器的阻抗频率特性曲线

图 5-6 中的每一条曲线的最低值即可认为是 ESR 值，从图中可以看出，100μF/63V 铝电解电容器在 -40℃时的 ESR 接近 1.5Ω， -25℃时下降到 0.5Ω，0℃时下降到 0.1Ω，室温 20℃时为 0.05Ω，而在 85℃的最高工作温度下的 ESR 最低，为 0.04Ω；47μF/350V 铝电解电容器在 -40℃时的 ESR 接近 6Ω， -25℃时下降到 3Ω，0℃时下降到 1.2Ω，室温 20℃时为 0.4Ω，而在 85℃的最高工作温度下的 ESR 最低，为 0.06Ω。可以看出，ESR 从 20℃到 85℃下降 35% ~50%，但在低温时 ESR 增加非常明显，从 -40 ~0℃ESR 增加约一个数量级。从最高工作温度到最低工作温度，则 ESR 增加了 40 ~100 倍。

通常，铝电解电容器的 ESR 随频率的改变幅度相对很小。ESR 量值范围为从大电容量的螺栓端子铝电解电容器的 0.002Ω 到很小电容量的引线式铝电解电容器的 20 ~30Ω。

图 5-6a 所示电解电容器谐振频率约为 70kHz，*LC* 谐振频率公式为

$$f = \frac{1}{2\pi\sqrt{LC}} \tag{5-1}$$

该 100μF/63V 铝电解电容器是导针式电解电容器，其 ESL 可以根据式（5-1）计算得约为 45nH。

用电解电容器感性段的斜率也可以求得 ESL。同样是 100μF/63V 导针式铝电解电容器，400kHz 对应的阻抗约 0.1Ω，4MHz 对应的阻抗约 1Ω，40MHz 对应的阻抗约 10Ω，频率每增加一个数量级，阻抗也对应增加一个数量级。由于在 4 ~40MHz 范围内，100μF 的容抗相对于感抗差值悬殊，可以近似认为这个频段曲线就是电感与 ESR 的曲线。也就是说在 40MHz 频率下的阻抗约为 11Ω，ESR 约为 0.04Ω。根据电感、电阻串联的阻抗关系

$$Z = \sqrt{\text{ESR}^2 + \text{ESL}^2} \tag{5-2}$$

得

$$\text{ESL} = \sqrt{Z^2 - \text{ESR}^2} = \sqrt{11^2 - 0.04^2}\Omega \approx 11\Omega \tag{5-3}$$

又根据

$$L = \frac{\text{ESL}}{2\pi f} = \frac{11}{2\pi \times 40 \times 10^6}\text{H} \approx 44 \times 10^{-9}\text{H} = 44\text{nH} \tag{5-4}$$

利用谐振频率推算 ESL 或用阻抗频率特性曲线的感性段斜率推算 ESL 的结果很接近。

图 5-6b 的 47μF/350V 铝电解电容器在 60MHz 频率下对应的阻抗为 20Ω，根据式（5-4），可以得出 ESL 为

$$L = \frac{ESL}{2\pi f} = \frac{20}{2\pi \times 60 \times 10^6}\text{H} \approx 53 \times 10^{-9}\text{H} = 53\text{nH} \tag{5-5}$$

5.4.2　插脚式电解电容器的阻抗与频率、温度的关系

插脚式电解电容器 B43504 的阻抗频率特性曲线如图 5-7 所示。

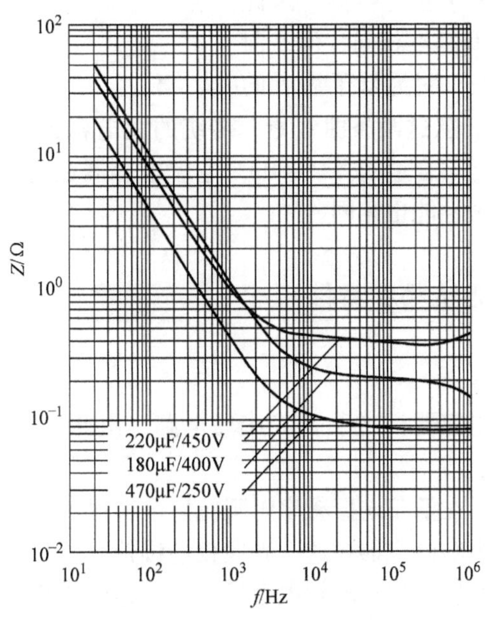

图 5-7　电解电容器 B43504 阻抗频率特性曲线

图 5-7 中看不到谐振频率点和感性曲线部分，因此无法利用阻抗频率特性曲线获得电解电容器的 ESL。可以阅读数据表，查看该系列电解电容器的 ESL，约 20nH。

5.4.3　螺栓式电解电容器的阻抗与频率、温度的关系

以螺栓式电解电容器 B43560 为例。数据表中给出：直径为 51.6mm 的电解电容器的 ESL 约为 15nH，直径大于或等于 64.3mm 的电解电容器的 ESL 约为 20nH。如果数据表中没能给出 ESL，就需要通过阻抗频率特性曲线推算。

B43560的阻抗频率特性曲线如图5-8所示。

图5-8中的15000μF/350V和6000μF/450V电解电容器的ESL基本相同，在1MHz频率对应的阻抗约为0.1Ω，对应的ESL为

$$L = \frac{ESL}{2\pi f} = \frac{0.1}{2\pi \times 10^6}H \approx 16 \times 10^{-9}H = 16nH$$

3900μF/350V电解电容器的ESL基本相同，在1MHz频率对应的阻抗约为0.08Ω，对应的ESL为

$$L = \frac{ESL}{2\pi f} = \frac{0.08}{2\pi \times 10^6}H \approx 13 \times 10^{-9}H = 13nH$$

很显然对于大型电解电容器来说，16nH和13nH的ESL绝对是非常低的，甚至低于相同尺寸的薄膜电容器的ESL！

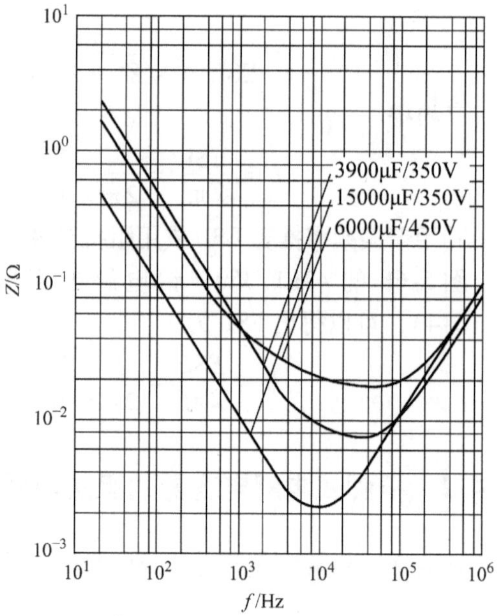

图5-8　B43560的阻抗频率特性曲线

由于15000μF/350V的电解电容器电容量明显大于6000μF/450V的电解电容器，因此尽管两款电解电容器的ESL基本相同，但是前者的谐振频率（约100kHz）明显低于后者的谐振频率（200~250kHz），从这两条曲线看，传统的大电容滤低频、小电容滤高频的说法对现在的元器件水平来说是不合适的。15000μF电解电容器在高频段与6000μF电解电容器具有相同的阻抗，因此滤波性能也相同。

5.4.4　电解电容器的阻抗频率特性

1. 阻抗频率特性分析

由图5-1得到铝电解电容器相当于*RLC*串联电路，由此可以得到铝电解电容器的阻抗频率特性，如图5-6所示。

从图5-6中可以看出：在低于谐振频率时阻抗以电容器的容抗为主，频率特性差的铝电解电容器或大电容量的铝电解电容器在这个频段仅能维持到20kHz甚至更低的频率，频率特性好的铝电解电容器或低电容量的铝电解电容器则可以达到或高于100kHz甚至更高的频率。在这个频段，随着频率的升高，容抗下降、感抗上升，由于容抗占主要成分，因此在这个频段铝电解电容器的阻抗随频率下降。

随着频率的升高，容抗降低、感抗升高，容抗等于感抗并相互抵消时的频率为铝电解电容器的谐振频率，这时阻抗最低，仅剩下ESR。如果ESR为零，则这时的阻抗也为零。由于铝电解电容器的ESR比较高，容抗与感抗之和在比较宽的频段上将低于ESR，使铝电解电容器的阻抗频率特性曲线在比较宽的频段上相对比较平坦。这时，对于交流而言铝电解电容器仅相当于电阻。

频率继续上升，感抗开始大于容抗，当感抗接近于ESR时，阻抗频率特性曲线开始上升，呈感性，从这个频率开始的频率下电容器实际是一个电感！由于制造工艺的原因，电容量越大，寄生电感越大，谐振频率越低（实际上电容量的增加就会直接导致谐振频率的降

低），电容器呈感性的频率也越低。这就是在滤波方面有些文献经常会有“大电容滤低频、小电容滤高频”的说法出现的原因。

2. 阻抗

铝电解电容器的阻抗实际是图 5-1 等效电路中的容抗、ESR 和感抗之和。阻抗 Z 与容抗、ESR、感抗的关系式为

$$Z = \sqrt{(\mathrm{ESR})^2 + \left(\frac{1}{2\pi fC} - 2\pi fL\right)^2} \tag{5-6}$$

3. 阻抗的测量

铝电解电容器的 Z 是等效串联电路在 25℃、由 10Hz～100kHz 之间可调谐的有效值为 1V 的交流信号电压的变频电源供电的测量桥下测试的。阻抗测量主要是典型的特性曲线和低温限测量。

对低温阻抗测量，把电容器放在温控箱内，设定低温限 ±2℃。在（120 ±5）Hz 频率应用任何可提供 ±2.5% 精确度的合适方法测量阻抗。温度稳定后，应尽快用尽可能低的交流测量电压测量，以便它不会引起电容器发热。如果显示在间隔 15min 的两个连续测量结果没有变化，就假设电容器达到热稳定。

4. 阻抗温度特性

从图 5-6 中可以看出，铝电解电容器的容性阻抗温度特性和由于寄生电感而产生的感抗温度特性基本上不随温度变化，阻抗温度特性只是在 ESR 起主要作用时随温度变化大，这是由电解液的电阻率的温度特性决定的。

5. 等效串联电感

等效串联电感相对独立于频率和温度，典型值范围有 2～8nH（表面贴装）、10～30nH（径向引线）和 20nH（轴向引线）。这些电感值随引出电极位置数量、和引出方式变化。

6. 谐振频率

谐振频率是容抗 $1/(2\pi fC)$ 与感抗 $1/(2\pi fL)$ 相等时的频率。这是因为容抗与感抗相位相差 180°，两个电抗相抵消，剩下的阻抗是纯电阻，与在这个频率的 ESR 相等。对铝电解电容器，谐振频率典型值应远远高于 120Hz 电容器的整流滤波频率，现在的铝电解电容器的谐振频率一般在 20kHz 以上，就工频整流滤波而言已经足够用，而用于高频滤波的谐振频率可以达到 100kHz 以上。

5.4.5 小结

电解电容器作为滤波元件，其容抗、ESL、ESR 决定了电解电容器的滤波效果。在低频段，电解电容器的容抗远大于 ESR 和 ESL，这时电解电容器的容抗决定了滤波效果，在这种状态下需要足够的电容量，以确保足够低的容抗。

随着频率的增加，容抗下降，当电解电容器的容抗接近 ESR 甚至低于 ESR 时，滤波效果将取决于 ESR。由于电解电容器的 ESR 相对较大，ESR 决定滤波效果的频率范围可能比较宽，ESR 相对越大，影响滤波效果的频段越宽，这就是需要高频低阻电解电容器的原因。

如果在低频段也是低阻，可以有效地增加 120Hz 条件下的 ESR，降低损耗因数，增加 120Hz 的纹波电流耐量。

随着频率的继续增加，电解电容器 ESL 的感抗增加到不可忽视时，滤波效果将取决于 ESL。因此 ESL 越低，高频滤波效果越好。采用多组导流条在铝箔适当的位置引出电极会一部分或大部分抵消卷绕寄生电感。采用负极延伸会明显降低电解电容器的寄生电感。

电解电容器的实际负极是电解液，电解电容器低频段的 ESR 主要是氧化铝膜在施加交流电时等效的 ESR。随着频率的增加，氧化铝膜等效的 ESR 减小，电解液等效的 ESR 开始起作用。由于电解液为离子导电，因此等效的 ESR 将随温度变化，温度越低等效 ESR 越大，温度越高（不超过数据表中最高环境温度）等效的 ESR 越低，最高温度和最低温度电解液等效 ESR 相差超过一个数量级。液态电解电容器在低温条件下（接近于数据表中的最低工作温度）的性能相对于室温条件下很差。

5.5 纹波电流承受能力

5.5.1 纹波电流承受能力的由来

最初的电解电容器应用于一般电子电路中，在这种应用状态下，流过电解电容器的交流电流较低，这时是否考虑电解电容器的电流承受能力似乎没有必要，因此早期电解电容器的数据表中没有这个数据。电阻率较高的以硼酸为溶剂的电解液也可以接受。

当电解电容器主要应用于开关电源类的电力电子电路后，电解电容器的工作状态发生了变化。最主要的变化是流过电解电容器的单位电容量电流激增，使得电解电容器的“内阻”发热，最终导致电解电容器的早期失效，甚至很快失效，因此有了电解电容器纹波电流承受能力，简称纹波电流。纹波电流的说法是从纹波电压移植过来的。交流电整流滤波后，电压变为比较平稳的直流电，但还是存在交流电流成分叠加在直流电压上，波形就像水面的纹波。对于电压来说，这个平静的“水面”就是直流电压分量，“纹波”就是叠加在直流电压的交流成分即纹波电压。

对于电流来说也是如此，将整流输出的交流电流称为纹波电流。对于直流负载端来说，是不需要甚至不允许这个纹波电流的，因此纹波电流必须“全部”流入电解电容器，因此电解电容器的电流有效值承受能力就称为纹波电流。

5.5.2 纹波电流承受能力

交流纹波电流流过铝电解电容器，将在其 ESR 上产生损耗而使铝电解电容器发热，这个发热的限度对纹波电流的限制就是额定纹波电流值。其定义为在最高工作温度下可以确保铝电解电容器额定寿命时间的最大纹波电流值。对于一般应用的铝电解电容器，多数铝电解电容器生产厂商是不给出额定纹波电流数据的，对于开关电源用的低 ESR 铝电解电容器或电容量较大的插脚式铝电解电容器则给出这个数据。

实际上铝电解电容器可以承受的纹波电流也是比较低的，对于普通用途的铝电解电容器可以承受的纹波电流值的第一感觉就是太低了，好在多数应用中并不要求很高的纹波电流。

5.5.3　额定纹波电流定义

在最高环境温度下，电解电容器流过电流导致电解电容器芯子中心温升，额定温升对应的纹波电流值为额定纹波电流。

最高温度不同的电解电容器对应的温升是不同的，例如最高温度为105℃的电解电容器，额定纹波电流对应的温升为10℃，而最高温度为85℃的电解电容器，额定纹波电流对应的温升为5℃。这个不同的结果是因为85℃电解液的最高工作温度一般不宜超过95℃，而105℃电解液的最高工作温度一般不宜超过110℃。

基于上述习惯，即便是用125℃电解液制造105℃电解电容器，其额定纹波电流温升仍然是5℃。

最高温度为125℃或130℃甚至为144℃、150℃电解电容器的额定纹波电流下的温升一般限制在5℃。

综上所述，额定纹波电流参数的本质是纹波电流流过电解电容器的ESR导致电解电容器芯子发热的限制。

5.5.4　纹波电流频率特性

由图5-6可知，电解电容器的ESR随频率变化。从电解电容器发热相同的角度看，随着频率升高，ESR下降，如果纹波电流不变，则电解电容器自身损耗减小，温升随之减小。这时要想达到相同的温升，可以加大纹波电流，使纹波电流在电解电容器的ESR上产生的损耗与120Hz“标准条件”下相同，对应的倍乘系数就是纹波电流的频率折算系数。某电解电容器纹波电流的频率折算系数见表5-1。

表5-1　某电解电容器纹波电流的频率折算系数

频率/kHz		120Hz	1kHz	10kHz	≥100kHz
折算系数	2.2～4.7μF	0.20	0.40	0.8	1.00
	6.8～10μF	0.30	0.60	0.9	1.00
	22～82μF	0.40	0.70	0.9	1.00
	100～220μF	0.45	0.75	0.90	1.00

从表5-1中可以看出，这款电解电容器的基准测试频率是100kHz，也就是在100kHz频率下测试，得到的电解电容器额定纹波电流为“1”。在相同温升条件下，其他频率下对应的纹波电流则为折算后的系数。

在相同频率下：电容量越小，得到的折算系数也越小；频率越低，得到的折算系数越小。规律与ESR随频率的降低而升高相一致。同样，越是低频段，电解电容器的ESR增加越快，因此该频段的额定纹波电流衰减也越快。

表5-1中没有列出50Hz频率下的纹波电流的衰减程度，从图5.2可以看出，该额定纹波电流衰减得更加明显。如果继续降低频率，对应的额定纹波电流将所剩无几。因此，电解电容器需要竭力避免超低频纹波电流的存在。

电解电容器的纹波电流的频率折算系数也可以以120Hz为测试基准。表5-2为以120Hz

为测试基准的某电解电容器纹波电流频率的折算系数。

表 5-2 以 120Hz 为测试基准的某电解电容器纹波电流的频率折算系数

频率		120Hz	1kHz	10kHz	≥100kHz
折算系数	≤100μF	1.00	1.75	2.25	2.50
	>100μF	1.00	1.67	2.05	2.25

从表 5-2 中可以看出，在 120Hz 频率下测试，得到的电解电容器额定纹波电流为“1”。在相同温升条件下，其他频率下对应的纹波电流则为折算后的系数。

在相同频率下：电容量越小，得到的折算系数越大；频率越低，得到的折算系数越小。这与 ESR 随频率的降低而升高相一致。同样，越是低频段，电解电容器的 ESR 增加越快，因此该频段的额定纹波电流增加越快。

需要注意的是，以 100kHz 为基准的电流折算系数一般来说基本可行。但是，对于导针式电解电容器来说，以 120Hz 为基准倒推到 1kHz、10kHz、100kHz 的纹波电流频率折算系数就不一定对。很可能出现以下情况：在 100kHz 条件下，将 120Hz 基准频率的纹波电流乘以频率折算系数，得出电解电容器在折算后的 100kHz 条件下的纹波电流寿命短于 120Hz 基准纹波电流条件下的寿命。原因是电解电容器存在卷绕寄生电感，这个寄生电感会快速衰减导针或导流条远端铝箔的电流，使电流过于集中在导针或导流条附近，导致导针或导流条附近的铝箔严重过电流。

5.5.5 纹波电流温度特性

从表 5-3 可以看出，随着电解电容器芯子温度上升，电解电容器的 ESR 下降，对于相同温升，额定纹波电流则可以增加，增加的程度就是纹波电流的温度折算系数。大多数小型电解电容器不给出纹波电流的温度折算系数。

表 5-3 所示电解电容器（105℃/4000h）给出的温度折算系数是以 85℃ 为基准，其原因是该款电解电容器的额定纹波电流是在 85℃ 条件下给定的。从表中可以看出，随着环境温度的下降，该款电解电容器纹波电流的温度折算系数加大，45℃ 时达到 85℃ 条件下的 2 倍，是 105℃ 条件下的 4 倍！

表 5-3 导针电解电容器纹波电流的温度折算系数（CDE361R 系列）

温度/℃	45	55	65	75	85	95	105
折算系数	2.00	1.60	1.40	1.25	1.00	0.79	0.50

表 5-4 所示电解电容器（85℃/3000h）给出的温度折算系数是以 85℃ 为基准的。从表中可以看出，随着环境温度的下降，该款电解电容器纹波电流的温度折算系数加大，45℃ 时达到 85℃ 条件下的 1.5 倍。

表 5-4 插脚式电解电容器纹波电流的温度折算系数（CDE380 系列）

温度/℃	45	50	70	85
折算系数	1.5	1.4	1.3	1.0

表 5-5 所示电解电容器（85℃/8000h）给出的温度折算系数是以 85℃ 为基准的。从表中可以看到，随着环境温度的下降，该款电解电容器纹波电流的温度折算系数加大，45℃ 时

达到85℃条件下的1.8倍。

表5-5　螺栓式电解电容器纹波电流的温度折算系数（CDE520C系列）

温度/℃	45	55	65	75	85
折算系数	1.80	1.63	1.45	1.25	1.00

但是，需要注意的是电解电容器应用到通过温度折算系数后的纹波电流值，不管环境温度是多少，寿命都是额定高温负荷寿命。当环境温度低于最高额定环境温度时，随着温度降低10℃，寿命加倍的规律不再存在。因此，试图利用环境温度远远低于最高额定温度而加大实际纹波电流，同时还试图获得低环境温度的长寿命的企图是绝对不现实的！

5.5.6　额定纹波电流的本质

额定纹波电流实际上是电解电容器流过纹波电流后导致温升的限制。这个限制主要是考虑电解电容器的使用寿命。

如果流过电解电容器的纹波电流超过了额定纹波电流，在一定程度内，电解电容器仍然可以正常工作，但是寿命会缩短，纹波电流越大，寿命越短，而且寿命缩短的速度远远高于纹波电流增加的速度。

继续增加纹波电流，可以在很短的时间内让电解电容器发热严重，并在电解电容器内产生气体。在这样的工作状态下，电解电容器内部气体压力越来越高，最终会顶破电解电容器的防爆阀，轻则表现为电解电容器凸底，严重则会将电解电容器防爆阀打开，并喷出电解液，即爆浆，伴随电解液喷出的还会有破碎的电容器纸。最严重的情况是导针或导流条与铝箔之间形成电打火而产生内爆（仅仅是内爆的原因之一）。

5.6　寿命与温度和纹波电流的关系

5.6.1　导针式电解电容器寿命与温度和纹波电流的关系

电解电容器的实际使用寿命与电解电容器的工作条件有关，主要与温度、纹波电流有关。不同封装、额定电压、电容量的电解电容器，寿命与温度和纹波电流关系是不同的，如图5-9所示。图中纵坐标为实际纹波电流与环境温度（或壳温）为105℃时的额定纹波电流的比值，横坐标为环境温度，此电解电容器的壳温曲线和环境温度曲线基本一致。

图5-9所示为一款直径为10mm（105℃/5000h）和12.5mm（105℃/7000h）的同侧引线的低压高频低阻电解电容器。图中阴影部分为禁止工作区，电解电容器一旦进入这个区域，将无法保证电解电容器是否失效。

通过图5-9a和b中曲线对比，小直径电解电容器的寿命（5000h）比大直径电解电容器短，（7000h）其原因是大直径电解电容器所含的电解液比小直径电解电容器多。还可以看出，在环境温度为40℃条件下，直径10mm电解电容器的极限纹波电流有效值大于直径12.5mm电解电容器。前者约为额定纹波电流的3.2倍，后者约为额定纹波电流的2.75倍。

在额定纹波电流条件下，温度下降25℃，寿命延长为原来的8倍，对应环境温度每下

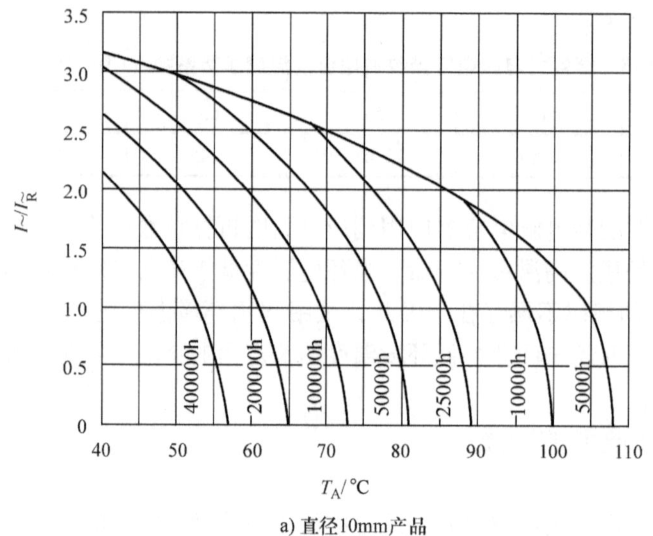

a) 直径10mm产品

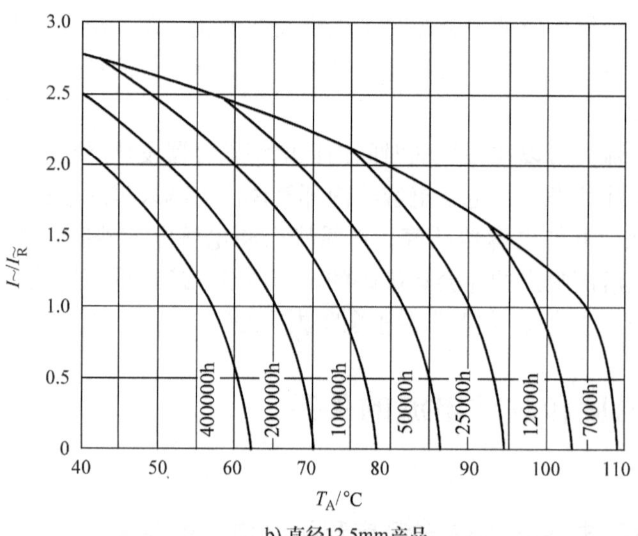

b) 直径12.5mm产品

图 5-9 B41888 系列电解电容器的寿命与温度和纹波电流关系曲线

降 8℃，寿命加倍。

以 12.5mm 产品为例，当电解电容器的环境温度在 65℃时，额定纹波电流状态下的寿命为 20 万 h；纹波电流上升到额定纹波电流的约 1.7 倍时，寿命下降到 10 万 h；而 5 万 h 寿命时的纹波电流仅仅需要额定纹波电流的 2.2 倍；极限纹波电流则是额定纹波电流的约 2.35 倍！这时的寿命应该减少到 7000h。由此可见随着纹波电流的上升，在相同温度条件下，电解电容器寿命减少，当纹波电流上升到 1.5 倍额定纹波电流以上时，电解电容器寿命缩短速度越来越快，直到超过极限纹波电流时可能出现的凸底甚至爆浆。

5.6.2 轴向引线式电解电容器寿命与温度和纹波电流的关系

轴向引线式电解电容器的问世早于同侧引线（导针式）电解电容器。一般来说，轴向引线电解电容器性能好于同侧引线电解电容器，但同侧引线电解电容器更适合自动化大量生产，并且更便宜。

B36697 系列电解电容器的寿命与温度和纹波电流关系曲线如图 5-10 所示。

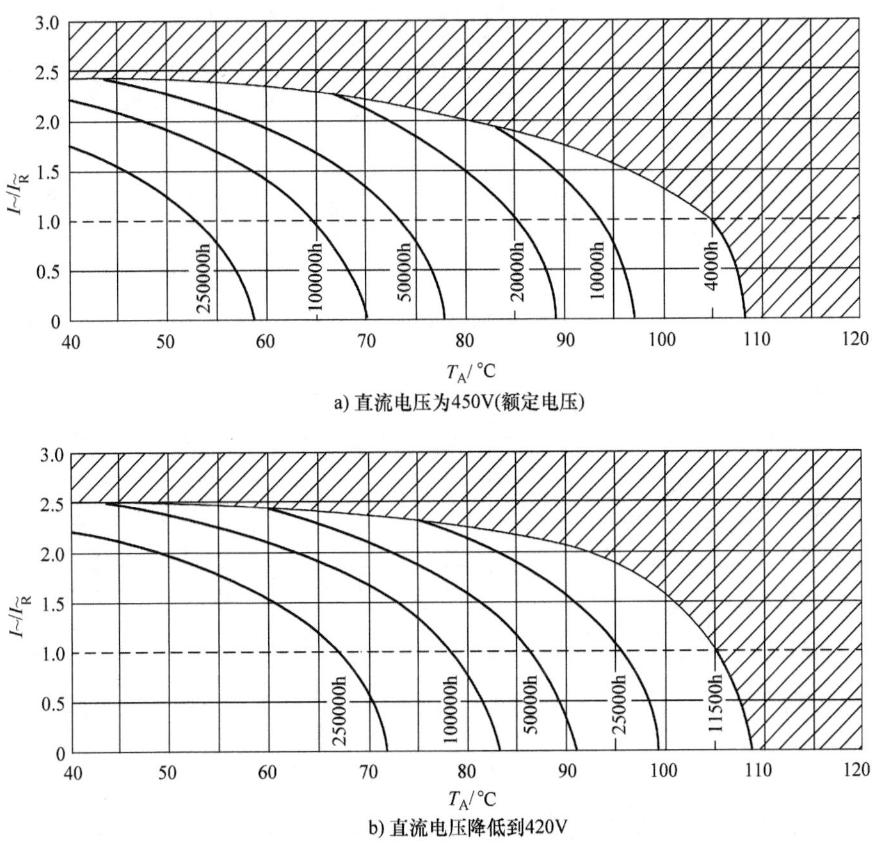

a) 直流电压为450V(额定电压)

b) 直流电压降低到420V

图 5-10 B36697 系列电解电容器的寿命与温度和纹波电流关系曲线

由于 B43697 是高压电解电容器，其极限过电流倍数低于图 5-9 给出的极限过电流倍数。

从图 5-10 中可以看出，对于高压电解电容器，适当地降低工作电压可以有效地延长其寿命，哪怕是降低 6.6%，也会使寿命从额定寿命 4000h 延长到 11500h。

5.6.3 车规级电解电容器寿命与温度和纹波电流的关系

由于汽车级电子器件需要工作在 -40 ~ 120℃，因此燃油发动机汽车要求车规级电解电容器的最高工作温度需要在 125℃等级，甚至 150℃。

车规级电解电容器 B3693 系列的寿命与温度和纹波电流关系曲线如图 5-11 所示。

这是一款低压的高频低阻电解电容器，纹波电流极限值曲线（阴影部分与非阴影部分的界限）部分与图 5-7 近似。

图 5-11a 为寿命与环境温度和纹波电流的关系，图 5-11b 为寿命与壳温和纹波电流的关系，后者的纹波电流极限值比前者稍大，达到了额定纹波电流的近 3.3 倍，增加约 10%。与此同时，图 5-11b 的等寿命曲线变得陡峭，即纹波电流相同，以壳温衡量，寿命会长一些。

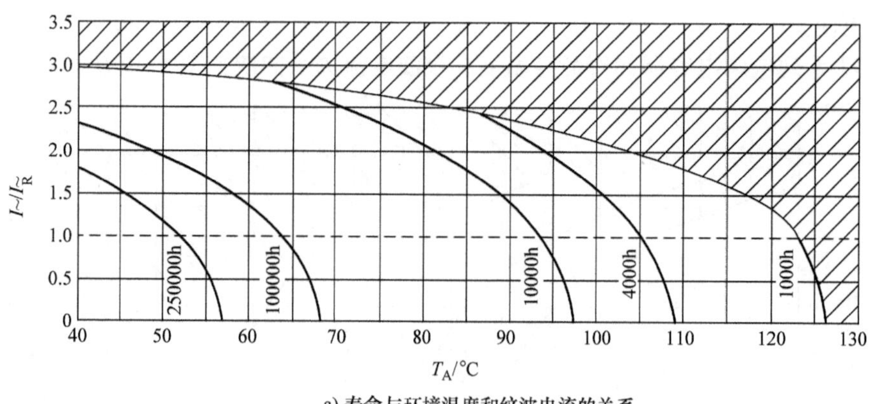

a) 寿命与环境温度和纹波电流的关系

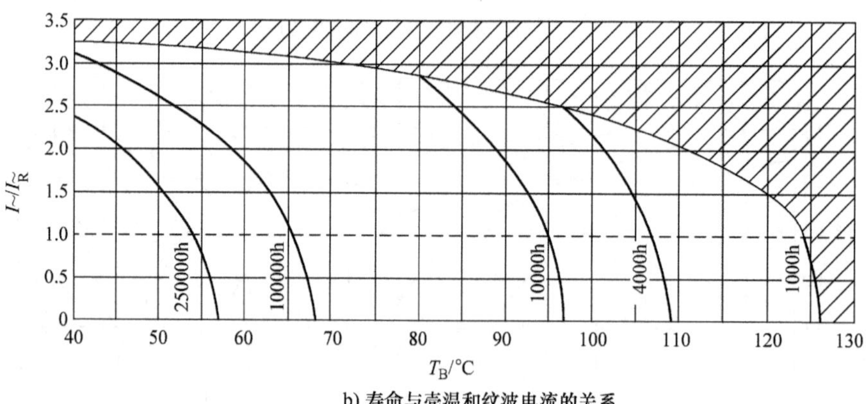

b) 寿命与壳温和纹波电流的关系

图 5-11 车规级电解电容器 B3693 系列的寿命与温度和纹波电流关系曲线

5.6.4 插脚式电解电容器寿命与温度和纹波电流的关系

插脚式电解电容器 B43504 系列的寿命与温度和纹波电流关系曲线如图 5-12 所示。

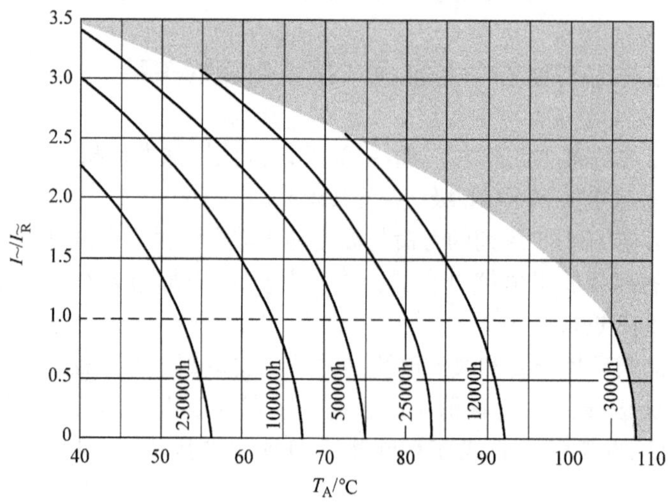

图 5-12 B43504 系列的寿命与温度和纹波电流关系曲线

从图5-12中可以看到，等温的寿命曲线相对比较陡峭，可能是负极延伸改善了导热性的结果，而且极限纹波电流接近额定纹波电流的3.5倍。

5.6.5　螺栓式电解电容器寿命与温度和纹波电流的关系

螺栓式电解电容器B43560系列的寿命与温度和纹波电流关系曲线如图5-13所示。

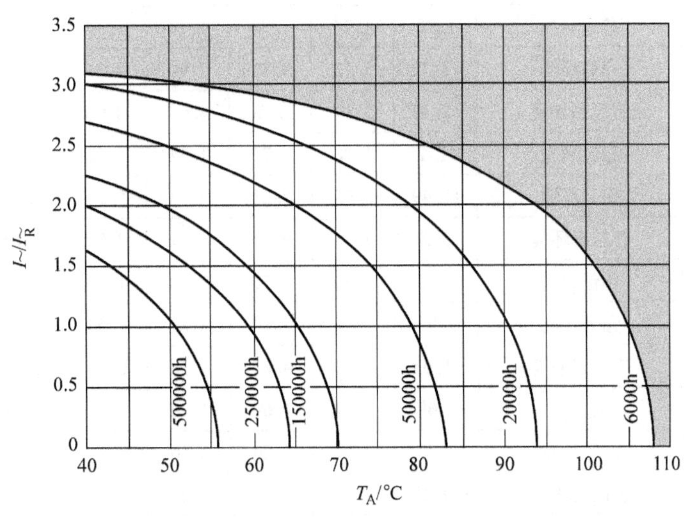

图5-13　螺栓式电解电容器B43560系列的寿命与温度和纹波电流关系曲线

5.7　ESR的热效应与铝电解电容器的热阻

纹波电流流过铝电解电容器的ESR将产生$p=i^2R_{ESR}$的功率损耗而导致铝电解电容器的发热。相对电力半导体器件，铝电解电容器的散热能力非常差，所以稍有功耗铝电解电容器内部温度将明显升高，从而降低铝电解电容器的使用寿命。因此，除了要清楚铝电解电容器的ESR在电路运行中的影响外，还要关注铝电解电容器的散热能力问题即热阻。

在大型铝电解电容器中，通常要流过很大的纹波电流，造成铝电解电容器发热。为了将铝电解电容器产生的热量散发出去，铝电解电容器芯包的温度将高于外壳的温度，即铝电解电容器的外壳到芯包的温度升高。这个温升很重要，决定了铝电解电容器的工作状态和寿命。如果知道铝电解电容器从芯包到外壳的散热能力（热阻），就很容易通过测量到的纹波电流、外壳温度推算出铝电解电容器芯包的温度是否在希望值或设计要求范围内。铝电解电容器的封装形式主要分三大类：螺栓式（大型铝电解电容器或高纹波电流的铝电解电容器）、插脚式（中型铝电解电容器或中等纹波电流铝电解电容器）、引线式和表面贴装（小型铝电解电容器或低纹波电流铝电解电容器）。表5-6～表5-9分别为CDE公司生产的螺栓式铝电解电容器热阻数据、RIFA公司生产的螺栓式铝电解电容器热阻数据、CDE公司生产的插脚式铝电解电容器热阻数据、RIFA公司生产的插脚式铝电解电容器热阻数据。

表 5-6 CDE 公司生产的螺栓式铝电解电容器热阻数据 (单位:℃/W)

尺寸 ($\phi D \times L$) /mm	范围	自然冷却		1m/s 风冷		2.54m/s 风冷		5.08m/s 风冷	
		无金属底座	有金属底座	无金属底座	有金属底座	无金属底座	有金属底座	无金属底座	有金属底座
35.173×41.28	芯包到壳	1.67	1.68	1.66	1.68	1.66	1.68	1.66	1.68
	壳到环境	17.12	3.29	12.19	3.08	7.83	2.75	5.62	2.46
	芯包到环境	18.78	5.18	13.86	4.76	9.49	4.43	7.29	4.14
35.173 ×53.98	芯包到壳	1.70	1.74	1.70	1.74	1.70	1.73	1.70	1.73
	壳到环境	13.72	3.13	9.80	2.90	6.31	2.53	4.56	2.22
	芯包到环境	15.42	5.17	11.50	4.64	8.02	4.26	6.26	3.95
35.173 ×66.68	芯包到壳	1.72	1.78	1.72	1.77	1.72	1.76	1.72	1.76
	壳到环境	11.49	2.99	8.23	2.73	5.33	2.35	3.81	2.04
	芯包到环境	13.21	4.77	9.94	4.51	7.05	5.19	5.59	3.79
35.173×79.38	芯包到壳	1.72	1.80	1.71	1.79	1.71	1.78	1.71	1.77
	壳到环境	9.91	2.86	7.12	2.59	4.64	2.19	3.39	1.88
	芯包到环境	11.63	4.66	8.83	4.38	6.35	3.97	5.11	3.65
35.173×92.08	芯包到壳	1.69	1.81	1.69	1.80	1.69	1.78	1.69	1.76
	壳到环境	8.73	2.74	6.29	2.46	5.21	2.05	3.04	1.75
	芯包到环境	10.43	4.55	7.99	4.25	5.82	3.83	4.73	3.52
35.173×104.78	芯包到壳	1.66	1.81	1.66	1.79	1.66	1.77	1.66	1.75
	壳到环境	7.82	2.63	5.65	2.33	3.73	1.93	2.76	1.64
	芯包到环境	9.48	4.44	7.32	5.21	5.39	3.70	4.42	3.39
35.173×117.48	芯包到壳	1.62	1.80	1.62	1.78	1.62	1.75	1.62	1.72
	壳到环境	7.09	2.52	5.14	2.22	3.41	1.82	2.54	1.54
	芯包到环境	8.71	4.32	6.76	4.00	5.03	3.57	4.16	3.27
35.173×130.18	芯包到壳	1.58	1.79	1.58	1.76	1.58	1.72	1.58	1.70
	壳到环境	6.49	2.42	4.72	2.12	3.15	1.73	2.36	1.46
	芯包到环境	8.07	4.21	6.30	3.88	4.73	3.45	3.93	3.15
35.173×142.88	芯包到壳	1.53	1.77	1.53	1.74	1.53	1.69	1.53	1.66
	壳到环境	5.99	2.33	4.37	2.02	2.93	1.64	2.20	1.38
	芯包到环境	7.52	5.18	5.90	3.76	4.46	3.33	3.73	3.04
44.45×53.98	芯包到壳	1.03	1.05	1.03	1.05	1.03	1.05	1.03	1.05
	壳到环境	10.40	1.90	7.43	1.79	4.79	1.61	3.46	1.45
	芯包到环境	11.43	2.96	8.46	2.84	5.83	2.66	4.50	2.49
44.45×66.68	芯包到壳	1.06	1.09	1.06	1.09	1.06	1.09	1.06	1.08
	壳到环境	8.77	1.84	6.28	1.71	4.08	1.51	2.97	1.35
	芯包到环境	9.83	2.93	7.34	2.80	5.14	2.60	4.03	2.43
44.45×79.38	芯包到壳	1.08	1.13	1.08	1.12	1.08	1.12	1.08	1.11
	壳到环境	7.61	1.77	5.47	1.64	3.57	1.43	2.62	1.26
	芯包到环境	8.68	2.90	6.55	2.76	4.65	2.55	3.69	2.37

（续）

尺寸（$\phi D\times L$）/mm	范围	自然冷却		1m/s 风冷		2.54m/s 风冷		5.08m/s 风冷	
		无金属底座	有金属底座	无金属底座	有金属底座	无金属底座	有金属底座	无金属底座	有金属底座
44.45×92.08	芯包到壳	1.08	1.15	1.08	1.15	1.08	1.14	1.08	1.13
	壳到环境	6.73	1.72	5.17	1.57	3.20	1.36	2.36	1.19
	芯包到环境	7.82	2.87	5.94	2.72	4.28	2.50	3.44	2.32
44.45×104.78	芯包到壳	1.08	1.17	1.08	1.16	1.08	1.15	1.08	1.14
	壳到环境	6.06	1.66	4.39	1.51	2.91	1.29	2.16	1.13
	芯包到环境	7.13	2.83	5.47	2.67	3.99	2.44	3.24	2.27
44.45×117.48	芯包到壳	1.07	1.19	1.07	1.17	1.07	1.16	1.07	1.14
	壳到环境	5.51	1.61	4.01	1.45	2.67	1.23	2.00	1.07
	芯包到环境	6.58	2.79	5.08	2.62	3.74	2.39	3.07	2.21
44.45×130.18	芯包到壳	1.05	1.19	1.05	1.18	1.05	1.16	1.05	1.14
	壳到环境	5.07	1.55	3.70	1.39	2.48	1.18	1.87	1.02
	芯包到环境	6.12	2.75	4.75	2.57	3.54	2.33	2.92	2.16
44.45×142.88	芯包到壳	1.03	1.20	1.03	1.18	1.03	1.15	1.03	1.13
	壳到环境	4.69	1.50	3.43	1.34	2.32	1.13	1.76	0.97
	芯包到环境	5.72	2.70	4.47	2.52	3.35	2.28	2.79	2.11
50.8×53.98	芯包到壳	0.78	0.80	0.78	0.80	0.78	0.79	0.78	0.79
	壳到环境	8.89	1.45	6.35	1.37	5.18	1.25	2.97	1.14
	芯包到环境	9.67	2.24	7.14	2.17	5.17	2.04	3.75	1.93
50.8×66.68	芯包到壳	0.81	0.84	0.81	0.83	0.81	0.83	0.81	0.83
	壳到环境	7.53	1.40	5.40	1.32	3.50	1.18	2.55	1.07
	芯包到环境	8.34	2.24	6.21	2.15	4.32	2.01	3.36	1.89
50.8×79.38	芯包到壳	0.83	0.87	0.83	0.87	0.83	0.86	0.83	0.86
	壳到环境	6.55	1.36	4.71	1.27	3.08	1.13	2.26	1.01
	芯包到环境	7.38	2.23	5.54	2.13	3.91	1.99	3.09	1.86
50.8×92.08	芯包到壳	0.84	0.90	0.84	0.89	0.84	0.88	0.84	0.88
	壳到环境	5.82	1.32	4.20	1.22	2.77	1.07	2.05	0.95
	芯包到环境	6.66	2.22	5.04	2.11	3.61	1.96	2.89	1.83
50.8×104.78	芯包到壳	0.85	0.92	0.85	0.91	0.85	0.90	0.85	0.89
	壳到环境	5.24	1.28	3.80	1.18	2.52	1.03	1.88	0.91
	芯包到环境	6.09	2.20	4.65	2.09	3.37	1.93	2.73	1.80
50.8×117.48	芯包到壳	0.84	0.93	0.84	0.93	0.84	0.91	0.84	0.90
	壳到环境	4.78	1.25	3.48	1.14	2.33	0.99	1.75	0.87
	芯包到环境	5.63	2.18	4.33	2.07	3.17	1.90	2.59	1.77
50.8×130.18	芯包到壳	0.84	0.95	0.84	0.94	0.84	0.92	0.84	0.91
	壳到环境	4.40	1.21	3.22	1.10	2.17	0.95	1.64	0.83
	芯包到环境	5.24	2.16	4.06	2.04	3.01	1.87	2.48	1.74

（续）

尺寸（$\phi D \times L$）/mm	范围	自然冷却		1m/s 风冷		2.54m/s 风冷		5.08m/s 风冷	
		无金属底座	有金属底座	无金属底座	有金属底座	无金属底座	有金属底座	无金属底座	有金属底座
50.8×142.88	芯包到壳	0.83	0.96	0.83	0.94	0.83	0.93	0.83	0.91
	壳到环境	4.09	1.18	3.00	1.06	2.03	0.91	1.55	0.80
	芯包到环境	5.172	2.14	3.83	2.01	2.86	1.84	2.38	1.71
63.50×66.68	芯包到壳	0.52	0.53	0.52	0.53	0.52	0.53	0.52	0.53
	壳到环境	5.80	0.89	4.16	0.85	2.70	0.78	1.97	0.71
	芯包到环境	6.32	1.42	4.68	1.38	3.22	1.31	2.49	1.24
63.50×79.38	芯包到壳	0.54	0.56	0.54	0.56	0.54	0.55	0.54	0.55
	壳到环境	5.07	0.87	3.65	0.82	2.39	0.75	1.76	0.68
	芯包到环境	5.61	1.43	4.19	1.38	2.93	1.30	2.29	1.23
63.50×92.08	芯包到壳	0.55	0.56	0.55	0.58	0.55	0.58	0.55	0.57
	壳到环境	4.53	0.85	3.27	0.80	2.16	0.72	1.60	0.65
	芯包到环境	5.08	1.43	3.82	1.38	2.71	1.30	2.15	1.23
63.50×104.78	芯包到壳	0.56	0.60	0.56	0.60	0.56	0.59	0.56	0.59
	壳到环境	5.18	0.83	2.98	0.78	1.98	0.70	1.48	0.63
	芯包到环境	4.66	1.43	3.54	1.38	2.54	1.29	2.04	1.22
63.50×117.48	芯包到壳	0.57	0.64	0.57	0.63	0.57	0.62	0.57	0.62
	壳到环境	3.47	0.79	2.55	0.74	1.72	0.65	1.31	0.58
	芯包到环境	4.04	1.43	3.11	1.37	2.29	1.27	1.88	1.20
63.50×130.18	芯包到壳	0.57	0.64	0.57	0.63	0.57	0.62	0.57	0.62
	壳到环境	3.47	0.79	2.55	0.74	1.72	0.65	1.31	0.58
	芯包到环境	4.04	1.43	3.11	1.37	2.29	1.27	1.88	1.20
63.50×142.88	芯包到壳	0.57	0.65	0.57	0.64	0.57	0.63	0.57	0.62
	壳到环境	3.23	0.78	2.38	0.72	1.62	0.63	1.24	0.56
	芯包到环境	3.80	1.43	2.95	1.36	2.19	1.26	1.81	1.19
76.20×79.38	芯包到壳	0.37	0.39	0.37	0.39	0.37	0.39	0.37	0.38
	壳到环境	5.18	0.61	2.95	0.58	1.94	0.53	1.42	0.49
	芯包到环境	4.47	0.99	3.33	0.97	2.31	0.92	1.80	0.88
76.20×92.08	芯包到壳	0.39	0.41	0.39	0.41	0.39	0.40	0.39	0.40
	壳到环境	3.67	0.59	2.66	0.56	1.76	0.52	1.30	0.47
	芯包到环境	4.06	1.00	3.04	0.97	2.14	0.92	1.69	0.88
76.20×104.78	芯包到壳	0.40	0.43	0.40	0.42	0.40	0.42	0.40	0.42
	壳到环境	3.34	0.58	2.43	0.55	1.62	0.50	1.21	0.46
	芯包到环境	3.73	1.01	2.82	0.97	2.02	0.92	1.61	0.88
76.20×117.48	芯包到壳	0.40	0.43	0.40	0.42	0.40	0.42	0.40	0.42
	壳到环境	3.34	0.58	2.43	0.55	1.62	0.50	1.21	0.46
	芯包到环境	3.73	1.01	2.82	0.97	2.02	0.92	1.61	0.88

（续）

尺寸（$\phi D \times L$）/mm	范围	自然冷却		1m/s 风冷		2.54m/s 风冷		5.08m/s 风冷	
		无金属底座	有金属底座	无金属底座	有金属底座	无金属底座	有金属底座	无金属底座	有金属底座
76.20×130.18	芯包到壳	0.41	0.46	0.41	0.45	0.41	0.45	0.41	0.44
	壳到环境	2.85	0.56	2.09	0.53	1.42	0.47	1.08	0.43
	芯包到环境	3.26	1.02	2.50	0.98	1.83	0.92	1.49	0.88
76.20×142.88	芯包到壳	0.41	0.47	0.41	0.46	0.41	0.46	0.41	0.45
	壳到环境	2.66	0.55	1.96	0.51	1.34	0.46	1.03	0.42
	芯包到环境	3.07	1.02	2.37	0.98	1.76	0.92	1.44	0.87
76.20×149.23	芯包到壳	0.41	0.47	0.41	0.47	0.41	0.46	0.41	0.46
	壳到环境	2.58	0.55	1.91	0.51	1.31	0.46	1.01	0.41
	芯包到环境	2.99	1.02	2.32	0.98	1.72	0.92	1.42	0.87
76.20×219.08	芯包到壳	0.40	0.52	0.40	0.51	0.40	0.50	0.40	0.48
	壳到环境	1.95	0.49	1.47	0.45	1.05	0.39	0.83	0.36
	芯包到环境	2.35	1.01	1.87	0.96	1.45	0.89	1.23	0.84
88.90×104.78	芯包到壳	0.30	0.32	0.30	0.31	0.30	0.31	0.30	0.31
	壳到环境	2.79	0.43	2.03	0.41	1.36	0.38	1.02	0.35
	芯包到环境	3.09	0.75	2.33	0.72	1.65	0.69	1.31	0.66
88.90×117.48	芯包到壳	0.30	0.33	0.30	0.33	0.30	0.32	0.30	0.32
	壳到环境	2.58	0.42	1.88	0.40	1.27	0.37	0.96	0.34
	芯包到环境	2.88	0.75	2.19	0.73	1.57	0.69	1.26	0.66
88.90×130.18	芯包到壳	0.31	0.34	0.31	0.34	0.31	0.34	0.31	0.33
	壳到环境	2.40	0.42	1.76	0.39	1.20	0.36	0.91	0.33
	芯包到环境	2.71	0.76	2.07	0.73	1.51	0.70	1.22	0.67
88.90×142.88	芯包到壳	0.31	0.35	0.31	0.35	0.31	0.35	0.31	0.34
	壳到环境	2.24	0.41	1.66	0.39	1.14	0.35	0.87	0.33
	芯包到环境	2.56	0.76	1.97	0.74	1.45	0.70	1.19	0.67
88.90×149.23	芯包到壳	0.31	0.36	0.32	0.36	0.32	0.35	0.32	0.35
	壳到环境	2.18	0.41	1.61	0.38	1.11	0.35	0.86	0.32
	芯包到环境	2.49	0.77	1.93	0.74	1.43	0.70	1.17	0.67
88.90×219.08	芯包到壳	0.31	0.40	0.31	0.40	0.32	0.39	0.32	0.38
	壳到环境	1.67	0.37	1.26	0.34	0.91	0.31	0.72	0.28
	芯包到环境	1.98	0.78	1.58	0.74	1.22	0.70	1.04	0.66

注：表中的有金属底座是将铝电解电容器固定在有散热能力的散热器或金属机箱上。

表 5-7 RIFA 公司生产的螺栓式铝电解电容器的热阻数据 （单位：℃/W）

尺寸（$\phi D \times L$）/mm	外壳代码	螺栓安装				钢夹安装	
		$R_{thhs}=3$℃/W 风速为0.5m/s	$R_{thhs}=2$℃/W 风速为0.5m/s	$R_{thhs}=3$℃/W 风速为2m/s	$R_{thhs}=2$℃/W 风速为2m/s	$R_{thhs}=3$℃/W 风速为0.5m/s	$R_{thhs}=2$℃/W 风速为2m/s
35×51	A	5.6	5.3	4.5	4.4	10.6	7.4
35×60	B	5.4	5.1	4.4	4.3	9.8	7.0
35×75	C	5.3	5.1	4.4	4.3	9.2	6.7

（续）

尺寸（$\phi D\times L$）/mm	外壳代码	螺栓安装				钢夹安装	
		R_{thhs}=3℃/W 风速为0.5m/s	R_{thhs}=2℃/W 风速为0.5m/s	R_{thhs}=3℃/W 风速为2m/s	R_{thhs}=2℃/W 风速为2m/s	R_{thhs}=3℃/W 风速为0.5m/s	R_{thhs}=2℃/W 风速为2m/s
35×95	D	5.3	5.1	4.4	4.3	8.9	6.7
50×75	H	3.6	3.3	2.8	2.7	6.3	4.4
50×95	J	3.4	3.2	2.7	2.6	5.8	4.2
50×105	K	3.4	3.2	2.7	2.6	5.8	4.2
50×115	I	3.4	3.2	2.7	2.6	5.8	4.2
65×105	O	2.6	2.4	2.1	2.0	4.2	3.1
65×115	Q	2.6	2.4	2.1	2.0	4.2	3.1
65×130	S	2.6	2.4	2.1	2.0	4.2	3.1
75×78	L	2.3	2.0	1.8	1.7	4.1	2.7
75×98	P	2.3	2.0	1.8	1.7	4.0	2.7
75×105	T	2.3	2.1	1.7	1.6	3.7	2.6
75×115	U	2.2	2.0	1.6	1.5	3.5	2.5
75×145	V	2.2	2.0	1.6	1.5	3.4	2.5
75×220	X	2.3	2.1	2.0	1.9	3.4	2.6
90×78	M	1.9	1.7	1.6	1.4	3.4	2.2
90×98	N	1.9	1.7	1.6	1.4	3.1	2.1
90×145	Y	1.8	1.8	1.5	1.4	2.7	1.9
90×220	Z	1.9	1.7	1.6	1.5	2.7	2.0

注：表中的R_{thhs}为铝电解电容器外壳到散热器的热阻。

表5-8 CDE公司生产的插脚式铝电解电容器热阻数据 （单位：℃/W）

管壳型号	管壳尺寸（$\phi D\times L$）/mm	自然冷却			空气流速为1m/s			空气流速为2.54m/s			空气流速为5.08m/s		
		芯包到外壳	外壳到环境	总热阻	芯包到外壳	外壳到环境	总热阻	芯包到外壳	外壳到环境	总热阻	芯包到外壳	外壳到环境	总热阻
H01	22×25	7.92	22.46	30.38	7.90	13.05	20.96	7.89	8.31	16.20	7.87	5.78	13.64
H02	22×30	8.13	20.02	28.15	8.11	11.75	19.87	8.09	7.58	15.67	8.06	5.34	13.41
H03	22×35	8.33	18.15	26.48	8.31	10.78	19.08	8.28	7.05	15.32	8.24	5.04	13.28
H04	22×40	8.51	16.69	25.20	8.48	10.03	18.51	8.44	6.65	15.09	8.39	5.163	13.22
H05	22×50	8.83	14.56	23.39	8.79	8.97	17.75	8.73	6.12	15.17	8.66	4.56	13.22
J01	25×25	6.11	18.99	25.10	6.10	11.04	17.14	6.08	7.03	13.11	6.06	5.169	10.95
J02	25×30	6.32	17.01	23.33	6.30	9.99	16.29	6.28	6.44	12.72	6.25	4.54	10.79
J03	25×35	6.54	15.49	22.00	6.49	9.20	15.69	6.46	6.01	12.47	6.42	4.30	10.72
J04	25×40	6.70	14.29	20.99	6.67	8.59	15.26	6.63	5.70	12.32	6.58	5.21	10.71
J045	25×45	6.87	13.32	20.19	6.83	8.11	5.17	6.78	5.46	12.24	6.72	4.02	10.73
J05	25×50	7.03	12.54	19.57	6.98	7.73	14.71	6.92	5.27	12.20	6.85	3.93	10.78

（续）

管壳型号	管壳尺寸 ($\phi D \times L$) /mm	自然冷却			空气流速为1m/s			空气流速为2.54m/s			空气流速为5.08m/s		
		芯包到外壳	外壳到环境	总热阻	芯包到外壳	外壳到环境	总热阻	芯包到外壳	外壳到环境	总热阻	芯包到外壳	外壳到环境	总热阻
K01	30×25	4.28	15.17	19.12	4.26	8.63	12.89	4.25	5.50	9.74	4.22	3.82	8.04
K02	30×30	4.46	13.40	17.86	4.44	7.87	12.31	4.41	5.08	9.49	4.38	3.58	7.96
K03	30×35	4.63	12.27	16.91	4.61	7.29	11.90	4.57	4.77	9.34	4.53	3.41	7.94
K04	30×40	5.160	11.38	16.18	4.77	6.84	11.61	4.73	4.54	9.26	4.67	3.29	7.96
K045	30×45	5.18	10.66	15.62	5.17	6.49	11.41	5.17	4.37	9.23	5.16	3.21	8.01
K05	30×50	5.12	10.07	15.19	5.07	6.21	11.28	5.00	4.23	9.24	5.17	3.15	8.07
A01	35×25	3.19	11.98	15.18	3.18	6.97	10.15	3.16	4.44	7.60	3.14	3.09	6.22
A02	35×30	3.35	10.89	14.24	3.33	6.40	9.73	6.31	5.21	7.43	3.28	2.91	6.18
A03	35×25	3.51	10.03	13.53	3.48	5.96	9.44	6.45	3.89	7.34	3.40	2.78	6.18
A04	35×40	3.66	9.34	13.00	3.62	5.62	9.24	6.58	3.72	7.30	3.52	2.69	6.22
A045	35×45	3.80	8.78	12.58	3.76	5.35	9.10	6.70	3.59	7.29	3.64	2.63	9.27
A05	35×50	3.94	8.32	12.26	3.89	5.13	9.02	3.82	3.49	7.31	3.74	2.59	6.33
A06	35×63	4.26	7.46	11.72	4.19	4.75	8.94	4.09	3.34	7.43	3.98	2.54	6.53
A08	35×80	4.63	4.76	11.39	4.52	4.48	9.00	4.38	3.26	7.64	4.23	2.54	6.78
A10	35×105	5.03	6.19	11.21	5.17	4.30	9.17	4.69	3.24	7.93	4.49	2.59	7.08
N04	40×40	2.90	7.84	10.74	2.87	4.71	7.58	2.82	3.12	5.94	2.77	2.25	5.02
N05	40×50	3.15	7.03	10.18	3.10	4.33	7.43	3.04	2.94	5.98	2.96	2.18	5.14
N06	40×60	3.45	6.34	9.79	3.37	4.03	7.41	3.28	2.83	6.11	3.17	2.14	5.31
N08	40×80	3.79	5.78	9.57	3.68	3.83	7.50	3.54	2.77	6.31	3.39	2.15	5.54
N10	40×105	4.18	5.33	9.51	4.02	3.70	7.71	3.83	2.77	6.60	3.63	2.19	5.83
B05	50×50	2.20	5.25	7.45	2.15	3.23	5.38	2.09	2.19	4.27	2.01	1.61	3.62
B06	50×63	2.44	4.79	7.23	2.37	3.04	5.40	2.27	2.11	4.39	2.17	1.59	3.76
B08	50×80	2.72	4.41	7.14	2.61	2.90	5.52	2.48	2.08	4.56	2.34	1.60	3.94
B09	50×92	2.90	4.24	7.14	2.76	2.86	5.62	2.60	2.09	4.69	2.44	1.61	4.06
B10	50×105	3.06	5.20	7.18	2.90	2.83	5.74	2.72	2.10	5.16	2.53	1.63	4.17

表 5-9　RIFA 公司生产的插脚式铝电解电容器热阻数据（环境温度 40℃）

（单位：℃/W）

管壳尺寸 ($\phi D \times L$)/mm	外壳代码	风速 0.5m/s		风速 1.0m/s		风速 2.0m/s		风速 3.0m/s		风速 4.0m/s		风速 5.0m/s	
		壳到环境	芯包到环境	壳到环境	芯包到环境	壳到环境	芯包到环境	壳到环境	芯包到环境	壳到环境	芯包到环境	壳到环境	芯包到环境
22×25	AB	24.3	25.1	19.1	20.0	15.16	15.7	13.2	14.1	11.4	12.3	10.3	11.1
22×30	AC	21.3	22.5	16.8	18.0	13.2	14.4	11.7	12.9	10.2	11.4	9.2	10.4
22×35	AD	19.1	20.5	15.1	16.6	11.9	13.4	10.7	12.1	9.4	10.8	8.5	9.9
22×40	AE	17.4	19.0	13.9	15.5	11.0	12.7	9.9	11.5	8.7	10.4	7.9	9.5

（续）

管壳尺寸（$\phi D\times L$）/mm	外壳代码	风速0.5m/s		风速1.0m/s		风速2.0m/s		风速3.0m/s		风速4.0m/s		风速5.0m/s	
		壳到环境	芯包到环境	壳到环境	芯包到环境	壳到环境	芯包到环境	壳到环境	芯包到环境	壳到环境	芯包到环境	壳到环境	芯包到环境
22×45	AF	16.1	17.6	12.9	14.4	10.4	11.8	9.3	10.8	8.3	9.7	7.5	9.0
22×50	AG	15.1	16.8	12.2	14.0	9.8	11.6	8.9	10.5	7.9	9.7	7.2	9.0
25×25	BB	21.9	22.8	17.2	18.1	13.4	14.3	11.8	12.6	10.2	11.1	9.2	10.0
25×30	BC	19.3	20.2	15.3	16.1	12.0	12.8	10.5	11.3	9.2	10.0	8.2	9.1
25×35	BD	17.2	18.2	13.7	14.7	10.8	11.8	9.6	10.6	8.4	9.4	7.6	8.6
25×40	BE	15.8	16.9	12.6	13.7	10.0	11.2	8.9	10.0	7.8	8.9	7.1	8.2
25×45	BF	14.7	16.2	11.8	13.3	9.4	10.9	8.4	9.9	7.4	8.9	6.8	8.3
25×50	CG	13.7	15.2	11.1	12.6	8.9	10.5	8.0	9.5	7.1	8.6	6.5	8.0
30×25	CB	18.9	19.5	15.2	15.5	11.7	12.3	10.0	10.6	8.7	9.3	7.8	8.4
30×30	CC	16.4	17.1	13.1	13.8	10.2	10.9	8.8	9.5	7.7	8.4	6.9	7.6
30×35	CD	15.16	15.6	11.8	12.6	9.3	10.1	8.0	8.9	7.0	7.9	6.3	7.2
30×40	CE	13.5	14.3	10.8	11.6	8.6	9.4	7.4	8.2	6.5	7.3	5.9	6.7
30×45	CF	12.5	13.3	10.0	10.9	8.0	8.9	7.0	7.8	6.2	7.0	5.6	6.5
30×50	CG	11.9	12.9	9.7	10.7	7.8	8.8	6.8	7.8	6.1	7.1	5.5	6.6
35×25	DB	16.5	17.0	13.1	13.6	10.5	11.0	8.6	9.1	7.5	8.0	6.7	7.2
35×30	DC	14.3	14.7	11.4	11.8	9.2	9.6	7.6	8.0	6.6	7.0	5.9	6.3
35×35	DD	12.9	13.4	10.3	10.8	8.3	8.8	6.9	7.4	6.0	6.5	5.4	5.9
35×40	DE	11.8	12.5	9.5	10.1	7.7	8.3	6.4	7.1	5.6	6.3	5.1	5.7
35×45	DF	10.9	11.6	8.8	9.5	7.1	7.9	6.0	6.7	5.3	6.0	5.2	5.5
35×50	DG	10.5	11.3	8.5	9.3	7.0	7.8	5.9	6.7	5.3	6.0	5.2	5.6
35×55	DH	9.6	10.3	7.8	8.5	6.4	7.1	5.4	6.1	5.2	5.5	4.4	5.1
35×60	DI	9.1	10.2	7.4	8.5	6.2	7.2	5.2	6.3	4.7	5.7	4.3	5.3
40×60	EI	8.2	9.0	6.7	7.6	5.5	6.3	4.6	5.5	4.1	5.0	3.8	4.7
40×70	EK	7.5	8.5	6.2	7.2	5.1	6.1	4.4	5.4	3.9	5.2	3.6	4.6
40×80	EM	7.0	8.3	5.9	7.2	5.2	6.2	4.2	5.5	3.8	5.1	3.5	5.2
40×100	EQ	6.4	8.2	5.4	7.2	4.6	6.3	4.1	5.8	3.7	5.4	3.4	5.2

通过表5-6与表5-7的比较以及表5-8与表5-9的比较可以看到，同一制造商外壳尺寸、形状相同，壳到环境的热阻基本相同，而不同铝电解电容器生产厂商的铝电解电容器的芯包到外壳的热阻却大不相同，其主要原因是各铝电解电容器生产厂商的制造工艺不同。如果电解液仅仅将铝电解电容器芯包浸润而没有充满外壳的整个内部，则芯包到外壳之间就是导热性能差的气体，热阻较高。而注重可靠长寿命的欧洲铝电解电容器制造商将铝电解电容器内部充满电解液（即液态铝电解电容器），芯包到外壳之间是导热良好的电解液，热阻大大降低，铝电解电容器允许流过的纹波电流也大大增加。

降低铝电解电容器芯包到外壳热阻的另一个有效方法就是将铝电解电容器的负极铝箔直接“坐”在外壳上，以增加导热能力，减小芯包到外壳的热阻。

从上面分析可以看到不同铝电解电容器生产厂商生产的产品，外形相同或外壳相近的产品外壳到环境的热阻基本相同，而芯包到外壳的热阻则大相径庭。如果仅仅从品质角度考虑，铝电解电容器的芯包到外壳的热阻反映了铝电解电容器的应用品质。

全球众多铝电解电容器生产厂商中，能够给出其生产的铝电解电容器热阻的很少。有的是没有这方面的数据（如国内众多铝电解电容器生产厂商），而有的则是技术保密的需要。

引线式铝电解电容器的体积和额定纹波电流值均很小，通常在不考虑热阻的情况下也可以很好地满足设计电子电路的要求。

第6章 高导电聚合物电解电容器性能分析

6.1 高导电聚合物电解电容器的提出

电解电容器最大的问题一直是较大的ESR，尽管铝电解电容器已经有了低ESR的类型，可以将ESR明显地减小，但是还是没有质的变化。ESR是由电解电容器的负极电阻造成的，常规（包括低ESR）铝电解电容器的负极材料电导率相对较低（3mS/cm），不改变负极材料电解电容器的性能是不会得到质的改善，改善负极电导率的方法之一就是采用电导率接近铝电解电容器的负极电解液的二氧化锰，电导率可达到30mS/cm，同时阳极材料也应随之变为金属钽，绝缘介质变为五氧化二钽，即钽电解电容器。钽电解电容器的出现大大地降低了电解电容器的ESR，但它相对昂贵，而且额定电压有限（低于63V），因此在很多应用中往往采用薄膜电容器（单体很容易达到40μF/75V和80μF/30V）或陶瓷叠片电容器（单体现已达到200μF/6.3V）替代电解电容器实现开关电源和电源模块的滤波。众所周知，薄膜电容器和陶瓷叠片电容器的电容量是远不如电解电容器，应用起来不方便。如何进一步提高电解电容器的负极材料电导率是改善电解电容器性能甚至是电容器性能的一个好方法，在这种应用需求的背景下，固态铝电解电容器的有机聚合物的负极可以使电导率达到1000mS/cm甚至是10000mS/cm，这样负极材料的电解电容器的ESR将会非常低！电解电容器各种负极材料的电导率如图6-1所示。

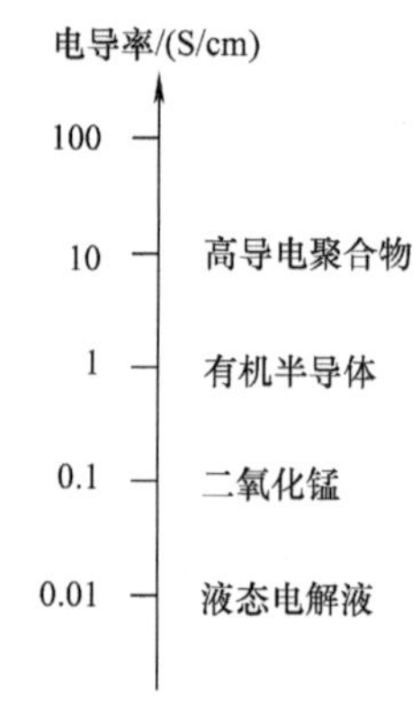

图6-1 电解电容器各种负极材料的电导率

固态铝电解电容器的结构与普通铝电解电容器相同，不同的是固态铝电解电容器的负极材料用高分子导电聚合物替代了电解液，使负极由液体变为固体。除了引线式固态电解电容器，还出现了叠片式固态电解电容器。叠片式固态铝聚合物电解电容器的结构是结合了铝电解电容器和钽电解电容器特点的一种独特的结构。与传统的铝电解电容器相同，叠片式固态铝聚合物电解电容器的正极铝箔氧化铝层通过化成过程形成在正极铝箔上。叠片式固态铝聚合物电解电容器中，高导电聚合物薄膜沉积在氧化铝上，作为负极电极，用石墨和银将固态聚合物负极引出，这一点与固态钽电解电容器用石墨将二氧化锰负极引出是相似的。

6.2 高导电聚合物固态电解电容器制造过程简述

高导电聚合物固态电解电容器制造过程主要有钉卷、碳化、化成、聚合物注入、聚合、组立、测试等。

钉卷以及钉卷前的制造工艺与液态电解电容器相同。与液态电解电容器不同的是，钉卷后的电容器芯子还需要“碳化”工艺过程，因为在固态电解电容器中，电容器纸是没有用处的，而且不利于聚合物与正极箔、负极箔的良好电接触，因此需要烧蚀掉即碳化，这个过程是利用高温将电容器纸碳化掉。

碳化后，电容器芯子进入化成工艺。化成工艺是将此前所有制造工艺过程（如分切、钉卷机钉卷过程的刺铆等）对正极箔氧化铝膜损伤的修复过程，类似于液态电解电容器的常温老化和高温老化过程。此过程需要在聚合物注入芯子前完成。一旦聚合物注入芯子，正极箔的氧化铝膜将无法修复，最终造成固态电解电容器的废品。

化成过程是在一定的化成液温度下将碳化后的芯子浸入化成液。化成液为负极，因此仅需要对芯子的正极导针施加化成需要的正电压，直到正极箔的所有氧化铝膜损伤部分全部得到修复，化成过程结束。

化成后进入聚合物注入过程。聚合物注入有两种方式：将聚合物的原始材料注入电容器芯子中，在电容器芯子中完成聚合物的聚合；在电容器芯子外完成聚合，再注入电容器芯子。前者为低压固态电解电容器的制造工艺，后者多为高压固态电解电容器的制造工艺。

聚合物注入电容器芯子后聚合不适合高压固态电解电容器，其主要原因是高压固态电解电容器正极箔的氧化铝膜相对很厚，氧化铝膜越厚越脆弱，很容易在外力作用下断裂，导致固态电解电容器的短路，甚至在固态电解电容器受到微小振动或聚合物聚合后的应力释放过程都可以导致正极箔的氧化铝膜断裂而正负极之间短路。

对于低压固态电解电容器，其正极箔氧化铝膜很薄，可以承受一定程度的外力作用。而聚合物注入芯子之后聚合可以获得更低的ESR，这对低压固态电解电容器很重要。

将聚合物注入芯子后进入聚合工艺过程，与环氧树脂固化过程类似，采用高温聚合方式。

将聚合物在电容器芯子外聚合，再注入电容器芯子中，这个过程为将聚合物聚合，打碎到可以注入电容器芯子的尺寸。通过溶剂承载，将带有聚合物的溶剂含浸到电容器芯子中，再将溶剂从芯子中挥发。由于一次含浸可以载入到电容器芯子中的聚合物达不到所需要的数量，电容量和ESR均达不到设计值，需要反复多次的通过带有聚合物的溶剂含浸到芯子中，再将溶剂挥发，将聚合物留在电容器芯子中，直到电容量、ESR达到设计指标为止。相对而言，这个过程重复次数越多，电容器的性能越好，但是制造成本明显升高，制造过程消耗时间也越长。需要综合考虑，采用最佳折中的制造过程。

固态电解电容器完成聚合过程后，实际上就具备了固态电解电容器所有的电参数。接下来就是装在外壳里，即组立。组立过程与液态电解电容器的组立过程相同，不再赘述。

组立后的固态电解电容器通过测试，性能参数满足要求即为合格品，通常称为良品。

6.3　固态电解电容器的一般电参数

与其他电容器一样，固态电解电容器的电压参数是其重要参数之一。固态电解电容器的电压参数主要有化成电压、额定电压等。

1. 电压

（1）化成电压　化成电压分正极箔化成电压和固态电解电容器芯子化成电压。

正极箔化成电压是由化成箔制造商提供的。这个电压应该高于固态电解电容器芯子的化成电压。

图6-2所示为某钽电解电容器的工作电压与温度的关系曲线。

图6-2中，在85℃条件下，钽电解电容器可以工作在额定电压，随着温度超过85℃，钽电解电容器的实际工作电压以每10℃ 8%~10%的速率下降，150℃时，实际工作电压下降到额定电压的一半。

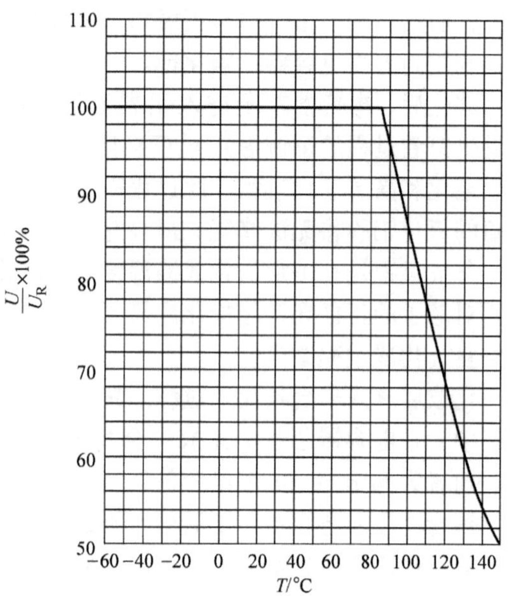

图6-2　工作电压与温度的关系曲线

通过钽电解电容器工作电压与温度特性和铝电解电容器化成箔的温度特性可以推断，固态铝电解电容器最高温度下的额定电压与70℃芯子化成电压的关系为化成温度为70℃，对应的化成电压需要达到125℃对应的额定电压的2倍左右！

固态电解电容器数据也可以得出这样的结论，图6-3所示为1995—2000年期间的额定电压为25V的某固态电解电容器的温度与可以外加电压的关系。

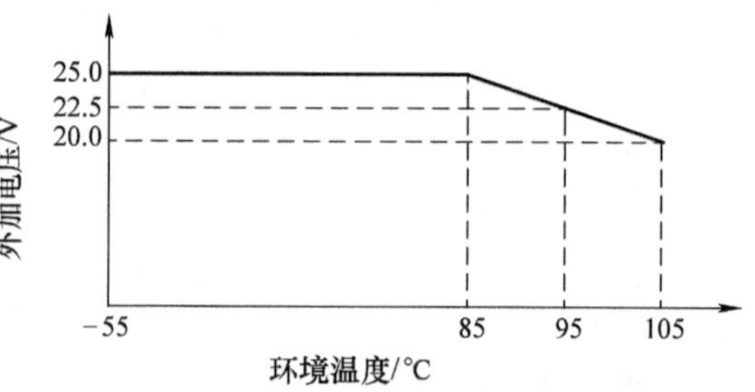

图6-3　25V某固态电解电容器的温度与可以外加电压的关系

从图6-3中可以看出，当温度高于85℃后，每增加10℃，可施加电压为85℃温度下电压的90%，从85℃提高到105℃，可施加电压为85℃温度下电压的80%。

如果电容器芯子在70℃化成，固态电解电容器工作在125℃条件下，工作电压降为70℃工作电压的约55%。

可以看出，电容器芯子化成温度越高，在高温时刻工作电压衰减越小。

（2）额定电压　额定电压U_R是表示在电容器上的直流电压，由电介质的厚度决定。额定电压是在额定温度时所能承受的最大电压。

固态铝电解电容器的额定电压在低压时可以是2V，高压时可以达到400V。其多数应用为低压应用，特别是手机充电器应用。

（3）反向电压　由直流电压和交流电压分量所导致的任何不正确极性电压必须小于或等于允许的极性反电压。

（4）极性标志　固态铝电解电容器是有极性的电解电容器，采用导针式封装时，长导针为正极，短导针为负极。由于固态铝电解电容器外壳没有塑料套管，电容器电极的极性标在铝壳上，有标志的为负极，如图6-4所示。

2. 电容量

电容量是电容器最重要的参数。

（1）电容量的测试条件　固态铝电解电容器的电容量是在120Hz测试条件下的静电电容量。固态铝电解电容器的电容量标称值与铝电解电容器和钽电解电容器的电容量标称值相

图 6-4 固态铝电解电容器极性标志

同，采用 E12 优选系列。

固态铝电解电容器的电容量可以从不到一微法到上千微法。

（2）电容量的“温度特性” 从电容器电极端测试得到的电容量与温度的关系就是电容量的“温度特性”，如图 6-5 所示。

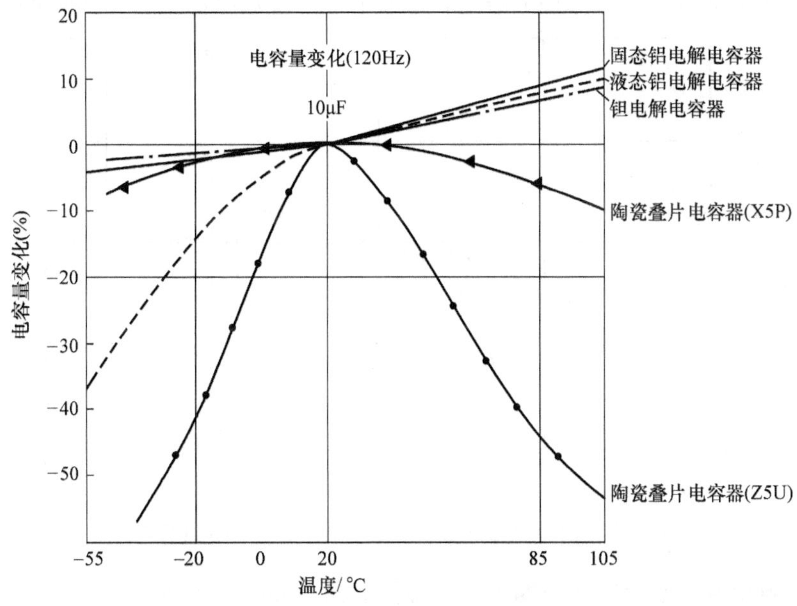

图 6-5 固态铝电解电容器电容量与温度的关系

从图 6-5 可知，固态铝电解电容器的电容量随温度变化程度比液态铝电解电容器小，特别是在低温区间。

3. 损耗因数

尽管固态铝电解电容器的 ESR 在高频测试条件下远低于液态铝电解电容器，但损耗因数是在 120Hz 频率下测试的，在 120Hz 频率下，固态电解电容器的 ESR 主要取决于正极箔的氧化铝膜，则固态铝电解电容器的损耗因数与液态铝电解电容器相近或基本相同，损耗因数与温度的关系如图 6-6 所示。

4. 漏电流

固态铝电解电容器的漏电流是由于正极箔的氧化铝膜缺陷产生的，与液态铝电解电容器漏电流产生的原因相同。但是需要注意的是，液态铝电解电容器可以通过对电解电容器持续施加电压方式不断地修复氧化铝膜的缺陷，但固态铝电解电容器不具备修补氧化铝膜能力，

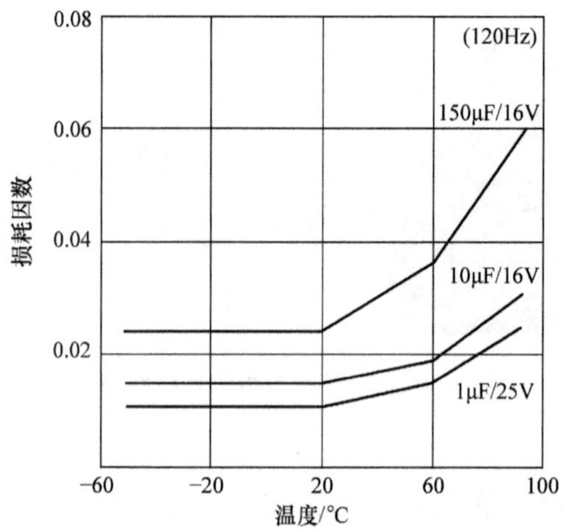

图 6-6　固态铝电解电容器损耗因数与温度的关系

需要其具有更小的漏电流。固态铝电解电容器漏电流与施加电压的关系如图 6-7 所示。

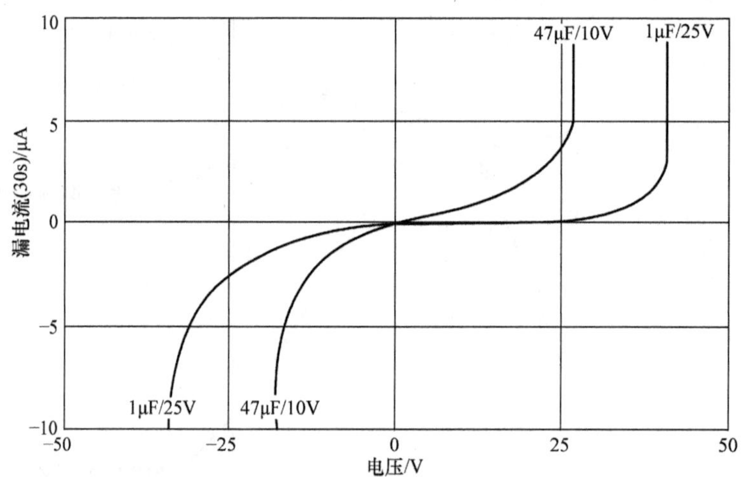

图 6-7　固态铝电解电容器漏电流与施加电压的关系

固态铝电解电容器额定电压下漏电流与温度的关系如图 6-8 所示。

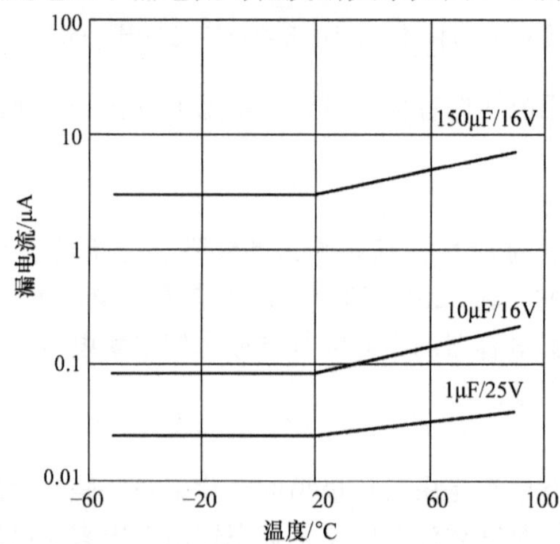

图 6-8　固态铝电解电容器额定电压下漏电流与温度的关系

与液态电解电容器相同，固态铝电解电容器的漏电流随温度上升。

6.4 阻抗特性

6.4.1 等效串联电阻

与液态铝电解电容器相似，固态铝电解电容器的 ESR 也是由氧化铝膜产生的 ESR 和电解液（或高导电聚合物）产生的 ESR 构成，因此产生了 ESR 的频率特性。ESR 的频率特性曲线如图 6-9 所示。

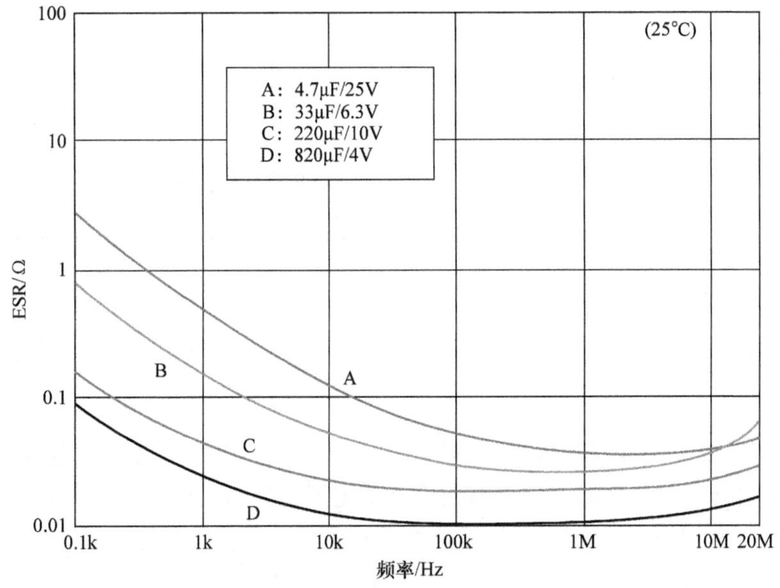

图 6-9　ESR 的频率特性曲线

从图 6-9 中可知，随着频率的升高，固态铝电解电容器的 ESR 降低，这个特性与液态铝电解电容器 ESR 的频率特性类似。以 4.7μF/25V 固态铝电解电容器为例，在 100Hz 频率下的 ESR 约为 3Ω，而在 1～10MHz 频段的 ESR 约为 0.05Ω，两者相差约 60 倍。如果仅从因 ESR 流过电流发热相同角度考虑，这款固态铝电解电容器的 100Hz 纹波电流仅为 1MHz 纹波电流的 13%。

如果看图 6-9 中 820μF/4V 固态铝电解电容器，则 100Hz 频率下的 ESR 约为 0.1Ω，100kHz 频率下约为 0.01Ω，两者相差 10 倍，而 100Hz 频率下的纹波电流则为 100kHz 频率下纹波电流的约 32%。需要说明的是，图 6-9 的特性曲线为 1995—2000 年间的产品，随着固态铝电解电容器制造技术的革新，100kHz 频率下的 ESR 也得到了明显降低，2020 年 820μF/6.3V 固态铝电解电产品，其 100kHz 频率下的 ESR 可以降低到 5～7mΩ，对应的 100Hz 频率下的纹波电流则为 100kHz 频率下纹波电流的约 25%。也就是说利用高导电聚合物作为负极，在相同的温升条件下，固态铝电解电容器的 100kHz 纹波电流能力可以提高近 4 倍。

液态铝电解电容器的 ESR 随温度变化很大，甚至可达一个数量级的变化范围。固态铝电解电容器的 ESR 的温度特性曲线如图 6-10 所示。

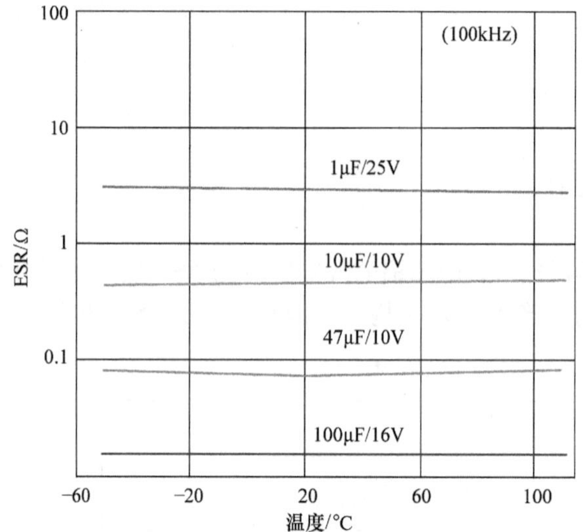

图 6-10　固态铝电解电容器的 ESR 温度特性曲线

从图 6-10 中可以看出，固态铝电解电容器在 100kHz 频率下的 ESR 基本不随温度变化，类似于钽电解电容器。

6.4.2　阻抗频率特性

固态铝电解电容器同样存在阻抗频率特性。图 6-11 所示为南通江海电容器股份有限公司 2021 年产品手册中固态铝电解电容器与液态铝电解电容器的阻抗频率特性曲线。

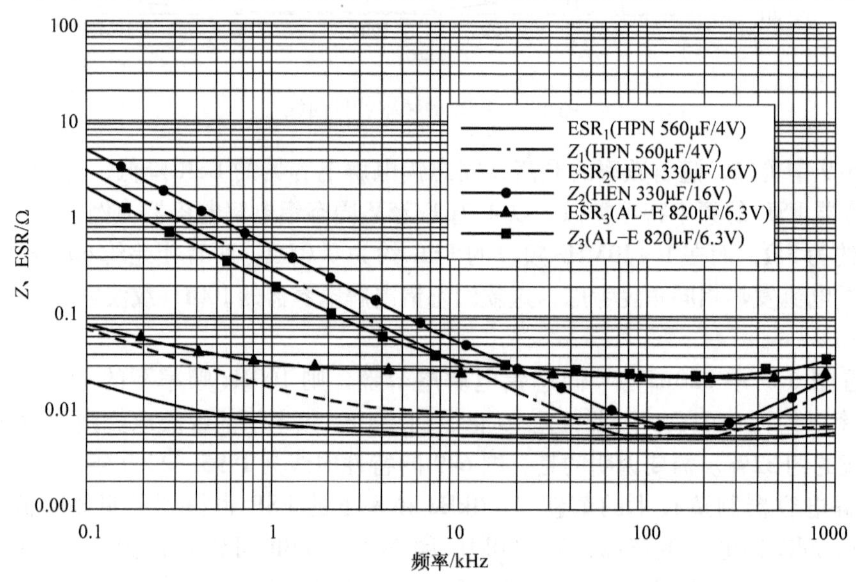

图 6-11　固态铝电解电容器与液态铝电解电容器的阻抗频率特性曲线

图 6-11 中，Z_1、ESR_1 为 HPN 560μF/4V 固态铝电解电容器的阻抗频率特性和 ESR 频率特性，Z_2、ESR_2 为 HEN 330μF/16V 固态铝电解电容器的阻抗频率特性和 ESR 频率特性，

Z_3、ESR_3 为 AL－E 820μF/6.3V 液态铝电解电容器的阻抗频率特性和 ESR 频率特性。

在低频段（0.1～1kHz）电解电容器的阻抗以电容器的容抗为主，因此电容量越大容抗越低。这时电容量（820μF/6.3V）最大的液态铝电解电容器呈现出最低阻抗，电容量次之的（560μF/4V）固态铝电解电容器的阻抗位于第二，阻抗最高的是电容量最低的 330μF/16V 固态铝电解电容器。

由于液态铝电解电容器的 ESR 比固态铝电解电容器大得多。随着频率的增加，液态铝电解电容器的容抗降低到与 ESR 相同数量级（图 6-11 中为 5kHz 以上）时，ESR 特性开始逐渐显现，并逐渐高于容抗，这时液态铝电解电容器阻抗频率特性开始呈现平直特性。

与此同时，由于固态铝电解电容器的 ESR 远小于液态铝电解电容器的 ESR，因此固态铝电解电容器的容抗降低到与 ESR 相同数量级需要更高的频率。从图 6-11 中可见这个频率需要达到 50kHz 以上。

在 100kHz 左右频段，液态铝电解电容器和固态铝电解电容器的阻抗特性均为 ESR 特性，这时的电容器容抗已远低于 ESR，如电容量最低的 330μF 电容器在 100kHz 频率下的容抗为 4.8mΩ，远低于 10mΩ 以上的 ESR。

随着频率的升高，电容器的感抗开始增加到可以与 ESR 相近时，电容器的阻抗特性开始呈现感性特性。导针式固态铝电解电容器开始呈现电感特性在 300kHz 以上。图 6-11 中的液态铝电解电容器阻抗呈感性特性则在 600kHz 以上，这似乎高频特性优于固态铝电解电容器。实际上，固态铝电解电容器的寄生电感要小于液态铝电解电容器，液态铝电解电容器呈现感性特性的原因是液态铝电解电容器的 ESR 远高于固态铝电解电容器，寄生电感的感抗需要与 ESR 相近或高于 ESR 才能呈现感性特性。如果液态铝电解电容器的 ESR 为固态铝电解电容器 ESR 的 10 倍、寄生电感相同，液态铝电解电容器阻抗呈现感性，其频率是固态铝电解电容器的 10 倍。由于相同额定电压/电容量的固态铝电解电容器体积较小，寄生电感也小，因此图 6-11 中液态铝电解电容器呈现感性的频率并不比固态铝电解电容器高多少。

进入高频段（500kHz 以上），图 6-11 中各电容器的阻抗频率特性均进入感性特性，这时的电容器阻抗将取决于电容器寄生电感的大小。

尽管阻抗特性在高频段呈现感性特性，并不意味着该电容器不具有滤波特性，只要阻抗足够低，依然具有良好的滤波特性。

6.5 导针位置与 ESR 的关系

由于固态铝电解电容器的负极 ESR 极低，使得其铝箔的体电阻不能忽略。例如某款固态铝电解电容器，不同生产厂商的产品，其 ESR 可能存在比较大的差异，有的为 10mΩ 左右，有的则为 8mΩ 左右。如果是液态铝电解电容器，2mΩ 的 ESR 差别似乎可以忽略，毕竟液态铝电解电容器的 ESR 受温度影响远比 2mΩ 大得多，而且常温 ESR 一般在 30mΩ 以上。

固态铝电解电容器的 ESR 几乎不随温度变化，而且 ESR 值很低，这使得 2mΩ 的差别就会导致 ESR 出现 20% 差别，这个差别无论是应用还是固态铝电解电容器的耐久性都是有明显差别的。

在相同的纹波电流条件下，ESR 增加 20%～30%，电容器的损耗增加 20%～30%，温升也会相应地增加。在相同的温升条件下，由于 ESR 增加 20%～30%，将使额定纹波电流降低 10%～14%。如果某固态铝电解电容器的额定纹波电流为 5A，由于 ESR 增加，将使实际的纹波电流承受能力降低到 4.3 ~4.5A。这个结果对于纹波电流应用到几乎极限的状态下时是绝对不允许的!

产生这样的 ESR 差值的原因是导针位置不在滤波中心位置，而是偏置于铝箔的一侧。为什么要导针偏置而不是导针中置呢? 其原因在于电解电容器芯子的导针位置要与胶塞上孔的位置相对应。如果芯子导针位置与胶塞上孔的位置不一致，导针就无法入胶塞。必须将导针偏置于铝箔一侧。为了解决这个问题，出现了偏置导针，可以解决导针在铝箔上位置偏置问题。所带来的问题是导针是特制的，钉卷机需要识别导针的“A”“B”面，导致采用偏置导针的固态铝电解电容器生产成本增加。

基于上述问题，当客户没有特殊要求时，采用常规制造方法，ESR 稍高。如果客户对 ESR 性能要求较高，则采用偏置导针和对应的钉卷工艺，以获得尽可能低的 ESR。

6.6 等效串联电感

固态铝电解电容器具有比液态铝电解电容器低得多的 ESL。1995—2000 年生产的固态铝电解电容器的 ESL 见表 6-1。

从表 6-1 中可以看出，固态铝电解电容器的 ESL 明显小于 10nH。不大于 10nH 的 ESL 几乎就是穿过胶塞部分的导针长度和包围空间所产生的寄生电感，说明固态铝电解电容器的负极几乎是一体的。

表 6-1 固态铝电解电容器的 ESL

外壳尺寸/mm	测试频率为 10MHz 条件下的电感/nH	测试频率为 40MHz 条件下的电感/nH
$\phi6.3\times6$	2.6	2.4
$\phi8\times7$	4.0	3.8
$\phi10\times8$	5.4	5.2
$\phi8\times12$	4.0	3.8
$\phi10\times13$	6.0	5.8

固态铝电解电容器要想进一步降低 ESL，需要采用叠片形式。叠片式固态铝电解电容器结构如图 6-12 所示。

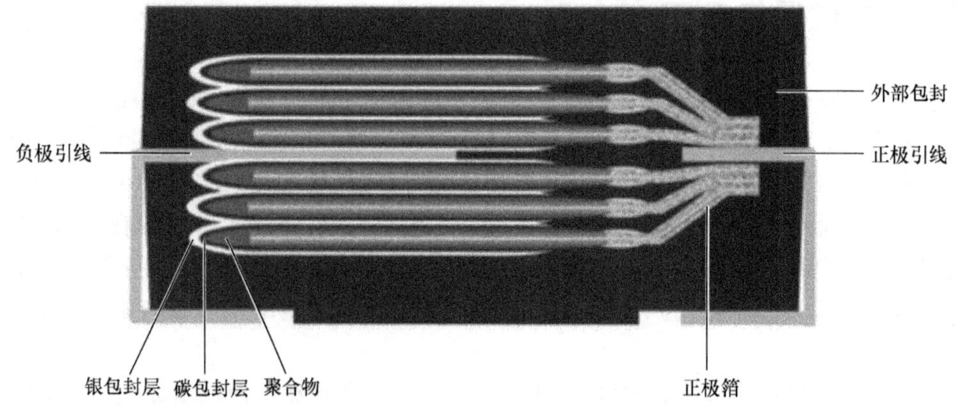

图 6-12 叠片式固态铝电解电容器剖面图

从图 6-12 中可以看出，叠片式固态铝电解电容器的电极为叠片方式组合，这样就消除了卷绕式电解电容器的卷绕 ESL，所剩的 ESL 仅仅为电容器电极引出端距离的物理电感，会明显低于卷绕式电解电容器的 ESL。美国 CDE 公司在 2005 年前生产的叠片式固态铝电解电容器和卷绕式固态铝电解电容器的阻抗频率特性曲线如图 6-13 和图 6-14 所示。

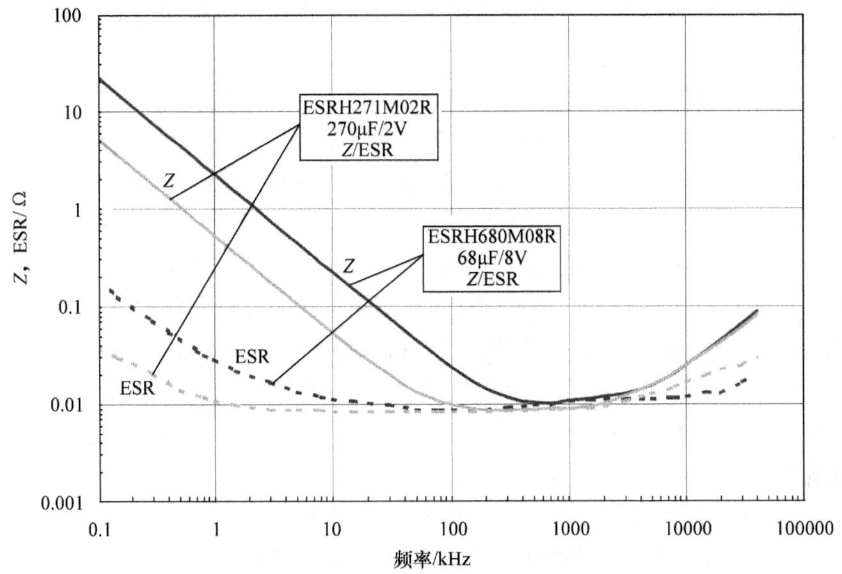

图 6-13 叠片式固态铝电解电容器的阻抗频率特性曲线

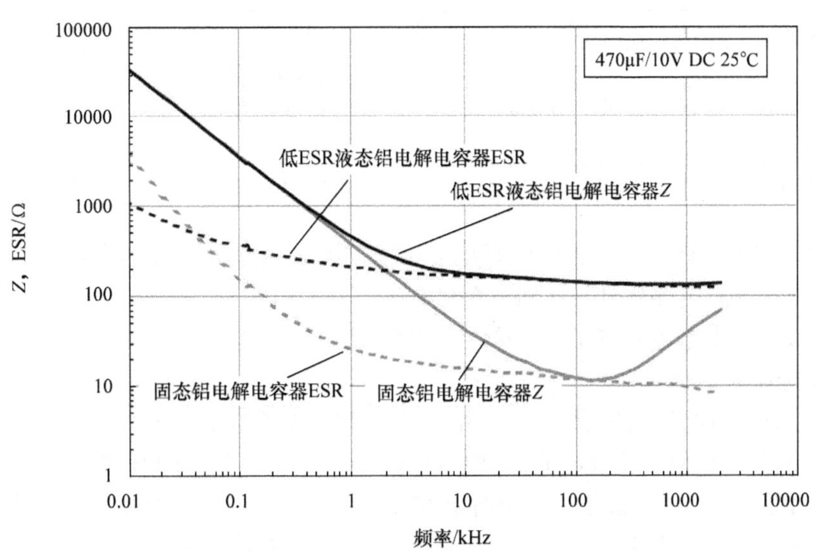

图 6-14 贴片式固态铝电解电容器的阻抗频率特性曲线

图 6-13 所示的两种规格的叠片式固态铝电解电容器的阻抗频率特性进入感性特性对应的频率在 2MHz 以上。这个 ESL 由叠片式固态铝电解电容器的物理尺寸（长度为 7.3mm）决定。

图 6-14 所示电容器为 2005 年前的产品，低 ESR 液态电解电容器尺寸为 $\phi 8\times 10$mm，固态铝电解电容器尺寸为 $\phi 10\times 10.2$mm。因此，液态铝电解电容器的 ESL 可能低于固态铝电解电容器。高频（10MHz 以上）时，由于特性曲线没有延伸到 10MHz，无法准确判断两种

电解电容器 ESL 的差异。

6.7 纹波电流

固态铝电解电容器的最大特点就是 ESR 的大幅度减小，与此同时允许流过的纹波电流随之大幅度增加。

固态铝电解电容器的额定纹波电流测试条件与液态铝电解电容器纹波电流的测试条件不同。最高温度为 105℃的液态铝电解电容器测试条件为芯子最高温度不高于环境温度 5℃，即芯子最高温度为 110℃；最高温度为 85℃的液态铝电解电容器测试条件为芯子最高温度不高于环境温度 10℃，即芯子最高温度为 95℃。

固态铝电解电容器额定纹波电流测试条件为：105℃产品/125℃产品，环境温度≤105℃条件下，温升不高于 20℃；125℃产品，105℃≤环境温度≤125℃条件下，温升不高于 5℃。与 85℃的液态铝电解电容器测试条件为芯子最高温度不高于环境温度 10℃相比温升高了 20℃，这就使得固态铝电解电容器即便是 ESR 相同的条件下，额定纹波电流也会比液态铝电解电容器大，加上 ESR 急剧减小，实际的额定电压、电容量相同的固态铝电解电容器的额定纹波电流至少提高 5 倍以上，甚至更高。

表 6-2 为相同电容量（1000μF/16V）的各类铝电解电容器的数据。

表 6-2 1000μF/16V 的各类铝电解电容器的数据

类型	常规铝电解电容器 CD110（85℃/2000h）	低 ESR 铝电解电容器 CD285（105℃/10000h）	固态铝电解电容器 HEN（105℃/2000h）
$\phi \times h$/mm	10×16	10×16	10×12.5
ESR/mΩ	210（120Hz）	212（120Hz/20℃） 38（100kHz/20℃） 120（100kHz/－10℃）	10（100kHz）
纹波电流/mA	791（120Hz）	2000（100kHz）	6100（100kHz）

在实际数据中，HEN 型固态铝电解电容器在 270μF 电容量时的 ESR 就达到了 10mΩ，纹波电流则在 330μF 电容量时就达到了 6100mA。

低 ESR 液态铝电解电容器中，CD285 是 ESR 最低、纹波电流最大的一个型号，ESR 为 38mΩ，纹波电流为 2000mA。

而通用型液态铝电解电容器 CD110 系列在 120Hz 频率下的 ESR 为 210mΩ，没有给出 100kHz 频率下的 ESR 值。纹波电流为 791mA（120Hz）折算到 100kHz 频率下为 950mA。

通过对比可以看出，固态铝电解电容器在高频状态下具有其他类型电解电容器不可比拟的超低 ESR 和超高纹波电流耐受能力，特别适用于高纹波电流应用。

6.8 寿命

6.8.1 固态电解电容器失效的本质

固态铝电解电容器由于没有电解液，也就不存在电解液干涸导致的失效。固态铝电解电容器失效有两种模式：短路和电容量丧失。

由于固态铝电解电容器的负极是高导电聚合物，以固体方式与正极箔氧化铝膜紧密接触，氧化铝膜受到外部机械应力会发生氧化铝膜断裂，出现短路现象，即便断裂时没有加电，由于断裂部分的击穿场强远低于氧化铝膜击穿场强，一旦固态铝电解电容器加电，就会导致氧化铝膜断裂处不可逆的击穿。另一种击穿是固态铝电解电容器遭受过电压，一旦这个过电压超过氧化铝膜击穿电压，哪怕是极短时间的过电压击穿，由于固态铝电解电容器没有氧化铝膜修复能力，因此过电压击穿是不可逆的击穿。

固态电容器失效的另一种方式是电容量大幅度衰减与丧失。电容量衰减的原因是高导电聚合物的失效，失效形式为高导电聚合物的分解。导致高导电聚合物分解的原因是高温，当温度超过125℃时，固态铝电解电容器中的高导电聚合物分解将变得很快，适当地降低温度可以有效地减缓分解速度。

6.8.2　寿命测试条件

判断固态铝电解电容器寿命终了的测试条件以南通江海电容器股份有限公司的固态铝电解电容器105℃/2000h的HPN系列为例。

1. 高温负荷寿命试验

在105℃、施加额定直流电压，寿命终了的条件为：电容量衰减到初始电容量的80%、损耗因数增加到不大于初始值的150%、ESR增加到不大于初始值的150%、漏电流低于规定值。这个试验中没有标注需要施加纹波电流。这个测试条件至少要通过额定寿命2000h。

2. 高温存储寿命试验

温度60℃、湿度90%～95%、不施加电压。寿命终了条件为：电容量衰减到初始电容量的80%、损耗因数增加到不大于初始值的150%、ESR增加到不大于初始值的150%、漏电流低于规定值。

3. 焊接加热耐受性

回流焊（260±5)℃，10s，电容量变化不大于±5%、损耗因数不大于初始值、ESR不大于初始值、施加电压后漏电流不大于规定值。以上为回流焊后贴片电解电容器的性能要求，超过这个要求可以判定电解电容器经过回流焊后失效。

6.8.3　寿命特性曲线

通常，温度每降低20℃，固态铝电解电容器寿命会增加一个数量级，也就是每降低10℃寿命增加到原来的3.16倍。比液态铝电解电容器的每降低10℃寿命增加到原来的2倍明显高很多，特别是温度降低越多，寿命增加越明显。

图6-15所示为105℃/2000h的液态铝电解电容器与固态铝电解电容器寿命估算对比。

从图6-15中可知，当温度降低到85℃时，液态铝电解电容器的寿命增加到8000h，固态铝电解电容器的寿命增加到20000h；当温度降低到65℃时，液态铝电解电容器的寿命增加到32000h（相当于3.5年），固态铝电解电容器的寿命增加到200000h（相当于23年）。

在耐久性试验（HPN 560μF/4V）过程中，电容量、损耗因数、ESR、漏电流变化趋势如图6-16～图6-19所示。

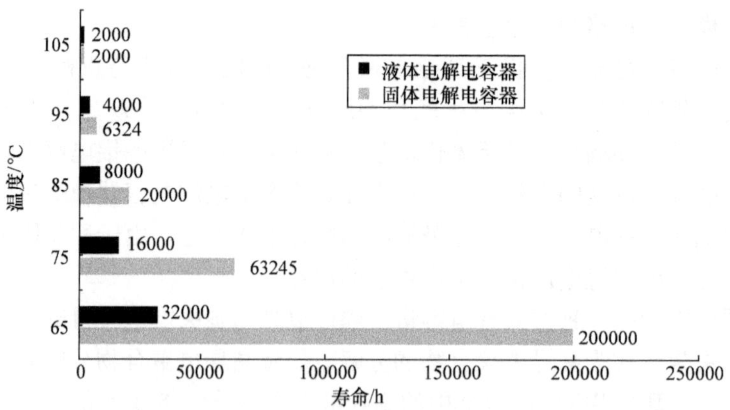

图 6-15　液态铝电解电容器与固态铝电解电容器寿命估算对比

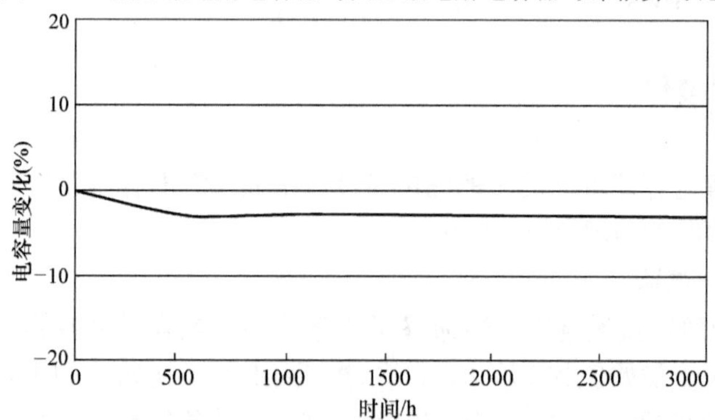

图 6-16　固态铝电解电容器耐久性试验的电容量变化

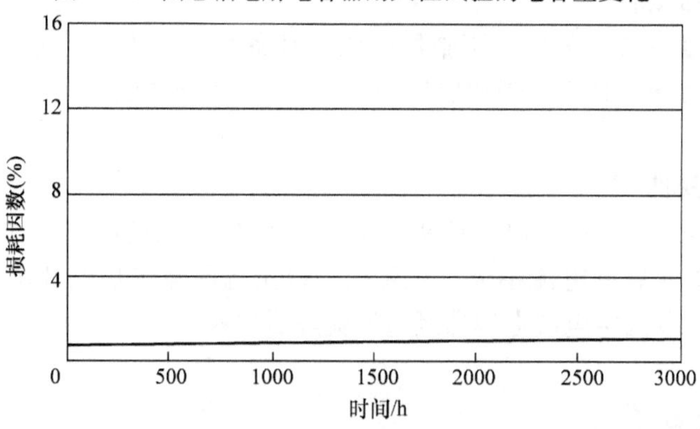

图 6-17　固态铝电解电容器耐久性试验的损耗因数变化

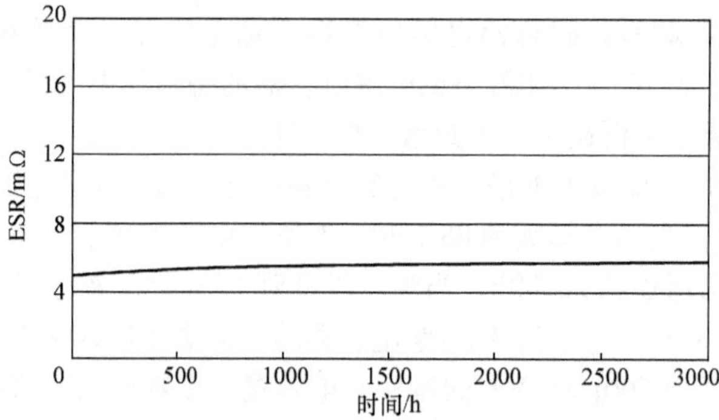

图 6-18　固态铝电解电容器耐久性试验的 ESR 变化

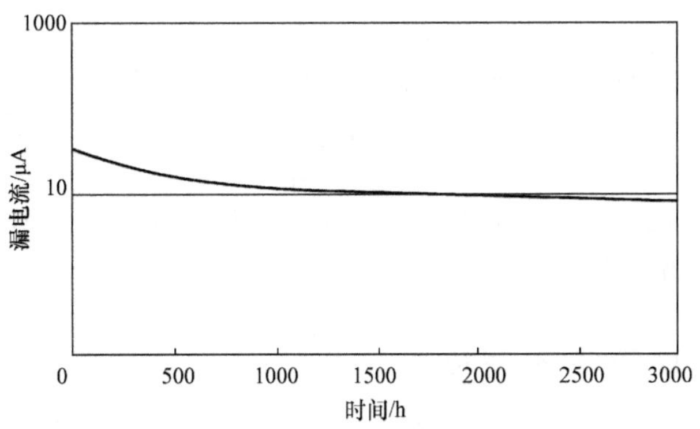

图 6-19　固态铝电解电容器耐久性试验的漏电流变化

6.8.4　加速寿命试验

如何知道每降低 20℃固态铝电解电容器寿命提高一个数量级？又怎样知道在 65℃温度下固态铝电解电容器寿命可达 20 年？要想预测远期寿命情况，最有效的办法就是加速寿命试验。图 6-20 所示为三洋公司的温度加速试验特性曲线。

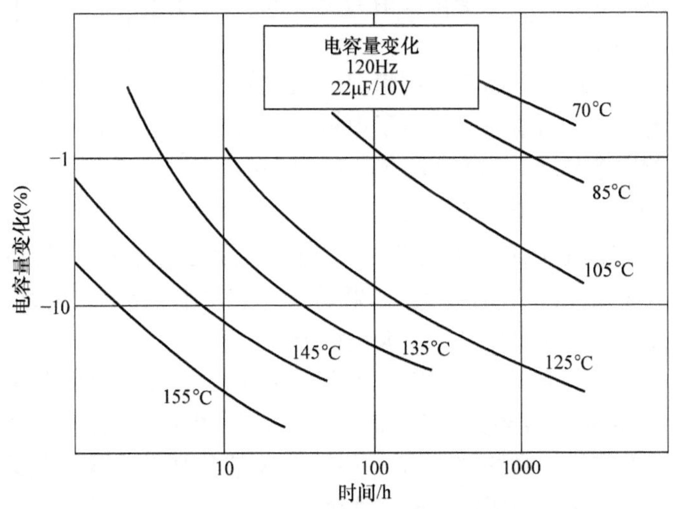

图 6-20　三洋公司的温度加速试验特性曲线

通过加速寿命试验可以看到，随着试验温度的升高，固态铝电解电容器的电容量衰减加速。以电容量衰减 20% 计算，当试验温度达到 125℃时，105℃产品的电容量衰减无法支撑到 2000h，只能维持不到 600h。当温度升高到 135℃时，电容量衰减只能支撑 100h。如果温度升高到 145℃，电容量衰减只能支撑不到 20h。如温度升高到 155℃，电容量衰减只能支撑不到 5h。

按照图 6-20 的规律，可以得到寿命预期。

$$L_X = L_O \times 10^{\frac{T_O-(T_A+\Delta T)}{20}} \tag{6-1}$$

式中，T_A 为最高环境温度；ΔT 为实际的纹波电流引起的芯子中心温升；T_O 为额定上限工作温度；L_O 为在最高温度下施加额定电压的规定寿命；L_X 为在实际工作温度 $T_A+\Delta T$ 下的推算寿命。

由于纹波电流导致的内部发热而产生的温升 ΔT 的计算方法为

$$\Delta T = \Delta T_0 \left(\frac{I_X}{I_0} \right)^2 \tag{6-2}$$

式中，ΔT_0为叠加额定纹波电流时的最大温升；I_0 为额定纹波电流（有效值）；I_X 为实际纹波电流（有效值），I_0和 I_X的频率必须相同，并且 $I_X \leqslant I_0$。

6.9 负极引出从铝箔到碳箔

由于铝电解电容器负极箔是负极的引出电极，因此电解电容器实际上是正极箔与电解液之间的电容与负极箔与电解液之间的电容相串联，如图 6-21 所示。

其原因是负极箔带有一定的化成电压，这样负极箔与电解液之间的关系必然是电容器，而不是直接的电连接。实际的电容量就是两个电容的串联结果，即

$$C = \frac{C_1 C_2}{C_1 + C_2} \tag{6-3}$$

理想电解电容器的电容量应该是正极箔与电解液或聚合物之间的电容量 C_1。

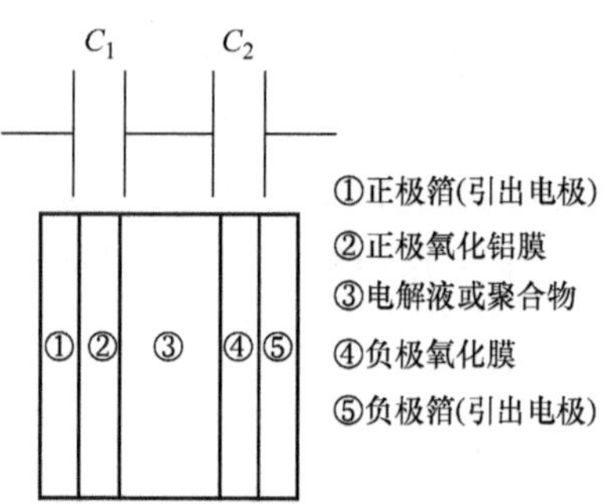

图 6-21 实际的铝电解电容器

由于负极箔存在氧化铝膜，而且有些情况下因电容器的性能要求还要化成足够的电压，形成了电解液或聚合物与负极箔之间的电容量 C_2。根据式（6-3）可知，当 C_2无穷大时，$C = C_1$，这是理想的结果。

由于 C_2的存在，特别是 C_2的大小接近于 C_1时，实际的电容量 C 将被明显的衰减。如果 $C_2 = C_1$，则实际电容量衰减到 C_1的 1/2；如果 $C_2 = 2C_1$，则电容量衰减到 C_1的 2/3。这两个结果都是比较难以接受的，需要尽可能加大负极箔的比容。

通常，低压正极箔的比容在 23 ~ 77（25Vw/33Vw）或 36 ~ 118（16Vw/21Vw）范围，带有 3V 化成电压的负极箔比容约为 150，其中 Vw 为工作电压。这样的负极箔会使电容器的外电容量相比正极箔电容量衰减 30% 以上。如果负极箔与高导电聚合物之间直接导电，就不会存在负极箔比容，会使固态铝电解电容器体积明显减小。这样的负极箔就是碳箔，所谓碳箔是在腐蚀箔表面敷一层碳，并让碳和铝箔之间尽可能没有氧化膜，形成碳和铝的直接导通。没有除掉的氧化铝膜部分可以在铝箔涂碳后用含烃气体长时间高温处理，使碳与氧化铝膜发生反应，形成碳化铝，从而破坏氧化铝膜，形成碳和铝的直接导通。

经过处理负极箔与聚合物之间没有电容存在，使得固态铝电解电容器的电容量得到有效提高。

与此同时，增加正极箔比容也是增加固态铝电解电容器电容量的方式，固态铝电解电容器的正极箔选用的比容比相同额定电压的液态电解电容器正极箔比容高约 20%。

6.10 注意事项

固态铝电解电容器在使用时，为使其以稳定的质量充分发挥其拥有的性能，关于电路设

计方面需要注意以下几点。

1. 极性

同其他电解电容器一样，固态铝电解电容器具有极性，如果极性接错，会在使用时增加漏电流或缩短使用寿命。因此，在高阻抗电路、耦合电路、定时电路（由于温度的变化可能引起的电容量的变化将超出电路涉及范围）和受漏电流影响大的电路（串联中的各单体电容器的电压可能由于漏电流不一致而不能均分）中应禁止使用，以防发生错误运行结果。

2. 确认额定性能

确认应用环境是否符合数据所给的应用环境范围，主要有：端电压不能超过额定电压，即使瞬间也不允许超过；应用的温度环境应在数据所给的范围内，无论是最高温度还是最低温度都不得超过；流过的纹波电流不得超过额定纹波电流，否则电容器内部将会因流过 ESR 的电流过大而过度发热，减少使用寿命。

3. 外加电压的限制

25V 以上的固态铝电解电容器施加 100% 额定电压不会产生问题；25V 及以下的则与钽电解电容器相似，环境温度超过 85℃时，电压应降额定使用，当温度上升到 105℃时应降额到 75%；直流电压与纹波电压之和不得超过额定电压；直流电压偏低时，应注意纹波电压造成的反向电压不得超过额定电压的 10%；切断电源、转换电源等过渡期出现的反向电压不得超过额定电压的 20%，但三洋公司的 SVPD 系列不得施加反向电压。

4. 充放电电流的限制

上电或由于其他原因而出现的急速充放电所产生的过大冲击电流可能会使固态铝电解电容器漏电流增加甚至发生内部短路。因此，当冲击电流峰值超过 1A 或超过额定纹波电流 10 倍时应使用保护电路，以提高电路的可靠性；测试漏电流时务必串入 1kΩ 的保护电阻。

5. 故障与使用寿命

使用固态铝电解电容器时的故障率参见各生产厂商的有关数据。尽管使用时的故障率非常低，但是仍然有发生故障的可能性。因此，使用固态铝电解电容器的设备仅限于即使发生故障也不会直接导致伤亡事故等情况，或者即使发生故障也不至于造成问题的情况。

铝聚合物的典型故障如下。

1）偶发故障：固态铝电解电容器的偶发故障主要是短路故障。对于树脂封装的固态铝电解电容器，出现短路时，若短路后的通电电流较小（ϕ10 约 3A 以下，ϕ6 约 1A 以下），虽然这时固态铝电解电容器会有些发热，即使连续通电，外观也无异常，但是当电流超过上述值后，固态铝电解电容器内部温度将上升，若温度达到 200℃以上时，作为负极的有机半导体将熔融并产生大量气体，内部压力升高，熔融的有机半导体和有味气体从封口材料和铝壳及引线端子的间隙中外流。这时不得将面部和手靠近，以免发生烫伤。橡胶封装的固态铝电解电容器出现短路时，若短路后的通电电流较小（ϕ10 约 1A 以下，ϕ8 约 0.5A 以下，ϕ6 约 0.2A 以下），电容器会有些发热，连续通电时外观也无异常，但当电流超过上述值后，固态铝电解电容器内部温度将上升，橡胶制品封口材料呈卷状，有气味外溢。这时同样不得将面部和手靠近，以免发生烫伤。实际上，这样的固态铝电解电容器已经失效，不能继续使用。

使用装有固态铝电解电容器的设备时，如果发生短路而使有味气体外溢时，应切断电源；从短路发生到发生有味气体出现，一般需要数秒至数分钟，若采用保护电路，应按照在这一时间内启动进行设计；当产生的气体进入眼睛或吸入口中时，应立即用水冲洗或漱口；不得接触固态铝电解电容器的电解质，电解质附在皮肤上时，用肥皂冲洗。

固态铝电解电容器使用的电解质、电解纸、塑胶套、封装橡胶、底座均为可燃物质，具有可燃性。短路后的电流极大时，最坏的情况下，点击端子或电容器内部的短路部位可能产生电火花，进而点燃电容器的可燃物质。因此，应注意电容器的安装方法、安装位置和结构设计等。

2）使用中的电器性能变化及因使用寿命发生的故障：与铝电解电容器类似，固态铝电解电容器即使按数据手册所给的数据应用，也会随着使用时间的推移而发生电容量减少和ESR增加等性能的退化，在设计时应予以注意。寿命问题主要是超时使用、高温或高湿使用数小时后，大容量、ESR等参数劣化，使电解质的负极老化，最终表现为“开路”状态。

固态铝电解电容器会因焊接、存储、高温、高湿等原因导致漏电流的增加，与铝电解电容器相似，可以采用施加直流电压的方式赋能，使漏电流回落到初始值。无论什么原因造成的漏电流增加，对于合格的固态铝电解电容器来说都可以采用这种赋能方式减小漏电流。固态铝电解电容器赋能过程中的漏电流变化如图6-22所示。

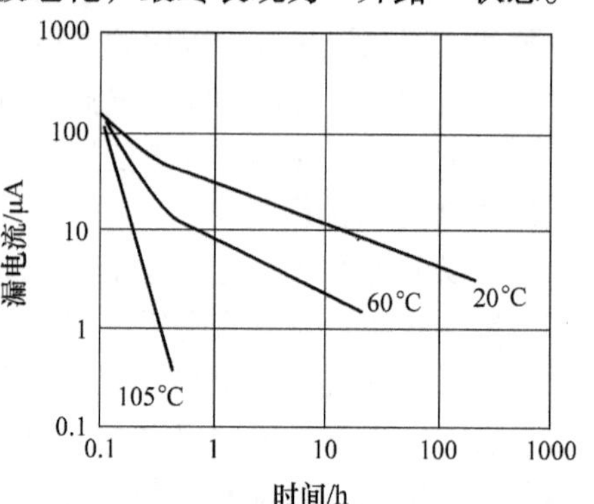

图6-22 固态铝电解电容器赋能过程中的漏电流变化

由图6-22可以看出，高温状态下的赋能效果好、用时短。

当纹波电压频率超过500kHz以上时，应采取“补偿”措施将纹波电流降低到额定值以下。

需要注意的是，由于高导电聚合物电解电容器的ESR远低于其他类型的电解电容器，固态铝电解电容器不宜与其他类型电解电容器并联，因为它们并联时会因固态铝电解电容器的ESR最小而流过的纹波电流最大。

与液体负极的钽电解电容器相似，变形、摔落的固态铝电解电容器不得使用。

6.11 固液混合电解电容器问题的提出

1. 振动问题

固态铝电解电容器具有非常优异的性能，但是无法应用于汽车电子设备，原因是固态铝电解电容器受到振动后，与正极箔紧密接触的固态高导电聚合物可能会导致氧化铝膜破裂，从而使固态铝电解电容器短路失效。因此，固态电解电容器使用说明中特别指出应用时需要避免振动。

液态铝电解电容器将芯子与外壳相对固定好，就可以具有很好的抗震性能，原因就是液态铝电解电容器中正极箔紧密接触的是电解液，而电解液在振动过程中不会伤害正极箔的氧化铝膜。

2. 氧化铝膜修复问题

固态铝电解电容器的第二个问题是，由于没有电解液，也就不具有液态铝电解电容器氧化铝膜的修复能力。然而，铝是一种化学性质非常活泼的金属，如果正极箔中存在其他金属杂质，就会形成原电池效应，甚至会破坏氧化铝膜，进而导致固态铝电解电容器不可逆的失效。

如果制造一种既具有固态铝电解电容器的极低ESR、高纹波电流耐受能力又具有抗震性、对受损的氧化铝膜修复性能的电解电容器，就可以兼容固态铝电解电容器和液态铝电解电容器的优点，特别是适用于汽车电子领域中，满足车规的极低 ESR、高纹波电流耐受能力、抗振动的电解电容器。随着汽车电子的飞速发展，对高性能车规级电解电容器的需求日益增加，固液混合铝电解电容器应运而生。

3. 固液混合铝电解电容器的基本思路

固液混合铝电解电容器可以认为是将高导电聚合物在芯子外聚合打碎后用溶剂载入电解电容器芯子中，再将溶剂蒸发获得固态铝电解电容器芯子，然后将芯子含浸电解液，构成具有电解液的固态铝电解电容器。

需要解决的问题：固态铝电解电容器的负极可以选用碳箔，以消除因负极箔的比容问题导致固态铝电解电容器实际电容量低于正极箔电容量。

在液态铝电解电容器中碳箔将不适合，因为液态铝电解电容器的负极是离子导电，不是电子导电，碳箔和电解液之间无法很好地完成离子导电，使碳箔在电解液中的比容非常低。

要想获得固液混合铝电解电容器，可以回到用铝箔作为负极箔的方式，所带来的问题就是电容器的电容量明显低于正极箔的电容量。

为了解决这个问题，人们采用了钛箔，也就是在负极箔上覆氧化钛，用氧化钛与电解液和高导电聚合物相接。由于钛箔具有非常高的比容，实验室测试甚至可以达到 3000，即便在实际应用中按照 1000 来计算，与正极箔 100 数量级的比容相比，所产生的电容量衰减可以忽略。2022 年，我国已经可以生产电解电容器用的钛箔。

6.12 固液混合电容器性能分析

国产固液混合铝电解电容器主要适用于车载电子设备，因此需要与汽车电压相适应，一般在 25V、35V、50V、63V、80V 电压等级，低于 25V 将不适用于车载电子设备。

为了适应汽车应用环境要求，国产固液混合铝电解电容器的工作温度范围为 -55 ~ 105℃或 -55 ~ 125℃。为了适应汽车的长寿命，固液混合铝电解电容器也需要具有比较长的寿命，至少为 5000h 或更长。

固液混合铝电解电容器具有远低于液态铝电解电容器的 ESR 和高纹波电流耐受能力。表 6-3 所示为不同类型铝电解电容器的 ESR 和纹波电流对比。

表 6-3　25V/330μF 不同类型铝电解电容器的 ESR 和纹波电流对比

类型	低 ESR 铝电解电容器 CD285（105℃/10000h）	固液混合铝电解电容器 PHLA（105℃/5000h）	固态铝电解电容器 HPF（105℃/3000h）
尺寸（$\phi \times h$）/mm	8 × 11.5	10 × 10	8 × 11.5
ESR/mΩ	75（100kHz/20℃）	20（100kHz/20℃）	16（100kHz）
纹波电流/mA	1200（100kHz/105℃）	2500（100kHz/105℃）	4650（100kHz）

从表 6-3 中可以看出，固液混合铝电解电容器的 ESR 仅为性能最好的液态铝电解电容器的 27%，是固态铝电解电容器的 125%。固液混合铝电解电容器的额定纹波电流是液态铝电解电容器的 208%，是固态铝电解电容器的 54%。

纹波电流的倍乘因数。固液混合铝电解电容器中存在高导电聚合物负极，纹波电流承受能力也会像固态铝电解电容器一样对低频纹波电流敏感。表 6-4 所示为 25V/330μF 不同类型铝电解电容器纹波电流频率折算系数。

表 6-4　25V/330μF 不同类型铝电解电容器纹波电流频率折算系数

频率	低 ESR 铝电解电容器 CD285（105℃/10000h）	固液混合铝电解电容器 PHLA（105℃/5000h）	固态铝电解电容器 HPF（105℃/3000h）
120Hz	0.55	0.13	0.05
1kHz	0.77	0.45	0.30
10kHz	0.94	0.75	0.70
100kHz	1.00	1.00	1.00

从表 6-4 中可以看出，固态铝电解电容器对低频纹波电流耐受能力最敏感，固液混合铝电解电容器次之，液态铝电解电容器敏感度相对最低。

如果以 120Hz 频率纹波电流为 1 做比较，可以得到表 6-5。

表 6-5　25V/330μF 不同类型铝电解电容器纹波电流频率折算系数

频率	低 ESR 铝电解电容器 CD285（105℃/10000h）	固液混合铝电解电容器 PHLA（105℃/5000h）	固态铝电解电容器 HPF（105℃/3000h）
120Hz	1.00	1.00	1.00
1kHz	1.40	3.46	6.00
10kHz	1.71	5.77	14.00
100kHz	1.82	7.69	20.00

从表 6-5 中可以看出，高导电聚合物对高频纹波电流耐受能力的巨大贡献，由于大多数低压应用是直流电源旁路或 DC/DC 变换器的输出滤波，纹波电流频率均为高频，几乎没有 100Hz 甚至 1kHz 的低频纹波电流，即便有，其分量也会很低。因此改善高频状态下的 ESR 和纹波电流承受能力是低压电解电容器的主要发展趋势。

第7章 钽电解电容器

7.1 钽电解电容器的基本知识

铝电解电容器大量应用后，人们发现铝电解电容器应用存在寿命短、不耐高温（军品要求达到125℃）、电容量随温度变化明显以及ESR过高等问题，迫使人们不得不寻求性能良好的电解电容器，钽电解电容器就是一种性能良好的电解电容器。钽电解电容器有固体负极和液体负极两种形式，现在的钽电解电容器均为固体钽电解电容器，液体负极的钽电解电容器本书不再介绍。

铝电解电容器存在的所有问题的根源就是作为负电极的电解液。固体钽电解电容器的负极采用了固态的二氧化锰。由于是固体，消除了因电解液干涸而导致的电解电容器失效和寿命终了问题，也不存在高温下电解液沸腾和低温下电解液黏滞而导致电阻率升高的问题。由于二氧化锰的电阻率仅仅为当时铝电解电容器中电解液电阻率的1/10甚至更低，所以钽电解电容器的ESR可以比铝电解电容器低一个数量级，使电解电容器的ESR问题得到很好的缓解。

1. 钽电解电容器的结构

由于铝的延展性非常好，可以轧制非常薄的铝箔，因此铝电解电容器可以通过腐蚀阳极、负极箔扩大电极有效面积。由于钽的延展性极差，故钽电解电容器将钽粉通过烧结成为多孔化的钽块作为正极，将多孔化的钽块表面氧化形成五氧化二钽的绝缘介质（相对介电常数为27）。例如固体钽电解电容器的负极是二氧化锰，再将作为负极的二氧化锰与五氧化二钽的绝缘介质紧密接触，通过引出电极形成钽电解电容器。钽电解电容器的结构示意图如图7-1所示，固体钽电解电容器的实际结构图如图7-2所示。

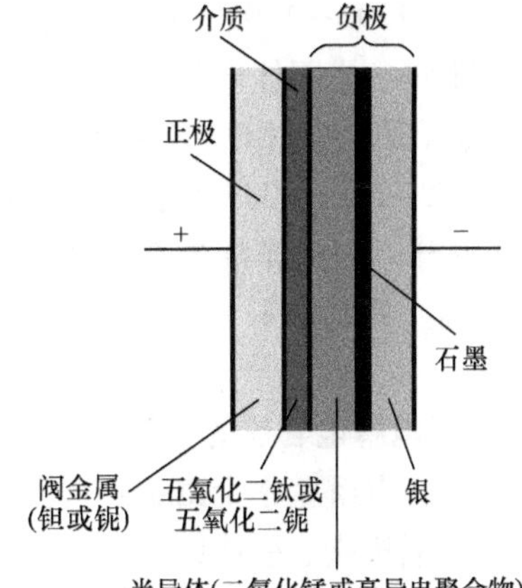

图7-1 钽电解电容器的结构示意图

同铝电解电容器一样，钽电解电容器是有极性的电容器，只允许在单极性状态下使用，绝对不允许反极性使用。图7-3所示为钽电解电容器的电流-电压特性曲线。

2. 钽电解电容器的一般标准

GB/T 2693—2001《电子设备用固定电容器：第1部分　总规范》（等同于IEC60384-1：1999）。

GB/T 6346.3—2015《电子设备用固定电容器：第3部分　分规范　表面安装MnO_2固体电解质钽固定电容器》。

GB/T 6346.301—2015《电子设备用固定电容器：第3-1部分　空白详细规范表面安装MnO_2固体电解质钽固定电容器　评定水平EZ》（等同于IEC 60384-3-1：2006）。

GB/T 7213—2003《电子设备用固定电容器：第15部分规范　非固体或固体电解质钽

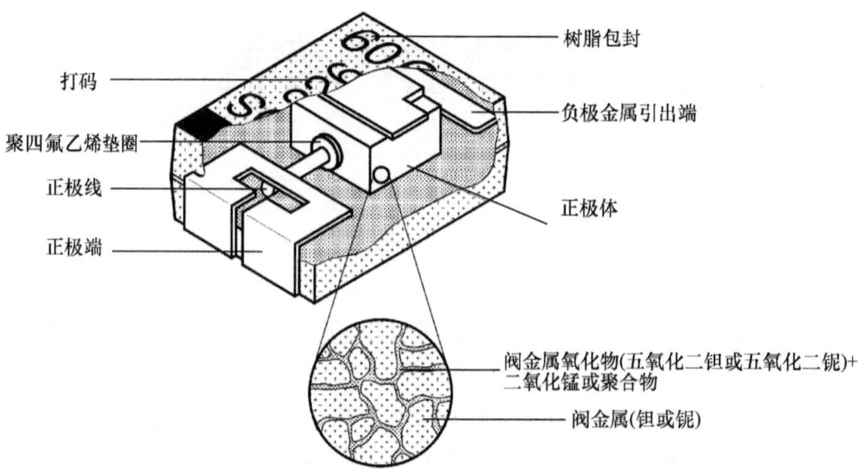

图 7-2 固体钽电解电容器的实际结构图

电容器》(等同于 IEC 60384－15：1992)。

GB/T 12794—1991《电子设备用固定电容器：第 15 部分空白详细规范 非固体电解质箔电极钽电容器 评定水平 E》(等同于 IEC 384－15－1：1984)。

GB/T 1295—1991《电子设备用固定电容器：第 15－2 部分 非固体电解质多孔阳极钽电容器 评定水平 E》(等同于 IEC 384－15－2：1984)。

GB/T 7214—2003《电子设备用固定电容器 第 15－3 部分：空白详细规范 固体电解质和多孔阳极钽电容器 评定水平 E》(等同于 IEC 60384－15－3：1992)。

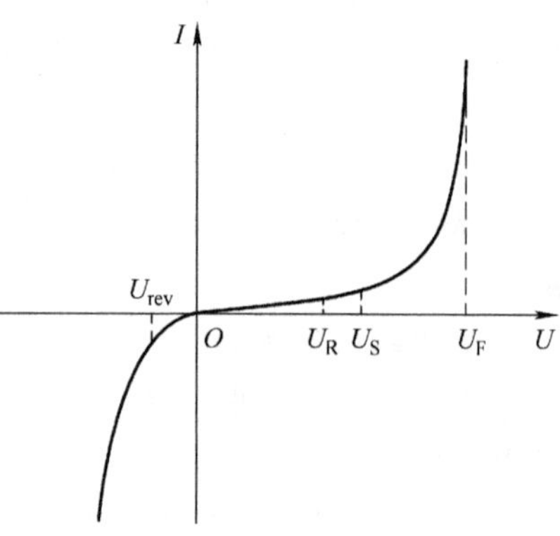

图 7-3 钽电解电容器的电流－电压特性曲线

3. 钽电解电容器的生产过程简述

固体钽电解基本上由钽粉（正极）、氧化膜（不能独立于钽粉存在）、二氧化锰＋银粉、石墨、环氧树脂、引线组成。

第一步：将钽粉和有机溶剂掺杂在一起，按照一定的形状加压成形，同时埋入钽引线。

第二步：在 2000℃以上的真空高温环境下，将掺杂有机溶剂的钽粉在真空中进行烧结，变成类似于海绵的状态，同时和引线真正地融合在一起。

第三步：将海绵状的钽泡在磷酸溶液中电解，氧化后表面生成五氧化二钽。五氧化二钽的介电常数非常高，在 27 左右，性能高于铝电解电容的三氧化二铝介质（介电常数约为 7)。

第四步：将液态的硝酸锰加入钽块，然后将其在水蒸气（催化剂）环境中进行热分解，分解成二氧化锰与二氧化氮。硝酸锰吸附性好，生成的二氧化锰可以完全吸附在海绵状钽块内部的无数个小孔当中。假如这里直接使用固体的二氧化锰，就无法达到这种效果，这就是为什么二氧化锰只能在制造过程中得到的原因。假如使用 PPY/PEDT 等固体聚合物，因其熔点很低，可以直接将其熔化后放进去。

第五步：最后要将银粉和石墨涂在二氧化锰的表面上，减少它的 ESR，增强它的导电性。

第六步：加入外引线，然后用环氧树脂进行封装。

由上述生产过程可知，由于固体钽电解电容器的负极为二氧化锰，因而失去了铝电解电容器可以依靠外加直流电压来修复介质膜的性能，同时电解质以及正、负电极中的杂质将继续存在，即钽电解电容器漏电流的大小在制造出来时就被决定了，不会通过老化或赋能的方式减小，同时，也不会像铝电解电容器那样长期置放后漏电流明显增加而导致铝电解电容器性能劣化。

7.2 电压

1. 额定电压

额定电压 U_R 是标示在电容器上的直流电压，由电介质的厚度决定。

2. 最大连续电压

最大连续电压 U_{cont} 是最大容许电压，在此电压下电容器能连续工作。它是直流电压，或直流电压和交流电压的峰值的和。

最大连续电压取决于环境温度。钽电解电容器，在 -55 ~ 85℃温度范围内，额定电压等于最大连续电压。当它工作在 85 ~ 125℃温度范围时，最大连续电压从额定电压线性减小到额定电压的 2/3，如图 7-4 所示。

从图 7-4 中可以看到：对钽电解电容器来说，85℃时的 U_R 和 125℃时的 U_R2/3 都是额定电压。在最大连续电压以下应用有利于延长电容器的使用时间。

需要清楚的是，无论最高温度是 105℃、125℃甚至 150℃，钽电解电容器标定的额定电压均为 85℃温度条件下的额定电压。

最高工作温度是环境温度还是钽电解电容器芯子中心温度，没有数据表没有做出说明，因此可以认为是钽电解电容器芯子中心温度，而不是环境温度。

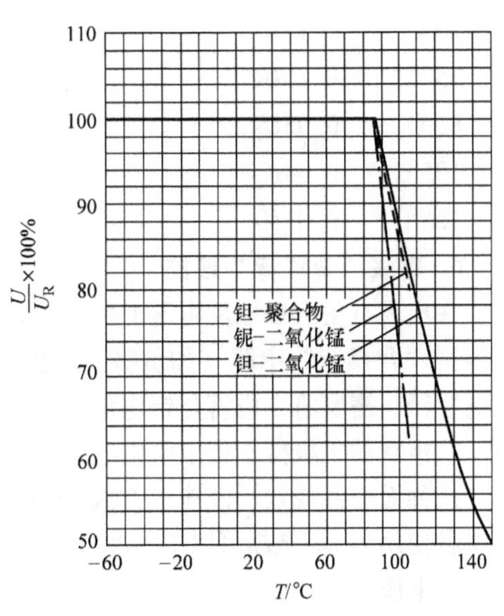

图 7-4　钽电解电容器的温度、电压降额曲线

3. 工作电压

工作电压 U_{OP} 是钽电解电容器连续工作的端电压，连续电压这是不允许超过这个最大值的。

在比较严酷的工作条件（例如，可能出现的母线过电压、设备中的整流变压器电压比不合适、开关设备产生重复过电压、环境温度过高等。）下均应降低工作电压。

4. 浪涌电压

浪涌电压是电容器可以在每小时最多 5 次的持续 1min 的条件下的短时工作的最大（峰值）电压。浪涌电压不允许出现在一般工作状态下的周期性充放电中。

通常，钽电解电容器所允许的浪涌电压为 1.3 倍的额定电压。

如果电压冲击（即使是瞬间电压）超过浪涌电压值，则会导致不可恢复的损坏。这是钽电解电容器与铝电解电容器在性能上的主要区别之一。铝电解电容器的介质膜是通过电化学过程获得的，允许在一定程度上进入击穿状态，通过消耗电解液的电化学方式实现“增厚”介质膜，并且在电压低于击穿电压后恢复正常。而钽电解电容器由于介质膜形成后，实现阳极氧化的磷酸溶液不复存在，无法采用电化学的方法“增厚”，介质膜一旦进入击穿状态就不可恢复。

如果一定要应用在这种环境下，应事先对条件有充分的估计，避免出现短时超过瞬时电压和持续超过连续电压的现象。

5. 极性反电压（不正确的极性）

由直流电压和交流电压分量的和导致的任何不正确极性必须小于或等于允许的极性反电压。为了避免可靠性降低，只允许短时间内出现极性反电压，而且最多是每小时 5 次、每次短于 1min 的持续时间。

与最大连续电压类似，钽电解电容器可以承受的极性反电压随温度变化，在不同的温度下的容许极性反电压为

20℃　　$0.15U_R$

55℃　　$0.10U_R$

85℃　　$0.05U_R$

105℃　　$0.04U_R$

125℃　　$0.03U_R$

6. 串联“背靠背”连接

在出现有更大极性反电压的应用中，应采用具有相同额定电压和相同额定电容量的两个电容器“背靠背”串联（如负极对负极），阻断每个极化方向。为避免在充电过程损坏反极性电容器，需要将二极管与钽电解电容器反向并联，即二极管的负极接于钽电解电容器的正极，二极管的正极接于钽电解电容器的负极。

这种无极性或双极性连接方式的总电容量为每只单体电容量的一半（相当于两个电容器串联使用），但是却可以工作在任何极性的额定直流电压或峰值电压不超过最大连续电压的交流电压下。

这种背靠背连接的电容器也能工作在正弦交流电压下。电容器的表面温升不高于 10℃，超过这个温升将导致钽电解电容器永久损坏。尽管如此，作者不赞成钽电解电容器背靠背连接，理由是：钽电解电容器能够允许流过的纹波电流相对较低，不适合很多需要流过比较大的交流电流的应用；大电容量的薄膜电容器和陶瓷电容器完全可以替代钽电解电容器背靠背连接的应用方式，同时又不具有钽电解电容器的潜在危险性。

7. 内电压

钽电解电容器的“内电压”与铝电解电容器的残余电压类似。由于钽电解电容器的额定电压比较低（通常在 35V 以下），所以残余电压相比相对较低（<0.5V），在大多数应用中对电路不会有很大影响。电解电容器的残余电压多数是与粗糙的正极电极相似的液体或固体负极的寄生电阻（不是宏观上的 ESR）与电容形成的 *RC* 等效电路在放电过程中造成的电极深处的电荷不能及时泄放，对放电结束后的电容器内部电荷重新平衡的结果。在所有电解电容器中，由于钽电解电容器的寄生电阻较小，它的残余电压也较小。

7.3 电容量

钽电解电容器的电容量指标主要有：额定电容量、静电电容量、电容量的温度特性、电容量的频率特性和电容量的容差范围等。

1. 额定电容量

额定电容量是标称电容量，定义在120Hz和25℃。额定电容量也是单体电容量。电容量的标称电容量多数为E3系列优选值，即1.0、2.2、3.3、4.7、6.8，少数也有采用E6系列优选值，即1.0、1.5、2.2、2.7、3.3、3.9、4.7、5.6、8.2。

钽电解电容器电容量的测量方式与铝电解电容器相似，此处不再赘述。

2. 电容容差

由于外界因素对钽电解电容器电容量的变化影响较小，因此钽电解电容器的容差可以做得较小，如±5%、±10%、±20%的容差在钽电解电容器中都是常见的。

3. 电容量与温度的关系

钽电解电容器的电容量也随温度变化，温度系数是正温度系数。其温度系数的大小与电压和电容值直接相关。通常低电压和高电容值时的温度系数比高电压和低电容值时的温度系数大。电容量与温度的关系如图7-5中的阴影部分，包括各种规格钽电解电容器电容量随温度变化的曲线范围，两条实线为关系范围边界。

4. 电容量与频率的关系

钽电解电容器的电容量随频率的增加减少，其原因与铝电解电容器相同。典型曲线如图7-6所示。

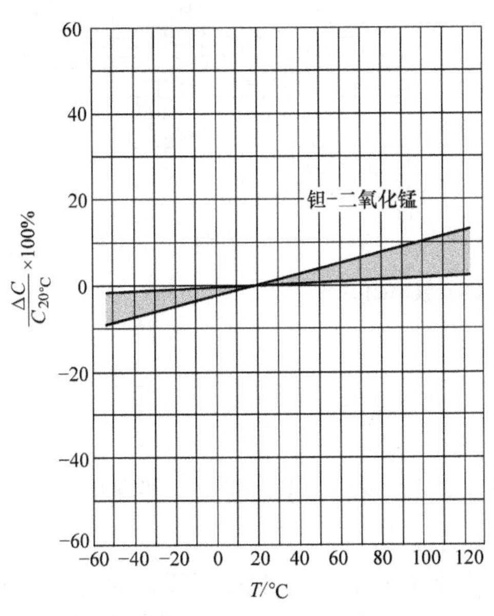

图7-5 钽电解电容器的电容量与温度的关系

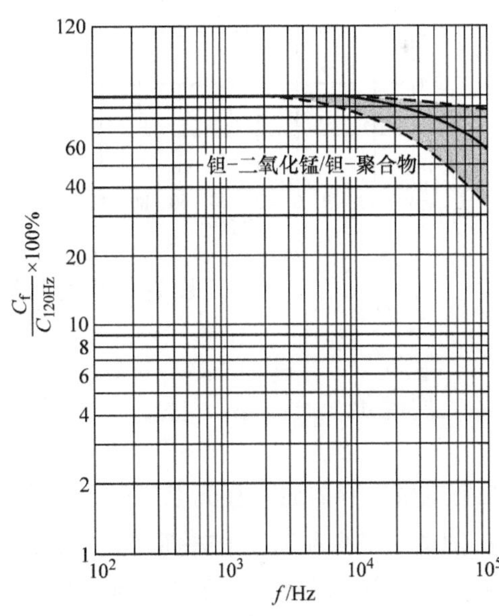

图7-6 钽电解电容器的电容量与频率的关系

钽电解电容器（钽－二氧化锰负极或钽－聚合物）的电容量与频率变化的关系是在一定范围的，如图7-6中阴影部分，包括了各种规格钽电解电容器电容量随温度变化的曲线范围。两条虚线为各种规格钽电解电容器与温度变化的关系范围边界，实线为变化的典型值。

5. 充电－放电检验

一般情况下的钽电解电容器在出厂前应抽测进行充放电检验。要求在10^8充放电周期后电容量的减小应小于3%。

7.4 损耗因数与漏电流

7.4.1 损耗因数

损耗因数 $\tan\delta$ 随频率增加，在谐振频率附近有很高值，在100kHz时的损耗因数大约为120Hz时的130倍！损耗因数与温度的关系为：20℃时损耗因数最低；低于20℃，损耗因数随温度下降而上升；高于20℃，损耗因数随温度上升而增加。图7-7所示为损耗因数与典型频率和温度的关系。

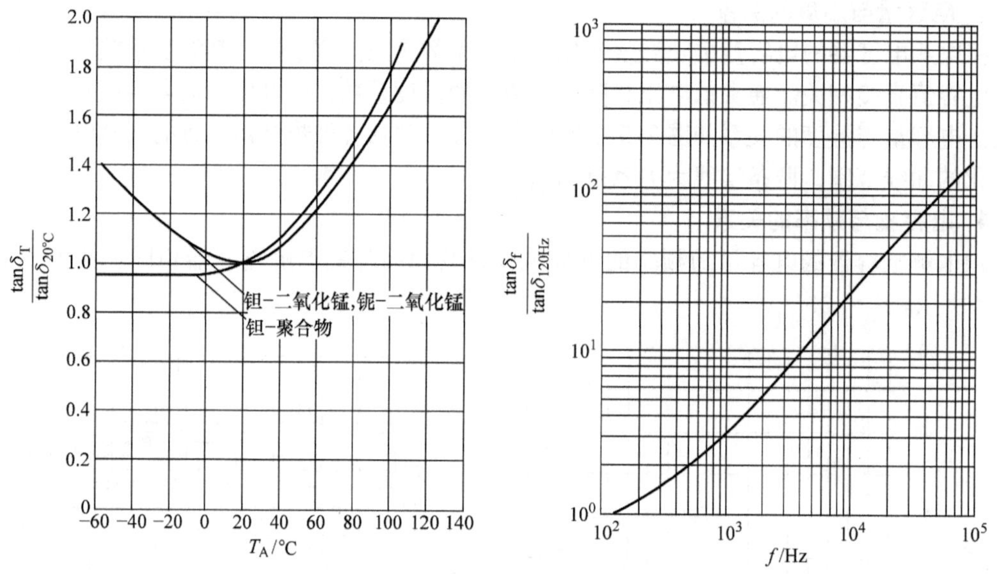

图7-7 损耗因数与温度、频率的关系

7.4.2 漏电流

当钽电解电容器通有直流电压时，在电容器上流过一个很低的电流，即漏电流I_{ik}。漏电流I_{ik}随电压升高和温度上升而增大，如图7-8所示。

从图7-8中可以看出，在温度同样时，端电压下降到额定电压的25%，漏电流也随之下降到额定电流时的10%；同样，在端电压相同时，温度上升到125℃，漏电流随之增加到20℃时漏电流的50倍！

漏电流和充电时间的关系如图7-9所示，当第一次有电压（启动电流）时漏电流很高，但是在工作过程中急剧减小，最后稳定为常数值。

漏电流测量：20℃，电容器上加有5min额定电压后，测试漏电流。电容器与稳定电源

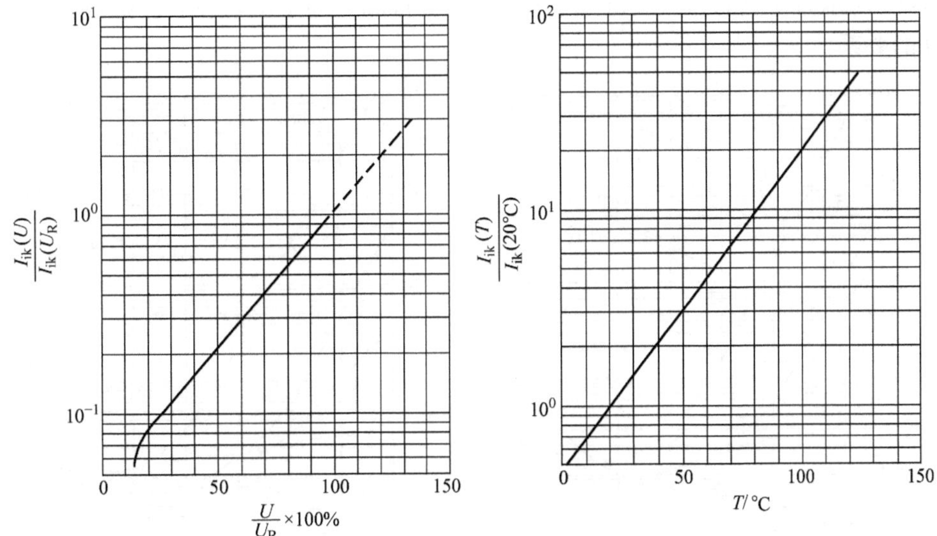

图 7-8 漏电流与电压、温度的关系

和 1000Ω 串联电阻连接，以限制充电电流。

加电压前，电容器在额定温度稳定 30min。

对固体钽电解电容器，应用实际标准需要20℃时的限定值，即

$$I_{LK} \leqslant 0.01 C_R U_R$$

式中，I_{LK}为漏电流（μA）；C_R 为标称电容量（μF）；U_R 为额定电压（V）。最小漏电流为 0.5μA。

应用下面的温度因数：

85℃：10

125℃：12.5

不加电压储存后的漏电流：钽和它的氧化物有抵抗化学影响的能力，它们只受有侵略性化学物的损坏，所以对于通常应用的电解质有高抵抗性，氧化层无变质。

在室温下不加电压的储存对漏电流没有影响，这意味着钽电解电容器至少能储存 10 年而不需另外更新，但高温储存会使漏电流增加。

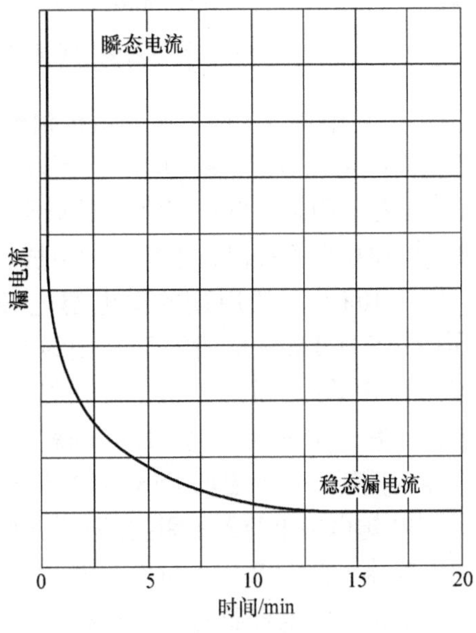

图 7-9 漏电流与充电时间的关系

7.5 阻抗/等效串联电阻

钽电解电容器的阻抗由以下各个电阻分量组成的串联电路表示。

1）电容 C 的有效容抗。

2）电解质损耗和电解的欧姆电阻和/或半导体层（ESR）。

3）电极和端子的电感的等效感抗。

钽电解电容器的简化等效电路与铝电解电容器的简化等效电路相同。

图 7-10 所示为 E 型封装（7.2mm×4.3mm×4.1mm）固态钽电解电容器的阻抗 Z、ESR 与频率 f 的关系。

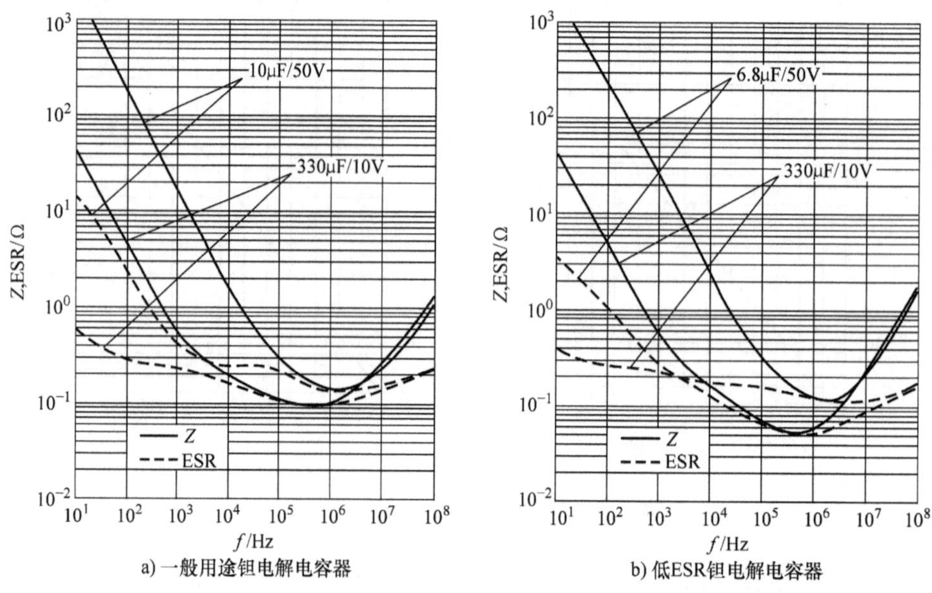

图 7-10　E 型封装固态钽电解电容器的阻抗 Z、ESR 与频率 f 的关系

图 7-10 中实线为电容器的阻抗频率特性曲线，虚线是等效串联电阻（ESR）。从阻抗频率特性曲线可以看出 100kHz 以下频段，电容器呈现电容特性，容抗随频率的增加而降低；在 1MHz 频段附近，电容器进入最低阻抗状态，接近自谐振频率，这时的阻抗基本上等于 ESR。10MHz 以上频段，电容器的阻抗呈现感抗状态，即阻抗随频率的增加而升高。

图 7-10a 为一般用途的钽电解电容器，10μF/50V 在 1MHz 频段的 ESR 约为 0.15Ω，330μF/10V 在 1MHz 频段的 ESR 则约为 0.09Ω。这个量级的 ESR 相对一般用途液态电解电容器的 ESR 低约一个数量级。即便如此，作为高频旁路或开关电源模块的输入、输出滤波电容器，其 ESR 还是较高。ESR 高就意味着滤波电容器的发热，效率受限。为了降低滤波电容器的损耗，需要更低 ESR 的电容器，低 ESR 钽电解电容器就是很好的产品。图 7-10b 为低 ESR 钽电解电容器的阻抗频率特性曲线，在图中可以看出，相对相同规格一般用途钽电解电容器，低 ESR 钽电解电容器的 ESR 降低约一个数量级。

由于钽电解电容器的介质也是金属氧化物，因此其 ESR 的频率特性类似于铝电解电容器。即 ESR 随频率的升高而降低。例如 10μF/50V 一般用途钽电解电容器，在 10Hz 频率下的 ESR 约 15Ω，100Hz 频率下降低到约 2Ω，1kHz 频率时约为 0.5Ω，ESR 最低时约 0.15Ω（1MHz 频率附近），其他规格一般用途钽电解电容器和低 ESR 钽电解电容器的 ESR 频率特性与 10μF/50V 一般用途型类似。

图 7-10 所示的阻抗频率特性实际上是钽电解电容器 C、ESL 和 ESR 构成的 RLC 等效电路在不同频率下的阻抗特性。因此，低于谐振频率时阻抗以电容器的容抗为主，钽电解电容器的这个特性最高仅能维持到 100kHz；随着频率的升高，容抗下降、感抗上升，当容抗等于感抗并相互抵消时的频率为钽电解电容器的谐振频率（约为 1MHz），这时的阻抗最低，仅剩 ESR，如果 ESR 为零，则这时的阻抗也为零；频率继续上升，感抗开始大于容抗，当感抗接近于 ESR 时，阻抗频率特性开始上升，呈感性，大于此频率的电容器实际是一个电

感！由于制造工艺的原因，电容量越大，寄生电感也越大，谐振频率也越低（实际上电容量的增加本身就导致了谐振频率的降低），电容器呈感性的频率也越低。

由于钽电解电容器的ESR相对铝电解电容器的ESR明显降低，钽电解电容器的等效电路的Q值相对较高，一旦阻抗频率特性进入谐振频率，ESL的感抗与钽电解电容器的容抗抵消，呈现电容量“消失”现象。

1. 阻抗（Z）

与铝电解电容器相同，钽电解电容器的阻抗实际是图5-1b等效电路中的容抗、ESR和感抗之和。阻抗Z与容抗、ESR和感抗的关系式为

$$Z = \sqrt{(\mathrm{ESR})^2 + \left(\frac{1}{2\pi fC} - 2\pi fL\right)^2}$$

2. 等效串联电阻（ESR）

从图7-10中可以看出，钽电解电容器的ESR低于铝电解电容器，因此在很多情况下钽电解电容器的铝箔效果比铝电解电容器好。

一般用途钽电解电容器的纹波电流承受能力比较低。

表7-1所示为钽电解电容器的主要数据。

表7-1 EPCOS公司的钽电解电容器的主要数据

一般用途钽电解电容器						
电容量/μF	额定电压/V 85℃（125℃）	损耗因数（120Hz）	漏电流/μA（20℃，U_R，5min）	Z_{max}/Ω（20℃，100kHz）	漏电流/μA（20℃，5min）	型号
330	10（6.3）	0.10	4.0	0.6	0.51	B45196 - H
低ESR钽电解电容器						
电容量/μF	额定电压/V 85℃（125℃）	损耗因数（120Hz）	漏电流/μA（20℃，U_R，5min）	ESR/mΩ（20℃，100kHz）	纹波电流/A（20℃，100kHz）	型号
330	10（6.3）	0.10	33	100	1.28	B45197 - A
多正极钽电解电容器						
电容量/μF	额定电压/V 85℃（125℃）	损耗因数（120Hz）	漏电流/μA（20℃，U_R，5min）	ESR/mΩ（20℃，100kHz）	纹波电流/A（20℃，100kHz）	型号
330	10（6.3）	0.08	33	35	2.2	B45396 - R

从表7-1中可以看出，一般用途钽电解电容器没有给出ESR，只是给出了100kHz条件下的阻抗，接近于这个频点对应的ESR。这表明一般用途钽电解电容器对ESR的重视程度不够，也说明很多应用中对旁路电容器或滤波电容器的ESR没有特殊要求。

随着DC/DC电源模块的增多，对钽电解电容器的ESR提出了要求，一般用途钽电解电容器的ESR相对较高，开始不适应DC/DC电源模块的性能需求。低ESR钽电解电容器可以改善DC/DC电源模块性能。从表7-1中可以看出，低ESR钽电解电容器给出了100kHz频点的ESR，这个ESR是一般用途钽电解电容器阻抗的1/6。

为了进一步改善滤波和旁路性能，可以采用多正极钽电解电容器，其ESR是一般用途钽电解电容器ESR的1/30，是低ESR钽电解电容器的1/2。因此在抄板电路时，如果不注意钽电解电容器的具体型号和性能，随意使用最便宜的一般用途钽电解电容器，其抄板电路的性能肯定远不如原电路性能。

由于钽电解电容器的负极是二氧化锰，其电阻率仅约为铝电解电容器的电解液负极的1/10。当然，钽电解电容器的ESR远低于额定电压相同的铝电解电容器的ESR。

钽电解电容器的ESR也随温度变化，如图7-11所示。图中纵坐标为在实际工作温度条件下钽电解电容器阻抗与20℃条件下钽电解电容器阻抗的比值。

图中的两条曲线为各种规格钽电解电容器与温度变化的关系范围边界。图中阴影部分包括了各种规格钽电解电容器电容量随温度变化的曲线范围。

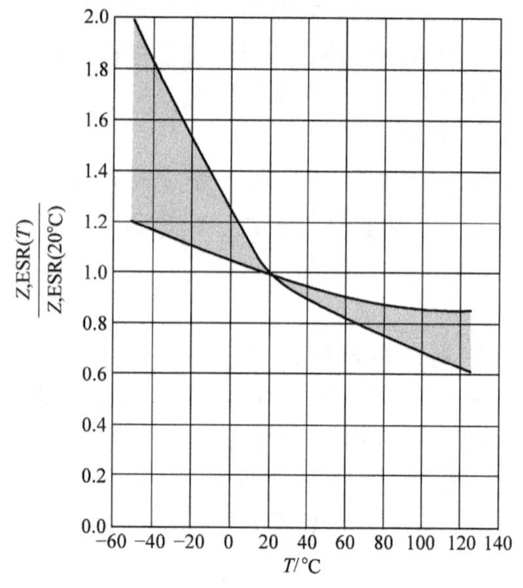

图7-11 固态钽电解电容器阻抗温度特性

从图7-11中可以看出，钽电解电容器的ESR随温度变化低于铝电解电容器，这样钽电解电容器就可以工作在很宽的温度范围，并保持良好的性能，特别是变化最小的边界曲线。从−55~125℃的全温度范围，ESR的变化仅30%，特别是20~125℃区间，ESR仅变化不到15%。

与液态铝电解电容器类似，二氧化锰为负极的钽电解电容器低温ESR增加程度比室温到高温变化程度大。不同的是二氧化锰为负极的钽电解电容器由于没有电解液，不存在电解液冻结问题，可低温应用，除了ESR增大外可以正常工作。

温度的稳定性是钽电解电容器在性能上优于铝电解电容器的又一个特性。

7.6 等效串联电感

由于钽电解电容器是烧结钽块，没有卷绕过程，也就没有了铝电解电容器的卷绕电感，因此钽电解电容器的ESL很小，即便是引线式钽电解电容器。

由于图7-10特性对应的钽电解电容器封装均为E型，物理长度相同，因此ESL也相同，即电容器的物理长度产生的寄生电感相同，约为3.2nH。如果是更小的封装，ESL会更小。

由于钽电解电容器的ESL很小，因此自谐振频率相对很高，接近1MHz，对应的工作频带相对很宽，即使到了10MHz频段，阻抗频率特性进入电感特性，仍具有很低的阻抗值。

电容器的ESL是物理空间的电磁效应在电路中的等效，因此电容器的ESL不随温度、频率变化，为一个固定值。

7.7 纹波电流与交流损耗

7.7.1 纹波电流承受能力与温度特性

最初的一般用途钽电解电容器是不标注纹波电流承受能力的，纹波电流承受能力比较低。随着应用中流过钽电解电容器纹波电流的增大，使得钽电解电容器发热明显甚至烧毁，因此从低 ESR 钽电解电容器开始，不仅需要提供 ESR 数据，也要提供纹波电流承受能力的数据。

从表 7-1 的数据可以看出，不同类型的钽电解电容器可以承受的纹波电流不同，例如 330μF/10V 规格下，一般用途钽电解电容器没有给出纹波电流承受能力数据，低 ESR 钽电解电容器给出纹波电流承受能力为 1.28A，多正极钽电解电容器的纹波电流承受能力则可以达到 2.2A。需要注意的是这个数据的测试条件是环境温度 20℃，一旦温度超过 20℃，实际可以承受的纹波电流必须降额。

7.7.2　纹波电流承受能力的频率特性

钽电解电容器的 ESR 随频率变化明显，因此钽电解电容器的纹波电流承受能力也随纹波电流的频率变化，如图 7-12 所示。

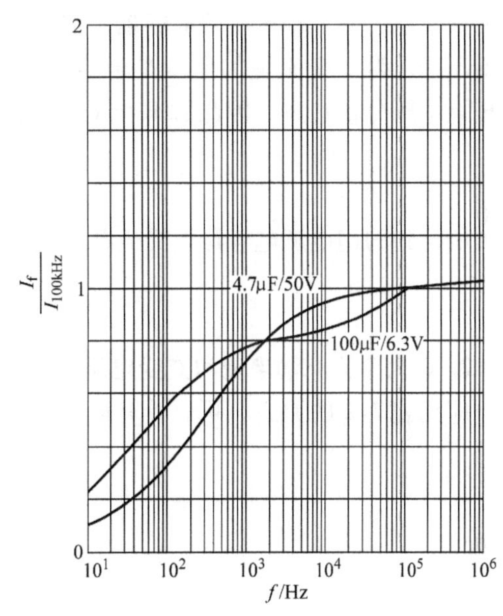

图 7-12　钽电解电容器纹波电流与频率的关系

与铝电解电容器相似，钽电解电容器的纹波电流承受能力随纹波电流频率下降。从图 7-12 中可以看出，钽电解电容器以 100kHz 为基准纹波电流承受能力。随着频率的下降，低压大电容量的钽电解电容器随频率衰减速度低于高压钽电解电容器，说明五氧化二钽介质膜的厚度影响低频纹波电流衰减程度。五氧化二钽介质膜越厚，纹波电流承受能力衰减越快。

以 100μF/6.3V 钽电解电容器为例，100kHz 频点下纹波电流承受能力为 1，10kHz 频点下衰减到 100kHz 的 86%，1kHz 频点下衰减到 100kHz 的 78% 左右，100Hz 频点下衰减到 100kHz 的 57% 左右。

以 4.7μF/50V 钽电解电容器为例，100kHz 频点下纹波电流承受能力为 1，10kHz 频点下衰减到 100kHz 的 93%，1kHz 频点下衰减到 100kHz 的 72% 左右，100Hz 频点下衰减到 100kHz 的 32% 左右。如果频率下降到 10Hz，钽电解电容器可承受的纹波电流将降低到 100kHz 频点的 12% 左右。

由此可见，钽电解电容器不适合于 50Hz 交流电的整流滤波。

7.7.3　交流功率损耗

与铝电解电容器相同，钽电解电容器的损耗基本是交流功率损耗，即纹波电流作用在 ESR 上产生的功率损耗。

1. 钽电解电容器上的叠加交流电压

施加在钽电解电容器上的电压还有直流电压。直流电压和叠加的交流电压峰值的和不能超过最大连续电压，即额定电压。不允许出现反极性状态，即叠加的交流电压的峰值不能超过直流电压。

流过电容器的交流电流和所加的交流电压不能超过钽电解电容器中的最大额定值，否则钽电解电容器可能会因为交流电流流过钽电解电容器的 ESR 所造成的损耗而过度发热被损坏或使用寿命减少。允许交变电压和/或叠加交变电流的值取决于 ESR 和所容许的功耗 P，其计算基本公式为

$$P = I^2 R_{\mathrm{ESR}}$$

$$I = \frac{U}{Z}$$

很显然，这个功耗与钽电解电容器本身的 ESR 和外加纹波电流的二次方成正比。当叠加的交流电压施加到钽电解电容器上时，不仅在 ESR 上产生电压降，也在容抗或感抗上产生电压降，整个交流叠加电压是电容、电感和 ESR 上电压之和，但是所产生的损耗仅由 ESR 上电压分量造成，因此 ESR 上的电压降为

$$U_{\mathrm{ESR}} = U\frac{R_{\mathrm{ESR}}}{Z}$$

所得到的钽电解电容器以交流叠加电压为参考的交流功耗为

$$P = U^2\frac{R_{\mathrm{ESR}}}{Z}$$

2. 最大容许脉动电流和交变电压负载

应用表 7-2 的 $P_{\max}$，可以计算最大容许脉动电流和交变电压负载。

$$I_{\max} = \sqrt{\frac{P_{\max}}{R_{\mathrm{ESR}}}}$$

或

$$U_{\max} = Z\sqrt{\frac{P_{\max}}{R_{\mathrm{ESR}}}}$$

3. 钽电解电容器的最大容许功耗

钽电解电容器的损耗基本上为纹波电流造成，不同的封装尺寸具有不同的功耗能力，表 7-2给出了常见典型钽电解电容器封装所允许的功耗。

表 7-2　典型钽电解电容器封装所允许的功耗

封装尺寸	A	B	C	D	E	E_{MA}	V	W	X
P_v/mW	75	85	110	150	165	270	125	90	110

如果不清楚手中的钽电解电容器允许多大的纹波电流，可以在测量出钽电解电容器的 ESR 后，用表 7-2 中的功耗数据除以钽电解电容器的 ESR，然后取二次方根就是钽电解电容器所允许的纹波电流。

纹波电压和纹波电流的乘积与温度的关系如图 7-13 所示。

从图 7-13 可以看出：环境温度一旦超过 20℃，钽电解电容器可以承受的纹波电流与纹波电压的乘积开始下降，最初下降得比较缓慢，随着环境温度的升高，纹波电流与纹波电压的乘积降低速度加快，直到 125℃时降低到 20℃时的 40%。

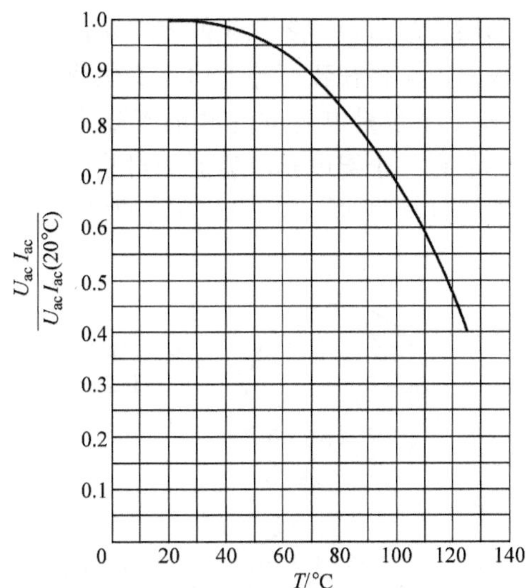

图 7-13 钽电解电容器的纹波电压和纹波电流的乘积与温度的关系

7.8 环境影响

因为可靠性和电参数随温度变化的事实，必须限定电容器能承受的气候条件。最重要的气候因素是容许的最低、最高温度和潮湿条件。参照 IEC 68 -2 -61《试验方法 Z/ABDM：气候序列》，对应用在各自类型，IEC 分类了给出相应的数据表。

（1）温度范围　在更低和更高之间的温度环境范围，钽电解电容器允许的工作状态将发生一些改变。如果工作在 -55 ~85℃温度范围内，其最大连续工作电压 U_{cont} 可以施加到额定电压 U_R。如果工作在 +125℃的最高工作温度，则最大连续工作电压 U_{cont} 必须降低到 85℃条件下额定电压 U_R 的 65% 以下。

（2）最小容许工作温度 T_{min}（更低环境温度）　由于每个单体电容器类型允许的电容量下降，或电解层或半导体层的导电率减小导致阻抗增加，导致更低环境温度。温度下降到更低环境温度不会影响使用寿命。

（3）最大容许工作温度 T_{max}（更高环境温度）　更高的环境温度是最大容许环境温度，在这个温度下电路中的钽电解电容器可处于连续工作状态。如果超过这个限制，电容器可能提早失效，但允许短时间超过更高环境温度，只是容许的时间，电子负载取决于电加载的状态。

（4）热降额条件　钽电解电容器的容许阻尼热条件由 IEC 68 -1 的气候类别说明，由 IEC 68 -2 -3 测试提供。

（5）储存和运输温度　固体钽电解电容器被可以储存在 -80℃的环境中，最高储存温度不能超额定温度范围。

7.9 多正极钽电解电容器

尽管钽电解电容器的 ESR 比铝电解电容器低接近一个数量级，但是使用者还是希望能够有 ESR 更低的钽电解电容器。钽电解电容器的 ESR 不尽人意的根本原因是电解电容器为了获得尽可能高的电容量而采用腐蚀箔或者多孔化的方式获得更大的电极面积，但是这样就不可避免地从电极深处到电极引出端存在较高的 ESR。要想获得更低的 ESR，就要缩短电极深处到电极引出端的距离。多个小容量电容器并联的 ESR 比一个同容量的单个电容器的 ESR 小得多，因此可以设想，如果一个钽电解电容器的封装中存在多个电容器并联，其 ESR 不就可以减小了吗？事实上就是这样做的。EPCOS 公司的极低 ESR 钽电解电容器就是这样的结构，如图 7-14 所示。

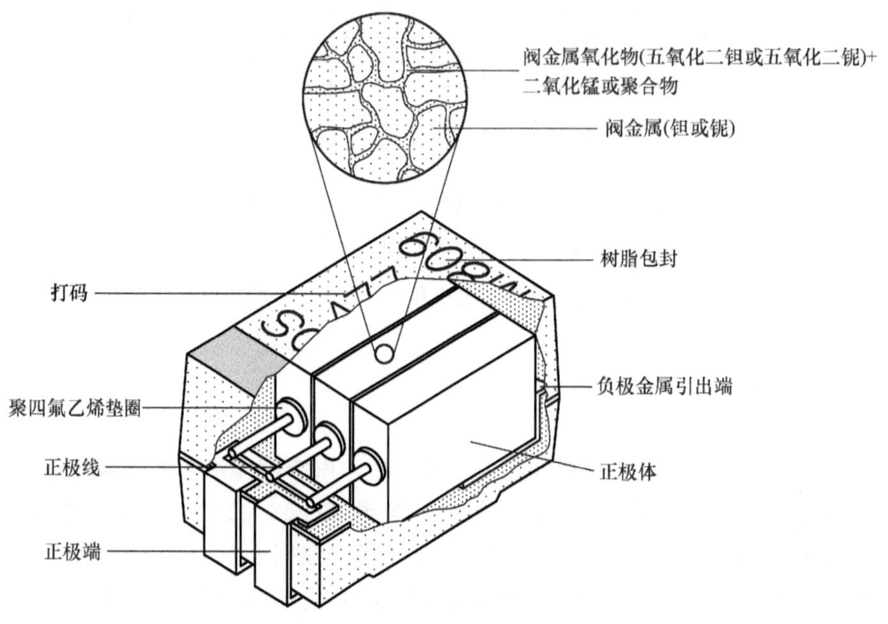

图 7-14　多正极钽电解电容器内部结构

图 7-14 中钽电解电容器的封装中，有 3 只钽电解电容器的阳极块，如果采用 330μF/10V 低 ESR 的单体，其 ESR 将达到 100～150mΩ，而采用 3 只 110μF/10V 低 ESR 的钽电解电容器单体并联，则 ESR 为 330μF/10V 单体的 1/3，即 30～50mΩ。当然，如果采用先进的极低 ESR 技术，ESR 可以做得更低，所以额定电压为 4V 的钽电解电容器的 ESR 可以低到 10mΩ！固态铝电解电容器也不过如此（最低的为 7mΩ）。

从多正极钽电解电容器和极低 ESR 钽电解电容器的特性可以看到，它们的 ESR 比“标准”钽电解电容器低得多，因而额定电流高得多。因此，在选用钽电解电容器时需要注意按需要正确选择，而不能到电子市场上随便购买。

第8章 电解电容器的自身修复功能

8.1 液态铝电解电容器氧化铝膜修复

8.1.1 修复氧化铝膜的原因

电解电容器制造过程中，无法避免对氧化铝膜造成损伤，由于这个损伤的存在，使刚刚含浸好电解液并组立或密封的液态铝电解电容器内有耐压，氧化铝膜的正极箔与电解液呈现导电状态，因此必须对被损伤的氧化铝膜进行修复。

如何修复被损伤的氧化铝膜呢？对于液态铝电解电容器，在正极箔氧化铝膜的损伤处进行修复，让修复的氧化铝膜恢复到需要的耐压能力。

氧化铝膜修复过程需要有“材料”即铝，而正极箔本身就是铝。除了铝以外，还需要有氧化正极箔的“氧化剂”，水或氢氧根。正极箔修复过程是利用硼酸水溶液通过电解方式获得厚度满足要求的氧化铝膜，也就是对于钉卷、含浸、组立过程中损坏的氧化膜进行修复。这个修复过程除了施加电压，还需要电解电容器芯子含浸电解液。

由于水的特殊化学特性，电解电容器的电解液中不允许存在水，即便是“含水”电解液中的水只能以水合物的方式存在，而且只是存在于低压电解电容器中。对于高压电解电容器来说，要求电解液是“无水”的。因此，组立或密封好的电解电容器无法利用水来修复氧化铝膜。

这时就需要用氢氧根中的氧将铝氧化，在氧化膜破损处重构氧化膜。电解液的溶剂——乙二醇的一个分支具有两个羟基，可以利用其羟基将铝氧化，重构氧化铝膜。

8.1.2 常温老化

常温老化是将组立或密封好的电解电容器在常温条件下逐渐施加直流老化电压，最后达到设定的老化电压值。

常温老化电压一般为额定电压的1.15倍。例如400V额定电压的电解电容器，其常温老化电压为400V的1.15倍，即460V。

使氧化铝膜损伤的工艺过程主要有正极箔的裁切，芯子钉卷过程的刺铆、打扁以及从分切到钉卷，由于机械力作用可能产生部分氧化铝膜受损。而没有氧化铝膜的正极导针或导流条在介电特性上与氧化铝膜基本相同，所以正极导针或导流条也要在老化过程中获得足够耐压的氧化铝膜，这就增加了老化过程需要修复的氧化铝膜的面积和老化过程的产气量及发热量。在某种规格的电解电容器中，在导针或导流条上产生氧化铝膜占据老化过程的热量或产气量会超过修复制造过程中受损氧化膜产生更多的热量或产生过多的气体，使得电解电容器在老化过程中干包或内压过高产生凸底，造成不良品。

常温老化过程就是要将上述受损的氧化铝膜或没有氧化铝膜的正极导针或导流条表面通过正极氧化方式获得需要的氧化膜。

需要注意的是，老化过程是放热反应过程，会释放较大的热量，如果这个热量不能散失，就会导致电解电容器过热，导致凸底或干包。为了电解电容器在常温老化过程不至于过热或干包，需要限制老化电流，以确保老化的发热与电解电容器的散热在一个合适的温度下达成平衡。

老化过程除了发热外，由于是氧化还原反应，将电解液中水的氧夺走，使铝箔表面的铝被氧化，剩下的氢会形成氢气，因此老化过程会产气。由于液态铝电解电容器是相对密封的元件，电解电容器壳体内产气过多就会使电解电容器内压过高，最终产生凸底现象而出现废品。

老化电流过小会增加老化时间，同时也会产生不希望的氢氧化铝或水合氧化铝。水和氧化铝会使漏电流增大，这是不希望的。由此可以看出，为什么在制作化高压成箔过程中需要“裂化”过程，就是让化成后的铝箔通过约400℃的区域将水合氧化铝裂化成γ氧化铝。而电解电容器的老化过程无法达到400℃高温，因此修复的氧化膜的漏电流特性不如化成箔的氧化膜漏电流特性。

常温老化后还需要进行高温老化。

8.1.3 高温老化

常温老化尽管可以解决常温状态下的漏电流问题，但是随着工作温度的升高，常温老化修补的氧化铝膜的耐压下降，漏电流也随之增大，无法适应高工作温度的要求，必须通过高温老化，使老化修补处的氧化铝膜在高温下耐压满足要求，漏电流下降到希望值。

高温老化的温度：最高环境温度为85℃电解电容器的高温老化温度为85℃，最高环境温度为105℃电解电容器的高温老化温度为105℃，最高环境温度为125℃电解电容器的高温老化温度为125℃，最高环境温度为140℃电解电容器的高温老化温度为140℃，最高环境温度为150℃电解电容器的高温老化温度为150℃。温度越高，高温老化的难度越大。

如果将最高环境温度为105℃的电解电容器放在85℃环境温度下老化，在105℃工作温度下的实际耐压将达不到老化电压值，甚至达不到额定电压值。如果是125℃、145℃甚至150℃，则高温耐压损失更多。

由于高温老化时也会发热、产气，因此需要合适的老化电流，避免高温老化过程过热产生的凸底、干包等废品。

高温老化需要相对足够的时间，使漏电流下降到满足品质要求的漏电流值。一般来说，老化时间越长，漏电流值越小。但是，老化时间长会使生产率降低，耗能增加，主要是高温老化加热的耗电不可忽视。

高温老化电压：以400V/105℃电解电容器为例，高温老化电压在410～430V，高温老化电压越高，电解电容器的品质越好。

8.1.4 漏电流严重的后果

由于正极箔的氧化铝膜品质越高，漏电流越低，甚至几乎为零！然而，尽管正极箔是高纯铝，也存在一些杂质，对氧化铝膜的形成和性能都会产生影响，只要氧化铝膜有瑕疵，就会产生漏电流。

除了正极箔铝的纯度影响氧化铝膜品质，老化过程也对氧化铝膜的品质产生影响。老化过程氧化铝膜修复的越好，漏电流越低。

实际上电解电容器的老化过程是性能和成本的折中。

在材料方面，化成箔的品质影响电解电容器最终的漏电流，在相同的化成电压条件下，化成箔质量越好，在相同的制造工艺条件下制成的电解电容器品质越好，漏电流相对越小。

在制程方面，正极箔裁切受到的损伤越小，毛刺越小，在相同的制造工艺条件下，最终的电解电容器品质越好，也就是漏电流越小。因此在电解电容器制造过程中，裁切是个很重要的工艺。

钉卷过程也会对化成箔造成损伤，这个过程产生的损伤越小，电解电容器最终的漏电流越小。

如果漏电流超标会产生什么样的结果?

首先电解电容器漏电流过大（特别是高压电解电容器）可能会使电解电容器发热严重。电解电容器的漏电流在大多数情况下可以认为是在修补氧化铝膜，因此漏电流越大，产气越多，加上发热过多，使得电解电容器可能会出现凸底的早期失效现象。

由于漏电流过大，使得电解电容器发热比正常电解电容器严重，会导致电解电容器中电解液丧失过快，导致寿命期内干包，电容量丧失而早期失效。

8.1.5　存储导致漏电流的增加原因

电解电容器存储过程会使漏电流增加。电解电容器制成后的早期，漏电流增加速率比较快，有的高压电解电容器常温存储半年后，漏电流会增加到初始值的 3 倍，存储时间越长，漏电流将趋于平稳地增大。

电解电容器存储过程漏电流增加的原因主要有：

1）正极箔杂质（特别是铜）引起的微电池效应，破坏氧化铝膜。

2）电解电容器中的氯离子破坏氧化铝膜的能力最强，因此对电解电容器的铝箔、外壳、电解液、胶塞中的氯离子要求极其严格，一旦有氯离子，电解电容器的漏电流就会增大，寿命缩短成为必然。因此，电解电容器对氯离子的存在极其敏感。

3）为了增强铝电解电容器的氧化铝膜修复能力，电解液中需要添加磷酸等物质。而磷酸属于中等强度的酸，在一定条件下对氧化铝膜有腐蚀作用，而这种腐蚀会增加漏电流。有些观点认为，长期高温作用下，磷酸对氧化铝膜的腐蚀作用会导致氧化铝膜变薄，耐压降低。因此，高压长寿命的电解电容器的正极箔化成电压要比 2000h 寿命电解电容器的化成箔的化成电压高。

高温无直流偏压存储会导致电解电容器漏电流增加。在电解电容器数据表中，高温无直流偏压存储时间仅有 1000h，而高温带有额定直流偏置电压状态下，电解电容器至少可以存储 3000h，甚至可以超过 20000h。可见，高温无直流偏压存储对电解电容器损伤程度之大。在实际的电解电容器存储过程中，一般要求存储温度不高于 35℃。

8.1.6 超期放置的电解电容器的问题

生产出来的合格电解电容器长时间放置后会出现漏电流增加的问题，因此电解电容器的放置时间是有要求的。超过放置时间的电解电容器寿命将无法保证，即使再次老化修复也无法获得出厂时的预期寿命。

直接超期放置电解电容器只能用于实验电路中，不能出售，因为无法保证寿命。经过老化修复后，其可以应用于对寿命不敏感的应用中。超期放置的电解电容器在高温环境下寿命可能会很短，因此绝对不能应用于高温环境！

是不是经过常温老化和高温老化，超期放置电解电容器就可以保证寿命了？结论是不能确定，严格说就是不能！原因是氧化膜介质在没有修复功能（不加电）的环境下被电解液腐蚀，或电解电容器中的其他金属杂质与电解液构成原电池，腐蚀氧化铝膜。这是氧化铝膜在干燥密封环境的不同之处。

简而言之，超期放置的电解电容器不能作为合格产品出售，客户端超期放置的电解电容器也不能装配到产品中，否则可能会导致早期失效。甚至客户做好的产品超期放置，其中的电解电容器的寿命也会下降。

超期放置电解电容器的修复：不同于电解电容器生产过程的老化工艺，超期放置的电解电容器修复往往是很费时间的过程，需要缓慢的施加直流电压。比如施加到额定电压的1/3，经过3~4h撤掉直流电源，放置半天或一天后测试电解电容器剩余电压。

如果剩余电压在初始电压的90%以上，再次施加直流电压修复时可以继续缓慢增加数据表给出的漏电流范围内电压，保持半天甚至一天的时间，然后继续增加修复电压，逐渐升高到额定电压值，保持24h甚至72h。修复后，撤掉直流电源放置24h，如果剩余电压不低于初始电压的90%，可以认为修复完成。如果剩余电压比较低，不到初始电压的2/3，则该电解电容器无修复价值，或降低到可以爆出90%初始电压值的状态应用。

为什么超期放置电解电容器需要如此复杂和长时间修复？根本原因就是，超期放置的电解电容器氧化膜，特别是老化修复的氧化膜部分在超期置放过程中损伤很严重，快速修复可能会造成电解电容器的凸底或接近凸底。

8.1.7 应用过程的氧化铝膜修复

电解电容器的自愈特性仅仅表现于电解电容器能够“修复”电解电容器中的缺陷，这种修复是以牺牲某些物质和电解电容器性能为代价的。通常，电解电容器的自愈特性仅仅是修复电解电容器局部微小的“弱点”。例如铝电解电容器利用施加电压将正极氧化膜的微小缺陷进行正极氧化，修复缺陷部分，但是这个过程将消耗一部分电解液；而钽电解电容器和聚合物电解电容器则是使“弱点”部分的导电通道减少，或者堵死这些导电通道。这实际上减小了这两种电容器的有效电极面积。如果“弱点”极其微小，则对电容量的影响可以忽略不计。

而对于重大缺陷如高漏电流、击穿则是无能为力的，因此电解电容器的自愈特性和金属化电容器相同，仅是去除电容器中的微小“弱点”，不能修复击穿的电容器。

8.2 固态铝电解电容器的自愈特性

8.2.1 固态铝电解电容器没有氧化铝膜修复能力

与液态电解电容器不同，固态铝电解电容器的失效模式是短路，对于已经适应了液态电解电容器开路失效的电子工程师来说是不习惯的。

固态铝电解电容器短路后会流过巨大电流导致电容器过热，将高分子导电聚合物分解为不导电的物质而开路，即短路后再开路。如果还没到开路过程，固态铝电解电容器因极度的短路电流产生高热，聚合物汽化，在电容器内部产生高气压导致其爆炸，固态铝电解电容器也就没有了开路过程和相应现象。

不可否认的是，固态铝电解电容器无法避免氧化铝膜的瑕疵，如何将这些瑕疵处变为不导电的特性？这就是固态铝电解电容器的自愈修复能力。

与液态铝电解电容器不同的是，固态铝电解电容器在设计之初没有考虑在高分子导电聚合物中加修复氧化铝膜的功能，或者根本无法实现这个功能，这就使得固态铝电解电容器在原理上不具有修复氧化铝膜的能力。

由于以上原因，固态铝电解电容器将不允许氧化铝膜破损，或者氧化铝膜破损处不允许有高分子导电聚合物。实际的固态铝电解电容器中高分子导电聚合物是与氧化铝膜（包括瑕疵处）是紧密接触的。

如何处理氧化铝膜瑕疵处的高分子导电聚合物？

8.2.2 固态铝电解电容器老化的必要性

很多电解电容器的产品数据手册或目录（样本）中总是在说电解电容器具有“自愈”能力，那么什么是固态铝电解电容器的“自愈”能力呢？

电解电容器的自愈性：电解电容器在工作或存储中，正极氧化膜的局部会由于某种原因受到破坏或有瑕疵，产生一些弱点，使电容器的漏电流增大。但由于电解电容器以电解质作为负极，因此在外加电压的作用下，电解质液能放出氧，在氧化膜破坏处重新形成氧化膜，起到了自行修补作用，使液态电解电容器恢复其工作能力，这种现象称为电解电容器的自愈。

固态铝电解电容器的自愈原理则是完全相反过程，需要将氧化铝膜瑕疵处的高分子导电聚合物烧分解。

固态铝电解电容器的自愈原理如图 8-1 所示。

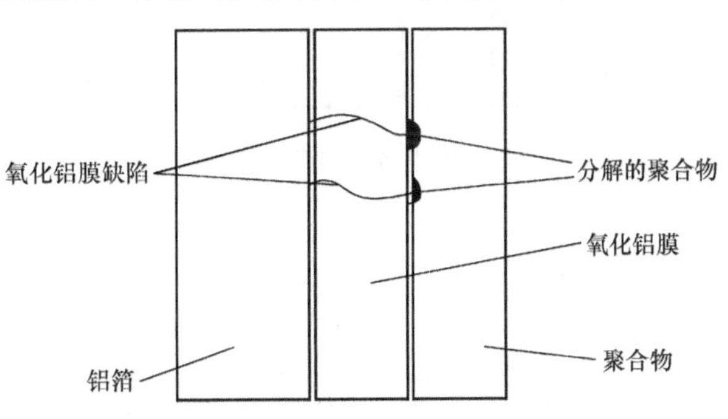

图 8-1　固态铝电解电容器的自愈原理

分解高分子导电聚合物最简单的办法就是高温老化，这就是固态铝电解电容器老化工艺的必要性。

固态铝电解电容器老化过程可以

简单理解为：将固态铝电解电容器放置在最高工作温度环境下，施加具有电流限制功能的直流老化电压至额定电压。在氧化铝膜瑕疵处产生漏电流，温度达到高分子导电聚合物分解温度，使该处的高分子导电聚合物不再导电。因此，老化过程是组件将氧化铝膜瑕疵处的高分子导电聚合物分解的过程。

需要注意的是这个老化过程一定是小电流和长时间的过程，否则有瑕疵的固态铝电解电容器直接上电，将出现短路过程而爆炸。

8.3 钽电解电容器的自愈特性

二氧化锰为负极的固态钽电解电容器一旦制成，氧化膜的瑕疵将无法修复，也就是说对于有瑕疵的钽电解电容器，如果不采取措施，就是废品。

二氧化锰为负极的钽电解电容器失效模式是短路，而不会像液态铝电解电容器那样开路，所以会看到钽电解电容器失效时爆炸。

接下来介绍微小瑕疵的二氧化锰为负极的钽电解电容器的修复。

对于固体电解质，五氧化二钽介质层可能出现的缺陷（如裂缝、其他金属杂质如镍）而导电或漏电流增大，缺陷如图 8-2 所示的五氧化二钽膜中的裂缝和镍。

自愈作用主要是在五氧化二钽膜的缺陷处流过大电流而产生高热，使作为负极的二氧化锰分解成为高阻的三氧化二锰，而将缺陷“堵塞”。需要注意的是，这里所说的大电流绝对不是直接施加额定电压且电流不受限制的电压源产生的电流，否则就会导致爆炸。自愈应该是在合适的电流值条件下的老化过程。通过这种老化过程消除制造过程的瑕疵。使用过程中产生的瑕疵可以在使用中“烧掉”。

钽聚合物电解电容器的自愈效应是在五氧化二钽膜的缺陷处流过大电流而产生高热，使缺陷处的导电聚合物蒸发，则五氧化二钽膜的缺陷处没有负极电极，从而切断了缺陷处的导电通道。其自愈原理如图 8-3 所示。

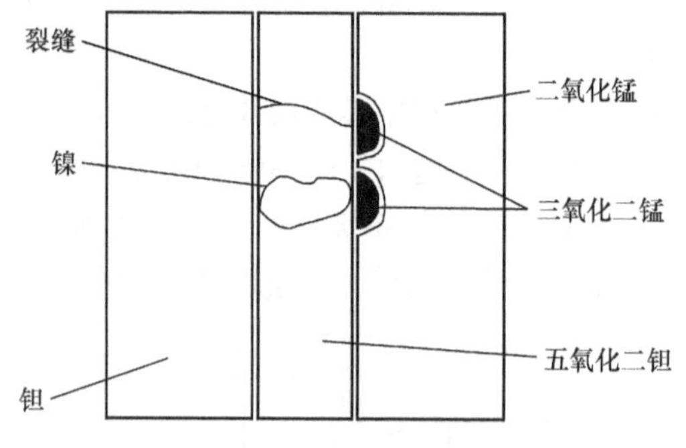

图 8-2 钽电解电容器的自愈原理

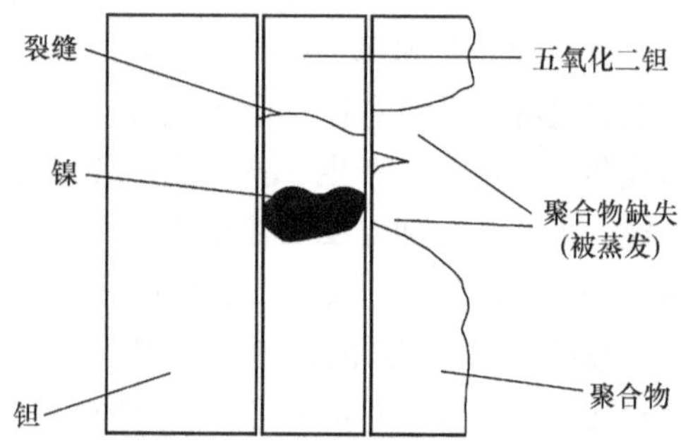

图 8-3 钽聚合物电解电容器的自愈原理

第9章 反激式开关电源中电解电容器的工作状态与选型

9.1 电解电容器在反激式开关电源中的作用

9.1.1 交流输入电源滤波电路

小功率开关电源应用广泛，要求成本尽可能便宜、元器件尽可能少、体积尽可能小。在各种隔离型（OFF Line）开关电源电路拓扑中，反激式开关电源电路最简单，成本最低。因此在输出功率为64W以下的开关电源中，绝大多数采用反激式电路拓扑。

开关电源的一般原理框图如图9-1所示。

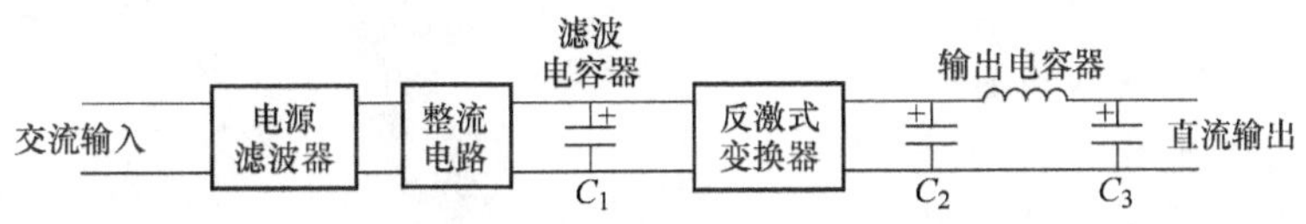

图9-1　开关电源的一般原理框图

图9-1中，滤波电容器 C_1、输出电容器 C_2和 C_3均为电解电容器。

通常，开关电源要有交流输入电源滤波电路，用以满足EMC（电磁兼容性）要求，做到既不干扰电网及其他用电设备，也不要被交流电网和其他设备所干扰。这个交流输入电源滤波电路由压敏电阻、X电容、共模电感、Y电容构成，电路如图9-2所示。

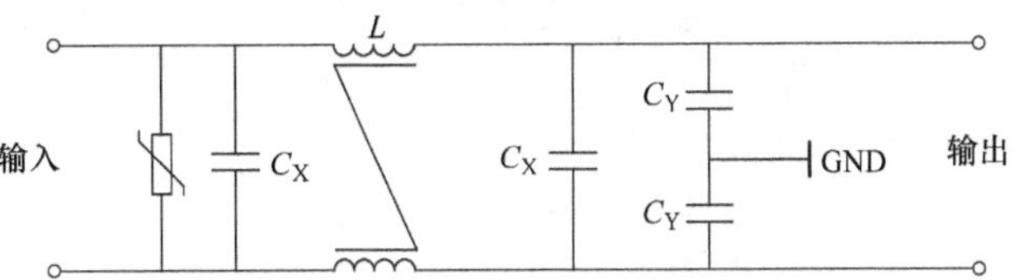

图9-2　开关电源的交流输入电源滤波电路

图9-2电路除了让开关电源满足EMC要求外，对开关电源的功能实现没有半点作用。那么，既占空间又占成本的交流输入电源滤波电路是否在一定的条件下可以省略呢？这是开关电源制造商一直的梦想。

这个问题在后面具体讲解。

9.1.2 电解电容器在开关电源中的作用

开关电源中两大无源元件：电容器和电感/变压器，这两类无源元件在很大程度上影响着开关电源的性能和成本。

由于开关电源均采用交流市电直接整流/滤波方式，因此市电整流滤波电容器为高压电解电容器，额定电压通常为400V。

市电整流滤波电容器是将市电整流后输出应用允许范围的平滑电压，因此也称为“平滑电容器”。没有电容器滤波的整流输出电压波形如图 9-3 所示，经过电容器滤波的整流输出电压波形如图 9-4 所示。

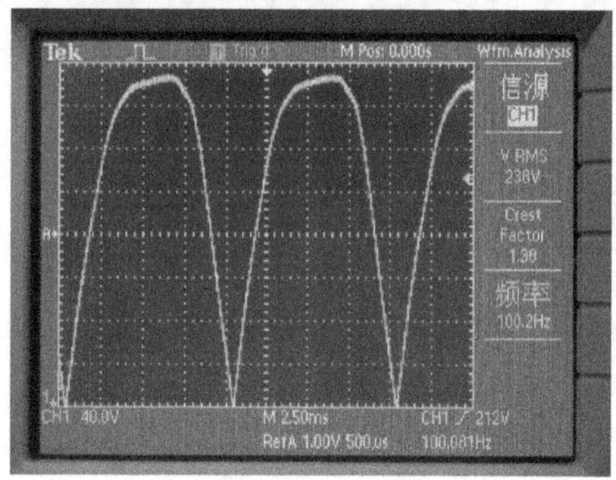

图 9-3　没有电容器滤波的整流输出电压波形

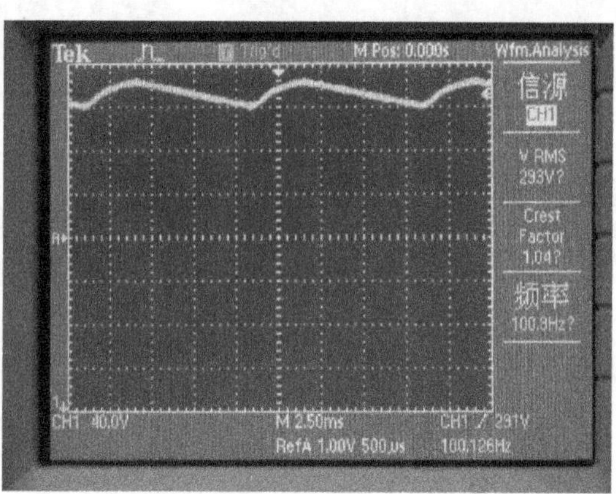

图 9-4　经过电容器滤波的整流输出电压波形

图 9-3 和图 9-4 对比可以看到电容器对整流输出电压的“平滑”作用。由于是工频（50Hz 或 60Hz）交流电整流，将整流输出电压平滑到开关电源后级可以用的平滑程度需要电容器有较大的电容量，因此电解电容器成为首选。

小功率开关电源中的电解电容器如图 9-5 所示。

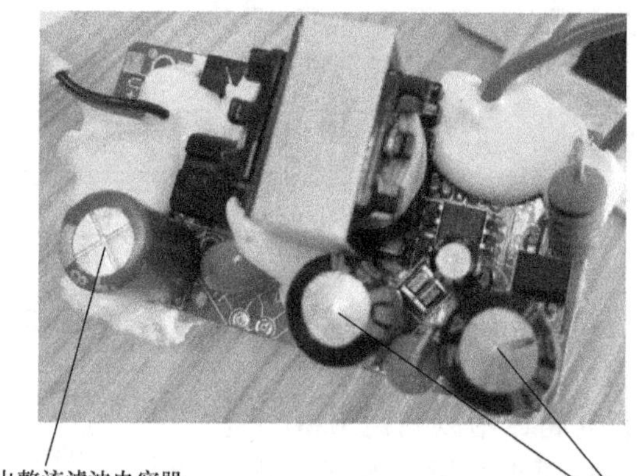

图 9-5　小功率开关电源中的电解电容器

从封装及成本考虑，小功率开关电源的市电整流滤波电容器均采用导针式电解电容器，如图 9-6 和图 9-7 所示。

图 9-6　高压导针式电解电容器

图 9-7　低压导针式电解电容器

这种导针式电解电容器可以直接，通过回流焊工艺焊接在 PCB 上，相对插脚式电解电容器，最大的特点就是成本低。

9.1.3　无压敏电阻、X 电容和共模电感的解决方案与弊端

图 9-2 中交流输入电源滤波电路用来抑制来自交流电网的电磁干扰，特别是瞬态过电压、雷击等，为此电路增加了压敏电阻、X 电容、共模电感。如果能够将这些与功率变换无

关的电路及元器件省略，可以明显地降低电源成本、减小体积。那么原来交流输入电源滤波电路的功能，特别是瞬态过电压或雷击功能转移到什么元器件上呢?

30W 以下的开关电源大多数没有交流滤波电路，这样可以节省空间、降低成本。交流滤波功能转移到整流器后面的滤波电容器（电解电容器）上。PI 公司在 1998 年推出的应用 Tiny Switch 开关电源芯片的设计实例（5.6W）中就省略了压敏电阻、X 电容、共模电感，如图 9-8 所示。

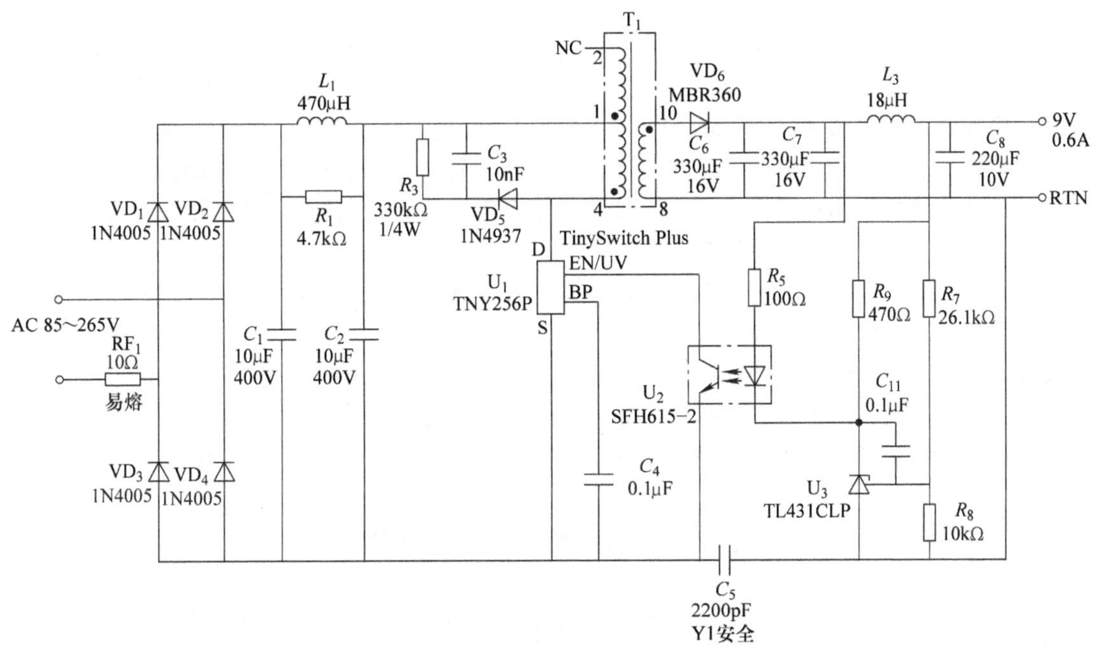

图 9-8　无电源滤波器电路的开关电源输入级

图 9-8 所示电路引自 PI 公司文档 Tiny256 数据表的应用实例电路。图中选择两只电解电容器和一只差模电感构成 π 型滤波电路用来满足 EMC 测试要求。由于两个电解电容器之间串接差模电感，则两只电解电容器实现的功能将是有差别的。前级需要满足雷击或瞬态过电压耐受能力以及整流后的平滑整流输出电压功能，后级主要流过开关频率下的纹波电流。

通过这样的电路简化，可以明显地降低电路成本，也使得体积减小 20% ~30% 。但这样做付出的代价就是原来完成抗雷击性能的压敏电阻和 X 电容去掉了，抗雷击功能需要由电解电容器实现，即要求图 9-8 所示电路中电解电容器 C_1 和 C_2 具有抗雷击功能。

在电源工程师的强烈要求和电解电容器研发工程师的不懈努力下，逐步地实现了额定电压为 400V 的小型电解电容器可以通过 1kV、1.5kV、2kV、2.5kV、3kV 的雷击测试，使我国制造的 30W 以下的开关电源可以在不具有压敏电阻、X 电容和共模电感的基础上可以通过 EMC 和雷击测试。

如果从电解电容器自身特性来说，这种抗雷击性能对电解电容器是不公平的。原因很简单，对于额定电压为 400V 的电解电容器，其化成箔的化成电压一般为 530V，已经超过正极箔的化成电压和电解液的闪火电压。对于 3kV 雷击电压测试时，势必会使电解电容器的正极箔进入化成状态，电解电容器实际的峰值电压可以达到近 700V!

在这种状态下，电解电容器的耐压存在于电容器纸和两个电极之间的爬电距离，如果电容器纸耐压不够或电极间爬电距离不够，就会产生电解电容器内部打火现象，进而击穿电解电容器。如果电容器纸耐压选择得好，两个电极的爬电距离也足够，电解电容器能够承受剧烈的化成过程，不至于击穿打火。但是由于电解电容器化成模式，将产生大量气体和热量，如果电解电容器设计不佳，很可能凸底。

如果电解电容器设计得好，是可以通过雷击测试的。相对而言，这样的技术要求对电解电容器是不公平的。因为额定电压为400V的薄膜电容器是绝对不会通过3kV雷击测试的，至少要用X电容才能抗住2.5kV的瞬时过电压。

这种方式对整流桥和后面的开关管也是有威胁的。

瞬态过电压过程可以产生如此高的化成电压对电解电容器前的整流桥可能是个威胁，一般的整流桥不具备雪崩击穿耐量，如果整流桥耐压仅为600V，可能将整流桥不可逆的击穿，同时，后面开关管（或IC内置MOSFET）的耐压一般为600～650V，也会出现过电压击穿，电解电容器也会被击穿。因此，常见到整流桥和开关管击穿、电解电容器凸底、熔丝爆断的现象。这种故障的本质在于电路设计在原理上不合理，而不是电解电容器的问题，将问题归结于电解电容器质量问题是不对的。

原因是原始的交流电源滤波电路是将瞬态过电压和雷击过电压用压敏电阻和X电容阻挡在整流桥前，则整流桥的端电压就是电解电容器的电压值，一般不会超过400V；同样，开关管也不会被瞬时过电压或雷击过电压所击穿。

综上所述，为了降低开关电源的成本，将交流电源滤波电路省略，让电解电容器承受瞬态过电压和雷击过电压，同时也带来了整流桥和开关管承受“化成”的过电压。

9.1.4 30W以下的反激式开关电源中电解电容器的特殊作用

无压敏电阻、X电容、共模电感电路可以用在30W以下的开关电源方案中，图9-9所示为功率为17W的多输出开关电源电路。

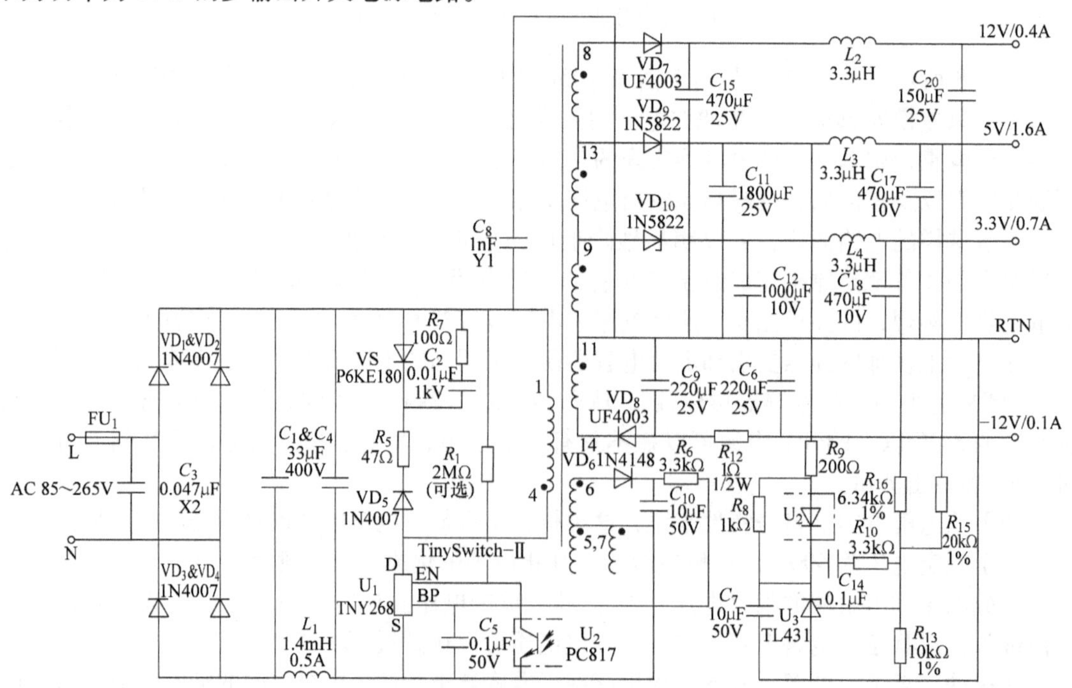

图9-9 17W多输出开关电源电路

图 9-9 所示电路引自 PI 公司 2002 年的 Design Idea DI－33，这是一款峰值功率为 17W 的多输出开关电源。

在国内，这种 20 年前的开关电源设计方案已经不再适用于小功率开关电源的设计。我国小功率开关电源已经有了性能更优秀的电路拓扑和控制模式。本书在此举例是要说明无压敏电阻、X 电容、共模电感的解决方案在 20 年前进入我国，被我国电源工程师发扬光大，做成了 30W 以下开关电源的“标配”。

通过中国电源工程师的不懈努力，采用无交流滤波电路的开关电源解决方案，可以通过 EMC 测试，但是仍然存在雷击测试或实际的瞬态过电压可能会击穿整流桥和开关管的隐患。

输入整流滤波电容器除了新增抗雷击性能外，常规的整流滤波功能也要实现。

由于输入电压为全电压输入型，需要适应最低交流电压为 85V 时的滤波需求，对于 TOP－Switch 和 Tiny－Switch，均需设输出 1W 功率对应 3μF 电容量，则 17W 的输出功率需要 51μF 电容量，所以选择两只 33μF 电容器。由于电解电容器没有功率因数校正功能，额定电压为 400V 即可。

电解电容器 C_1、C_2的电流分配关系如下。

由于 C_1、C_2之间接有电感，两者不再是电流均分。

首先看开关频率的电流分配。由于开关频率约为 130kHz，33μF 电容量对应的容抗为

$$X_C = \frac{1}{\omega} = \frac{1}{2\pi \times 130000 \times 33 \times 10^{-6}}\Omega \approx 0.037\Omega \tag{9-1}$$

33μF 电容器在 100kHz 频率下的 ESR 约为 1Ω。

1.4mH 电感的感抗为

$$X_L = \omega L = 2\pi \times 130000 \times 0.0014\Omega \approx 1143\Omega \tag{9-2}$$

很显然，由于 L_1的作用，来自反激式开关电源的开关频率纹波电流基本分流不到 C_1。

再看整流后的 100Hz 纹波电流分配。

33μF 电容器对应的容抗为

$$X_C = \frac{1}{\omega} = \frac{1}{2\pi \times 100 \times 33 \times 10^{-6}}\Omega = 48.3\Omega \tag{9-3}$$

1.4mH 电感的感抗为

$$X_L = \omega L = 2\pi \times 100 \times 0.0014 = 0.9\Omega \tag{9-4}$$

由此可见，L_1的感抗远低于 C_1、C_2的容抗，因此在 100Hz 纹波电流分配上，L_1对 C_1、C_2的电流均分没有多大影响。

综上所述，C_1只承担 100Hz 纹波电流的一半，另一半由 C_2承担。

C_2不仅要承担 100Hz 纹波电流的一半，还要承担全部来自反激式变换器的纹波电流。相对而言 C_2将可能过电流。在实际的案例中会发现 C_2 早期失效的比例高于 C_1。

9.2 全电压反激式开关电源中电解电容器的工作状态

9.2.1 整流滤波电容器额定电压的选择

全电压开关电源是指适合于所有单相低压供电系统的开关电源，频率为 50Hz 或 60Hz，电压从 110V 电压等级的最低电压 85V 到 220V 电压等级的最高电压 265V 全方位覆盖。这需

要整流滤波电路在电压性能上满足265V有效值输入电压要求，还要满足最低电压85V有效值输入条件下的电路需求和整流输出电压的纹波电压要求。

265V有效值对应的峰值电压为370V，对应的整流桥耐压至少为370V，考虑到交流电网的瞬态过电压等，整流桥耐压至少要600V。整流输出电压理论最大值为370V，可以选择额定电压为375V的电解电容器，考虑到电压降额使用可以明显提高使用寿命，国内基本选择额定电压为400V的电解电容器。

开关电源中，大多数整流滤波电路均采用交流电源直接整流方式，以获得最简单的电路和最低的成本。

对于交流220V电压等级或85～265V全球通用电压等级，直接整流滤波需要整流滤波电容器耐压400V，如果是功率因数校正，则需要耐压450V。其寿命至少选择85℃/2000h或105℃/2000h，如果要求长寿命，可以选择更长的小时数产品。

9.2.2 整流滤波电容器需要的最低电容量

整流滤波电容器用来限制整流滤波输出电压纹波，正确选择电容量是非常重要的。通常，整流滤波电容器的电容量在输入电压220V±20%时按输出功率选择为大于或等于1μF/W，在输入电压为85～265V（110V－20%～220V＋20%）时按输出功率选择为大于或等于3μF/W。

整流滤波电容器电容量的取值依据为：在220V±20%的交流输入及85～265V的交流输入的最低值时，整流输出电压最低值分别不低于200V和90V，电压差分别为40V和25V。每半个电源周波（10ms）中，整流器导电时间约2ms，其余8ms为整流滤波电容器放电时间，向负载提供全部电流，即

$$C = \frac{I_o t}{\Delta U} \tag{9-5}$$

式中，I_o 为输出电流平均值；t 为滤波电容器放电时间；ΔU 为电压差。

220V×(1－20%)＝176V交流输入时，对应整流滤波输出电压平均值约为200V，在±20%电压波动时需要的电容量为

$$C = \frac{I_o \times 8 \times 10^{-3}}{40} = 0.0002 I_o \tag{9-6}$$

对应的输出功率为

$$P_o = U_o I_o = 200 I_o \tag{9-7}$$

$$I_o = \frac{P_o}{200} \tag{9-8}$$

将式（9-8）代入式（9-6）得

$$C = 10^6 P_o \tag{9-9}$$

即1μF/W。

85～265V交流输入时

$$C = \frac{I_o \times 8 \times 10^{-3}}{25} = 3.2 \times 10^{-4} I_o \tag{9-10}$$

对应的输出功率为

$$P_o = U_oI_o = 90I_o \tag{9-11}$$

$$I_o = \frac{P_o}{90} \tag{9-12}$$

将式（9-12）代入式（9-10）得

$$C \approx 3.6 \times 10^{-6}P_o \tag{9-13}$$

即 3.6μF/W。

如果每半个电源周波（10ms）中，整流器导电时间约 3ms，其余 7ms 为整流滤波电容器放电时间，向负载提供全部电流，则整流滤波电容器容量为 0.88μF/W 和 3.15μF/W。

式（9-9）和式（9-13）在整流输出纹波电压角度考虑是合理的，但是在实际应用中，整流滤波电容器采用了电解电容器，这时需要考虑应用式（9-9）和式（9-13）的结论是，对应电容量的电解电容器是否可以可以承受流过整流滤波电容器的纹波电流有效值，因此需要清楚整流滤波电容器流过的电流大小。

流过输入整流滤波电容器的电流分为两部分，整流器与整流滤波电容器产生的纹波电流和后级反激式开关电源产生的开关频率的纹波电流。

9.2.3 输入整流滤波电容器纹波电流状态分析

整流器与储能元件电容器的直接组合使交流输入电流呈现非正弦波电流，相应波形图如图 9-10 ~ 图 9-13 所示。

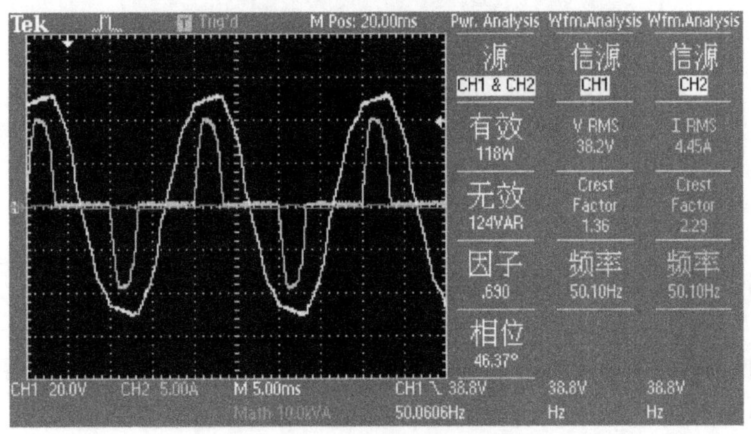

图 9-10 整流滤波电路的交流输入电流

整流滤波电容器的电容量为 430μF，在 238V 交流输入电压条件下输出功率为 432W，对应的整流电路输出电流平均值为 1.47A，有效值为 2.65A，是平均值的 1.8 倍，整流滤波电容器流过的电流为 2.36A，是整流电路输出电流平均值的 1.6 倍。

交流输入 85V、整流输出平均值电压约 100V 的状态下，整流电路每输出 100W 功率，整流滤波电容器将流过 1.6A 纹波电流。反激式变换器效率为 90% 时，开关电源每输出 100W 功率，整流滤波电容器将流过 1.76A 纹波电流。

如果是 220V－20% 即 176V 交流输入，整流输出平均值电压约 200V，整流器每输出 100W 功率，对应整流滤波电容器流过的纹波电流为 0.8A。反激式变换器效率为 90% 时，开关电源每输出 100W 功率，整流滤波电容器将流过 0.88A 纹波电流。

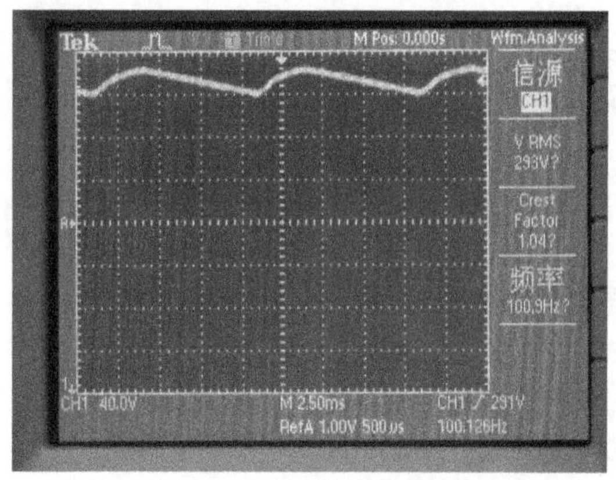

图 9-11　整流滤波电路输出电压波形

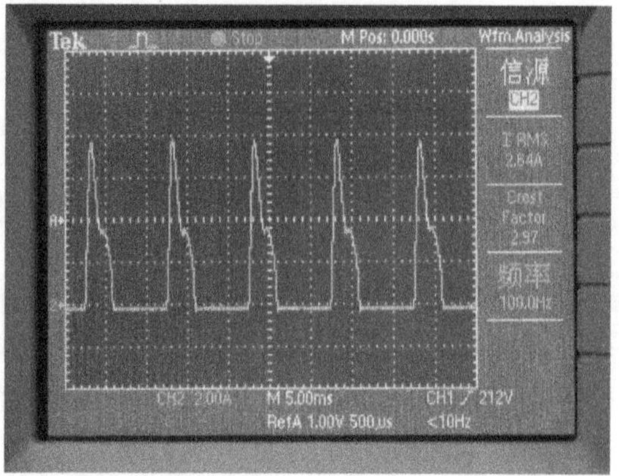

图 9-12　整流滤波电路的整流器输出电流

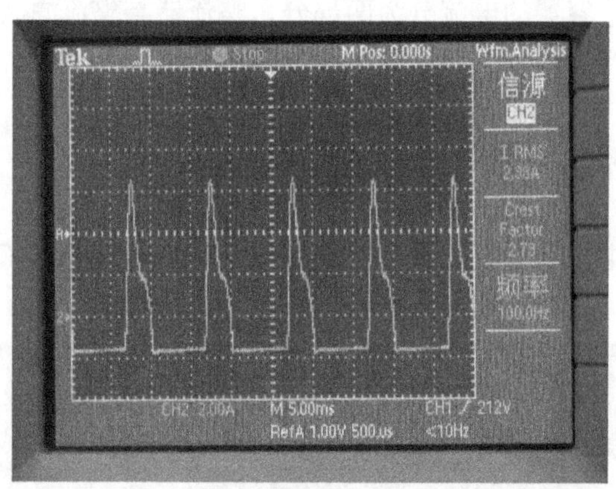

图 9-13　整流滤波电容器的纹波电流

9.2.4　来自反激式变换器的纹波电流

反激式变换器在电流断续状态下向整流滤波电路索取和流入整流滤波电容器的电流的波形如图 9-14 所示。

图 9-14 中，t_1 为开关管导通时间，T 为开关管的开关周期流入整流滤波电容器的电流为反激式变换器向整流滤波电路索取的电流扣除其直流分量的有效值。可以先计算反激式变换器向整流滤波电路索取的电流有效值，再通过有效值原理，扣除其直流分量后得到流入整流滤波电容器的电流有效值。

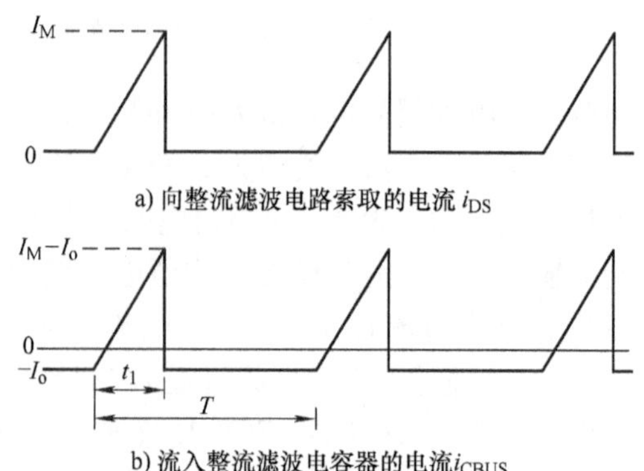

图 9-14　反激式变换器电流断续状态的主要波形

欲获得反激式变换器向整流滤波电路索取的电流平均值为

$$I_{BUSav} = \frac{P_o}{U_{BUS}\eta} \tag{9-14}$$

式中，I_{BUSav}为整流滤波电路输出电流的平均值；P_o 为降压型变换器的输出功率；U_{BUS}为整流滤波电路的输出电压；η 为反激式变换器的效率。

整流滤波电路输出电流平均值与峰值电流的关系为

$$I_{BUSav} = \frac{1}{2}DI_M \text{ 或 } I_M = \frac{2}{D}I_{BUSav} \tag{9-15}$$

式中，I_M 为反激式变换器的电流峰值；D 为开关管导通占空比。

母线电流峰值与输出功率及母线电压的关系为

$$I_M = \frac{2}{D}\frac{P_o}{U_{BUS}\eta} \tag{9-16}$$

反激式变换器向整流滤波电路索取的电流有效值 I_{BUSrms}与电流峰值的关系为

$$I_{BUSrms} = I_M\sqrt{\frac{D}{3}} \tag{9-17}$$

将式（9-16）代入式（9-17）得

$$I_{BUSrms} = \frac{2}{D}\frac{P_o}{U_{BUS}\eta}\sqrt{\frac{D}{3}} = \frac{P_o}{U_{BUS}\eta}\sqrt{\frac{4}{3D}} \tag{9-18}$$

图 9-14 中 t_1 和 T 的关系为

$$D = \frac{t_1}{T} \tag{9-19}$$

根据有效值原理，直流母线电容器的电流为

$$I_{CBUSrms} = \sqrt{I_{BUSrms}^2 - I_{BUSav}^2} = I_{BUSav}\sqrt{\frac{4-3D}{3D}} \tag{9-20}$$

不同的占空比、不同的交流输入电压在单位输出功率和效率为 80% 条件下对应的流入整流滤波电容器的电流有效值见表 9-1。

表 9-1 流入整流滤波电容器的电流有效值

输入交流电压 /V	整流输出谷点电压 /V	流过整流滤波电容器的电流/mA				
		占空比 0.2	占空比 0.25	占空比 0.3	占空比 0.35	占空比 0.4
85	100	32.27	28.87	26.35	24.40	22.80
176	200	16.14	14.44	13.18	12.20	11.40

9.2.5 整流滤波电容器的真实选择

对于承担整流滤波和旁路功能的电容器来说，需要相对很大的电容量，因此电解电容器成为唯一的选择。在实际应用中，电解电容器承载电流的能力较低，仅根据整流滤波电容器的最低电容量选择的电容器，电容器将不能承受整流电路和反激式变换器所产生的交流电流分量。

根据有效值公式，流过整流滤波电容器的实际电流为

$$I_{Crms} = \sqrt{I_{100Hz}^2 + I_{SW}^2} \tag{9-21}$$

式中，I_{Crms}为流入电解电容器纹波电流的有效值；I_{100Hz}为流入电解电容器纹波电流中的100Hz电流分量；I_{SW}为流入电解电容器纹波电流中的开关频率电流分量。全电压开关电源和单电压开关电源的整流滤波电容器波纹电流见表9-2。

表9-2 全电压开关电源和单电压开关电源的整流滤波电容器纹波电流

输入交流电压/V	整流输出谷点电压/V	流过整流滤波电容器的纹波电流/mA		
		整流滤波电流	开关频率电流	合计
85	100	17.6	22.8	28.8
176	200	8.8	11.4	14.4

85~265V国际通用电压等级交流电输入状态下，整流滤波电容器承受约29mA/W的纹波电流有效值。220V交流电压等级在最低输入电压状态下，整流滤波电容器承受约15mA/W的纹波电流有效值。因此，在大多数的应用中开关电源中滤波用电解电容器需要根据电解电容器可以承受的电流进行选择。

例如输出功率为24W的反激式开关电源，如果输入电压为85~265V国际通用电压等级，则整流滤波电容器将承受约有效值为0.65A的电流，至少需要选择100μF/400V的电解电容器。通常，100μF/400V的电解电容器可以承受有效值为0.5~0.7A的电流。这个电容器也超过了72μF的最低电容量。

如果24W反激式开关电源采用220V电压等级交流电供电，则整流滤波电容器流过的纹波电流为0.32~0.33A，33μF/400V电解电容器是可以承受这个有效值的电流。

由于电解电容器可承受纹波电流的能力不随电容量线性增长，因此随着开关电源输出功率的增大，所需要的电容量将更大。

如输出功率为100W的反激式开关电源，在85~265V国际通用电压等级供电条件下，整流滤波电容器将承受有效值为2.7A的电流，220μF/400V的电解电容器电流承受能力（CHEMI-CON公司的SMQ系列85℃/2000h产品）最大为1.4A，即便是470μF/400V电解电容器的电流承受能力也不过是2.39A，所以需要选用560μF/400V的电解电容器（2.69A）。如果选用220V电源电压等级供电，则电容量可以减小到220μF/400V。

由此可见，非必要（如仅在国内使用）时开关电源不必设计成全电压型，设计成单电压型开关电源可以有效地降低开关电源的成本。

如果全电压开关电源在交流220V×（1-20%）=176V时相对于交流单电压开关电源输入176V时电解电容的状态差别会如何呢？

全电压开关电源在85V状态下的开关管导通占空比为0.4，开关管电流峰值为62.5mA/W。在交流输入电压为176V时对应的电流峰值也将是62.5mA/W。在交流电压为176V时，对应的开关管导通占空可以根据式（9-16）得到

$$D=\frac{2}{I_M}\frac{P_o}{U_{BUS}\eta}=\frac{2}{0.0625}\times\frac{1}{200\times0.8}=0.2 \tag{9-22}$$

根据式（9-18），流过整流滤波电容器的电流有效值为

$$I_{BUSrms}=\frac{P_o}{U_{BUS}\eta}\sqrt{\frac{4}{3D}}=\frac{1}{200\times0.8}\times\sqrt{\frac{4}{3\times0.2}}\text{A/W}=16.14\text{mA/W} \tag{9-23}$$

很显然，在直流母线电压200V条件下，反激式变换器向直流母线索取的单位功率电流有效值在单电源开关电源时为14.4mA/W，而全电源开关电源时为16.14mA/W。单电源相

对于全电源，反激式变换器向直流母线索取的单位功率电流有效值减小了1.74mA/W，约减小11%。这种减小对电解电容器的寿命是有益的。

9.2.6　电解电容器的纹波电流折算系数问题

表9-2中，核算流过整流滤波电容器电流时直接应用了方均根公式，没有考虑电解电容器的纹波电流折算系数，如果考虑纹波电流折算系数，将开关频率的纹波电流折算到120Hz频率上，对应的电解电容器流过的纹波电流则等效为120Hz时的纹波电流。不同规格的电解电容器，其频率折算系数不同，为了分析方便假定为1.5。经过频率折算后等效为120Hz频率下流过电解电容器的纹波电流，见表9-3。

表9-3　全电压开关电源和单电压开关电源的电解电容器等效纹波电流

输入交流电压/V	整流输出谷点电压/V	流过电解电容器的纹波电流/mA			
		整流滤波电流	开关频率电流	等效为120Hz后的开关频率电流	等效电流
85	100	17.6	22.8	19.2	26.0
176	200	8.8	11.4	9.6	13.0

经过频率折算后，表9-3中流过电解电容器的等效纹波电流比表9-2给出的没有频率折算的纹波电流低约10%。这个数值的减小对电解电容器的选择与应用寿命影响不大。因此为了分析方便，在整流后直接用电容器的滤波方案中，可以直接应用100Hz纹波电流的二次方和开关频率纹波电流的二次方和再开根号的结果，不一定要将开关频率纹波电流折算后再方均根计算。

但是，如果是功率因数校正电路中的电解电容器，其开关频率纹波电流分量明显大于100Hz纹波电流分量。这时考虑频率折算系数会对最终等效为120Hz纹波电流有明显的影响。

纹波电流的频率折算系数是以不同频率下，电解电容器芯子温升相同对应的电流比值。需要注意的是只以相同温升为评判依据。但是随着纹波电流的频率提高，纹波电流受电解电容器寄生电感的影响在铝箔上的分布将会产生越来越明显的变化。靠近导针或导流条处铝箔的电流密度随纹波电流频率的上升而增加，可能会使导针或导流条附近的滤波过电流并产生早期失效，表现为该处铝箔或氧化膜被“水合”，使该处的ESR增加。当然，以上叙述仅仅是猜测，需要实验验证。

这种早期失效会随时间的推移逐渐延伸，直至电解电容器的ESR指标达到失效判据值。因此，现有的电解电容器频率折算系数如果以100kHz为参考，则120Hz的频率折算系数可信或可能偏低。如果是以120Hz为参考，则100kHz的折算系数值得商榷。由此可见，电解电容器100kHz的高温负荷寿命实验是必须做的。

9.3　单电压反激式开关电源中电解电容器的工作状态

单电压是指开关电源仅适用于单一电压等级，如单相220V电压等级交流电供电。在这种供电条件下，交流供电电压范围可以是220V±20%，即176~264V。由于国家电网的供电质量改善，电源电压可以是 190 ~240V。本节分别以 176 ~264V 和 190 ~240V 为例进行分析。

在绝大多数情况下，单电源电压的输入整流电路为单相桥式整流电路，电解电容器用来滤波。

这时的电解电容器的最高工作电压可能达到有效值为 264V 的峰值，约 370V。整流滤波电容器的电压需要选择高于并接近于 370V 的标称电压，也就是额定电压 400V。对于高压电解电容器，实际工作电压低于额定电压 5% ~10%，可以有效地延长电解电容器的使用寿命。

如果是 190 ~240V 交流输入电压，整流输出电压约为 339V，如果使用电压范围在这个电压值以下，可以选择额定电压 350V 或 400V 的电解电容器。

单电压开关电源的最高整流输出电压与全电压开关电源相同，需要的整流滤波电容器的额定电压也相同，即 400V。

单电压开关电源的最低整流输出电压为全电压开关电源的 2 倍，在相同输出功率条件下，整流输出电流减半，流过整流滤波电容器的纹波电流也随之减半，电解电容器的电容量也至少减半。

9.4 输出整流滤波电容器的工作状态

为了获得尽可能低的输出电压尖峰，反激式开关电源的工作模式大多选择为电流断续模式，可以使输出整流器在零电流状态下实现反向恢复，这样就避开了开关管的导通过程与输出整流器反向恢复同时出现而产生的比较强烈的寄生振荡。

在电流断续模式下，输出整流器和输出整流滤波电容器的电流波形如图 9-15 所示。

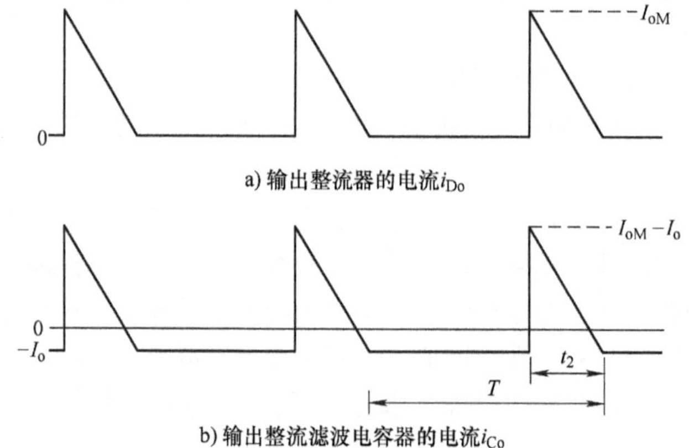

图 9-15 输出整流器和输出整流滤波电容器的电流波形

输出整流器的电流峰值 I_{oM}和电流平均值 I_o的关系为

$$I_o = \frac{1}{2}I_{oM}\frac{t_2}{T} = \frac{1}{2}I_{oM}D_2 \tag{9-24}$$

或

$$I_{oM} = \frac{2I_o}{D_2} \tag{9-25}$$

式中，D_2 为输出整流器的导通占空比。

输出整流器的输出电流有效值与输出电流平均值的关系为

$$I_{orms} = I_{oM}\sqrt{\frac{D_2}{3}} \tag{9-26}$$

对应的输出整流器电流有效值与电流平均值关系为

$$I_{orms} = \frac{2I_o}{D_2}\sqrt{\frac{D_2}{3}} = 2I_o\sqrt{\frac{1}{3D_2}} \tag{9-27}$$

扣除直流分量就是流入输出整流滤波电容器的电流有效值，即

$$I_{Crms} = I_o\sqrt{\frac{4}{3D_2} - 1} = I_o\sqrt{\frac{4 - 3D_2}{3D_2}} \tag{9-28}$$

由式（9-28）可以得出在输出电流平均值相同的条件下，输出整流器导通占空比与电流有效值的关系见表9-4。

表9-4　输出整流器导通占空比与电流有效值的关系

输出整流器导通占空比	0.3	0.4	0.5	0.6	0.7
电流有效值	$1.856I_o$	$1.555I_o$	$1.291I_o$	$1.106I_o$	$0.951I_o$

从表9-4中可以看出，输出整流器导通占空比越大，电流有效值越小。仅从输出整流滤波电路考虑，希望输出整流器导通占空比越大越好，可以减小流过输出整流器的电流并减少整流器的发热，减小流入输出整流滤波电容器的纹波电流，并减少电容器的发热。

反激式变换器的特点是，在临界电流模式下开关管与输出整流器交替导通，输出整流器导通占空比大，对应的开关管导通占空比就小。因此在理论上，反激式变换器的最佳导通占空比为0.5。考虑开关管耐压选择的折中，一般选择开关管导通占空比为0.35～0.4，对应的输出整流器导通占空比为0.6～0.65，一般选择0.6，对应的电流有效值为$1.106I_o$，在快捷设计或选型时可以按输出电流平均值的110%～120%选择。

即便如此，流过输出整流滤波电容器的纹波电流也很大。例如手机充电器，输出为5V/2A，流过电解电容器的纹波电流有效值达到2.2～2.4A。对应10V额定电压的高频低阻电解电容器可以承受2.4A纹波电流的规格需要3300μF，尺寸为ϕ12.5×20mm，对尺寸要求极其严酷的手机充电器来说，这个尺寸是决不允许的！因此，可承受大纹波电流的固态电解电容器（如680μF/10V固态电解电容器可承受约5A纹波电流，尺寸为ϕ6.3×9mm）在手机充电器不可替代。

9.5　环境温度的影响与寿命要求

一般用途的电子产品，应用环境温度比较低，不会超过45℃，因此一般用途电解电容器的最高环境温度为85℃，寿命为2000h。这个温度与寿命是我国现在电解电容器的最低水平，此类电解电容器也是最廉价的。

按照每降低10℃寿命加倍的规律，85℃/2000 h电解电容器工作在45℃环境温度下，预期寿命为2000 h的16倍，即32000h，也就是说其在45℃环境温度下可以连续工作约4年时间，可以满足一般用途电子设备的性能要求。如果要求寿命更长，可以选择寿命为4000h甚至更长的电解电容器。

如果电子设备工作温度很高，又不是极其计较成本，可以选择最高环境温度为105℃/2000h的电解电容器，甚至寿命为10000h的电解电容器。

第10章 中大功率开关电源中电解电容器的工作状态与选型

中大功率开关电源由整流器和逆变器构成，两者之间由直流母线连接，在大功率电力电子电路领域常称为 DC - Link（直流链）。为了使 DC - Link 具有宽频带的低阻抗，需要在 DC - Link 并联电容器，也称为 DC - Link 电容器或直流母线电容器。

直流母线电容器流过的电流分为两部分，一部分由整流器产生，有 100Hz 成分和功率因数校正（如果有）的开关频率成分，分别在第 9 章和第 11 章专门论述，本章不再赘述，另一部分是后级逆变电路部分产生的开关频率的电流成分。不同的逆变电路拓扑和控制模式将产生不同开关频率的电流成分。其电路拓扑主要有：反激式变换器（已在第 9 章详述）、桥式变换器、正激型变换器、半桥式变换器、非对称半桥式变换器、*LLC* 桥式变换器。

10.1 桥式变换器的输入电容器工作模式

桥式变换器电路如图 10-1 所示。

图 10-1 中，C_1为变换器输入电容器，C_2变换器输出电容器。

桥式变换器的输入电流如图 10-2 所示。

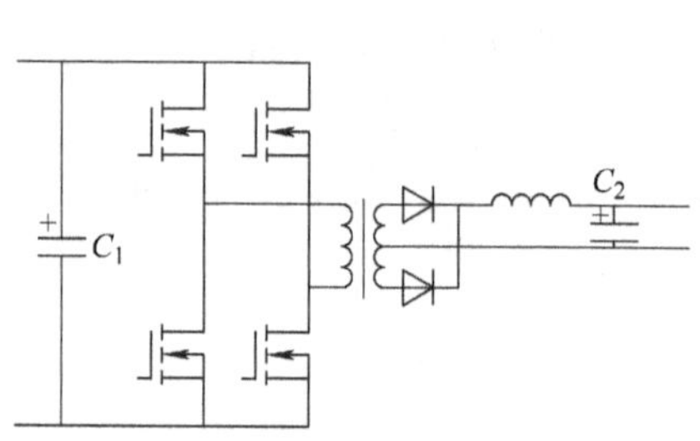

图 10-1　桥式变换器电路

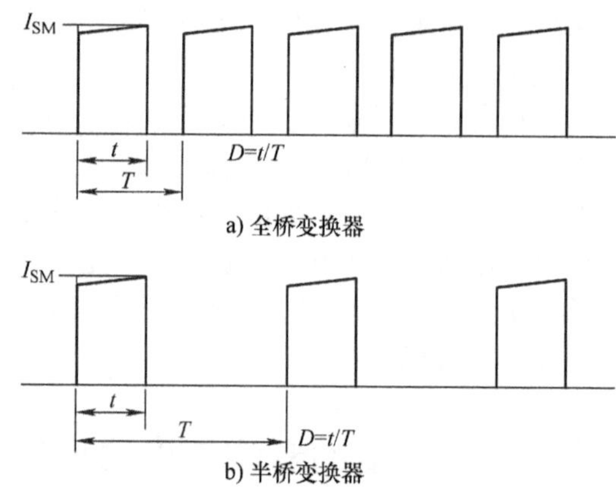

图 10-2　桥式变换器的输入电流

为了分析方便，假设输入电流波形为矩形波。

这时，输入电流峰值与输出电流的关系为

$$I_{PM} = \frac{I_{SM}}{n} \tag{10-1}$$

式中，I_{PM}、I_{SM}、n 分别为桥式变换器的变压器一次侧电流峰值、二次侧电流峰值、变压器电流比。

输入电流平均值 I_{av}与峰值关系为

$$I_{av} = I_{PM}D \tag{10-2}$$

输入电流有效值 I_{rms} 和峰值的关系为

$$I_{rms} = I_{PM}\sqrt{D} \tag{10-3}$$

DC－Link 电容器的电流有效值 I_{Crms} 为

$$I_{Crms} = \sqrt{I_{rms}^2 - I_{av}^2} = I_{PM}\sqrt{D - D^2} \tag{10-4}$$

为了分析方便，假设

$$I_{PM} = \frac{I_{SM}}{n} = \frac{I_o}{n} \tag{10-5}$$

则

$$I_{Crms} = \frac{I_o}{n}\sqrt{D - D^2} \tag{10-6}$$

同样，也可以得到 DC－Link 电容器的电流有效值（直流母线电流的交流电流分量）与直流母线电流平均值的关系为

$$I_{Crms} = \sqrt{I_{rms}^2 - I_{av}^2} = I_{av}\sqrt{\frac{1-D}{D}} \tag{10-7}$$

DC－Link 电容器的电流有效值/输出电流平均值的比值与占空比的关系见表 10-1。

表 10-1　DC－Link 电容器的电流与占空比的关系

占空比	0	0.1	0.2	0.3	0.4	0.5	0.6	0.7	0.8	0.9	1.0
DC－Link 电容器电流有效值/输出电流平均值	0	0.30	0.40	0.46	0.49	0.50	0.49	0.46	0.40	0.30	0

将表 10-1 的数据转换成图形可以更直观地描述两者的关系，如图 10-3 所示。

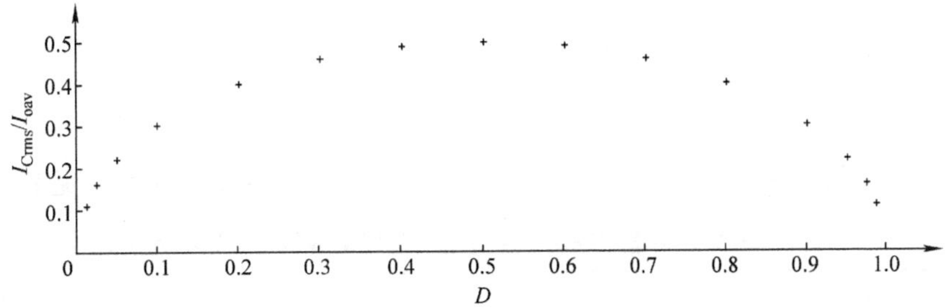

图 10-3　直流母线电容器的电流有效值和输出电流平均值的比值与占空比的关系

如果设置占空比为 0.9，则直流母线的输出电流有效值为

$$I_C = \frac{I_{av}}{0.9} \times \sqrt{0.9 - 0.9^2} \approx 0.33I_{av}$$

同理可得，占空比为 0.8 时，I_C 为 $0.5I_{av}$，占空比为 0.5 时，I_C 为 I_{av}。

可以看出，在直流母线电流平均值的情况下，随着占空比的减小，直流母线电容器的电流增大。

随着直流母线电压的升高，在输出功率相同的条件下直流母线电流平均值减小，同时占空比降低，这时的直流母线电流平均值为

$$I_{av} = \frac{P_o}{U_{BUS}} \tag{10-8}$$

当开关管占空比为0.9时，由式（10-8）可以得到

$$I_C = 0.33\frac{P_o}{U_{BUS}}$$

同理可得不同开关管占空比与流过直流母线电容器电流系数的关系，见表10-2。

表10-2　不同的开关管占空比与流过直流母线电容器电流系数的关系

开关管占空比	0.90	0.80	0.70	0.60	0.50	0.40	0.35	0.30
电容器电流系数	0.330	0.500	0.660	0.820	1.000	1.225	1.370	1.530

综上所述，可以得出如下结论：

1）对称半桥变换器的直流母线电容器的工作状态除工作电压为直流母线电压的一半以外，与全桥变换器的直流母线电容器相同。

2）非隔离降压型变换器的直流母线电容器的工作状态与全桥变换器的直流母线电容器相同。

10.2 正激式变换器与非对称半桥变换器的输入电容器工作模式

正激式变换器是一类隔离型降压型变换器，与全桥变换器不同的是，正激式变换器在绝大多数情况下，开关管占空比不得大于0.5。一般为0.35～0.4。对应的正激式变换器向直流母线索取的电流波形为占空比小于0.5的近似矩形波的电流波形。

当开关管占空比为0.4时，根据式（10-8），可以得到

$$I_C = \frac{I_{av}}{D}\sqrt{D - D^2} \approx 1.225I_{av}$$

根据式（10-9）电容器的电流为

$$I_C = 1.225\frac{P_o}{U_{BUS}}$$

同理可得，不同开关管占空比与流过直流母线电容器电流系数的关系，见表10-3。

表10-3　不同开关管占空比与流过直流母线电容器电流系数的关系

开关管占空比	0.40	0.35	0.30
电容器电流系数	1.225	1.370	1.530

非对称半桥变换器的直流母线电容器的工作状态与正激式变换器的直流母线电容器相同。

10.3 输出整流器和输出滤波电容器的工作模式

桥式变换器、正激式变换器、不对称半桥变换器的输出滤波电容器前都有一个电感器。由于电感器抑制电流变化的特性，使得电感器输出电流变得平缓。变换器输出电流连续状态的主要波形如图10-4所示。

图10-4中，电流波动部分为输出电容器的电流，其直流分量送到负载。

因此，输出滤波电容器的电流有效值为

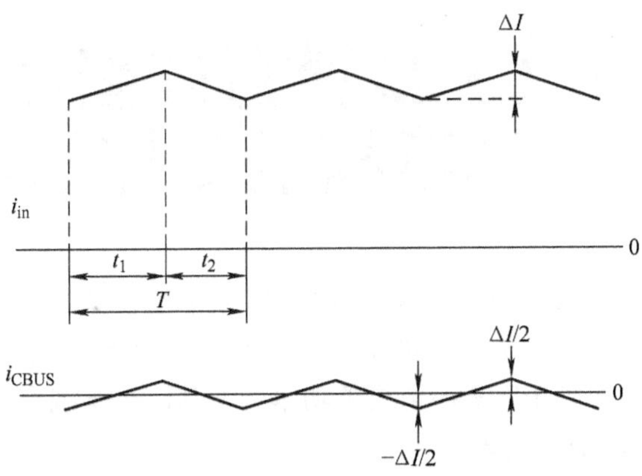

图 10-4　变换器输出电流连续状态的主要波形

$$I_{Crms} = \frac{\Delta I}{2}\sqrt{\frac{1}{3}} \tag{10-9}$$

式中，ΔI 为变换器输出电流在一个开关周期内的波动峰值，这个数值由开关周期 t_{on}、升压电感器的电感量、占空比决定。因此，ΔI 为

$$\Delta I_o = \frac{U_o}{L}t_{on} \tag{10-10}$$

或取变换器输出电流平均值的 10% ~20%。变换器输出电流的平均值为

$$I_{oav} = \frac{P_o}{U_o} \tag{10-11}$$

如果选 ΔI 为变换器输出电流平均值的 10%，则输出滤波电容器的电流有效值为

$$I_{Crms} = \frac{\Delta I}{2}\sqrt{\frac{1}{3}} = \frac{0.1I_{oav}}{2}\sqrt{\frac{1}{3}} \approx 0.029I_{oav} = 0.029\frac{P_o}{U_o}$$

变换器在电流连续时的输出电流有效值为

$$I_{orms} = \sqrt{I_{oav}^2 + I_{Crms}^2} = \frac{P_o}{U_o}\sqrt{1 + 0.029^2} = \frac{1.0004P_o}{U_o}$$

如果选 ΔI 为变换器输出电流平均值的 20%，则输出滤波电容器的电流有效值为

$$I_{Crms} = \frac{\Delta I}{2}\sqrt{\frac{1}{3}} = \frac{0.2I_{oav}}{2}\sqrt{\frac{1}{3}} \approx 0.0577I_{oav} = 0.0577\frac{P_o}{U_o}$$

这个电流仅相当于变换器的输出电流平均值的不到 6%，对于输出滤波电容器来说，这是很低的电流值。

变换器在电流连续时的输出电流有效值为

$$I_{orms} = \sqrt{I_{oav}^2 + I_{Crms}^2} = \frac{P_o}{U_o}\sqrt{1 + 0.0577^2} = \frac{1.0017P_o}{U_o}$$

由此可见，既使选择电流波动为变换器输出电流的 20%，变换器输出电流有效值也仅比电流平均值增加不到 0.2%，可以近似的认为变换器的输出电流平均值与输出电流有效值相等。

第11章 LLC谐振式变换器中电解电容器的工作状态与选型

LLC 谐振式变换器是近 30 年来最优秀的 DC/DC 功率变换器之一，既有桥式变换器占空比高的优点，又有零电压、零电流开关的低开关损耗和低 EMI 的优点，因此得到越来越多的应用，从百瓦级开关电源到 10kW 甚至更高功率的电动汽车车载充电器和充电桩。它可以很好地实现恒电压/恒电流工作模式。

11.1 半桥 *LLC* 谐振式变换器产生的纹波电流

对于单相交流电输入的 *LLC* 谐振式变换器，需要配置功率因数校正单元。这时的 *LLC* 谐振式变换器的直流母线电容器涉及的纹波电流为功率因数校正电路产生的 100Hz 纹波电流分量和开关频率纹波电流分量以及 *LLC* 谐振式功率变换器产生的开关频率纹波电流分量。

LLC 谐振式变换器在输出功率最大状态下，向直流母线索取的电流最大，包括直流分量和交流分量，其交流分量必须由并联在直流母线的直流母线电容器吸收掉。半桥 *LLC* 的主要波形如图 11-1所示，图中的通道 2 为 *LLC* 变换器向直流母线索取的电流。

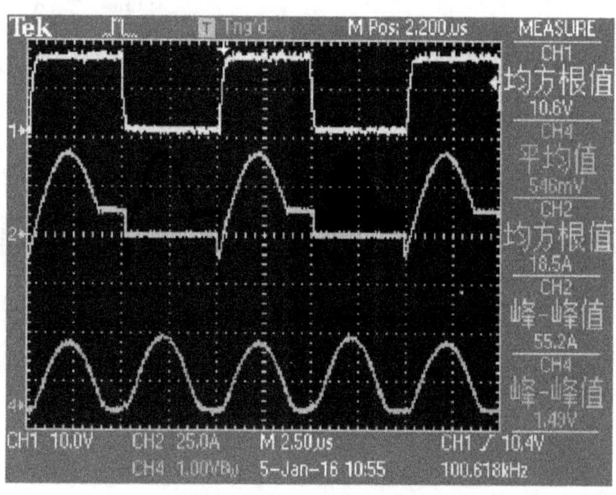

图 11-1　半桥 *LLC* 变换器的主要波形

接下来分析流过直流母线的电流与直流母线电容器之间的关系，确定单位输出功率对应流过直流母线电容器的电流有效值。

11.1.1 *LLC* 谐振持续时间占空比为 0.2 时直流母线电容器纹波电流分析

由于电流波形由分断正弦波和直线构成，为了分析方便，可以将图 11-1 中的通道 2 波形划分出各时间段的时刻，将 *LLC* 谐振状态段的电流假设为直流。

半桥 *LLC* 谐振式变换器向直流母线索取的电流波形如图 11-2 所示。

根据波形图，在半桥 *LLC* 谐振持续时间为开关周期的 20% 时，电流超前 18°，电流平均值为

$$I_{\mathrm{BUSav}} = \frac{0.8}{2\pi}\int_{-18°}^{162°} I_{\mathrm{M}}\sin t\mathrm{d}t + \frac{0.3 \times 0.2}{2\pi}I_{\mathrm{M}} \approx (0.242 + 0.01)I_{\mathrm{M}} = 0.252I_{\mathrm{M}} \quad (11\text{-}1)$$

对应的电流有效值为

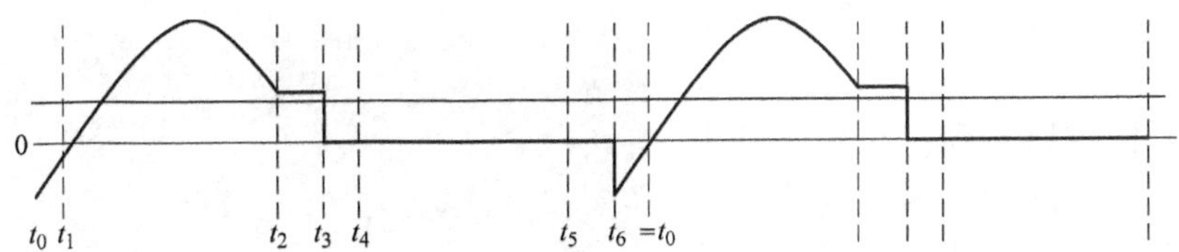

图 11-2 直流母线电流波形

$$I_{\text{BUSrms}} = \sqrt{\frac{0.8}{2\pi}\int_{-18^\circ}^{162^\circ} I_{\text{M}}^2 \sin^2 t\text{d}t + I_{\text{M}}^2 \frac{0.3^2 \times 0.2}{2\pi}} \approx 0.56 I_{\text{M}} \tag{11-2}$$

流过直流母线电容器的电流为

$$I_{\text{Crms}} = \sqrt{I_{\text{BUSrms}}^2 - I_{\text{BUSav}}^2} = I_{\text{M}}\sqrt{0.56^2 - 0.252^2} \approx 0.5 I_{\text{M}} = 2 I_{\text{BUSav}} \tag{11-3}$$

式中，I_{BUSav}、I_{BUSrms}分别为直流母线电流平均值和直流母线电流有效值。

通常，半桥 *LLC* 谐振变换器的市电整流部分为功率因数校正方式，如果直流母线电压为 380V，对应单位输出功率的纹波电流为 3.68mA。如果功率因数校正输出电压为 400V，则对应单位输出功率的纹波电流为 3.5mA。

11.1.2 *LLC* 谐振持续时间占空比为 0.25 时直流母线电容器纹波电流分析

在半桥 *LLC* 谐振持续时间为开关周期的 25% 时，电流超前 18°，电流平均值为

$$I_{\text{BUSav}} = \frac{0.75}{2\pi}\int_{-18^\circ}^{162^\circ} I_{\text{M}} \sin t\text{d}t + \frac{0.3 \times 0.25}{2\pi} I_{\text{M}} \approx (0.227 + 0.012) I_{\text{M}} = 0.239 I_{\text{M}} \tag{11-4}$$

对应的电流有效值为

$$I_{\text{BUSrms}} = \sqrt{\frac{0.75}{2\pi}\int_{-18^\circ}^{162^\circ} I_{\text{M}}^2 \sin^2 t\text{d}t + I_{\text{M}}^2 \frac{0.3^2 \times 0.25}{2\pi}} = 0.5725 I_{\text{M}} \tag{11-5}$$

流过 DC－Link 电容器的电流为

$$I_{\text{Crms}} = \sqrt{I_{\text{BUSrms}}^2 - I_{\text{BUSav}}^2} = I_{\text{M}}\sqrt{0.5725^2 - 0.239^2} \approx 0.52 I_{\text{M}} = 2.177 I_{\text{BUSav}} \tag{11-6}$$

很显然，*LLC* 谐振占空比加大将引起流入直流母线电容器的纹波电流增大，仅仅增加了 0.05 的 *LLC* 谐振时间占空比，纹波电流就增加了约 9%。

通常，*LLC* 半桥谐振变换器的市电整流部分为功率因数校正方式，如果直流母线电压为 380V，对应单位输出功率的纹波电流为 5.73mA/W。如果功率因数校正输出电压为 400V，则对应单位输出功率的纹波电流为 5.44mA/W。

11.2 *LLC* 全桥谐振变换器产生的纹波电流

半桥 *LLC* 变换器在每个开关周期，都会有半个周期与直流母线无关，由谐振电容器提供输出电能和谐振能量。因此半桥 *LLC* 谐振变换器向直流母线索取的电流中，交流分量就会很大，为了降低这个直流分量，可以采用全桥 *LLC* 谐振变换器电路拓扑。图 11-3 中通道 2 的波形为全桥 *LLC* 谐振变换器向直流母线索取的电流波形。

从图 11-3 中可以看到，与半桥 *LLC* 谐振式变换器相比，全桥 *LLC* 谐振变换器向直流母线索取的电流波形中没有半桥 *LLC* 谐振变换器的负半周电能由谐振电容器提供的现象，变

为正半周和负半周均由直流母线提供电能。

根据波形图可以看到：在相同的电流幅值条件下，全桥 *LLC* 谐振变换器向直流母线索取的电流平均值加倍，即输出功率加倍，同时电流有效值变为$\sqrt{2}$倍。对应的单位输出功率条件下流过 DC – Link 电容器的交流电流分量的有效值相对于半桥 *LLC* 谐振变换器大大减少。

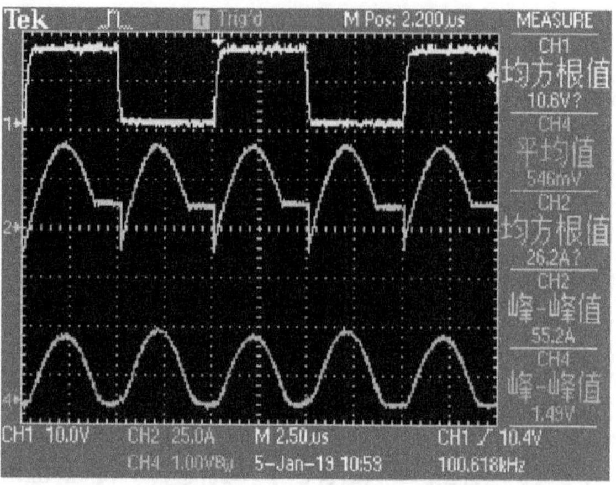

图 11-3 全桥 *LLC* 谐振变换器的主要波形

在占空比为 0.75 和相同输出功率条件下，380V 直流母线对应电流为 4.46mA/W，400V 直流母线对应电流为 4.23mA/W。单位输出功率条件下全桥 *LLC* 谐振式变换器中 DC – Link 电容器流过的电流有效值是半桥 *LCC* 谐振式变换器中 DC – Link 电容器流过的电流有效值的 78%。

11.2.1 *LLC* 谐振持续时间占空比为 0.2 时直流母线电容器纹波电流分析

在 *LLC* 谐振时间为开关周期的 20% 时，电流超前 18°，电流平均值为

$$I_{\text{BUSav}} = \frac{0.8}{\pi}\int_{-18°}^{162°} I_{\text{M}}\sin t\text{d}t + \frac{0.3 \times 0.2}{\pi}I_{\text{M}} \approx (0.242 + 0.019)I_{\text{M}} = 0.5I_{\text{M}} \tag{11-7}$$

对应的电流有效值为

$$I_{\text{BUSrms}} = \sqrt{\frac{0.8}{\pi}\int_{-18°}^{162°} I_M^2 \sin^2 t\text{d}t + I_{\text{M}}^2\frac{0.3^2 \times 0.2}{\pi}} = I_{\text{M}}\sqrt{\frac{1.6 + 0.018}{\pi}} \approx 0.72I_{\text{M}} \tag{11-8}$$

流过直流母线电容器的电流为

$$I_{\text{Crms}} = \sqrt{I_{\text{BUSrms}}^2 - I_{\text{BUSav}}^2} = I_{\text{M}}\sqrt{0.72^2 - 0.5^2} \approx 0.52I_{\text{M}} \approx 1.04I_{\text{BUSav}} \tag{11-9}$$

通常，*LLC* 全桥谐振变换器的市电整流部分为功率因数校正方式，如果直流母线电压为 380V，对应单位输出功率的纹波电流为 1.84mA/W。如果功率因数校正输出电压为 400V，则对应单位输出功率的纹波电流为 1.75mA/W。

很显然，单位输出功率条件下，全桥 *LLC* 谐振变换器直流母线电容器流过的纹波电流是半桥 *LLC* 谐振变换器直流母线电容器的 1/2。

11.2.2 *LLC* 谐振持续时间占空比为 0.25 时直流母线电容器纹波电流分析

在半桥 *LLC* 谐振持续时间为开关周期的 25% 时，电流超前 18°，电流平均值为

$$I_{\text{BUSav}} = \frac{0.75}{\pi}\int_{-18°}^{162°} I_{\text{M}}\sin t\text{d}t + \frac{0.3 \times 0.25}{\pi}I_{\text{M}} \approx (0.454 + 0.024)I_{\text{M}} = 0.478I_{\text{M}} \tag{11-10}$$

对应的电流有效值为

$$I_{\text{BUSrms}} = \sqrt{\frac{0.75}{\pi}\int_{-18°}^{162°} I_{\text{M}}^2 \sin^2 t\text{d}t + I_{\text{M}}^2\frac{0.3^2 \times 0.25}{\pi}} = 0.665I_{\text{M}} \tag{11-11}$$

流过直流母线电容器的电流为

$$I_{Crms} = \sqrt{I_{BUSrms}^2 - I_{BUSav}^2} = I_M\sqrt{0.665^2 - 0.478^2} \approx 0.46I_M \approx 0.98I_{BUSav} \quad (11\text{-}12)$$

很显然，*LLC* 谐振占空比加大将引起流入直流母线电容器的纹波电流，增大仅增加了 0.05 的 *LLC* 谐振时间占空比，纹波电流增加了 38.2%。

通常，*LLC* 全桥谐振变换器的市电整流部分为功率因数校正方式，对应的整流如果直流母线电压为 380V，对应单位输出功率的纹波电流为 2.55mA/W。如果功率因数校正输出电压为 400V，则对应单位输出功率的纹波电流为 2.42mA/W。

11.2.3 准全谐振桥式变换器产生的纹波电流

LLC 谐振式变换器的最佳工作状态为准全谐振工作模式，使得变换器可以用尽可能大的占空比向输出提供电能，同时又能保证开关管的零电压开通条件。在这个模式下 *LLC* 谐振变换器的效率相对最高，主要波形图如图 11-4 所示。

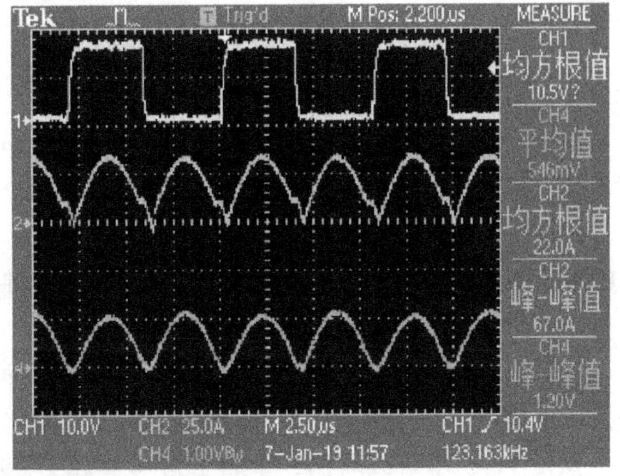

图 11-4 准全谐振全桥变换器的主要波形

从图 11-4 中可以看出，流过直流母线电容器的电流波形接近于“绝对值”正弦波，用正弦波分析结果可以近似为实际工作电流。

准全谐振变换器向整流滤波电路索取的电流为

$$I_{BUSav} = \frac{1}{\pi}\int_{-\alpha}^{\pi} I_M \sin t\mathrm{d}t = \frac{2}{\pi}I_M \quad (11\text{-}13)$$

电流峰值与输出功率 P_o、直流母线电压 U_o 的关系为

$$I_M = \frac{P_o}{U_o\eta}\frac{\pi}{2} \quad (11\text{-}14)$$

式中，η 为变换器效率。

对应的电流有效值为

$$I_{BUSrms} = \sqrt{\frac{1}{\pi}\int_0^{\pi} I_M^2 \sin^2 t\mathrm{d}t} = I_M\sqrt{\frac{1}{2}} \quad (11\text{-}15)$$

由电路原理可知，绝对值正弦函数的有效值与平均值比值为 1.11。对应的直流母线电容器流过的电流有效值为

$$I_{Crms} = \sqrt{I_{BUSrms}^2 - I_{BUSav}^2} = I_{BUSav}\sqrt{1.11^2 - 1^2} \approx 0.48I_{BUSav} \quad (11\text{-}16)$$

如果变换器的直流输入电压为 400V，单位输出功率的直流母线电容器纹波电流有效值为 1.2mA/W；如果直流输入电压为 380V，单位输出功率的直流母线电容器纹波电流有效值为 1.26mA/W。

如果是半桥准全谐振变换器，直流输入电压为 400V，单位输出功率的直流母线电容器纹波电流有效值为 2.4mA/W；如果直流输入电压为 380V，单位输出功率的直流母线电容器纹波电流有效值为 2.52mA/W。

11.2.4 小结

综上所述，桥式 *LLC* 谐振变换器 *LC* 谐振期间在整个开关周期中占有比例越接近于 1，单位输出功率流过直流母线电容器的电流有效值相对越小。因此除非特殊情况，*LLC* 谐振模式在开关周期中占的比例越小越好，只要能维持开关管零电压开通即可。

全桥 *LLC* 谐振变换器中，单位输出功率流过直流母线电容器的电流有效值是半桥 *LLC* 谐振变换器的 1/2。

11.3 单路 *LLC* 变换器输出电容器的纹波电流

LLC 谐振变换器在 *LLC* 谐振期间，变换器不向输出端提供电能，由输出滤波电容器释放储能（放电）向负载提供电能。

因此，*LLC* 谐振变换器的输出纹波电流分析中将没有 *LLC* 谐振电流部分，取而代之的是零电流。

11.3.1 *LLC* 谐振持续时间占空比为 0 时输出电容器纹波电流分析

LLC 谐振持续时间占空比为 0 时全桥 *LLC* 变换器输出电流波形如图 11-5 所示，图中的通道 4 为输出整流器电流波形。

从图 11-5 中可以看出，全桥 *LLC* 变换器在最高工作频率下，*LLC* 谐振过程仅需要维持开关管的零电压开通和输出整流器的反向恢复过程，因此 *LLC* 谐振过程可以设计得非常短，使得 *LLC* 谐振变换器的工作接近于全谐振工作模式。对应的输出整流后的电流非常近似于绝对值正弦波。因此，用绝对值正弦波电流分析。

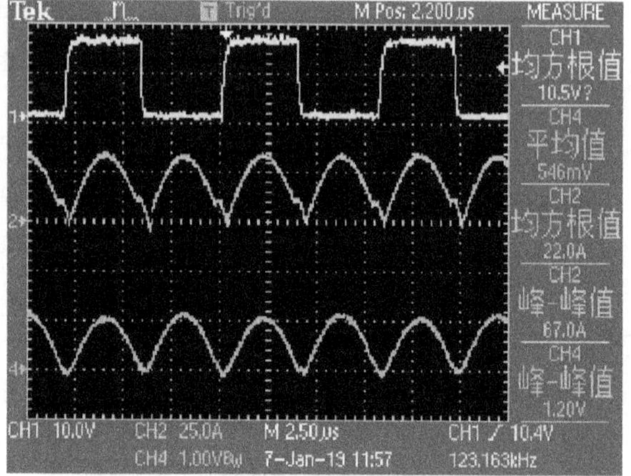

图 11-5 *LLC* 谐振持续时间占空比为 0 时全桥 *LLC* 变换器输出电流波形

电流平均值与电流峰值的关系为

$$I_{oav} = \frac{I_M}{\pi}\int_0^{\pi}\sin t\mathrm{d}t = \frac{2}{\pi}I_M \approx 0.64I_M \tag{11-17}$$

电流有效值与电流峰值的关系为

$$I_{oav} = I_M\sqrt{\frac{1}{\pi}\int_0^{\pi}\sin^2 t\mathrm{d}t} = I_M\sqrt{\frac{1}{\pi}\int_0^{\pi}\frac{1-\cos 2t}{2}\mathrm{d}t} = \frac{1}{\sqrt{2}}I_M \tag{11-18}$$

将整流器输出电流有效值扣除，得到流过输出整流滤波电容器电流为

$$I_{Corms} = \sqrt{I_{orms}^2 - I_{oav}^2} = I_M\sqrt{\frac{1}{2}-\frac{4}{\pi^2}} \approx 0.307I_M \approx 0.48I_{oav} \tag{11-19}$$

11.3.2　LLC 谐振持续时间占空比为 0.2 时输出电容器纹波电流分析

LLC 半桥谐振变换器的输出电流波形如图 11-6 所示。

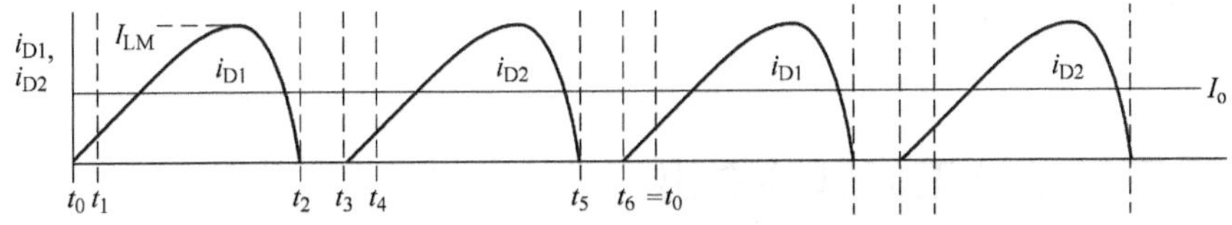

图 11-6　LLC 半桥谐振变换器的输出电流波形

为了简化分析，可以认为二极管电流波形正弦波与死区的组合，产生的误差在数值分析的允许范围。输出电流有效值为

$$I_{orms}=\frac{I_M}{\sqrt{2}}\sqrt{\frac{t_2-t_0}{t_3-t_0}} \tag{11-20}$$

当死区部分为整个周期的 20% 时，式（11-20）变为

$$I_{orms}=\frac{I_M}{\sqrt{2}}\sqrt{0.8}\approx 0.63I_M \tag{11-21}$$

对应的输出电流平均值为

$$I_{oav}=\frac{2I_M}{\pi}\frac{t_2-t_0}{t_6-t_0} \tag{11-22}$$

同样，当死区部分为整个周期的 20% 时，式（11-22）变为

$$I_{oav}=\frac{2I_M}{\pi}0.8\approx 0.51I_M \tag{11-23}$$

流过输出整流滤波电容器的电流为

$$I_{Corms}=\sqrt{I_{orms}^2-I_{oav}^2}=I_M\sqrt{0.63^2-0.51^2}\approx 0.37I_M\approx 0.73I_{oav} \tag{11-24}$$

11.3.3　LLC 谐振持续时间占空比为 0.25 时输出电容器纹波电流分析

对于恒压/恒流模式的 LLC 谐振变换器，其输出电压范围可以达到 75% ~100%，从而 LLC 谐振持续时间占空比将达到 0.25。

当死区部分为整个周期的 25% 时，对应的输出整流器的输出电流有效值为

$$I_{orms}=\frac{I_M}{\sqrt{2}}\sqrt{\frac{t_2-t_0}{t_3-t_0}}=\frac{I_M}{\sqrt{2}}\sqrt{0.75}\approx 0.61I_M \tag{11-25}$$

对应的输出电流平均值为

$$I_{oav}=\frac{2I_M}{\pi}\frac{t_2-t_0}{t_6-t_0}=\frac{2I_M}{\pi}0.75\approx 0.48I_M \tag{11-26}$$

流过输出整流滤波电容器的电流为

$$I_{Corms}=\sqrt{I_{orms}^2-I_{oav}^2}=I_M\sqrt{0.61^2-0.48^2}\approx 0.38I_M\approx 0.79I_{oav} \tag{11-27}$$

很显然，LLC 谐振持续时间越短，流入输出整流滤波电容器的电流有效值相对输出电流平均值越小；在输出电流平均值相同的条件下，LLC 谐振持续时间越长，流入输出整流滤波电容器的电流有效值越大。

第12章 单相功率因数校正中的电解电容器工作状态分析

12.1 功率因数校正问题的提出

单相整流器与滤波电容器直接组合成整流滤波电路，它是将交流电转换为直流电最简单的解决方案。这种方案所带来的问题是：由于整流器的非线性特性与储能元件的储能特性直接组合，使得整流器的交流输入电流变成非正弦的脉冲电流波形，导致整流滤波电路的功率因数明显下降，甚至低于0.7。

最常见的单相桥式整流电路的输入电流波形如图12-1所示，输入电流的谐波分析如图12-2所示。

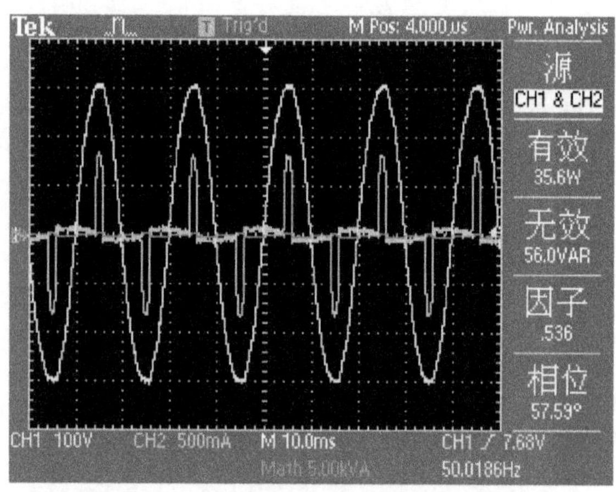

图12-1　单相桥式整流电路的输入电流波形

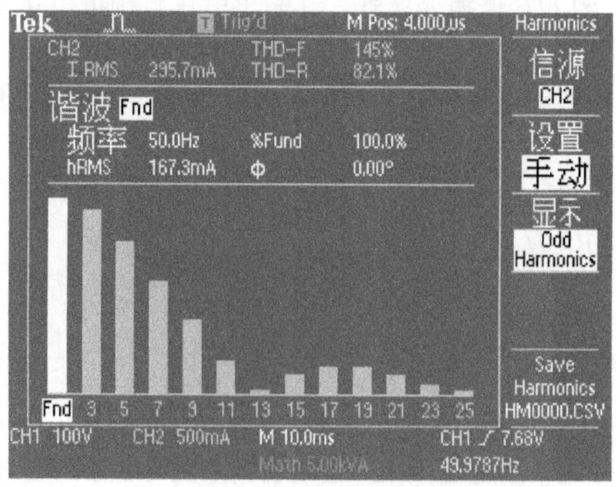

图12-2　输入电流的谐波分析

通过傅里叶级数展开，得到各次谐波，见表 12-1。

表 12-1　单相桥式整流电容器直接滤波的输入电流谐波分量

各次谐波	1	3	5	7	9	11	13
电流百分比（%）	100	93.90	78.60	60.30	39.46	19.26	5.16

现在的交流电网是正弦波电压供电模式，以向量分析为理论基础，其基本要求是电压、电流均为正弦波。

正弦波交流电的另一个重大优点是任何线性电路接入正弦波交流电网，所有的支路电压、电流均为正弦波，与输入端正弦波交流电压相比，只是幅值和相位的变化。

而非正弦波交流电通过线性网络后，其输出电压、电流可能不再是正弦波。这对于供电和用电来说，无疑是个灾难。因此，交流电网的正弦波电压供电方式和负载正弦波电流用电方式是最和谐的供电与用电方式。

随着电力电子电路的出现，如早期的水银整流器和充气闸流管整流器的应用，产生非正弦的负载电流。

随着功率半导体器件的问世，特别是晶闸管及晶闸管电路，产生了远远大于水银整流器和充气闸流管电路所产生的高次谐波电流，直接影响了交流电网的供电质量。

随着开关电源的大量应用，其中的桥式整流、电容器滤波电路产生远大于同功率晶闸管电路的高次谐波电流，导致低压交流电供电质量很差。

根据以上原因，欧盟在 1996 年提出了高次谐波电流限制问题，这就产生了功率因数校正问题。功率因数校正彻底解决了非线性负载的电流问题。功率因数校正电路实际上就是 DC/DC 中的升压型变换器。

12.2　变化的输入功率函数与平稳的输出功率函数之间的矛盾与融合

当整流电路带有功率因数校正功能后，整流器的输入电流必须是与交流电源电压同频、同相位的“正弦”交流电流，对应的输入功率为

$$p(t) = \frac{U_m^2}{R_L}\frac{1-\cos 2\omega t}{2} \tag{12-1}$$

式中，U_m为交流电源电压峰值；R_L为负载电阻。

从式（12-1）中看出，单相正弦交流电对线性负载供电时的功率随时间的变化规律是一个常数与一个 2 倍频的余弦函数的代数叠加，如图 12-3 所示。图中 P_o 为功率函数的平均值，p_o 为功率函数的瞬时值。

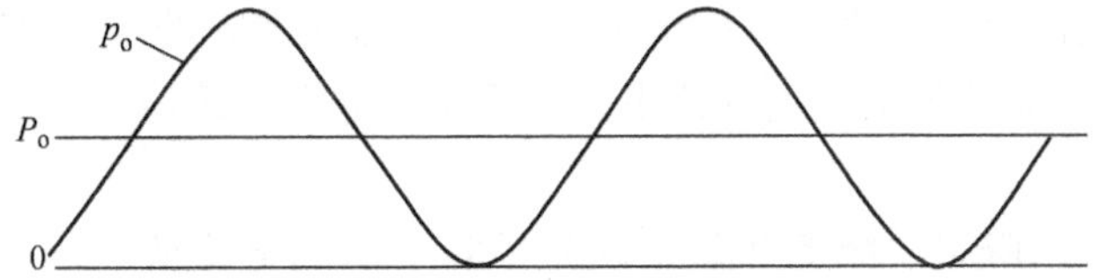

图 12-3　单相正弦交流电对线性负载供电时功率随时间的变化规律

这样的功率函数是不能用于直流负载的。因此，单相功率因数校正电路应该输出平滑的输出功率，即功率因数校正的输出功率函数应该是一个恒定值。

由能量守恒定律得知无论任何时刻能量必须是守恒的，与此对应的瞬时功率也必须是守恒的。因此，变化的输入功率与恒定的输出功率之间产生能量守恒的矛盾，为了解决这个矛盾，必须在功率因数校正输出端给予变化能量与不变的能量之间的缓冲，在电路中这个缓冲元件就是储能元件，应用最方便的是电容器，即功率因数校正输出端的滤波电容器。这个滤波电容器的工作状态从整流滤波电容器流过的电流以 100Hz 纹波电流和 100Hz 以上的高次谐波电流为主，变为以功率因数校正电路的高频开关脉冲电流为主。那么，如何分析功率因数校正输出端滤波电容器的工作状态？需要清楚功率因数校正电流的电路拓扑和输出电流的工作状态。

12.3 应用最多的升压型功率因数校正电路工作状态分析

升压型单相功率因数校正电路如图 12-4 所示。

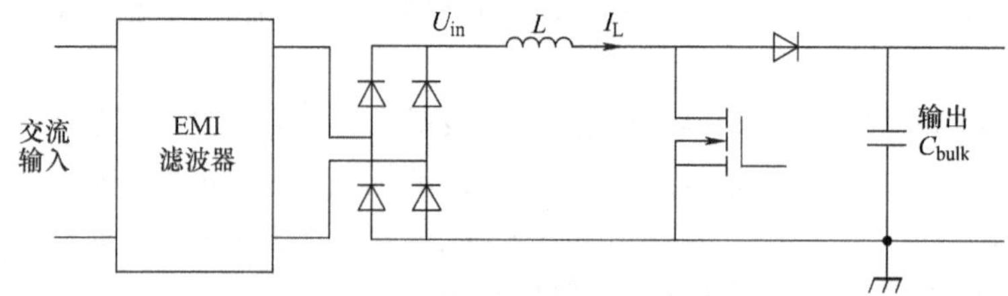

图 12-4　升压型单相功率因数校正电路

图 12-4 中，EMI 滤波器为电源滤波器、I_L为电感电流、U_{in}为整流器输出电压。

从图 12-4 可以看出，升压型单相功率因数校正电路大致可以分为 3 个部分：整流电路、功率因数校正电路、输出滤波电容器电路。

功率因数校正电路（滤波电容器前）没有储能元件，由能量守恒定律可知，整流电路的输入功率与功率因数校正的输出功率相等。由于输入电压为正弦波，同时功率因数校正要求输入电流为与输入电压同频、同相位的正弦波，输入功率函数为式（12-1），则功率因数校正电路的输出功率函数也是直流分量与电源频率 2 倍的正弦函数的叠加，即

$$p(t) = P_m \frac{1 - \cos 2\omega t}{2} \tag{12-2}$$

而功率因数校正输出直流电压，对应的输出电流变化规律应该为式（12-2）的后半部分，此时式（12-2）可以写为

$$p(t) = U_{out}\left(I_{outmax} \frac{1 - \cos 2\omega t}{2}\right) \tag{12-3}$$

式（12-3）中电流函数与图 12-1 的变化规律是相同的。滤波电容器的作用就是要把式（12-3）中的交流电流分量引入电容器中，避免交流电流分量流入功率因数校正电路的负载中。

式（12-3）仅仅反映了交流电源频率或 2 倍频下的功率变换关系，要想实现这个变化关系还要通过高频开关控制，这时的滤波电容器还要流过开关频率的交流电流分量，而且是主要部分。

接下来的问题是如何分析滤波电容器流过的电流。在这里没有分析滤波电容器电压是因为功率因数校正输出电压可以认为是恒定直流电压，只要滤波电容器耐压高于功率因数校正

输出的实际电压即可。

12.4 最小电容量

确保功率因数校正电路正常工作需要的电容量就是最小电容量，低于这个电容量，功率因数尽管可以保证，但是高次谐波电流可能会增加到令人不满意的程度。

式（12-3）表明功率因数校正电路输出功率是直流分量叠加 2 倍工频余弦函数，由于功率因数校正电路输出为直流电，相应的输出电流为直流分量叠加 2 倍工频余弦函数。

$$i_o(t) = I_{outmax}\frac{1-\cos 2\omega t}{2} \tag{12-4}$$

其中，直流分量为功率因数校正电路的输出电流，交流成分为流入滤波电容器的电流，流入滤波电容器电流为

$$i_C(t) = I_{outmax}\frac{\cos 2\omega t}{2} \tag{12-5}$$

功率因数校正电路的输出电流、滤波电容器电流和输出电压波形如图 12-5 所示。

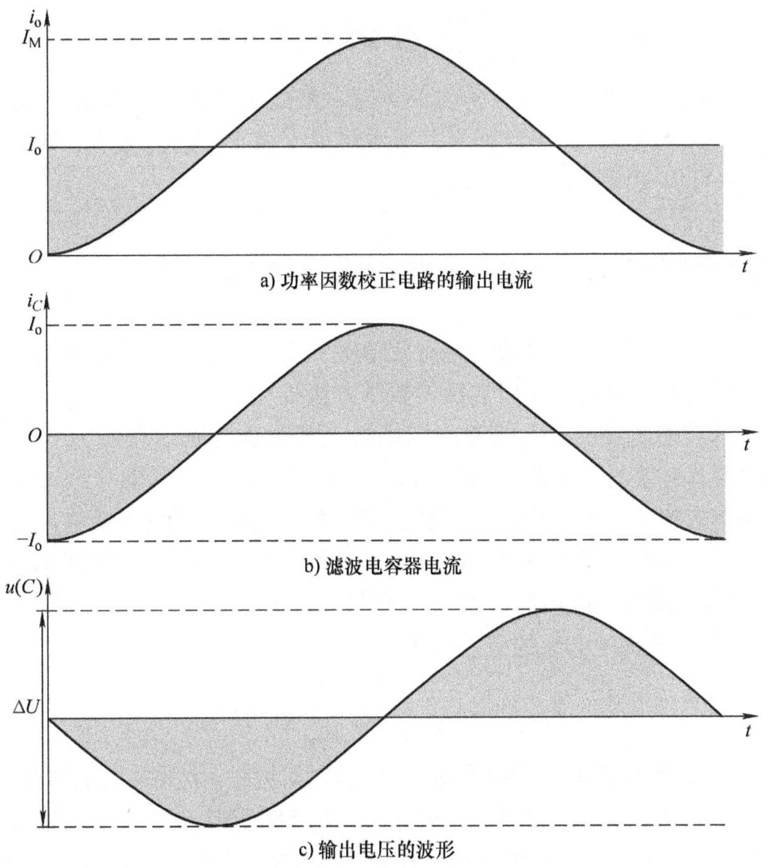

图 12-5 电流及输出电压波形

50Hz 正弦波交流电的功率因数校正电路输出交流电流分量的频率为 100Hz，对应的角频率 $\omega=2\pi f=628$Hz，周期为 10ms，半个周期为 5ms。通过这些信息，将式（12-5）积分

得到所产生的电荷为

$$\Delta Q = \int_{-0.0025}^{0.0025} \frac{I_M}{2}\cos 628t\mathrm{d}t = \frac{I_M}{2}\left(\sin\frac{\pi}{2} - \sin\frac{-\pi}{2}\right)\frac{1}{628} \approx 0.00159I_M \tag{12-6}$$

由式（12-6）可知，输出电流平均值为1A，流入滤波电容器的电荷为0.00318C（$I_{av}=0.5I_M$）。

假设功率因数校正电路输出电压为380V，输出电流平均值为1A，对应的输出功率为380W。

由库仑定律可知

$$Q = It = CU \tag{12-7}$$

功率因数校正电路输出电流变化导致电荷变化，电荷的变化产生电压的变化，有

$$\Delta Q = C\Delta U \tag{12-8}$$

如果输出电压变化10%，即变化38V，对应需要的最小电容量为

$$C = \frac{\Delta Q}{\Delta U} = \frac{0.00318}{38}\mathrm{F} \approx 83.6\times10^{-6}\mathrm{F} = 83.6\mu\mathrm{F}$$

对应单位电容量可以提供的输出功率为

$$k = \frac{P}{C}\eta = \frac{380}{83.6\times10^{-6}}\times0.9\mathrm{W/F} \approx 4.09\mathrm{W/\mu F} \tag{12-9}$$

由式（12-9）可知，当输出电压波动38V时，每微法可以支撑4.09W输出功率（已考虑后级变换器效率为90%），简单计算为每微法可以支撑4W输出功率。如果输出电压波动27V则对应每微法可以支撑约3W输出功率。

12.5 电流连续模式下支撑电容器纹波电流分析

怎样才能知道滤波电容器流过的电流有效值呢？由于功率因数校正电路输出的是电流脉冲，而且是脉宽调制的，因此无法用常规的数学方法推算。

式（12-3）的功率因数校正电路输出的函数是通过脉冲宽度调制方式获得的，也就是说将每一个脉冲取其有效值（方均根值），将式（12-3）的一个周期（或1/2周期或1/4周期）的各个脉冲有效值通过方均根的方式获得实际的滤波电容器的电流有效值。

为了分析方便，假设功率因数校正电路输出的是矩形电流脉冲，如图12-6所示。

图12-6上图为电路输出电流脉冲波形，下图为电路输出的电流脉冲平滑后的电流曲线。

图12-6中，每一个脉冲电流的有效值为

$$I_{\mathrm{rms}(n)} = I_{LM}\sqrt{D_n\frac{T_n}{T_{100}}\sin 314t} \tag{12-10}$$

式中，$I_{\mathrm{rms}(n)}$为功率因数校正电路输出的第n个电流脉冲在一个开关周期的有效值；I_{LM}为功率因数校正电路输出电流峰值（电感电流峰值）；D_n为功率因数校正电路输出的第n个电流脉冲占空比；T_n为功率因数校正电路第n个电流脉冲的开关周期；T_{100}为50Hz的2倍频（或100Hz）周期。

功率因数校正电路输出的第n个电流脉冲占空比D_n为

$$D_n = \frac{U_{\mathrm{in}}}{U_{\mathrm{out}}} = \frac{U_{\mathrm{inM}}\sin 314t}{U_{\mathrm{out}}} \tag{12-11}$$

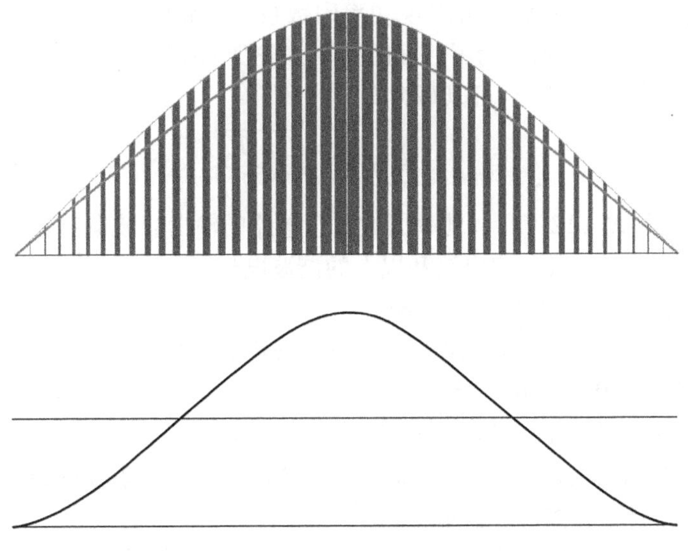

图 12-6　功率因数校正电路输出电流脉冲波形

从图 12-6 可以看出，每一个电流脉冲的幅值为电路输出的最高幅值乘以这个电流脉冲的占空比，该电流脉冲在一个电源周期占空比的二次方根乘以幅值就是该电流脉冲的有效值。

式（12-10）一个周期的电流脉冲在每一个电源周期的方均根值为

$$I_{\text{outrms}} = \sqrt{\sum I^2_{\text{rms}(n)}} \tag{12-12}$$

接下来的问题是这个输出电流有效值如何推算出来。

12.6　采用 85～264V 国际通用电压时电流连续模式下支撑电容器纹波电流分析

1. 支撑电容器电流分析

国际通用电源电压下，功率因数校正电路中滤波电容器工作状态最恶劣时应该在 85V_{ac} 电压时，分析了最恶劣的工作状态，其他工作状态都可以满足。

在推算输出电流有效值前，需要确定功率因数校正电路的输出电压，以确定功率因数校正电路中开关管的导通占空比。在这里假定其输出电压为 400V，输出电流平均值为 1。

首先分析电流连续模式的功率因数校正的输出电流。

交流电源电压有效值为 85V 时，对应的电压峰值为 120V。根据升压型变换器输入、输出电压之间的关系可以得到开关管的最小占空比。

$$U_{\text{out}} = U_{\text{in}} \frac{1}{1-D} \tag{12-13}$$

$$D_{\min} = 1 - \frac{U_{\text{in}}}{U_{\text{out}}} = 1 - \frac{120}{400} = 0.7$$

二极管导通最大占空比为

$$D_{\text{dmax}} = 1 - D_{\min} = 1 - 0.7 = 0.3$$

在这个占空比下，功率因数校正电路输出电流峰值 I_{LM} 为“平滑”的输出电流的 3.333（0.3 的倒数）倍，而功率因数校正电路的输出电流平均值为“平滑”电流的 1/2、功率因数校正电路输出电流峰值的15%。或者说功率因数校正电路输出电流峰值为功率因数校正电路输出电流平均值的6.67倍。为了后面的推算，需要记住这些关系。

在这个条件下，式（12-10）可以写为

$$I_{\mathrm{rms}(n)} = 6.67\sqrt{D_n^3 \frac{T_n}{T_{100}}} \tag{12-14}$$

由式（12-10）和式（12-11），功率因数校正电路的输出滤波电容器流过的电流主要是功率因数校正电路产生的开关频率电流和以上的谐波电流。

2. 85～130V条件下输出电流状态分析

单相低压交流电压等级分别为110V和220V。按电源电压变化为额定电压±20%，电压变化范围分别为85～130V和176～264V。

为了分析简单并有代表性，可以分析85V、110V、130V、176V、220V、264V六种输入电压下支撑电容器的总电流有效值、100Hz电流有效值和开关频率分量的电流有效值，从而了解不同输入电压条件下支撑电容器承受的电流情况。

在输入电压不同、输出电压为400V的状态下，输出直流平均值为2.5mA/W。100Hz纹波电流为直流电流分量的$1\sqrt{2}$，即1.77mA/W。

在85V输入电压条件下，输入电流有效值为11.76mA/W，输入电流峰值为16.64mA/W，输出二极管流过的电流有效值为5.94mA/W。流过支撑电容器的总纹波电流有效值为5.38mA/W，其中100Hz纹波电流分量为1.77mA/W，开关频率纹波电流分量为5.09mA/W。总纹波电流有效值为100Hz纹波电流有效值的3.04倍。开关频率纹波电流有效值为100Hz纹波电流有效值的2.88倍。

110V交流输入电压条件下，输入电流有效值为9.09mA/W，输入电流峰值为12.86mA/W，输出电流有效值为5.22mA/W。流过支撑电容器的总纹波电流有效值为4.59mA/W，其中100Hz纹波电流分量为1.77mA/W，开关频率纹波电流分量为4.23mA/W。总纹波电流有效值为100Hz纹波电流有效值的2.59倍。开关频率纹波电流有效值为100Hz纹波电流有效值的2.39倍。

130V交流输入电压条件下，输入电流有效值为7.69mA/W，输入电流峰值为10.88mA/W，输出电流有效值为4.81mA/W。流过支撑电容器的总纹波电流有效值为4.1mA/W，其中100Hz纹波电流分量为1.77mA/W，开关频率纹波电流分量为3.7mA/W。总纹波电流有效值为100Hz纹波有效值的2.31倍。开关频率纹波电流有效值为100Hz纹波电流有效值的2.09倍。

3. 176～264V条件下输出电流状态分析

在220V电压等级供电时，交流输入电压范围限制在176～264V。

输出电流直流平均值2.5mA/W。

在176V输入电压条件下，输入电流有效值为5.68mA/W，输入电流峰值为8.04mA/W，输出电流有效值为4.13mA/W。流过支撑电容器的总纹波电流有效值为3.29mA/W，其中100Hz纹波电流分量为1.77mA/W，开关频率纹波电流分量为2.77mA/W。总纹波电流有效值为100Hz纹波有效值的1.86倍。开关频率纹波电流有效值为100Hz纹波电流有效值的1.56倍。

220V交流输入电压条件下，输入电流有效值为4.55mA/W，输入电流峰值为6.43mA/W，输出电流有效值为3.67mA/W。流过支撑电容器的总纹波电流为2.68mA/W，其中

100Hz 纹波电流分量为 1.77mA/W，开关频率纹波电流分量为 2.02mA/W。总纹波电流有效值为 100Hz 纹波有效值的 1.51 倍。开关频率纹波电流有效值为 100Hz 纹波电流有效值的 1.14 倍。

264V 交流输入电压条件下，输入电流有效值为 3.79mA/W，输入电流峰值为 5.36mA/W，输出电流有效值为 3.37mA/W。流过支撑电容器的总纹波电流为 2.26mA/W，其中 100Hz 纹波电流分量为 1.77mA/W，开关频率纹波电流分量为 1.4mA/W。总纹波电流有效值为 100Hz 纹波有效值的 1.27 倍。开关频率纹波电流有效值为 100Hz 纹波电流有效值的 79%。

4. 结论与分析

在 85～264V 交流输入电压范围内，各关键输入电压值对应的单位输出功率的各纹波电流分量见表 12-2 和表 12-3。

表 12-2　关键输入电压下流过支撑电容器的纹波电流

交流输入电压/V	85	110	130	176	220	264
输入电流有效值/(mA/W)	11.76	9.09	7.69	5.68	4.55	3.79
输入电流峰值/(mA/W)	16.64	12.86	10.88	8.04	6.43	5.36
输出二极管电流有效值/(mA/W)	5.94	5.22	4.81	4.13	3.67	3.37
总纹波电流有效值/(mA/W)	5.38	4.59	4.10	3.29	2.68	2.26
开关频率纹波电流/(mA/W)	5.09	4.23	3.70	2.77	2.02	1.40
100Hz 纹波电流/(mA/W)	1.77					
输出直流平均值/(mA/W)	2.50					

表 12-3　关键输入电压下流过支撑电容器纹波电流与 100Hz 谐波电流的关系

交流输入电压/V	85	110	130	176	220	264
总纹波电流有效值/100Hz 纹波电流有效值	3.04	2.59	2.31	1.86	1.51	1.27
开关频率纹波电流有效值/100Hz 纹波电流有效值	2.88	2.39	2.09	1.56	1.14	0.79

由表 12-2 和表 12-3 可以看出：在相同的工作条件下，带有有源功率因数校正功能的整流电路中电容器所承受的纹波电流明显低于无有源功率因数校正功能的整流电路，其值约为无有源功率因数校正整流电路的 1/4（85V）或 1/3（220V）。这对于电解电容器来说可以明显地改善寿命。其中，100Hz 纹波电流分量在无有源功率因数校正整流电路的 10%（85V）或 30%（220V）以下。

对于中等功率开关电源如 500W 开关电源，按输出电压变化 3% 计算，最小电容量可以选择 150～180μF，这个电容量范围、耐压为 450V 的电解电容器可承受纹波电流有效值为 0.95A（85℃）或 0.82A（105℃）。500W 输出功率对应的最大纹波电流为 2690mA（输入电压为 85V）或 1645mA（输入电压为 176V）。很显然，按照最小电容量选择，电解电容器的纹波电流承受能力将不能满足要求。需要按纹波电流需求选择电容量。按 1μF/W 选择电容量，如 470μF 对应的纹波电流承受能力为 1.5A（105℃）或 2.2A（85℃）才能满足要求。

如果一定要按 3W/μF 选择，则电解电容器寿命将明显缩短，不会遵循温度每降低 10℃，寿命加倍的规律。

12.7 电流临界模式下支撑电容器纹波电流分析

1. 电流临界模式下支撑电容器电流分析

功率因数校正电路对输出二极管的反向恢复特性要求极高，通常 600V 耐压的超快反向恢复二极管均不能满足要求。在 20 世纪 90 年代中期，为了满足功率因数校正电路的性能要求，甚至采用两只耐压为 300V 的超快反向恢复二极管串联。进入 21 世纪 10 年代，碳化硅肖特基二极管价格开始大幅度降低，大功率的功率因数校正电路开始应用几乎没有反向恢复特性的碳化硅肖特基二极管。

廉价的小功率开关电源中的功率因数校正电路，为了尽可能降低成本不得不采用一般性能的超快反向恢复二极管甚至选用快速反向恢复二极管。为了避免二极管的反向恢复问题，选择电流临界工作模式来减小二极管反向恢复的影响，所带来的电路性能变化就是二极管输出电流幅值为电流连续模式的 2 倍，流过支撑电容器的纹波电流有效值也会产生变化。

功率因数校正电路的工作模式除了电流连续模式外，还有电流临界模式。在这种工作模式下，功率因数校正电路的输入/输出电压关系仍为式（12-13），只是电流波形从矩形波变为锯齿波，占空比关系不变。相对于每个开关周期，每一个电流脉冲的有效值与峰值、占空比的关系为

$$I_{\mathrm{rms}(n)} = I_{\mathrm{M}} \sqrt{\frac{D}{3}} \qquad (12\text{-}15)$$

与电流连续模式的矩形波电流相比，在相同的输入、输出条件下，电流临界工作模式的电流幅值为电流连续模式的 2 倍，为

$$I_{\mathrm{rms}(n)} = 2I_{\mathrm{M}} \sqrt{\frac{D}{3}} \qquad (12\text{-}16)$$

矩形波的电流有效值为

$$I_{\mathrm{rms}(n)} = I_{\mathrm{M}} \sqrt{D} \qquad (12\text{-}17)$$

两者相比，锯齿波电流有效值是矩形波的 $\sqrt{4/3}$。

需要注意的是，这个电流是用来提升功率因数校正电路的二极管输出电流，它带有直流分量，其直流分量作为电路输出，交流分量流入支撑电容器，因此还需要扣除其直流分量。

2. 85～130V 条件下的输出电流状态分析

无论是电流连续模式、临界模式或断续模式，输出电压为 400V 的功率因数校正电路，其输出直流电流平均值都是 2.5mA/W，流入支撑电容器的 100Hz 纹波电流也都是 1.77mA/W。

在 85V 输入电压条件下，流过支撑电容器的总纹波电流有效值为 6.38mA/W，其中 100Hz 纹波电流分量为 1.77mA/W，开关频率纹波电流分量为 6.13mA/W。总纹波电流有效值为 100Hz 纹波电流有效值的 3.6 倍。开关频率纹波电流有效值为 100Hz 纹波电流有效值的 3.46 倍。

110V 交流输入电压条件下，流过支撑电容器的总纹波电流有效值为 5.48mA/W，其中 100Hz 纹波电流分量为 1.77mA/W，开关频率纹波电流分量为 5.19mA/W。总纹波电流有效

值为100Hz纹波电流有效值的3.09倍。开关频率纹波电流有效值为100Hz纹波电流有效值的2.93倍。

130V交流输入电压条件下，流过支撑电容器的总纹波电流有效值为4.95mA/W，其中100Hz纹波电流分量为1.77mA/W，开关频率纹波电流分量为4.63mA/W。总纹波电流有效值为100Hz纹波电流有效值的2.79倍。开关频率纹波电流有效值为100Hz纹波电流有效值的2.62倍。

3. 176~264V条件下的输出电流状态分析

在220V电压等级供电时，交流输入电压范围限制在176~264V，输出直流电流平均值为2.5mA/W。

在176V输入电压条件下，流过支撑电容器的总纹波电流有效值为4.06mA/W，其中100Hz纹波电流分量为1.77mA/W，开关频率纹波电流分量为3.65mA/W。总纹波电流有效值为100Hz纹波电流有效值的2.29倍。开关频率纹波电流有效值为100Hz纹波电流有效值的2.06倍。

220V交流输入电压条件下，流过支撑电容器的总纹波电流有效值为3.41mA/W，其中100Hz纹波电流分量为1.77mA/W，开关频率纹波电流分量为2.92mA/W。总纹波电流有效值为100Hz纹波电流有效值的1.93倍。开关频率纹波电流有效值为100Hz纹波电流有效值的1.65倍。

264V交流输入电压条件下，流过支撑电容器的总纹波电流有效值为2.98mA/W，其中100Hz纹波电流分量为1.77mA/W，开关频率纹波电流分量为2.4mA/W。总纹波电流有效值为100Hz纹波电流有效值的1.68倍。开关频率纹波电流有效值为100Hz纹波电流有效值的1.36倍。

4. 结论与分析

在85~264V交流输入电压范围内，各关键输入电压值对应的单位输出功率的各纹波电流分量见表12-4和表12-5。

表12-4 关键输入电压下流过支撑电容器的纹波电流

交流输入电压/V	85	110	130	176	220	264
输入电流有效值/(mA/W)	11.76	9.09	7.69	5.68	4.55	3.79
输入电流峰值/(mA/W)	16.64	12.86	10.88	8.04	6.43	5.36
输出二极管电流有效值/(mA/W)	6.85	6.03	5.55	4.77	4.23	3.89
总纹波电流有效值/(mA/W)	6.38	5.48	4.95	4.06	3.41	2.98
开关频率纹波电流/(mA/W)	6.13	5.19	4.63	3.65	2.92	2.40
100Hz纹波电流/(mA/W)	1.77					
输出直流平均值/(mA/W)	2.50					

表12-5 关键输入电压下流过支撑电容器纹波电流与100Hz谐波电流的关系

交流输入电压/V	85	110	130	176	220	264
总纹波电流有效值/100Hz纹波电流有效值	3.60	3.09	2.79	2.29	1.93	1.68
开关频率纹波电流有效值/100Hz纹波电流有效值	3.46	2.93	2.62	2.06	1.65	1.36

由表 12-4 和表 12-5 可以看出：在相同的工作条件下，带有有源功率因数校正功能的整流电路，电容器所承受的纹波电流明显低于无有源功率因数校正功能的整流电路，其值约为无有源功率因数校正的整流电路在全电压范围状态下的 1/3。

电容量的选择：如某 200W 开关电源，功率因数校正单元工作在电流临界模式，输入电压 85V 时支撑电容器流过的纹波电流为 1276mA，选择 120μF/450V 电解电容器，纹波电流承受能力是否满足？如 CD110Z（85℃/5000h）系列电解电容器，纹波电流承受能力为 655mA。很显然，满功率运行状态下，应用 120μF/450V 电解电容器时寿命得不到保证。如果该电源仅工作在 220V 电压等级时，流过支撑电容器纹波电流为 658mA，仅仅满足功率因数校正电路单元的纹波要求。

12.8 本章总结

功率因数校正电路是一种整流电路，其根本目的是消除整流器所产生的高次谐波电流进入交流电网。

功率因数校正电路的输出滤波电容器接在其输出端，需要吸收其输出的所有交流电流成分，支撑直流输出电压的稳定，因此输出滤波电容器可以称为支撑电容器。

在单位输出功率条件下，直流输出电流平均值和 100Hz 纹波电流有效值与输出电压呈固定关系，不随交流输入电压改变。而非功率因数校正的整流滤波电路的 100Hz 纹波电流随输入电压的降低而上升，成反比例关系。

为了方便将电流连续模式的支撑电容器纹波电流状态与电流临界模式相比较，可以将表 12-2数据与表 12-4 数据列在一个表中，见表 12-6，将表 12-3 与表 12-5 的数据列在一个表中，见表 12-7。

表 12-6　电流连续模式与电流临界模式流过支撑电容器纹波电流数据对比

交流输入电压/V	85	110	130	176	220	264
电流连续模式下纹波电流有效值/(mA/W)	5.38	4.59	4.10	3.29	2.68	2.26
电流临界模式下纹波电流有效值/(mA/W)	6.38	5.48	4.95	4.06	3.41	2.98
电流连续模式下开关频率纹波电流/(mA/W)	5.09	4.23	3.70	2.77	2.02	1.40
电流临界模式下开关频率波纹电流/(mA/W)	6.13	5.19	4.63	3.65	2.92	2.40
100Hz 纹波电流有效值/(mA/W)	1.77					
输出直流平均值/(mA/W)	2.50					

表 12-7　电流连续模式与电流临界模式流过支撑电容器纹波电流与 100Hz 谐波电流对比

交流输入电压/V	85	110	130	176	220	264
电流临界模式下纹波电流有效值/100Hz 纹波电流有效值	3.60	3.09	2.79	2.29	1.93	1.68
电流连续模式下纹波电流有效值/100Hz 纹波电流有效值	3.04	2.59	2.31	1.86	1.51	1.27
电流临界与电流连续模式下纹波电流比	1.18	1.19	1.21	1.23	1.28	1.32
电流临界模式下开关频率纹波电流有效值/100Hz 纹波电流有效值	3.46	2.93	2.62	2.06	1.65	1.36
电流连续模式下开关频率纹波电流有效值/100Hz 纹波电流有效值	2.88	2.39	2.09	1.56	1.14	0.79
电流临界与电流连续模式下开关频率纹波电流比	1.20	1.23	1.25	1.32	1.45	1.72

与无功率因数校正功能的整流滤波电路相比，相同输出功率状态下，流过支撑电容器的纹波电流明显减小，有利于支撑电容器选型时电解电容器的电容量减小。

无功率因数校正功能的整流滤波电路只有工频2倍的纹波电流和少量的多倍频纹波电流，不产生高频纹波电流。因此，传统观念的电解电容器参数中只考虑120Hz电解电容器的参数。

功率因数校正电路的输出电容器（支撑电容器）中，流过100Hz频率的纹波电流明显减小，对由氧化铝膜主导的低频阻抗要求相对降低。与此同时，开关频率纹波电流产生，而且在多数工作状态下明显超过100Hz纹波电流，成为流过支撑电容器纹波电流的主要成分。

由表12-6和表12-7可以看出，电流临界模式下功率因数校正电路中流入支撑电容器的纹波电流高于电流连续模式下的功率因数校正电路。

综合以上分析，功率因数校正电路可以明显降低输出电容器的纹波电流，即100Hz纹波电流值。

引入功率因数校正后，流过输出电容器的纹波电流成分存在开关频率的电流分量，而且这个电流分量在多数情况下大于100Hz纹波电流分量。因此，带有功率因数校正的电路中输出电容器必须考虑电容器的高频性能。由于大多数功率因数校正电路的开关频率在50kHz或以上，需要考核电解电容器的高频纹波电流性能特别是高频纹波电流耐量和带有高频纹波电流的高温负荷寿命实验。

不仅导针式电解电容器要应用于功率因数校正电路，插脚式电解电容器也要应用于功率因数校正电路，因此不仅导针式电解电容器需要100kHz纹波电流参数和ESR参数，插脚式电解电容器同样需要提供100kHz纹波电流参数和ESR参数。

通过调研，国内大多数导针式电解电容器没有做过高频纹波电流的高温负荷寿命测试，所给出的100kHz纹波电流参数是由120Hz纹波电流通过100kHz和120Hz的ESR等效发热换算得到的。

电解电容器由于电解电容器的寄生电感存在，其电流密度最大处就是在导针处或导流条处的铝箔，对于正极来说，电流密度过大特别是在高温状态下，可能会导致水合效应。水合效应的结果就是该处的ESR变大，也就是说一旦该处的水合效应比较明显后，该处的铝箔不再流过纹波电流，纹波电流将转移到邻近的铝箔处。

因此，由于在高温状态下的局部电流密度过高会使导针附近的铝箔首先进入水合反应，并逐步扩大，最终导致电解电容器的电容量下降到初始电容量的下限、ESR上升到初始值的上限，这时电解电容器在性能上失效。然而，在实际应用中这种失效在电路外观上看不出来，直到电解电容器凸底甚至爆浆现象出现才会发现。这种现象在120Hz高温负荷寿命测试时也无法发现，原因是120Hz对电解电容器寄生电感的影响微乎其微。

由于电解电容器不可避免地流过高频纹波电流，现在的电解电容器需要100kHz高频纹波电流的高温负荷寿命测试，才能确定电解电容器100kHz寿命的真实性。

由于电解电容器特别是大直径导针式电解电容器芯子寄生电感的存在，在没有通过100kHz高频纹波电流的高温负荷寿命测试时，不建议在选型时应用纹波电流的频率折算系数。

第13章 逆变弧焊与逆变电阻焊电源

13.1 逆变弧焊电源工作模式

逆变弧焊电源是大功率开关电源的一种特殊工作模式。其特殊性不仅仅在于电弧焊工作特性需要恒流，更重要的是为了方便起弧，一般需要 2 倍焊接电压甚至更高的起弧电压。

电弧焊的电弧电压约为 20 ~ 30V，对应的起弧电压约为 60 ~ 70V。电弧焊需要的伏安特性如图 13-1 所示。

图 13-1 中，低压有一个外拖特性，即低电压时电流略有增加。弧焊电源的电压无须精确控制电压的恒定，允许有一点变化，因此可以称为限压/恒流特性。

最早获得图 13-1 类似特性的是弧焊变压器，弧焊变压器输出的伏安特性如图 13-2 所示。这是一种高漏抗变压器，通过高漏抗获得类似恒流特性，并通过调节磁分路改变输出特性，以调节焊接电流。

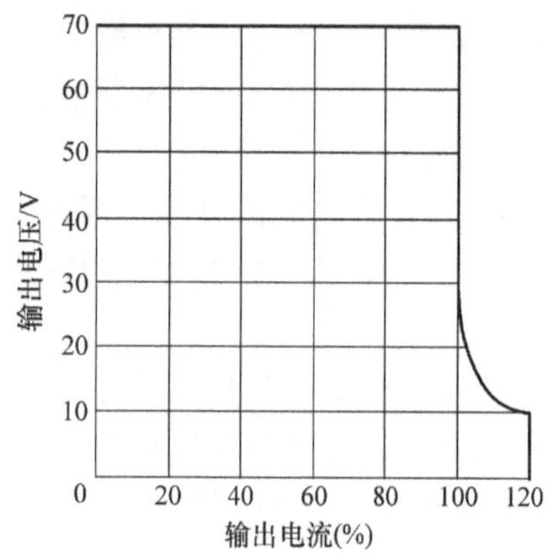

图 13-1 电弧焊需要的伏安特性

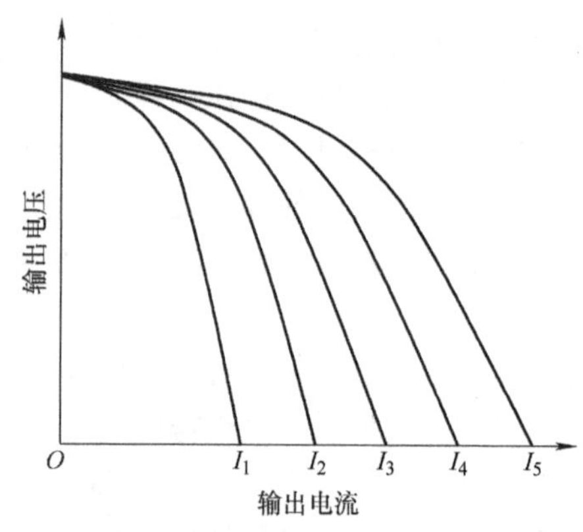

图 13-2 弧焊变压器输出的伏安特性

焊接变压器的缺点主要有：焊接变压器是单相变压器，它是很大的负载，会造成三相供电的负载严重不平衡；焊接变压器的功率因数很低；焊接特性能用，但是不理想。

为了解决三相供电不平衡并改善焊接特性，出现了焊接发电机，即利用三相异步电动机驱动具有焊接特性的直流发电机。

但是无论是焊接变压器还是焊接发电机，都是效率低下的解决方案。随着电力电子技术的发展，焊接电源进入开关电源时代。

开关电源是集电力电子技术、自动控制理论于一身的电能转换装置，既可以实现具有恒压功能的开关型稳压电源，也可以实现具有恒流功能的电流源，当然也可以实现具有恒压、限流功能的恒压恒流电源，最经典的就是充电器。

限压、恒流特性正是焊接电源所需要的特性，但功率略大。然而电动汽车车载充电器已经进入 10kW 功率等级，300A 输出电流的逆变弧焊电源才 10kW。

逆变弧焊电源输出特性如图 13-3 所示。

逆变弧焊电源采用全桥变换器。输出空载或恒压状态下时，全桥变换器工作的占空比可以达到 0.95，接近 1。

在焊接状态下，工作电压大概约为恒压模式的 1/2，逆变器的占空比由恒压模式的 1 下降到 0.5 或 0.4。在这种状态下，全桥变换器向直流母线索取的电流为占空比为 0.5 的矩形波电流。这个状态下，直流母线电流有效值与平均值的关系为

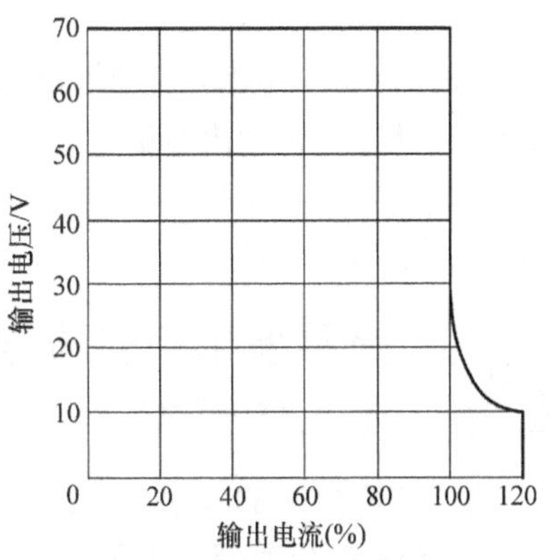

图 13-3　逆变弧焊电源输出特性

$$I_{rms} = I_{PM}\sqrt{D} = I_{PM}\sqrt{0.5} \approx 0.707 I_{PM}$$

$$= \sqrt{2} I_{av} \approx 1.414 I_{av}$$

13.2 简易型单相窄电压交流电输入的逆变弧焊电源中电解电容器工作模式

本节内容涉及窄电压范围输入即单一电源电压等级交流电输入的逆变弧焊电源，最常见的就是 220V 电压等级输入的逆变弧焊电源，关注的是流过直流母线电容器的电流。

由式（10-7）得到流过直流母线电容器电流与直流母线电流平均值关系为

$$I_C = \frac{I_{av}}{D}\sqrt{D - D^2} = \frac{I_{av}}{0.5}\sqrt{0.5 - 0.5^2} = I_{av}$$

逆变弧焊电源需要低电压，同时还需要输出与交流电网相隔离，因此逆变弧焊电源需要变压器变压变换与隔离。通常可以认为直流母线电压约 300V，输出恒压电压 60V，对应的变压器电压比为 5，对应的输出电流与直流母线电流峰值之比为 1∶5，如果逆变弧焊电源输出 300A，对应电流比为 5∶1，对应直流母线电流峰值为 60A，平均值约为 43A，直流母线电容器电流为 40 ~ 50A。

图 13-4 所示为 225A 逆变弧焊电源。

225A 逆变弧焊电源的最大输出电流为 225A，变压器电压比为 5∶1 的状态下，对应直流母线电流峰值为 45A，流过直流母线电容器的电流有效值为 22.5A。这仅仅是桥式逆变器索取的纹波电流，整流器还会产生的纹波电流。225A 输出电流模式下对应的输出功率约为 6.5kW，对应流过直流母线电容器的纹波电流为 65A。与全桥逆变器的纹波电流共同作用下的总纹波电流为

$$I_C = \sqrt{65^2 + 22.5^2}\text{A} \approx 69\text{A}$$

从这个结果可以看出，220V 直接整流/电容器滤波模式的直流母线电容器流过的电流中的主要部分是整流滤波电路产生的电流。对应两只 680μF/400V 电解电容器并联，每只电解电容器流

图 13-4　225A 逆变弧焊电源

过的电流为34.5A。

680μF/400V电解电容器可以流过的纹波电流2.6A为（120Hz），而34.5A对应过载1300%，已经远远超出电解电容器的安全工作区域。应用的结果只能适合于短时工作制，这种工作模式正是手工焊接工况。即便如此，逆变弧焊电源中的电解电容器寿命也很短，不足500h，甚至不足200h。

13.3 简易型单相交流电超宽电压输入的逆变弧焊电源中电解电容器工作模式

为了适应更多的应用场景，有些逆变弧焊电源需要具有超宽的输入电压范围，即220V和单相380V电压兼容，不仅如此，还需要考虑供电环境不良，如220V电压等级的输入电压下降到150V以下，甚至130V。因此，逆变弧焊电源设计时需要考虑超宽电压范围内均能正常满足弧焊工艺要求的工作电压和电流。

图13-5所示为某315A输出、超宽电压范围输入的逆变弧焊电源。

从图13-5中可知，输入电压范围是130~520V单相交流电，输出电流为315A。选用6只560μF/400V电解电容器。考虑最高输入电压为520V，6只电解电容器应该是“两串三并”的连接方式，如图13-6和图13-7所示。

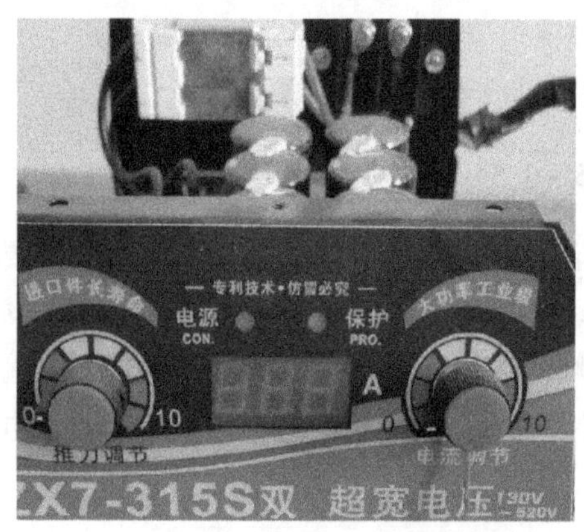

图13-5 宽电压315A逆变弧焊电源

图13-6 宽电压315A逆变弧焊电源电路板正面

图13-7 宽电压315A逆变弧焊电源电路板反面

从图 13-7 的电路板图布线可以看出，6 只电解电容器是两串三并，直流母线电压为 500～550V。整流电路工作模式为单相倍压/桥式整流。接线方式可以是 220V 与 380V 分开接线，如图 13-8 所示，220V 与 380V 共同端子接法如图 13-9 所示。

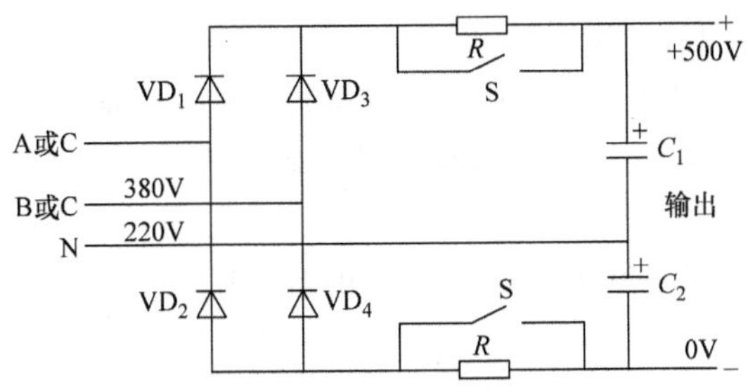

图 13-8 220V、380V 分别接入的逆变弧焊电源输入接法

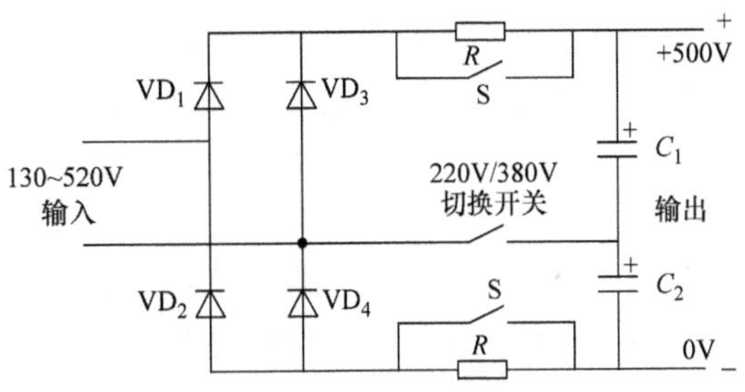

图 13-9 220V、380V 共同端子接入的逆变弧焊电源输入接法

图 13-8 和图 13-9 中电解电容器 C_1、C_2 的工作模式是相同的。图中电解电容器的工作模式可以分为倍压整流和桥式整流模式。220V 电压等级应用状态下其工作在倍压整流模式，380V 电压等级则为桥式整流模式。

低压输入模式下，整流器和电解电容器都将承受最大的电流应力，因此只需分析最低输入电压下的电解电容器电流应力。

315A 输出电流的逆变弧焊电源将输出约 10kW 的功率，对应倍压整流空载输出电压约为 370V，对应的变压器电压比可以是 6:1。对用的全桥逆变器向直流母线索取的电流峰值为 52.5A，对应流入电解电容器的纹波电流为

$$I_{rms}=I_{PM}\sqrt{D}=I_{PM}\sqrt{0.5}=52.5\times\sqrt{0.5}\text{A}\approx37.12\text{A}$$

倍压整流模式下输入为 130V 时，对应的输入电流有效值可以参考全桥整流电路。

220V－20%＝170V 输入电压下，每输入 1W 功率，滤波电容器将流入约 10mA 纹波电流；对应到 130V 输入电压，每输入 1W 功率，滤波电容器将流入约 13mA 纹波电流。输入电流相同的倍压整流电路中，每个电容器将承受 9.2mA/W 纹波电流。对应 10kW 功率，如图 13-8 电路中，每个电容器将承受 92A（50Hz）纹波电流。根据通用型电解电容器 CD293 数据，92A/50Hz 折算到 120Hz 为 115A。

对于整流滤波电容器来说，需要倍压整流器产生的 115A 纹波电流与全桥逆变器产生的 37.12A 纹波电流共同作用，其有效值为

$$I_C=\sqrt{115^2+37.12^2}\text{A}\approx121\text{A}$$

这个 121A 纹波电流将在 3 只并联的 560μF/400V 电解电容器中“均分”，每只流过 40.3A 纹波电流。而 560μF/400V 规格的通用型电解电容器 CD293 仅能承受 2.3A/120Hz 纹波电流，40.3A 将过载 1752%！（17 倍）

如果供电条件比较好，可以在 220V 状态下工作，则电解电容器纹波电流仍过载 1035% 或 10.35 倍。

工作在 380V 条件下，根据单相桥式整流电路的纹波电流与输出功率的折算关系，整流滤波电容器将承受 3.4mA/W 的纹波电流，对应 10kW 功率，流入整流滤波电容器的 120Hz 纹波电流有效值为 34A。

380V 输入电压对应的整流输出电压约为 530V。在整流输出电压为 340V 时全桥逆变器

的逆变器工作占空比为0.5，对应530V整流输出电压下的逆变器工作占空比为0.32。

$$I_{rms}=I_{PM}\sqrt{D}=I_{PM}\sqrt{0.32}=37.12\times\sqrt{0.32}\text{A}\approx21\text{A}$$

两个纹波电流作用下的总纹波电流为

$$I_C=\sqrt{34^2+21^2}\text{A}\approx40\text{A}$$

对于三并方式，每个电解电容器流过13.3A纹波电流，对应560μF/400V规格的通用型电解电容器CD293的2.3A纹波电流承受能力，过载580%或5.8倍。这个数值约为220V输入时的1/2。

综上所述，对于300A输出等级，通常不适合选用单相交流供电，更适合于三相交流电供电，特别是连续运行的逆变弧焊电源。

13.4 简易逆变弧焊电源的直流母线电压跌落分析

单相桥式整流、电容滤波电路工作过程中，只有交流输入电压瞬时值高于滤波电容器端电压期间，整流桥中的二极管才能导通，交流电源才能通过整流器向整流器的输出和滤波电容器提供电能，其余时间整流器输出端的电能均为滤波电容器以释放储能方式提供，如此会使滤波电容器端电压跌落。

电压跌落可以分为两个部分：开关周期的电压跌落和工频周期的电压跌落。

1. 开关周期的电压跌落

开关周期的电压跌落是全桥逆变器中开关管导通期间，滤波电容器以放电形式向全桥逆变供电的过程。

首先看单电源电压的输出225A电流的简易逆变弧焊电源。

假设变压器电压比为5:1、开关频率为20kHz、逆变器工作占空比为0.5、开关管导通时间为25μs、两只680μF电解电容器并联（等效电容量为1360μF）、输出电流为225A时，对应的全桥逆变器向滤波电容器索取的电流峰值为45A。

开关管导通期间，全桥逆变器向滤波电容器索取的电荷量为

$$Q=It=45\times25\times10^{-6}\text{C}=1125\times10^{-6}\text{C}=1125\mu\text{C}$$

通过电荷量与电容量和电容器端电压的关系，可以得到

$$U=\frac{Q}{C}=\frac{1125\times10^{-6}}{1360\times10^{-6}}\text{V}\approx0.83\text{V}$$

再看超宽电压范围的315A单电源电压的简易逆变弧焊电源。

假设变压器电压比为6:1、开关频率为20kHz、逆变器工作占空比0.5、开关管导通时间为25μs、两组3只560μF电解电容器并联后串联（等效电容量为840μF）、输出电流为315A时，对应的全桥逆变器向滤波电容器索取的电流峰值为52.5A。

开关管导通期间，全桥逆变器向滤波电容器索取的电荷量为

$$Q=It=52.5\times25\times10^{-6}\text{C}=1312.5\times10^{-6}\text{C}=1312.5\mu\text{C}$$

通过电荷量与电容量和电容器端电压的关系，可以得到

$$U=\frac{Q}{C}=\frac{1312.5\times10^{-6}}{840\times10^{-6}}\text{V}\approx1.56\text{V}$$

对于530V直流母线电压来说，1.56V的电压跌落很小，可以忽略，即使电容量再小也不会影响逆变器的工作状态。

2. 工频周期的电压跌落

在每个工频（50Hz）半波整流器向滤波电容器和整流器的输出提供电能的时间约为2ms，其余的8ms需要通过滤波电容器放电方式向输出供电，从而导致滤波电容器端电压（直流母线电压）的跌落。在简易逆变弧焊电源中，这个电压跌落会有多大？

首先分析单电源电压等级、225A输出的简易逆变弧焊电源。在输出225A电流状态下的输出功率约6kW。225A输出电流反射到全桥逆变器输入端的电流峰值为45A，假设全桥逆变器的占空比为0.5，则全桥逆变器向直流母线索取的电流平均值为22.5A。

滤波电容器向输出释放储能时间为8ms，对应的电荷量为

$$Q = It = 22.5 \times 8 \times 10^{-3}\text{C} = 0.18\text{C}$$

对应1360μF电容量，电荷产生的电压变化为

$$U = \frac{Q}{C} = \frac{0.18}{1360 \times 10^{-6}}\text{V} \approx 132\text{V}$$

对于超宽输入电压、315A输出的逆变弧焊电源，有分倍压整流和桥式整流两种模式。

在倍压整流模式下，在整个工频周期内，整流器向滤波电容器充电一次，充电时间约2ms，其余18ms为滤波电容器以放电形式向整流器输出释放储能。

此逆变弧焊电源中滤波电容器 C_1、C_2 的等效电容量为1680μF（三只560μF电容器并联）。在输出315A电流状态下的输出功率约10kW。315A输出电流反射到全桥逆变器输入端的电流峰值为52.5A，假设全桥逆变器的占空比为0.5，则全桥逆变器向直流母线索取的电流平均值为26.25A。

滤波电容器向输出释放储能时间为18ms，对应的电荷量为

$$Q = It = 26.25 \times 18 \times 10^{-3}\text{C} = 472.5 \times 10^{-3}\text{C}$$

对应1680μF电容量，电荷量产生的电压变化为

$$U = \frac{Q}{C} = \frac{472.5 \times 10^{-3}}{1680 \times 10^{-6}}\text{V} \approx 281\text{V}$$

在桥式整流模式下，滤波电容器的等效电容量为840μF，滤波电容器向输出释放储能时间为8ms，对应的电荷量为

$$Q = It = 26.25 \times 8 \times 10^{-3}\text{C} = 210 \times 10^{-3}\text{C}$$

对应840μF电容量，电荷量产生的电压变化为

$$U = \frac{Q}{C} = \frac{2.1 \times 10^{-3}}{840 \times 10^{-6}}\text{V} = 250\text{V}$$

13.5 三相交流电输入的逆变弧焊电源中电解电容器工作模式

对于高质量逆变弧焊电源，13.3节中电容器选择的模式不适合，其原因主要是：大功率单相供电对电网供电质量影响比较大；电容器工作在极度过电流模式，寿命非常短，仅适合于手工焊接的短期工作制模式。对于连续焊接而言，13.2节和13.3节中滤波电容器的选择是不可容忍的，而且单相交流电供电是不可取的。宜采用三相交流电供电，这样既解决了单相大功率供电导致的三相不平衡供电的问题，也可以解决“滤波”电容器的严重过电流应用问题。

1. 三相整流电路不需要“滤波”电容器

三相整流电路中，性价比最高的整流电路是三相桥式整流电路，如图13-10所示。

由于三相桥式整流电路仅需要三相电和三条相线，因此可以直接接在三相交流电网上，而不需要整流变压器和中性线，电路是最简单的。

三相桥式整流电路无滤波条件下的输出电压波形如图13-11所示。

从图13-11中看出在无滤波电路条件下，三相桥式整流电路的输出电压平均值为1.35倍的交流线电压有效值，电压峰值是整流输出电压平均值的1.0477，输出电压谷点电压值为输出电压平均值的91%。也就是说即使不进行滤波，三相桥式整流电路的输出电压波动为平均值向上波动4.77%，向下波动9%。因此，即使没有滤波元件进行滤波，三相整流输出电压也将是比较平滑的，所以在理论上甚至在很多应用中可以不用平滑滤波。

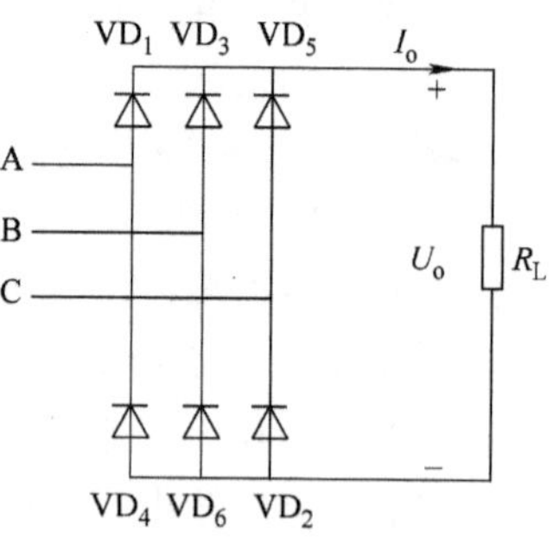

图13-10 三相桥式整流电路

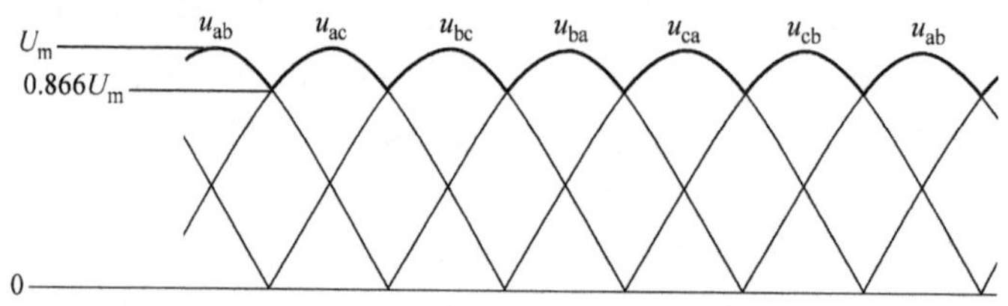

图13-11 三相桥式整流电路的输出电压波形

很显然，三相桥式整流电路输出的电压波动完全可以满足逆变弧焊电源，未必需要“滤波”电容器。

2. 三相整流电路的逆变弧焊电源整流器输出端的电容器作用

整流电路是绝大多数固定式电气、电子设备中的供电方式，与电池供电相比，采用整流电路供电可以利用相对廉价的交流市电，并且可以获得非常高的输出功率。由于交流电网存在一定的寄生电感，这个寄生电感将反映到整流电路的等效电路中，成为直流电路的等效串联电感。

交流电网的寄生电感等效到直流输出端的等效串联电感相对很大，对于三相380V的电压系统，其寄生电感至少在100μH以上。

如果是正弦波电流作用在电源的寄生电感上，根据电路原理可知

$$U=\omega LI \tag{13-1}$$

则100μH寄生电感在工频交流电下的感抗仅为31.4mΩ，即使流过100A的电流，所产生的电压降也仅为3.14V，小于380V的1%，在380V交流电网中，这个电压降应该不会影响负载的正常工作。

但是，这个电感反映到整流器的输出侧，而这个整流器要输出高频交流电流时就会产生比较大的电压降。例如3kHz、10A的交流负载电流成分会在100μH的电感上产生18.8V的电压变化，对应的峰-峰值为53.16V；如果是50kHz的交流负载电流成分，则会产生313V的电压变化，对应的峰-峰值为882.66V。很显然在高频条件下，即便是很小的寄生电感也会影响电路状态。

电流迅速变化时，需要根据电磁感应定律，即

$$e=L\frac{\mathrm{d}i}{\mathrm{d}t} \tag{13-2}$$

在电力电子电路中，开关过程的电流变化率可以达到 100 ~ 1000A/μs，即便是 100A/μs 的电流变化率，在这个电感上产生瞬态电压可达

$$e = L\frac{\mathrm{d}i}{\mathrm{d}t} = 100 \times 10^{-6} \times 100 \times 10^{6}\mathrm{V} = 10000\mathrm{V}$$

或者是 1000A/μs 电流变化率作用到 1μH 寄生电感上

$$e = L\frac{\mathrm{d}i}{\mathrm{d}t} = 1 \times 10^{-6} \times 1000 \times 10^{6}\mathrm{V} = 1000\mathrm{V}$$

这两个结果都是电力电子电路不允许的，因此需要抑制高频交流电或电流变化率对直流母线电压的影响，降低高频交流电或电流变化率在直流母线上产生过度的高频交流电压或直流瞬变电压。

3. 与直流电源并联的电容器的作用

抑制或消除交流电流对直流电源输出端电压或负载端电压的影响，最简单的办法就是在直流电源输出端或负载端并联合适的电容器。

直流电源在输出端并联电容器后的等效电路如图 13-12 所示。

图 13-12 中，电容器应尽可能靠近负载端，从而尽可能减小负载交流电流对直流电源电压的影响。

为了分析方便，在这里假设直流电源侧没有交流电流分量，电路中的交流电流分量来自于负载。

对应的交流等效电路如图 13-13 所示。

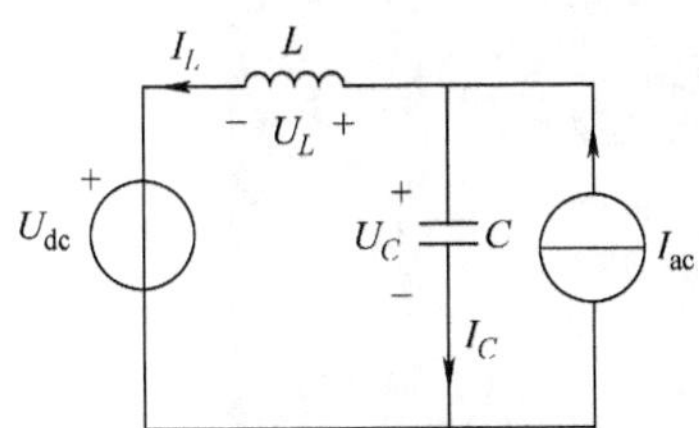

图 13-12 直流电源在输出端并联电容器后的等效电路

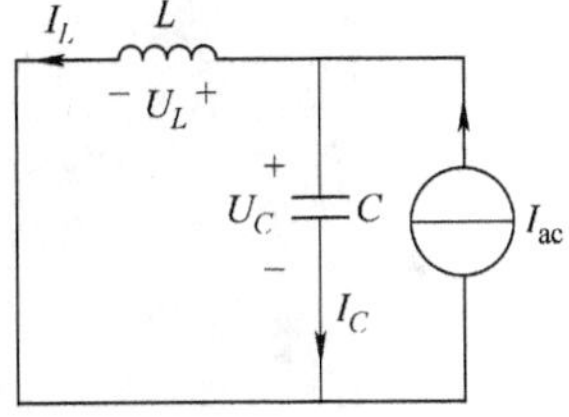

图 13-13 交流等效电路

直流电源的寄生电感上的电流为

$$I_L = \left|\frac{X_C}{X_L - X_C}\right| I_{ac} \tag{13-3}$$

对应的电容器上的电流为

$$I_C = \left|\frac{X_L}{X_L - X_C}\right| I_{ac} \tag{13-4}$$

从式（13-3）、式（13-4）看出，如果电容器的容抗与直流电源的寄生电感的感抗在数值上相等，则图 13-13 的等效电路将进入并联谐振状态，电容器和电感上都会产生极高的电流和交流电压。这样的结果与应用电容器抵消直流电源的寄生电感在交流负载电流作用下的不良效应背道而驰。因此，务必要避免这种情况的发生。

为了减小负载的交流电流在直流电源寄生电感上的电压，需要减小电感上的交流电流分量。这就要求并联在直流电源输出端的电容器尽可能地分流负载的交流电流，需要电容器具有尽可能低的容抗。

在直流电源输出端的电容器在不同的电路、负载条件、直流电源中也有着不同的作用。

4. 三相桥式整流电路的逆变弧焊电源直流母线需要的最小电容量

以输出315A逆变弧焊电源为例，三相380V桥式整流输出电压平均值约530V，空载电压可以超过560V，对应的变压器电压比可以是7:1，则反射到直流母线的电流峰值为45A，电流平均值为22.5A。由式（10-7）得流入的直流母线电容器交流电流分量为

$$I_C = \frac{22.5}{0.5}\sqrt{0.5 - 0.5^2}\text{A} = 22.5\text{A}$$

当开关频率为20kHz、逆变器工作占空比为0.5时，一个电流脉冲逆变器向直流母线向索取的电荷量为

$$Q = It = 22.5 \times 25 \times 10^{-6}\text{C} = 562.5 \times 10^{-6}\text{C} = 562.5\mu\text{C}$$

扣除一半的直流分量电荷量，其脉冲电荷量为281.25μC，对应4.7μF电容量，直流母线电压波动峰-峰值为60V，约为直流母线电压的11%。如果这个电压波动允许，三相桥式整流电路输出端可以仅仅并联4.7μF电容量的电容器，相当于单位电容量提供的功率为2217W。这对于动辄1000μF的电容量来说，可以忽略。

功率为700W/μF的整流滤波电路，其相关波形如图13-14所示。

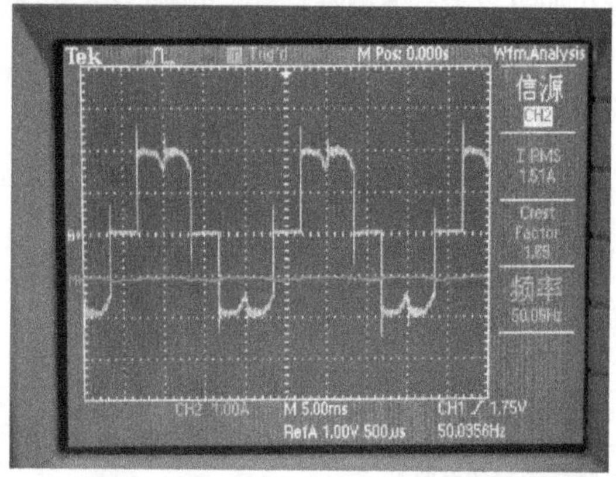

图13-14 滤波电容器功率为700W/μF时三相整流电路的交流输入电流波形

所对应的输入电压、输入电流波形如图13-15所示。

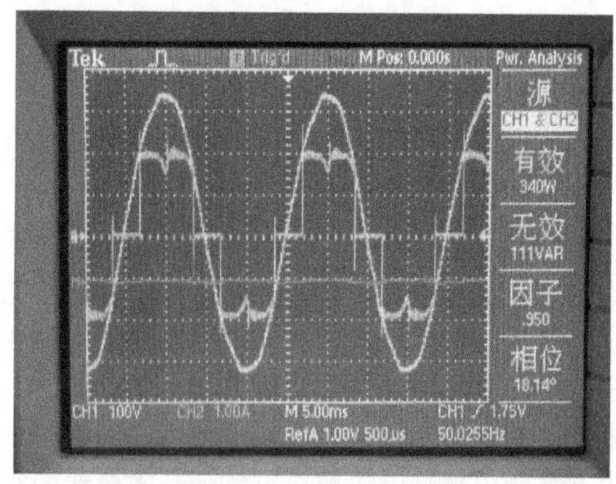

图13-15 滤波电容器功率为700W/μF时的三相整流电路的输入电压、输入电流波形

整流电路的输出电流波形如图 13-16 所示。

图 13-16 中，整流电路输出电流有效值为 1.90A。

很显然，整流电路输出电流波形与输出电压波形产生了差异，而整流电路向电阻负载提供的电流波形将与输出电压波形相同，如图 13-17 所示。

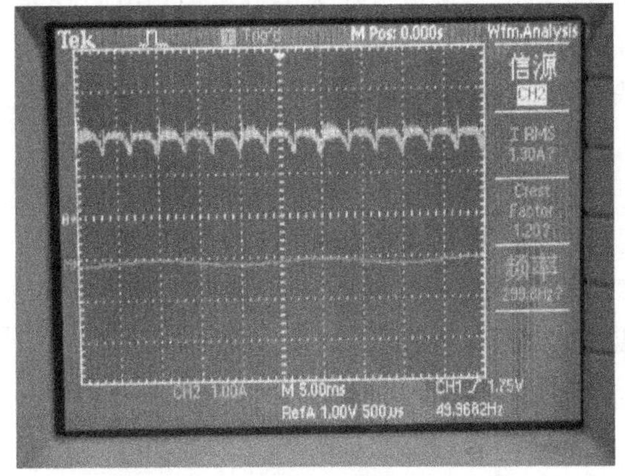

图 13-16 整流电路的输出电流波形

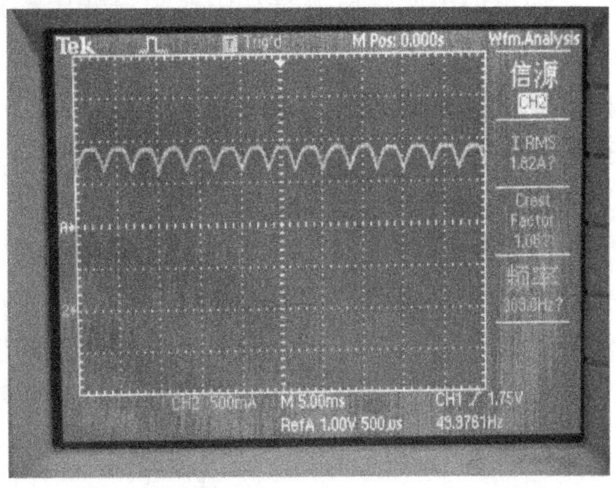

图 13-17 整流电路向电阻负载提供的电流波形

图 13-17 中电流有效值为 1.82A。

流入电容器的电流有效值为

$$I_{\text{Crms}} = \sqrt{1.90^2 - 1.82^2}\text{A} \approx 0.55\text{A}$$

300A 的逆变弧焊电源对应焊接状态下的输出功率为 10kW。三相 380V 桥式整流电路直流对应的母线电压约 550V，电流平均值约为 20A，则三相桥式整流电路产生的纹波电流有效值为

$$I_{\text{Crms}} = 20 \times \frac{0.55}{1.82}\text{A} = 6\text{A}$$

这个电流远小于大电容量滤波状态下近 40A 的纹波电流值。

逆变器侧产生的纹波电流：变压器电压比为 8∶1，一次侧电流峰值约为 50A。根据式（10-8），逆变器工作占空比为 0.5 时对应的电流平均值为 25A，可以得到逆变器向直流母线电容器输入的电流有效值为

$$I_C = \frac{I_{\text{av}}}{D}\sqrt{D - D^2} = \frac{25}{0.5} \times \sqrt{0.5 - 0.5^2}\text{A} = 25\text{A}$$

流入直流母线电容器的总电流为

$$I_C = \sqrt{25^2 + 6^2}\text{A} \approx 25.7\text{A}$$

如果直流母线电容器规格选择 1000W/μF，滤波电容器的电容量为 10μF，选择适当的薄膜电容器可以承受 25A 纹波电流。因此，三相交流电输入的逆变弧焊电源在理论上可以不选择大电容量滤波电容器，仅选择可以吸收逆变器开关频率的纹波电流的电容器即可。

根据这个思路，有些三相 380V 输入的逆变弧焊电源在绝缘栅双极晶体管直流电源端直接并联电容量比较大的母线缓冲电容器。这种电容器选择方式可能存在的缺点是电磁干扰会进入交流电网。如果需要满足电磁兼容要求，采用小电容量滤波电容方式将是不合适的。

13.6 逆变电阻焊电源工作模式

电阻焊是利用大电流将被焊金属部件的电阻焊部分熔融在一起。

最早的电阻焊电源是利用电阻焊变压器将单相交流电转换成低压大电流，但是电阻焊需要大功率，单相大功率供电不利于三相平衡，同时电阻焊变压器也存在功率因数低的问题。由于焊接电流非常大，至少1000A以上，焊接直流发电机换向器承受如此大的电流会导致换向器成本昂贵，不再适合于电阻焊直流发电机。如果选择整流器，还应用工频变压器就显得画蛇添足。

当焊接机器人大量应用时，工频电阻焊变压器不再适合。得益于现代电力电子技术工程化和绝缘栅双极晶体管的工业化应用以及大功率开关电源技术电路拓扑和制造技术的成熟，将开关电源技术应用于电阻焊成为必然，即出现逆变电阻焊电源。

逆变电阻焊电源主电路图如图13-18所示。

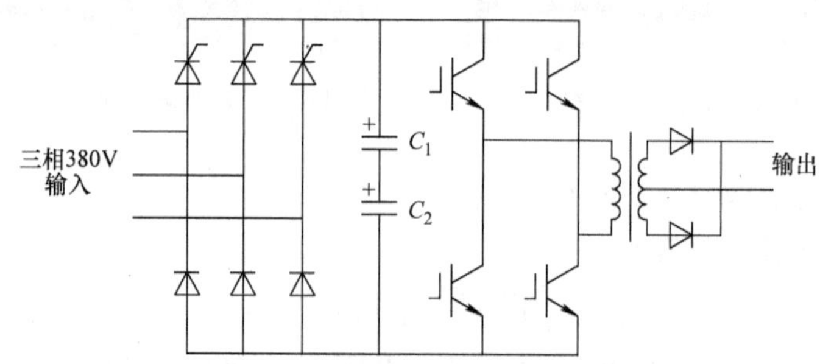

图13-18 逆变电阻焊电源主电路图

图13-18中C_1、C_2为电解电容器，C_1、C_2可以采用多只电解电容器并联方式解决电容量和纹波电流的需求。

逆变电阻焊电源输出电流从1000A～20kA，甚至多机并联时达到1MA！输出最高电压约为10～14V，与实际工作电压相比，这个输出电压留有接近一半的电压裕量，以确保焊接设定电流。

电阻焊负载状态取决于焊钳电阻和被焊物体的电阻，多数工况下，逆变电阻焊电源输出电压多为最高输出电压的1/2左右。对应逆变电阻焊电源中开关管将工作在50%占空比，直流母线电容器将承受最大电流有效值。

电阻焊的工作模式可以分为点焊和连续焊。点焊是两个电极触头压紧在被焊工件后施加焊接电流，焊接结束后换下一个焊点焊接。点焊工作模式为：焊钳夹紧、焊接、焊钳松开、焊钳位移到新的位置、再次夹紧焊钳、焊接。

由此可以看出，整个过程中逆变电阻焊电源只在焊接阶段工作，电源不工作，因此逆变电阻焊电源工作的暂载率较低，一般为0.2～0.4。

连续焊为滚焊形式。

现在的电阻焊电源需要提供精确的焊接能量和电压。因此，逆变电阻焊电源的直流母线需要相对稳定的电压，不能有节能灯的150V甚至更高的电压波动，也不能有简易逆变弧焊电源的直流母线的100～200V电压波动。

13.7 逆变电阻焊电源直流母线需要的最小电容量

1. 全桥逆变器开关过程需要的最小电容量

逆变电阻焊电源需要的最小电容量是考虑将开关管开关期间的直流母线电压跌落限制在允许范围内所需要的电容量。这个最小电容量与逆变电阻焊电源的开关频率、工作电流相关。开关频率越低，直流母线电容器需要释放的电能越多，电压跌落的幅度越大；工作电流越大，在相同的开关频率下，电压跌落的幅度越大。

逆变电阻焊电源的开关频率受变压器的磁性材料频率特性和输出整流二极管特性制约，从逆变式弧焊电源案例看，磁性材料可以工作在20kHz，因此开关频率的制约不再是变压器的磁性材料。

再看输出整流器，输出整流器不仅需要非常大的正向电流承受能力，还要具有良好的反向恢复特性。对于二极管来说，输出电流越大，其反向恢复特性越差。不仅如此，正弦波电压条件下的反向恢复特性远优于矩形波电压状态下的反向恢复特性。

逆变电阻焊电源绝大多数采用矩形波电压输出后整流模式，因此对输出整流器的反向恢复要求非常高。因此，逆变电阻焊电源即便在输出电流为1000A条件下，开关频率也不会达到逆变电弧焊电源的开关频率。对于1000～3000A的输出电流，开关频率约为10kHz时，开关管的最大导通时间为50μs，占空比为0.5状态下为25μs。

以输出电流为1000A为例，输入侧的整流器输出电压为300V（220V电压等级输入），输出空载电压为10V，电源功率为10kW。应用全桥逆变电路时对应的变压器电压比可以是30∶1，则反射到直流母线的负载电流峰值为33A，当占空比为0.5时直流平均值为16.5A。对应流过整流滤波电容器的交流电流分量可以通过式（10-8）得到，为16.5A。

开关管导通期间的电荷量为

$$Q = It_{on} = 16.5 \times 25 \times 10^{-6}\text{C} = 412.5 \times 10^{-6}\text{C}$$

如果直流母线电压波动幅度为60V，电容量仅需要

$$C = \frac{Q}{U} = \frac{412.5 \times 10^{-6}}{60}\text{F} = 6.875 \times 10^{-6}\text{F} = 6.875\mu\text{F}$$

很显然这是一个很小的电容量。

2. 工频半周需要的最小电容量

由于单相桥式整流需要对整流输出电压进行平滑，要求电容器电容量较大，但是按照满载状态下5W/μF提供电容量，10kW则需要2000μF电容量，这样的电容量会在工频半周时半载状态下产生多大的电压跌落？

对于单相桥式整流电容滤波电路，滤波电容器需要工作在放电模式约8ms，向全桥逆变器供电。

输出为10V/1000A的逆变电阻焊电源在2000μF电容量条件下，半载输出功率为5kW，直流母线向全桥逆变器提供的电流平均值为16.5A，持续8ms，对应的电荷为

$$Q = It_{on} = 16.5 \times 8 \times 10^{-3}\text{C} = 132 \times 10^{-3}\text{C}$$

直流母线电容器的电容量为2200μF，对应的电压跌落为

$$U = \frac{Q}{C} = \frac{132 \times 10^{-3}}{2200 \times 10^{-6}}\text{V} = 60\text{V}$$

如果逆变电阻焊电源采用数值控制，就可以很好地补偿滤波电容器的电压跌落，并获得比较精确的焊接能量；如果是模拟 IC 控制，这个电压跌落就会影响每一次的焊接能量。如果需要比较好的焊接能量精度，需要加大滤波电容器的电容量，如 3300μF 甚至是 4700μF。

13.8 单相交流电输入的逆变电阻焊电源中电解电容器工作模式

单相交流电输入的逆变电阻焊电源的输出电流相对较小，如数百安培到上千安培。对应的输出功率大多在 10kW 以下，适合于小焊件的焊接，如薄板焊接或电容器端子的焊接等。其工作在负载率较低（甚至工作在 10% 负载率）的状态，多数时间工作在空载状态。

单相交流电输入的逆变电阻焊电源整流后需要电容量较大的电容器滤波，以平滑整流输出电流。本节仅分析滤波电容器的工作状态。

由于将单相整流后的整流输出电压平滑，需要大电容量的电容器，所以一般需要像大功率开关电源那样选择整流滤波电容器的电容量。

流入滤波电容器的纹波电流为全桥逆变器向直流母线索取电流中的交流成分和整流器产生的 100Hz 纹波电流。

由式（10-8）可知，当桥式逆变器占空比为 0.5 时，流入滤波电容器的开关频率纹波电流有效值等于直流电流平均值。对于 1000A 的输出电流，直流母线电流平均值为 16.5A，对应的流入滤波电容器的开关频率纹波电流有效值为 16.5A。

单相桥式整流电路在整流输出电压为 260V 状态下，每输出 1W 功率，就要流过滤波电容器约 8mA 的电流。在半载（1000A/5V）状态下，流入滤波电容器的 100Hz 纹波电流有效值约为 40A。

在这种状态下，流过滤波电容器的总纹波电流为

$$I_C = \sqrt{40^2 + 16.5^2}\text{A} \approx 43.3\text{A}$$

对于 1000A/10V 输出的逆变式电阻焊电源，如选用 5 只 470μF/400V 电解电容器并联，在低暂载率的点焊工作模式下可以满足要求。

13.9 三相交流电输入的逆变电阻焊电源中电解电容器工作模式

13.9.1 最小电容量选择依据

大功率逆变电阻焊电源需要采用三相交流电输入的供电模式，如焊接机器人的输出电流将达到 12kA 甚至更高，满载输出功率高达 100W！

极高的输出电流需要极高电流的整流器，即专用的焊接二极管。这类二极管最初的反向恢复数据适用于开关频率为 1kHz 的矩形波电压输出，因此大功率逆变电阻焊电源的开关频率大多为 1kHz。图 13-19 所示为逆变式电阻焊电源的变压器铭牌。

变压器电压比为 51∶1。输出电流为 12kA 时，全桥逆变器向直流母线索取的电流峰值为 235A，在逆变器工作占空比为 0.5 时，全桥逆变器向直流母线索取的电流平均值为 117.5A，开关频率的交流电流分量有效值为 117.5A。

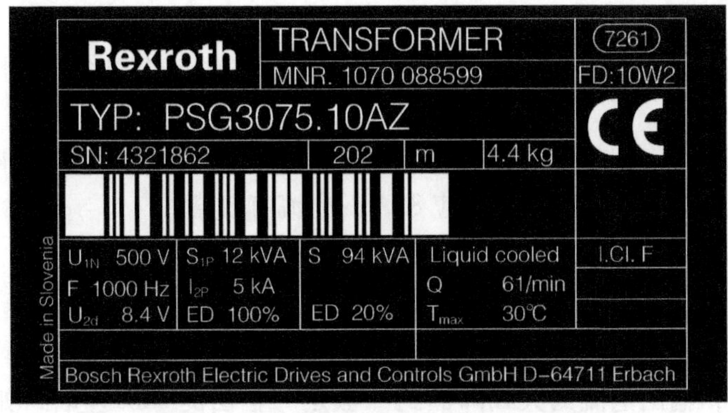

图 13-19 逆变式电阻焊电源的变压器铭牌

1. 全桥逆变器开关过程需要的最小电容量

在逆变器工作占空比为 0.5 时，开关管的导通时间为 250μs，开关管导通期间的电荷量为

$$Q = It_{on} = 117.5 \times 250 \times 10^{-6}\text{C} = 29375 \times 10^{-6}\text{C}$$

如果直流母线电压波动幅度为 60V，电容量需要

$$C = \frac{Q}{U} = \frac{29375 \times 10^{-6}}{60}\text{F} \approx 489.6 \times 10^{-6}\text{F} = 489.6\mu\text{F}$$

这将是比较大的电容量，三相桥式整流电路并联这样大的电容器将会产生非常大的纹波电流。

2. 工频 1/6 周期需要的最小电容量

影响滤波电容器最小电容量的第二个因素是整流滤波电路的工作模式下需要滤波电容器以放电模式向整流电路输出供电。在这种模式下，电容器的电压将下降。这时需要清楚滤波电容器的放电时间。图 13-20 所示为三相桥式整流电路滤波电容器流过的电流的波形，其中正值为充电，负值为放电。

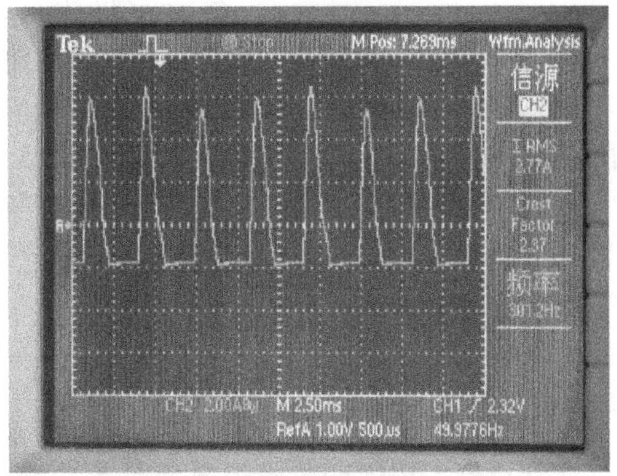

图 13-20 滤波电容器的电流波形

从图 13-20 中可以看出，滤波电容器的放电时间接近 1.8ms，对应的放电电荷量为

$$Q = It_{on} = 117.5 \times 1.8 \times 10^{-3}\text{C} = 211.5 \times 10^{-3}\text{C}$$

如果直流母线电压波动幅度为 60V，电容量需要

$$C = \frac{Q}{U} = \frac{211.5 \times 10^{-3}}{60}\text{F} = 3.525 \times 10^{-3}\text{F} = 3525\mu\text{F}$$

在实际应用中，滤波电容器的电容量至少要选择这个数值。

13.9.2 纹波电流分析

1. 半载状态下滤波电容器流过的纹波电流

以输出 12kA/10V 逆变电阻焊电源为例。滤波电容器承受开关频率纹波电流和整流滤波电路产生的纹波电流。

开关频率纹波电流如13.9.1节分析。在半载状态（输出12kA/5V）下开关频率纹波电流有效值为117.5A。

同样半载状态下，三相380V桥式整流/电容器滤波模式下，每输出1kW对应流入滤波电容器的纹波电流约为1.7A，50kW对应85A的电流有效值。

滤波电容器流过的总电流为

$$I_C = \sqrt{85^2 + 117.5^2}\text{A} \approx 145\text{A}$$

以上为逆变电阻焊电源工作在点焊（暂载率20%）工作模式。如果逆变电阻焊电源工作在连续焊接模式，输出电流则大致降额到“额定”输出的45%左右，如图13-19中铭牌所示。

2. 连续工作模式下滤波电容器流过的纹波电流

逆变电阻焊电源原始设计为：暂载率为20%时可以满载工作，连续工作模式下输出电流为满载输出电流的约45%。

对于满载输出电流为12kA的逆变电阻焊电源，连续工作模式下仅能输出5.4kA，对应的开关频率纹波电流有效值为53A。

三相桥式整流电路产生的纹波电流为38.3A。

滤波电容器流过的总电流为

$$I_C = \sqrt{38.3^2 + 53^2}\text{A} \approx 65.39\text{A}$$

3. 满载状态下滤波电容器流过的纹波电流

满载状态下，逆变器工作占空比为0.9。逆变器向直流母线索取电流峰值为235A，对应的电流平均值为211.5A，电流有效值为223A，流入整流滤波电容器的纹波电流为

$$I_{C\text{sw}} = \sqrt{223^2 - 211.5^2}\text{A} \approx 70.7\text{A}$$

整流滤波电路产生的纹波电流为170A。

滤波电容器流过的总电流为

$$I_C = \sqrt{170^2 + 70.7^2}\text{A} \approx 184\text{A}$$

4. 小结

焊接机器人用逆变电阻焊电源是大功率开关电源，具有恒电流工作模式。额定功率（电流）为暂载率20%工作模式，连续工作模式的输出功率（电流）约为额定输出功率（电流）的45%。为了确保电阻焊的焊接质量，逆变电阻焊电源工作占空比约为满载状态下的50%，因此电阻焊工作在点焊模式下很少为满载状态。

点焊模式下，逆变电阻焊电源工作在半载状态，即逆变器工作占空比为0.5，满载状态时滤波电容器纹波电流最大，是半载时的127%。

连续工作模式的滤波电容器纹波电流是半载状态时滤波电容器纹波电流的45%。

第14章 变频器与三相SPWM逆变器中电解电容器的工作状态与选型

20 世纪 80 年代中期，大功率晶体管模块的商业化使变频器行业兴起，同时为电解电容器带来新生。变频器用大型电解电容器是电解电容器继电视机、计算机电源的中小型电解电容器的快速增长后的又一轮快速增长。

14.1 电解电容器在变频器中的作用

低压变频器大多选择三相 380V 供电，经过变频器内的三相桥式整流器获得约 540V 的直流电压。三相桥式整流可以获得比较平滑的直流电压，在理论上不需要对整流输出电压进行平滑，也就不需要大型电解电容器。然而，变频器的整流输出端的确需要足够的电容量来支撑，这是为什么？

如果仅仅是电阻性负载或纯耗电的负载，三相桥式整流后理论上不需要电容器滤波，如逆变弧焊机。

变频器需要在整流输出端设置大电容量电解电容器是因为变频器驱动的是电动机，特别是异步电动机。变频器需要对异步电动机提供正弦波电压和电流，而正弦波电流会通过变频器中的逆变器单元反射到直流母线上，其中的交流电流成分无法由整流电路提供或消耗，需要用电容器吸收。

变频器输出侧电流反射到直流母线上的交流成分，每经过一个电流充入和释放到直流母线电容器完整周期的电荷量总和，通过电容量变换在直流母线上以纹波电压形式体现出来，这个纹波电压幅值由纹波电流大小和电容量决定。那么，变频器中的电解电容器的工作状态是什么样子呢？

由变频器还可以引申出其他应用的三相 SPWM 逆变器，这时的直流母线电容器又是怎样的工作状态？这些问题将在下文中介绍。

14.2 变频器中直流母线电容器额定电压的确定

三相 380V 输入的变频器中直流母线电容器需要的额定电压根据变频器工作模式决定。

如果变频器仅仅向所驱动的交流电动机提供电能，则变频器内整流输出电压就是三相桥式整流电路的输出电压，对于三相 380V 输入，对应的整流输出电压在 530～600V 之间，也就是说工作在这种状态下的变频器中的直流母线电容器额定电压仅需要 630V。如果选用电解电容器，可以用两只额定电压为 315V 的电解电容器串联即可，即使为了保险，也只需用两只额定电压为 350V 的电解电容器。

但是实际上三相 380V 输入的变频器，其直流母线电容器是两只额定电压为 400V 的电解电容器串联，串联后总额定电压为 800V。相同电容量的电解电容器，额定电压越高，价格越贵。在变频器中为什么选择额定电压明显高于整流输出电压的电解电容器？

原因在于变频器驱动的交流电动机在制动状态下将进入回馈制动模式，在这种工作模式下，交流电动机工作在发电机状态，将机械能由交流电动机以发电模式转化为电能，再通过变频器的逆变单元转换成直流电，馈入直流母线。由于整流器仅具有单向导电功能，无法将交流电动机回馈到直流母线的电能回馈到交流电网，使这些制动回馈能量在直流母线聚集，灌入直流母线电容器，造成直流母线电压上升。当回馈到直流母线的电压超过一定数值如700V后，加上留有的裕量，三相380V输入的变频器的直流母线极限电压定为750V。各电压等级的直流母线的最高极限电压见表14-1。

表14-1 各电压等级的直流母线的最高极限电压

电压类型	电压值/V					
三相交流输入电压	380～460	575～690	—	—	—	—
对应的直流母线电压	600	900	1300	1500	2500	3300
对应的直流母线极限电压	750	1300	1800	2100	3000	4500
电解电容器额定电压	400V（两串）	450V（三串）	不宜	不宜	不宜	不宜

从表14-1可以看出，三相380～460V输入（对应的直流母线电压为530～600V）的变频器可以用两只额定电压为400V的电解电容器串联应用，三相575～690V输入（对应的直流母线电压为900～1100V）的变频器则可以用三只额定电压为450V的电解电容器串联应用。直流母线电压高于1000V电压等级，电解电容器的串联数将多于3只，不再适合应用电解电容器串联。

14.3 三相380V输入的变频器的最小电容量的确定

变频器驱动不同类型的电动机会向直流母线上索取不同的纹波电流，因此需要清楚变频器驱动何种类型电动机。变频器驱动的交流电动机可以是同步电动机（包括永磁同步电动机）和异步电动机。

1. 驱动同步电动机

三相逆变器中，直流母线电容器用来吸收来自于逆变器产生的交流电流成分，将逆变器直流母线的交流电压成分限制到允许范围内。

同步电动机输入端的功率因数可以达到1，逆变器向直流供电电源及直流母线电容器索取的电流波形（不考虑开关过程及开关频率的交流电流成分）类似于无滤波电容器的三相桥式整流输出电压波形，流入直流母线电容器的电流则是其中的交流电流成分。

考虑到直流供电电源本身可能具有较大电感，因此逆变器索取的交流电流成分需要完全由直流母线电容器提供，在直流母线上的电压脉动则取决于流入和流出直流母线电容器的电荷量。

三相桥式逆变器可以认为是三相桥式整流器的逆过程，三相桥式整流器的交流输入电压波形和输出电压波形与逆变器三相正弦输出电流波形和直流母线向三相桥式逆变器输入的电流波形形成对偶。

逆变器向直流母线索取的电流波形如图14-1所示。

图14-1中：A区域为实际电流高于电流平均值期间的电荷量（电流对时间积分为电荷量），B区域为A区域中电流低于电流平均值部分的电荷量，C区域为A区域中电流高于电

流平均值部分的电荷量，D 区域为低于电流平均值的电荷量。D 区域的面积（电荷量）与 C 区域相等，C、D 两个区域面积相加就是一个电流波动周期的电荷变化量。这个电荷变化量作用到直流母线电容器上使其电压变化，这个变化量是直流母线电压变化量。

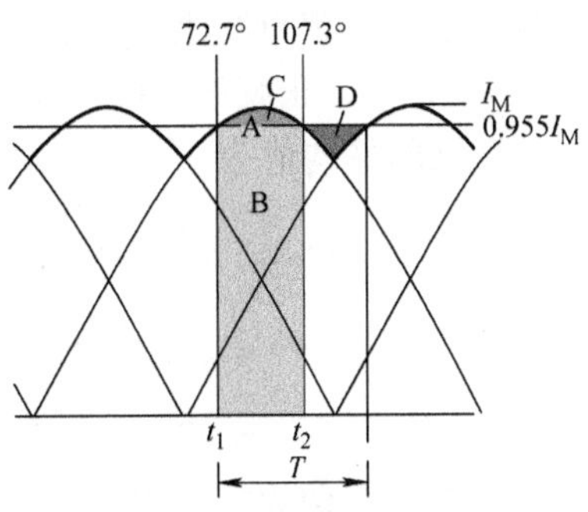

图 14-1　逆变器向直流母线索取的电流波形

根据应用需求的直流母线电压变化量和变频器输出电流，求得这个变频器需要直流母线电容器的最小电容量。

根据前述的对偶关系，直流母线向三相桥式逆变器输出的电流平均值是三相桥式逆变器输出电流有效值的 1.35 倍，则直流母线电流平均值为峰值的 95.5%。其中，低于电流平均值部分为直流母线电容器放电，高于电流平均值为直流母线电容器充电。

由图 14-1 可以看出，一个正弦波周期平均值上方的面积，一共 6 个波头，计算出一个波头的平均值即可。

高于输出平均值的 C 区域的平均值可以通过 A 区域面积后减去 B 区域面积获得。

C 区域的平均值为

$$\begin{aligned} I_{Cav} &= \sqrt{2}I_{rms}\int_{72.7°}^{107.3°}\left(\sin t - 0.955 \times \frac{\pi}{180}\right)dt \\ &= \sqrt{2}I_{rms}[(-\cos107.3° + \cos72.7°) - 0.955 \times 0.0175 \times 34.6] \\ &= \sqrt{2}I_{rms}(0.594 - 0.578) = 0.0023I_{rms} \end{aligned} \tag{14-1}$$

整个 1/6 周期的电流积分面积是式（14-1）的 2 倍，即 $0.0452I_{rms}$。

对应一个电流脉动周期的变化的电荷量为

$$Q = I_{Cav}\frac{t_1 - t_2}{T}\frac{2}{f_{out}} \tag{14-2}$$

50Hz 输出时，电荷总变化量为

$$\begin{aligned} Q &= 2I_{Cav} \times \frac{34.6}{60} \times 10^{-2} \\ &= 0.0452I_{rms} \times \frac{34.6}{60} \times 0.01 \\ &= 0.00026065\text{C} \approx 261\mu\text{C} \end{aligned}$$

即 50Hz 条件下，直流母线电容器每一次充电或放电，电荷变化量约为 261μC/A。根据库仑定律

$$Q = CU = It \tag{14-3}$$

当直流母线电压波动 50V 时，对应的最小电容量为 5.22μF/A，380V 变频器驱动同步电动机时为 3.46μF/kW。

如果驱动 10kW 同步电动机，则需要直流母线电容器的最小电容量为 34.6μF，驱动 30kW 同步电动机需要 104μF。

2. 驱动异步电动机

异步电动机的电压与电流的相差约 30°，逆变器向直流母线索取的电流波形类似于三相桥式可控整流器在 $\alpha = 30°$时的输出电压波形。

逆变器向直流母线索取的电流波形如图 14-2 所示。

图 14-2 中，正弦波对应 $0.827I_M$ 的角度为 55.79°。

C 区域的平均值为

$$
\begin{aligned}
I_{Cav} &= \sqrt{2}I_{rms}\int_{55.79°}^{90°}\left(\sin t - 0.827 \times \frac{\pi}{180}\right)dt \\
&= \sqrt{2}I_{rms}[(-\cos 90° + \cos 55.79°) - 0.827 \times 0.0175 \times 34.2] \\
&= \sqrt{2}I_{rms}(0.5622 - 0.4950) = 0.095I_{rms}
\end{aligned}
\tag{14-4}
$$

整个 1/6 周期的电流积分面积是式（14-1）的 2 倍，即 $0.19I_{rms}$。

对应一个电流脉动周期的变化的电荷量为式（14-2）。

50Hz 时输出，电荷总变化量为

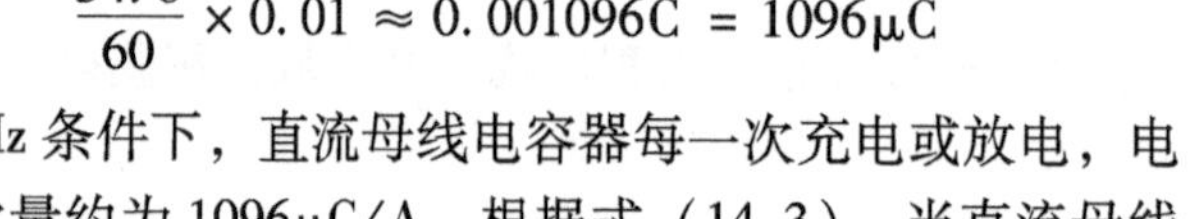

$$Q = 2I_{Cav} \times \frac{34.6}{60} \times 10^{-2} = 0.19I_{rms} \times \frac{34.6}{60} \times 0.01 \approx 0.001096\text{C} = 1096\mu\text{C}$$

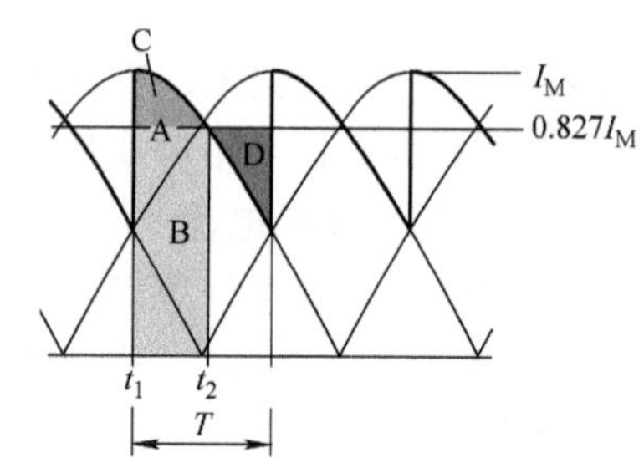

图 14-2 逆变器向直流母线索取的电流波形

即 50Hz 条件下，直流母线电容器每一次充电或放电，电荷变化量约为 1096μC/A，根据式（14-3），当直流母线电压波动 50V 时，对应的最小电容量为 21.92μF/A，380V 变频器驱动异步电动机时为 33μF/kW。

如果驱动 10kW 异步电动机，则需要直流母线电容器的最小电容量为 330μF，驱动 30kW 异步电动机需要 1000μF。

14.4 变频器整流滤波产生的纹波电流

当三相桥式整流电路接入电容器进行滤波后，整流器和滤波电容器共同作用就会产生 300Hz 纹波电流成分，如图 14-3 所示。

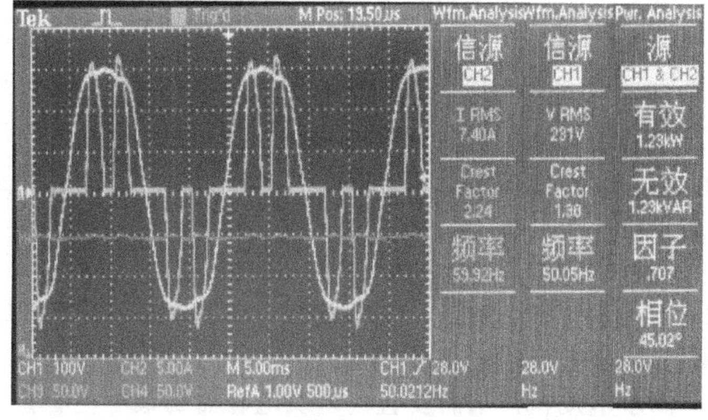

图 14-3 三相桥式整流电路的输入电压与电流

三相桥式整流电路中滤波电容器产生的纹波电流如图 14-4 所示。

图 14-3 为一个三相 380V 电源供电的 4kW 变频器驱动感应电动机，感应电动机输出的

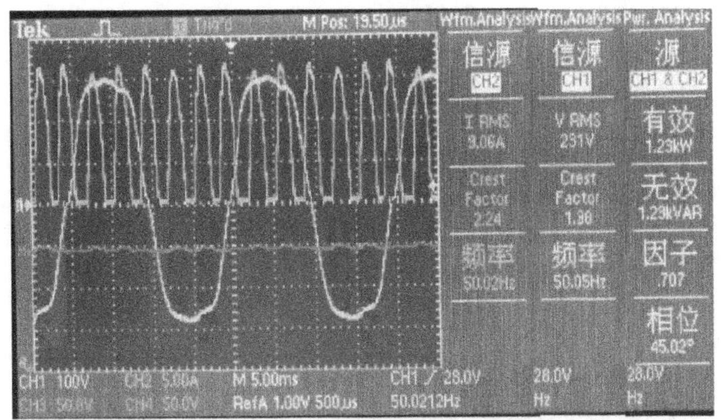

图 14-4 三相桥式整流电路的输出电流

机械功率加上感应电动机自身损耗一共为3.7kW。

变频器的输入电流波形每半个电源周期两个电流脉冲。

相电压为231V，输入电流为7.4A，单相有功功率为1.23kW，三相总计为3.69kW，功率因数为0.707。

对应的整流输出电流有效值为9.06A，输出电压为540V，直流输出电流为6.85A，整流输出电流中扣除直流电流分量为流入滤波电容器的纹波电流有效值分量5.93A。纹波电流为1.6A/kW。如果滤波电容器选择薄膜电容器，则纹波电流可能超过2A/kW，其原因是薄膜电容器具有更低的ESR。

14.5 变频器的逆变器产生的纹波电流

在直流电供电的条件下，三相SPWM逆变器直流母线电容器的工作状态可以通过下面的实验获得。

这个实验利用一个4kW变频器，采用三相380V整流电路经过1.6mH电感滤波构成直流电流源形式。这样供电的目的是为了消除来自整流器的纹波电流，以获得来自三相SPWM逆变器的交流电流分量。

变频器的负载为感应电动机，感应电动机输出的机械功率和感应电动机自身损耗之和为3.7kW。变频器的输出线电流有效值为6.9A。

在这种工作状态下，直流母线电容器的电流波形如图14-5所示。直流母线电容器的电流参考方向为流入电容器为正，流出电容器为负。

图14-5中，上面的波形为直流母线电容器的电流波形，电流刻度为5A/div；下面的波行为直流母线电容器的电压波形，电压刻度为4V/div。

电压交流成分有效值为718mV，很显然直流母线电容器有效地抑制了来自三相SPWM逆变器的电流变化导致的直流母线电压的变化。

流过直流母线电容器的电流有效值为3.09A。这里主要研究流过直流母线电容器的电流与变频器其他参数的关系，并从中找出普遍性规律。

前面实验条件中给出了变频器的输出电流有效值为6.9A，直流母线电容器流过的电流有效值为3.09A，两者的比值为

$$\frac{I_{\text{orms}}}{I_{\text{Crms}}} = \frac{3.09}{6.9} = 0.447826 \approx 0.45 \tag{14-5}$$

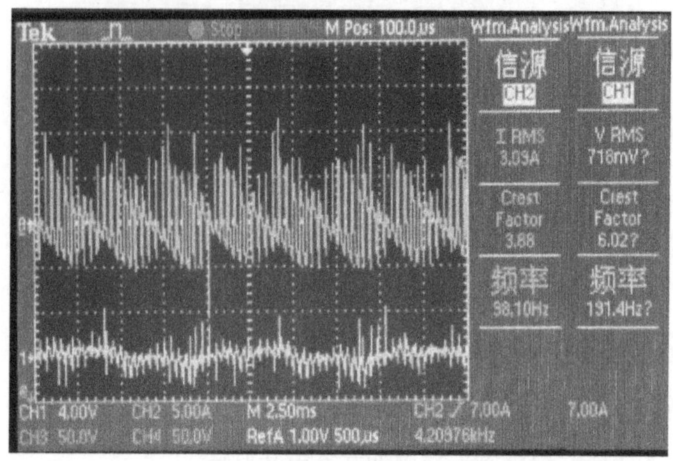

图 14-5 直流母线电容器的电流、电压波形

三相 380V 供电的感应电动机的功率与输入电流之间的关系为每千瓦 2A，再根据式（14-5）得到三相 380V 供电的变频器在直流电流源（输出电压 550V）供电条件下每千瓦输出功率对应的直流母线电容器流过的电流有效值为 0.9A。

由此也可以折算出三相 660V 交流电供电的变频器输出每千瓦功率对应直流母线电容器流过的电流有效值为 0.52A。

14.6 流入直流母线电容器的总纹波电流

在实际应用中，变频器大多采用电容输入式滤波方式，即在三相桥式整流电路输出端并联滤波电容器。在这种情况下直流母线电容器又会工作在什么状态?

当变频器的三相 SPWM 逆变电路采用三相桥式整流电路、电容输入式滤波供电方式时，直流母线电容器不仅要流过来自三相 SPWM 逆变器产生的交流电流分量，还要流过整流滤波电路产生的交流电流分量。

根据 14.4 节和 14.5 节得到的结论，将整流滤波电路产生的纹波电流与逆变器产生的纹波电流共同作用后的有效值就是变频器的直流母线电容器实际流过的纹波电流有效值，则每千瓦功率的直流母线电容器纹波电流为

$$I_{\text{Crms}} = \sqrt{I_{\text{recti}}^2 + I_{\text{inv}}^2} = \sqrt{1.6^2 + 0.9^2}\text{A} = 1.83\text{A}$$

另一种获得直流母线电容器纹波电流的方法就是直接测试。

一个三相 380V 电源供电的 4kW 变频器驱动感应电动机，感应电动机输出的机械功率与感应电动机自身损耗之和为 3.7kW。变频器的输出线电流有效值为 6.9A。测得直流母线电容器的电流、电压交流部分的波形如图 14-6 所示。

图 14-6 中，上面的波形为电流，刻度为 10A/div，下面的波形为电压（仅交流成分），刻度为 10V/div。从图中看出，流过电容器的电流有效值为 6.44A，比仅三相 SPWM 逆变器产生的交流电流分量大得多，这就是整流滤波电路所产生的交流电流分量在电容器电流中的表现，折合成每千瓦输出功率对应电容器的电流为 1.74A。

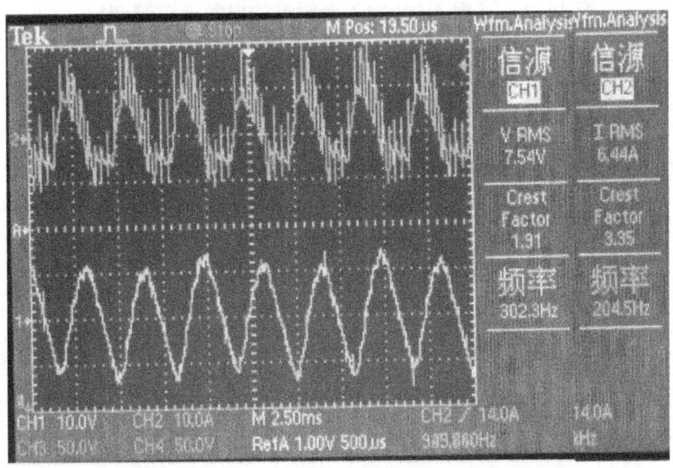

图 14-6　直流母线电容器的交流电流、电压波形

与利用整流滤波电路纹波电流和逆变器纹波电流求解得到的有效值 1.83A/kW 相比，直接测试电解电容器纹波电流所得的 1.74A/kW，低了约 10%。

前者数据相对准确，原因是图 14-6 的波形是工频整流纹波电流与被驱动的电动机基波纹波电流和开关频率纹波电流相叠加的波形，在示波器上是不稳定的波形，需要波形冻结后才能读取，所得到的数据仅仅是波形冻结时的数据。如果没有其他数据，可以依据这个数据，如果有相对更准确的数据，图 14-6 数据仅供参考。

如果滤波电容器选择 ESR 更低的薄膜电容器，所测试到的纹波电流将超过 2A/kW。因此，可以选择流过变频器整流滤波电容器的纹波电流为 2A/kW。

14.7　电解电容器在变频器中实际的选择及依据

由前几节的分析，得到变频器的直流母线电容器的最小电容量和直流母线电容器上将出现的单位输出功率的纹波电流。接下来就是如何选择电容器，特别是电解电容器。

变频器的电解电容器的额定电压由直流母线极限电压决定。

接下来选择电容量。前面的分析中有最小电容量的需求和纹波电流耐受能力的需求。那么，电解电容器的电容量选择取决于最小电容量还是纹波电流?

需要明确的是，在变频器的直流母线电容器选择时务必要同时满足最小电容量和纹波电流的要求。

以一个 30kW 变频器为例：当直流母线电压波动幅值约为 50V 时，需要电容量为 1000μF，暂时可以选择两只 2200μF/400V 电解电容器串联。

接下来看 2200μF/400V 电解电容器纹波电流承受能力，一般为不大于 10A/105℃或 7A/105℃。

30kW 变频器满载流入直流母线电容器的纹波电流约为 60A，远高于 2200μF/400V 电解电容器纹波电流承受能力！很显然，选择两只 2200μF/400V 电解电容器串联应用于 30kW 变频器是不允许的！

需要选择满足纹波电流的电解电容器。

2000 年前，变频器的电解电容器实际应用中的选择见表 14-2。

表 14-2 三相 380V 输入变频器的电解电容器选择

功率 /kW	电容量 /μF	电解电容器纹波电流 /A(85℃)	耐压 /V	数量及连接方式	电容器实际的纹波电流 /A
4	820	3.1	400	2 串	7.2
7.5	1500	6.7	400	2 串	13.5
11	2200	9.2	400	2 串	18
15	3900	13.5	400	2 串	27
18.5	3900	13.5	400	2 串	33
22	2200	9.2×2=18.4	400	2 串 2 并	40
30	3900	13.5×2=27	400	2 串 2 并	54
37	3900	13.5×2=27	400	2 串 2 并	66

从表 14-2 中看到，实际选择的电解电容器的额定纹波电流明显小于变频器满载条件下所产生的纹波电流值，约为其 1/2。

为什么这样选择？有什么科学依据？

在实际应用中，变频器所驱动的电动机不会工作在 50Hz 的输出频率，而一般工作在1/3 到 2/3 工频频率，因此变频器实际的输出功率将小于或等于原来的 1/2，对应流过电解电容器的纹波电流通常会在额定纹波电流或以下。这种选择方式是针对变频器驱动电动机的特殊应用指定的性价比优化结果。

2015 年后，有的变频器甚至选择更低电容量的电解电容器，以降低变频器的成本。如某 30kW 变频器不再选择 4 只 3300μF/400V 电解电容器两并两串，而是选择两只 5600μF/400V 电解电容器串联应用，对应的额定纹波电流为 17A，明显低于两只 3300μF/400V 并联的 27A 额定纹波电流值。这种选择可以使变频器中电解电容器的成本降低 20% 以上。对于这种电容量的选择，其变频器一般要降额使用如驱动功率为 22kW 以下的电动机。

输入电压为 660V 的变频器，由于交流电压提高到 380V 的$\sqrt{3}$倍，对应的电流降低到 1/$\sqrt{3}$。对应的电解电容器选择见表 14-3。

表 14-3 三相 660V 输入变频器的电解电容器选择

功率 /kW	电容量 /μF	电解电容器纹波电流 /A(85℃)	耐压 /V	数量及连接方式	电容器实际的纹波电流 /A
5.5	3300	12.4	450	3 串	5.5
7.5	3300	12.4	450	3 串	7.5
11	3300	12.4	450	3 串	11
15	4700	15.6	450	3 串	15
18.5	4700	15.6	450	3 串	18.5
22	5600	18.3	450	3 串	22
30	5600	18.3	450	3 串	30
37	5600	18.3	450	3 串	37

（续）

功率/kW	电容量/μF	电解电容器纹波电流/A(85℃)	耐压/V	数量及连接方式	电容器实际的纹波电流/A
45	5600	18.3	450	3串	45
55	4700	15.6×2=31.2	450	3串2并	55
75	5600	18.3×2=36.6	450	3串2并	75
90	5600	18.3×2=36.6	450	3串2并	90
110	6800	21.4×2=42.8	450	3串2并	110
132	4700	15.6×4=62.4	450	3串4并	132
160	5600	18.3×4=73.2	450	3串4并	160
185	6800	21.4×4=85.6	450	3串4并	185
200	5600	18.3×6=109.8	450	3串6并	200
220	5600	18.3×6=109.8	450	3串6并	220
250	6800	21.4×6=128.4	450	3串6并	250
280	6800	21.4×6=128.4	450	3串6并	280
315	6800	21.4×6=128.4	450	3串6并	315
350	5600	18.3×8=146.4	450	3串8并	350
375	6800	21.4×8=171.2	450	3串8并	375
400	5600	18.3×12=219.6	450	3串12并	400
500	6800	21.4×12=256.8	450	3串12并	500
560	6800	21.4×12=256.8	450	3串12并	560
630	6800	21.4×12=256.8	450	3串12并	630

14.8　其他三相SPWM逆变器产生的纹波电流

三相SPWM逆变器除做变频器外，还可以用作其他用途，如风电逆变、大功率光伏逆变甚至是静止无功发生器（SVG）。

风电逆变、大功率光伏逆变可以认为是变频器的负载时交流电网，因此不再赘述。

1. 三相桥式正弦化逆变器电流相移60°

三相异步电动机在中等负载时的功率因数有可能下降到0.5。其电流的相移将达到60°，变频器向直流母线索取电流（忽略开关频率电流分量）如图14-7所示。

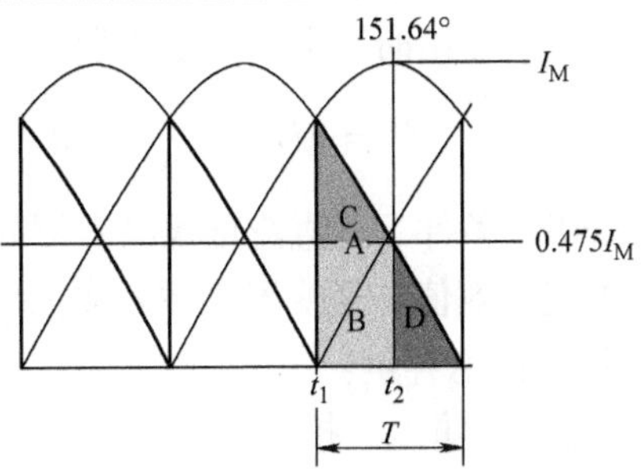

图14-7　SPWM逆变器电流相移60°时忽略开关频率电流分量的波形

C区域的直流分量为

$$I_{Cav}=\sqrt{2}I_{rms}\int_{151.64°}^{120°}\left(\sin t-0.475\times\frac{\pi}{180}\right)dt$$

$$=\sqrt{2}I_{rms}[(-\cos60°+\cos28.36°)-0.475\times0.0175\times31.64]$$

$$=\sqrt{2}I_{rms}(-0.5+0.88-0.263)=0.165I_{rms}$$

50Hz 输出时，电荷总变化量为

$$Q = 2I_{\mathrm{Cav}} \times \frac{34.6}{60} \times 10^{-2} = 0.33I_{\mathrm{rms}} \times \frac{34.6}{60} \times 0.01 = 0.001903I_{\mathrm{rms}}$$

50Hz 条件下，直流母线电容器每一次充电或放电，直流母线单位电流对应的电荷变化为 1903μC/A。根据式（14-3），当变频器工作在半功率和负载功率因数为 0.5 条件下，直流母线电压波动 50V，380V 变频器驱动同步电动机时，对应的最小电容量为 303μF/kW。

2. 三相逆变器输出电压与输出电流相位差 90°

作为极端工作模式，三相 SPWM 逆变器的输出电流与电压相位差为 90°，这种逆变器的工作模式应用在无功补偿中，即静止无功发生器（SVG）。在这种状态下逆变器向直流母线索取的电流中没有直流分量。为了分析方便，忽略开关频率电流分量，三相 SPWM 逆变器向直流母线索取的电流波形如图 14-8所示。

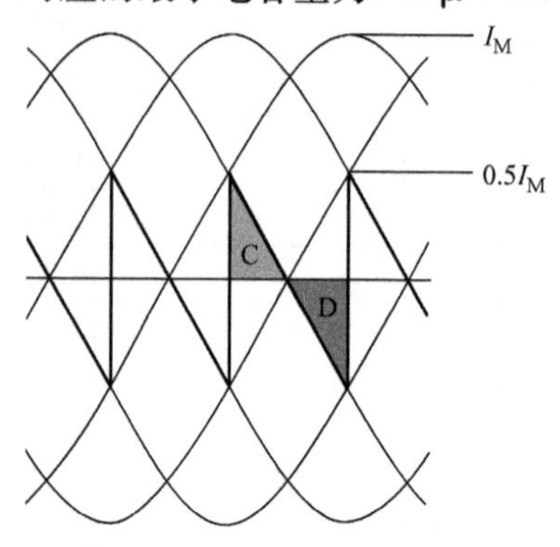

图 14-8　电流与电压相位相差 90°状态下，逆变器向直流母线索取的电流波形

图 14-8 中，一个正弦波周期平均值（0）上方的面积中共 6 个波头。

实际上，只需要获得电荷的变化就可以获得最小电容量的结论。

在图 14-8 中，通常计算高于输出电压区间的平均值进一步获得直流母线电容器的电荷量变化。

$$\begin{aligned} I_{\mathrm{Cav}} &= \frac{3}{\pi}\sqrt{2}I_{\mathrm{rms}}\int_{\frac{5\pi}{6}}^{\pi}\sin t\mathrm{d}t \\ &= \frac{3}{\pi}\sqrt{2}I_{\mathrm{rms}}\left(-\cos\pi + \cos\frac{5\pi}{6}\right) \\ &= \frac{3}{\pi}\sqrt{2}I_{\mathrm{rms}} \times 0.134 = 0.181I_{\mathrm{rms}} \end{aligned}$$

50Hz 输出时，电荷总变化量为

$$Q = 2I_{\mathrm{Aav}} \times \frac{2}{6} \times 10^{-2} = 0.362I_{\mathrm{rms}} \times \frac{2}{6} \times 0.01 \approx 0.001207I_{\mathrm{rms}}$$

50Hz 条件下，直流母线电容器每一次充电或放电，电荷变化为 1207μC/A。即每输出 1A 电流有效值，逆变器将注入或抽出 1207μC 电荷。如果直流母线电压波动为 50V，则需要 24μF/A 的电容量。

逆变器输出三相 380V 时，每千乏对应的输出电流有效值为 1.51A。对应允许直流母线电压 50V 的峰 - 峰值波动下，需要的最小电容量为 36.4μF/kvar。如果允许电压波动为 25V，则需要的最小电容量为 72.8μF/kvar。如果允许电压波动降低到 5V，则需要的最小电容量为 364μF/kvar。

为了获得低失真度的正弦无功电流波形，要求直流母线电压波动很小。对应的直流母线电容器的最小电容量将明显大于相同容量的变频器。

逆变器向直流母线索取的电流有效值又会有多大？由图 14-8 波形可以获得如下解析过程。

$$I_{\mathrm{BUSrms}} = \sqrt{2}I_{\mathrm{rms}}\sqrt{\frac{3}{\pi}\int_{\frac{5\pi}{6}}^{\frac{7\pi}{6}}\sin^2 t\mathrm{d}t} = \sqrt{2}I_{\mathrm{rms}}\sqrt{\frac{3}{\pi}\int_{\frac{5\pi}{6}}^{\frac{7\pi}{6}}\frac{1-\cos 2t}{2}\mathrm{d}t}$$

$$= \sqrt{2}I_{\mathrm{rms}}\sqrt{\frac{3}{2\pi}\left(\int_{\frac{5\pi}{6}}^{\frac{7\pi}{6}}\mathrm{d}t - \frac{1}{2}\int_{\frac{5\pi}{6}}^{\frac{7\pi}{6}}\cos 2t\mathrm{d}2t\right)}$$

$$= \sqrt{2}I_{\mathrm{rms}}\sqrt{\frac{3}{2\pi}\left[\frac{\pi}{3} - \frac{1}{2}\left(\sin\frac{7\pi}{3} - \sin\frac{5\pi}{3}\right)\right]}$$

$$= \sqrt{2}I_{\mathrm{rms}}\sqrt{\frac{3}{2\pi}\times\frac{\pi}{3} - \frac{3}{2\pi}\times\frac{1}{2}(0.86603 + 0.86603)}$$

$$= \sqrt{2}I_{\mathrm{rms}}\sqrt{\frac{1}{2}\left(1 - \frac{3\times 0.86603}{2\pi}\right)} \approx 0.766I_{\mathrm{rms}}$$

流入直流母线电容器的电流有效值1.156A/kvar。这个数值是变频器驱动异步电动机0.66~0.69 A/kvar的近2倍。

由此可见，不能把变频器的电容器选择依据应用到SVG。

14.9　三相有源整流电路

1. 三相有源整流电路的提出

将交流电转换为直流电最简单的方法就是应用整流电路，无论单相交流电还是三相交流电转换为直流电都是如此。平滑整流输出电压以及吸收来自负载所产生的交流电流分量，通常的办法是在整流电路的输出端并联电容器。

这种方法实现起来最简单，但是所付出的代价是整流电路的输入参数变得很差。通过图14-3我们会看到，输入电流已经变成每半个电源周期两个电流脉冲。与此同时，功率因数变为0.707。

如此低的功率因数给我们提出一个问题：如果一个发电机的输出端接这样一个负载，那么这个发电机会输出多大的有功功率？结论很明显，为额定输出功率的70%。

为什么会这样？原因很简单，发电机、电动机（这里统称为电机）是带有绕组的电器。为了确保绕组紧密地绕在一起而不短路，导线外部要有一层绝缘材料。由于绝缘材料的最高工作温度相对较低（如聚酯材料作为漆包线外皮时的最高工作温度为130℃），绕组的工作温度超过绝缘材料的最高工作温度就可能烧毁绝缘材料导致整个电机的烧毁。因此无论是电机还是电容器，都会因工作温度过高而烧毁。因此要严格限制电机、电容器的最高工作温度。

电流流过电机的绕组时，在绕组的寄生电阻上产生功率损耗，这个功率损耗将转化为热能，导致绕组温度升高。在绕组寄生电阻不变的条件下，限制流过绕组的电流有效值是限制绕组温度最有效的办法。这个限制值就是电机的额定电流。

发电机也不例外，也有额定电流。当发电机的输出电流达到额定电流时，无论这个电流是有功的还是无功的，发电机将达到其最高工作温度。因此，当功率因数仅为0.7时，发电机的输出有功功率自然也只能降低到额定功率的70%。这就是提高功率因数的主要原因之一。

发电机给单一整流电路供电的情况在风电逆变电路中会出现。

2. 风力发电机整流器对 DC – Link 电容器工作状态的影响

由于风力发电机的输出频率随风速变化，不可能与电网同步，因此要把风力发电机输出的交流电功率输送到电网必须将风力发电机输出的交流电整流成为直流电，再将整流后的直流电逆变为与交流电网同步并且可以并入电网的交流电。

因此，风电并网变换器的电路结构为发电机—输入滤波器—整流电路—滤波电容器—并网逆变器—输出滤波器—电网，如图 14-9 所示。

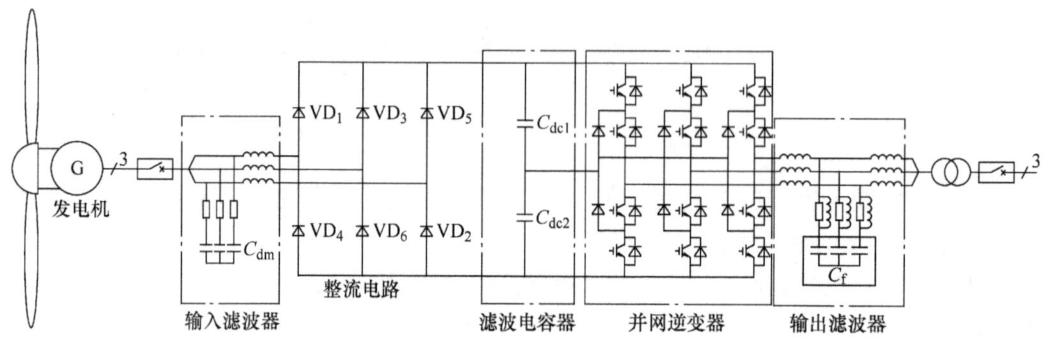

图 14-9 二极管整流的风电逆变器

如果风电逆变器采用图 14-9 所示的整流电路，那么风力发电机就会丧失 30% 的发电能力，这绝对是不经济的。因此，需要风电逆变器整流电路的功率因数接近 1，这就需要功率因数校正或者有源整流器。

怎样获得有源整流器？通过变频器驱动感应电动机时刹车状态下的回馈制动，三相 SPWM 逆变器将感应电动机发出的三相交流电回馈到直流母线，这就是典型的有源整流过程，不仅将三相交流电整流成直流电，还使感应电动机的交流电流保持正弦交流电波形。

因此，将三相 SPWM 逆变器的输出频率、相位、幅度与交流电源锁定，就可以将交流电整流成直流电，同时还保证输入的交流电流为正弦波。

可以将两个三相 SPWM 逆变器直流母线并联，两个交流端分别接风力发电机、交流电网，这就构成了风电逆变器的基本框架，如图 14-10 所示。

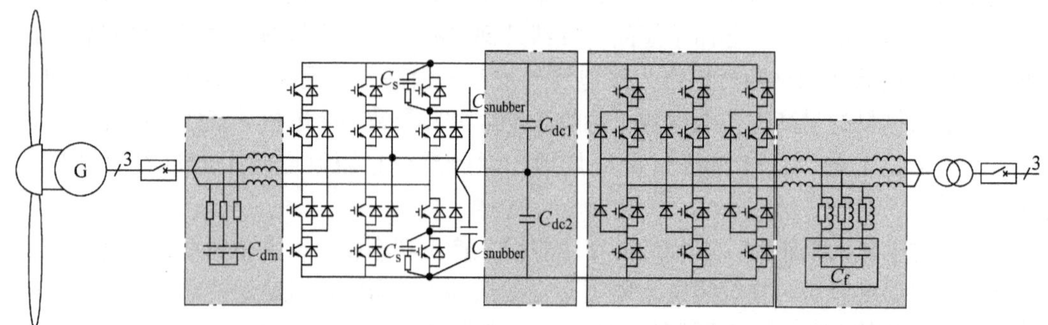

图 14-10 采用有源整流电路的风电逆变器

这里所关心的是直流母线电容器的工作状态，以便在设计时能够正确的选择直流母线电容器。那么，这时直流母线电容器的工作状态如何？

3. 逆变器在直流母线上所产生的交流电流对直流母线电容器工作状态的影响

从图 14-10 看到风电逆变器实际上就是两台三相 SPWM 逆变器的背靠背并联。这样，各自在直流母线上所产生的交流电流分量也符合三相 SPWM 逆变器在直流母线上的交流电流分量。

如果图 14-10 电路两侧最大交流电流有效值已知，同时风力发电机的额定功率已知，就可以得到风力发电机侧有源整流器和电网侧逆变器各自的交流电流分量，这两个交流电流分量必将全部流入直流母线电容器。

从式（14-5）可知，有源整流电路在直流母线上产生的交流电流分量的有效值为输入电流有效值的 45%，电网逆变器在直流母线上产生的交流电流分量为输出电流有效值的 45%。

如果是直接输出，则风力发电机的输出电压就是风电逆变器的输出电压，风力发电机侧的电流有效值与电网侧的电流有效值基本相等，在直流母线电容器上的交流电流分量也基本相等。

因此，是不是可以认为直流母线电容器的交流电流分量是电网侧或者风力发电机侧电流有效值的 45% +45% =90%？事实上，这可能是直流母线电容器的交流电流有效值的最大值。如果风力发电机侧的频率与电网侧的频率不同，则实际流入直流母线电容器的电流有效值将按照方均根的方式相加，即

$$I_{\mathrm{CBUSrms}} = \sqrt{I_{\mathrm{CWac}}^2 + I_{\mathrm{CPac}}^2} = I_{\mathrm{P}} \times \sqrt{0.45^2 + 0.45^2} = 0.636 I_{\mathrm{P}}$$

这就是说，按照方均根方式计算，直流母线电容器流过的电流有效值为交流侧电流有效值的 63.6%。

通过控制有源整流器开关管的开关时刻与电网逆变器对应的开关管的开关时刻，可以有效地将两侧所产生的开关频率的交流电流分量部分或大部分抵消，则可以认为直流母线电容器流过的电流有效值为输出电流有效值的 45%。

如果按照交流电流有效值的 45% 选择直流母线电容器的额定电流，但是在控制模式的程序中并没有将两侧开关所产生开关频率的交流电流分量大部或部分抵消，则直流母线电容器流过的电流有效值至少为输出电流有效值的 63.6%，这必然导致直流母线电容器严重过电流而烧毁。

4. 流过电容器的交流电流谐波分析

三相 SPWM 逆变器在直流母线中产生的交流电流分量的谐波成分见表 14-4。

表 14-4　三相 SPWM 逆变器在直流母线中产生的交流电流分量的谐波成分

谐波次数	相对基波电流百分比	谐波次数	相对基波电流百分比	谐波次数	相对基波电流百分比	谐波次数	相对基波电流百分比
（基波）:	100.00%	（h14）:	42.16%	（h25）:	60.70%	（h35）:	14.56%
（h2）:	11.60%	（h15）:	37.46%	（h26）:	49.82%	（h36）:	12.85%
（h3）:	48.34%	（h17）:	11.52%	（h27）:	66.26%	（h37）:	18.65%
（h8）:	10.41%	（h18）:	10.82%	（h28）:	18.12%	（h38）:	43.80%
（h10）:	25.70%	（h21）:	11.40%	（h29）:	12.30%	（h39）:	26.85%
（h11）:	24.95%	（h22）:	12.93%	（h30）:	22.41%	（h40）:	43.24%
（h12）:	79.74%	（h23）:	14.39%	（h31）:	13.12%	（h41）:	13.42%
（h13）:	52.10%	（h24）:	51.77%	（h33）:	11.84%	（h42）:	11.17%

表 14-4 中的基波电流的频率为三相 SPWM 逆变器输出频率的 6 倍。

整流滤波电路所产生的交流电流分量的谐波成分见表 14-5。

表 14-5 整流滤波电路所产生的交流电流分量的谐波成分

频率	相对 300Hz 电流百分比	频率	相对 300Hz 电流百分比	频率	相对 300Hz 电流百分比
300Hz	100.00%	600Hz	44.11%	1200Hz	17.53%
1800Hz	6.907%	2400Hz	3.114%	3000Hz	2.051%

为什么要对流入直流母线电容器的电流进行谐波分析？因为铝电解电容器在不同频率下的 ESR 不同，会有频率修正系数来修正不同的频率下的电流分量到“标准”频率（120Hz）下，最后得到“标准”频率下的有效值电流有效值。

第15章 导针式电解电容器实际数据实例

15.1 与时俱进的电解电容器数据

用好电解电容器就必须了解电解电容器的数据，而电解电容器的数据体现了制造商对电解电容器的理解以及对用户应用场景的了解。

电解电容器的数据也是与时俱进的。最初电子管电路中的电解电容器数据仅仅有额定电压、电容量、电容量的容差、损耗因数、漏电流和外形尺寸。在那个时代整流二极管是电子管，具有较高的“导通”电阻。跟现在的集成电路应用状态相比，电子管电路是高压小电流状态，所产生的“纹波电流”也很小。与此同时，由于电子管电路的体积较大，对电解电容器的体积也没有严格限制。

即使到了晶体管时代，对电解电容器数据也没有特殊要求，仅减小了体积。这样的电解电容器数据，仅仅需要一页 32 开纸就可以放下。

电解电容器数据第一次真正的进步源于计算机电源的开关化。这时要求电解电容器具有 85℃的最高工作环境温度，也有了寿命要求——1000h 成为底线。

计算机时代的开启，使电解电容器有了最高工作温度和寿命，还要求电解电容器提供纹波电流耐受能力的数据，随后又有了 ESR 的数据要求。

这些新增加的数据均在数据表的第一页体现出来。

由于不同的存储条件和使用条件，有些电解电容器数据中还包括高温无偏置电压的存储寿命参数。

随着开关电源和变频器的广泛应用，对电解电容器的寿命提出了更详细的要求。于是在电解电容器的数据表中，出现了寿命与温度、纹波电流的曲线。

电解电容器大量应用于电力电子电路，工作状态各有不同，从而对电解电容器的阻抗频率特性和 ESR 频率特性提出要求，于是出现了电解电容器的阻抗频率特性和 ESR 频率特性曲线。

基于上述两个曲线族，推出了电解电容器纹波电流的温度折算系数和频率折算系数，使得电解电容器的数据更加完善。

随着对电力电子电路的“深耕细作”，加上高速开关的功率半导体器件（如 MOSFET 和 IGBT）的普遍应用要求，作为直流母线电容器的电解电容器应提供等效串联电感的数据。

由于纹波电流流过电解电容器导致电解电容器的发热，特别是大电流会导致明显发热，各种尺寸外壳电解电容器的热阻也融入电解电容器数据表中。

不同的电解电容器制造商会给出自己认为合适的数据或曲线。数据或曲线越全面，应用者使用时会越顺利、越能发挥电解电容器的性能。

对于有丰富设计经验的电力电子工程师来说，元器件制造商给出的数据越全面越好。

15.2 导针式电解电容器 CD03 系列数据

CD03 系列一般用途铝电解电容器外形如图 15-1 所示。

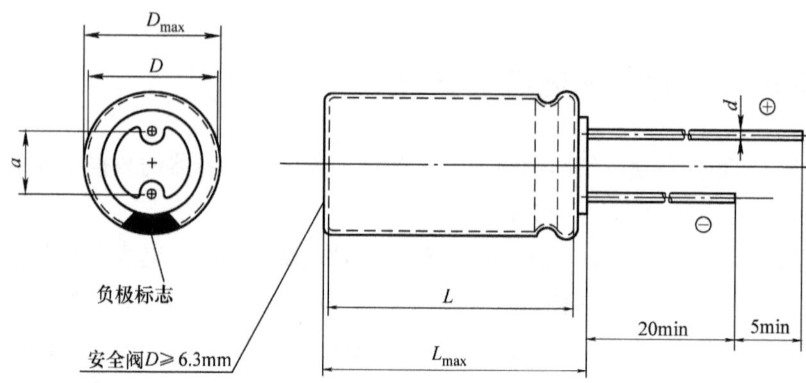

图 15-1 CD03 系列一般用途铝电解电容器外形图

CD03 系列铝电解电容器技术数据见表 15-1 和表 15-2。

表 15-1 CD03 系列铝电解电容器性能概述

性能		数据												
外形尺寸/mm	D	5±0.5	6±0.5	8±0.5	10±1.0			12±1.0		16±1.0			19±1.0	21±1.0
	L±2	12	12	12	12	16	20	20	25	25	30	35	35	35
	a±0.5	2	2.5	3.5	5					7.5			7.5 或 10	10
	d±0.1	0.5 或 0.6			0.6 或 0.8					0.8 或 1.0				

性能	数据
温度范围/℃	−40 ~ 85
额定电压/V	25 ~ 450
电容量范围/μF	150 ~ 100000
容差	−10% ~ +30%，±20%
漏电流/μA	$U_R<100$V 时，$I_0 \leqslant 0.02C_RU_R+5$（2min 后读数） $U_R \geqslant 100$V 时，$I_0 \leqslant 0.06C_RU_R+10$

额定电压 U_R/V	6.3	10	16	25	35	50	63	100	160
损耗因数（100Hz）	0.22	0.20	0.16	0.14	0.12	0.10	0.09	0.08	0.10

性能	数据
高温负荷试验	85℃环境温度下，加额定电压（叠加额定纹波电流）1000h 后，满足下列要求： 1）电容量：$U_R \leqslant 6.3$V 时，$\Delta C/C$ 为 −40 ~ ±25%；6V < $U_R \leqslant 160$V 时，$\Delta C/C$ = ±30% 2）$\tan\delta \leqslant 1.5\tan\delta_0$ 或 0.4（取大者） 3）漏电流：$I \leqslant I_0$
高温存储试验	温度：85℃，持续时间：(96±4) h，恢复：至少 16h

表 15-2　CD03（CD11）系列铝电解电容器电气参数

电容量/μF	U_R =6.3V		U_R =10V		U_R =16V	
	尺寸（mm）（$\phi D \times L$）	额定纹波电流/A_{rms}	尺寸/mm（$\phi D \times L$）	额定纹波电流/A_{rms}	尺寸/mm（$\phi D \times L$）	额定纹波电流/A_{rms}
10					5×12	22
22			5×12	29	5×12	32
33	5×12	36	5×12	26	5×12	39
47	5×12	43	5×12	43	6×12	52
100	6×12	69	6×12	69	8×12	79
220	8×12	102	8×12	114	10×12	132
330	10×12	139	10×12	161	10×16	186
470	10×12	166	10×16	215	10×20	248
1000	12×20	280	12×20	319	12×25	410
2200	12×25	509	16×25	588	16×25	702
3300	16×25	720	16×35	793	16×35	1018
4700	16×35	941	16×35	1011	19×35	1238

电容量/μF	U_R =25V		U_R =35V		U_R =50V	
	尺寸/mm（$\phi D \times L$）	额定纹波电流/A_{rms}	尺寸/mm（$\phi D \times L$）	额定纹波电流/A_{rms}	尺寸/mm（$\phi D \times L$）	额定纹波电流/A_{rms}
0.47					5×12	6
1					5×12	9
2.2			5×12	13	5×12	13
3.3			5×12	16	5×12	16
4.7	5×12	17	5×12	19	5×12	19
10	5×12	24	5×12	28	5×12	28
22	5×12	36	6×12	46	6×12	46
33	6×12	48	6×12	56	8×12	64
47	6×12	58	8×12	77	8×12	77
100	8×12	87	10×12	109	10×16	125
220	10×16	166	10×20	186	12×20	237
330	10×20	208	12×20	260	12×25	259
470	12×20	283	12×25	310	16×25	384
1000	16×25	474	16×25	512	16×35	560
2200	16×35	831	19×35	898	21×35	1025
3300	19×35	1186	21×35	1256		
4700	21×35	1267				

（续）

电容量/μF	U_R =63V		U_R =100V		U_R =160V	
	尺寸/mm（$\phi D\times L$）	额定纹波电流/A_{rms}	尺寸/mm（$\phi D\times L$）	额定纹波电流/A_{rms}	尺寸/mm（$\phi D\times L$）	额定纹波电流/A_{rms}
0.47	5×12	8	5×12	7	6×12	6
1	5×12	11	5×12	11	6×12	9
2.2	5×12	16	5×12	16	8×12	16
3.3	5×12	20	5×12	20	8×12	25
4.7	5×12	23	6×12	26	10×12	28
10	6×12	38	8×12	33	10×16	35
22	8×12	53	10×12	49	12×20	67
33	8×12	64	10×16	59	12×25	88
47	10×12	89	10×20	83	16×25	121
100	12×20	140	12×20	115	16×35	182
220	12×25	208	16×25	254	21×35	280
330	16×25	279	16×35	394		
470	16×25	384	19×35	554		
1000	19×35	723				

表15-2中的额定纹波电流测试条件为85℃，100Hz。表15-1和表15-2是20世纪90年代后期给出的数据，因此带有纹波电流数据。扣除纹波电流、高温负荷试验和高温存储试验数据，表15-1和表15-2给出的数据最接近于早期电解电容器数据。

CD03系列是85℃/1000h产品，是乙二醇系电解电容器的最低档次。随着电子电路应用领域越来越广泛，对电解电容器的体积有了新要求，国标CD110成为替代CD03的一般用途电解电容器。CD03系列已经退出中国电解电容器市场，成为历史，其根本原因是性能远远不适合现在的低端应用。

15.3 导针式电解电容器CD110系列数据

CD110系列电解电容器是CD03导针型电解电容器的升级型号，改进的特性主要有：寿命从CD03的1000h，提高到2000h；体积减小，各个规格的壳号至少减小一号；纹波电流提升。2021年江海电容样本中的CD110数据中还添加了纹波电流的温度折算系数、频率折算系数、120Hz条件下的ESR以及寿命与温度、纹波电流的曲线。该系列电解电容器数据与新型电解电容器数据相比，除了具体数据值有差距外，数据项目基本没有差别。

CD110系列铝电解电容器数据见表15-3～表15-8。

简单说明：最高工作（环境）温度为85℃，在环境温度85℃条件下的负载寿命为2000h，小尺寸、低成本，适用于一般消费类电子产品。

表 15-3　CD110 系列铝电解电容器性能概述

性能	数据	
工作温度范围/℃	−40～85	−25～85
电压范围/V	6.3～250	315～500
电容量范围/μF	0.1～22000	
容差（20℃，120Hz）	±20%	
漏电流/μA（2min 后的读数）	$0.01CU_R$ 或 3μA，取相对大的数	不大于 $0.03CU_R$ +10μA

损耗因数（20℃，120Hz）

电压/V	6.3	10	16	25	35	50	63	100	160	200	250～350	400	450	500
tanδ	0.22	0.19	0.16	0.14	0.12	0.10	0.09	0.08	0.12		0.15	0.20	0.23	

当电容量大于1000μF 时，tanδ 不大于表中数值的0.02，小于1000μF 时与表中数据基本相同

低温稳定性（120Hz 下的阻抗比例）

电压/V	6.3	10	16	25	35	50	63	100	160	200	250	315～500
$Z_{-25℃}/Z_{20℃}$	4	3	2						3			6
$Z_{-40℃}/Z_{20℃}$	8	6	4	3					8			—

表 15-4　寿命

寿命/h		3000（φ≤8） 4000（φ≥10） （使用寿命）	35000（φ≤8） 50000（φ≥10） （使用寿命）	2000（负载寿命）	2000（耐久性测试）	1000（高温存储寿命）
漏电流		不大于设定值				
电容量变化		不小于初始值的 50%		小于初始值的±20%	小于初始值的±20%	小于初始值的±20%
损耗因数		不大于设定值的 300%		不大于设定值的200%	不大于设定值的150%	不大于设定值的200%
测试条件	电压	U_R	U_R	U_R	U_R	$U_R=0$
	电流	I_R	$1.4I_R$	I_R	$I_R=0$	$I_R=0$
	温度	85℃	40℃	85℃	85℃	85℃

注：完成高温试验后，电容器施加 U_R30min，24h 后测试。

表 15-5　外形及尺寸　　（单位：mm）

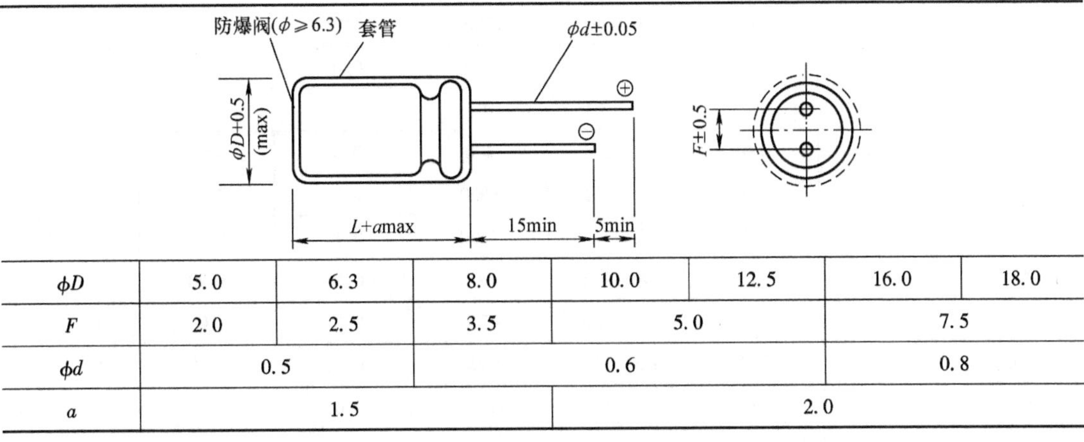

φD	5.0	6.3	8.0	10.0	12.5	16.0	18.0
F	2.0	2.5	3.5	5.0		7.5	
φd	0.5		0.6			0.8	
a	1.5			2.0			

表 15-6　纹波电流的频率折算系数

额定电压 /V	CU_R /μF·V	50/60Hz	120Hz	1kHz	10kHz	100kHz
6.3～16	所有 CU_R 值	0.8	1.0	1.1	1.2	1.2
25～35	≤1000	0.8	1.0	1.5	1.7	1.7
	>1000	0.8	1.0	1.2	1.3	1.3
50～100	≤1000	0.8	1.0	1.6	1.9	1.9
	>1000	0.8	1.0	1.2	1.3	1.3
160～500	所有 CU_R 值	0.8	1.0	1.3	1.5	1.5

表 15-7　纹波电流的温度折算系数

温度/℃	70	85
系数	1.35	1.00

表 15-8　CD110 系列铝电解电容器电气参数

额定电压（浪涌电压）6.3V（7.2V）1C				额定电压（浪涌电压）10V（13V）1A			
电容量 /μF	最大 ESR/Ω (20℃，120Hz)	额定纹波电流 /mA (85℃，120Hz)	尺寸/mm ($\phi D \times L$)	电容量 /μF	最大 ESR/Ω (20℃，120Hz)	额定纹波电流 /mA (85℃，120Hz)	尺寸/mm ($\phi D \times L$)
220	1.33	200	5×11.5	47	5.36	99	5×11.5
330	0.88	270	6.3×11.5	100	2.52	146	5×11.5
470	0.62	322	6.3×11.5	220	1.15	240	6.3×11.5
1000	0.29	546	8×11.5	330	0.76	290	6.3×11.5
2200	0.14	1010	10×20	470	0.54	417	8×11.5
3300	0.10	1230	10×20	1000	0.25	650	10×12.5
4700	0.08	1710	12.5×20	2200	0.13	1080	10×20
6800	0.06	1930	12.5×25	3300	0.09	1430	12.5×20
10000	0.05	2450	16×25	4700	0.07	1780	12.5×25
15000	0.04	2860	16×35.5	6800	0.06	2220	16×25
22000	0.04	3340	18×40	10000	0.05	2700	16×35.5
				15000	0.04	3100	18×35.5
16V（20V）0J							
10	21.2	50	5×11.5	470	0.45	457	8×11.5
22	9.65	75	5×11.5	1000	0.21	791	10×16
33	6.43	92	5×11.5	2200	0.11	1350	12.5×20
47	4.52	110	5×11.5	3300	0.08	1690	12.5×25
100	2.12	160	5×11.5	4700	0.06	2100	16×25
220	0.97	264	6.3×11.5	6800	0.05	2580	16×35.5
330	0.64	383	8×11.5	10000	0.05	3130	18×35.5

（续）

额定电压（浪涌电压）6.3V（7.2V）1C				额定电压（浪涌电压）10V（13V）1A			
电容量/μF	最大ESR/Ω(20℃，120Hz)	额定纹波电流/mA(85℃，120Hz)	尺寸/mm($\phi D\times L$)	电容量/μF	最大ESR/Ω(20℃，120Hz)	额定纹波电流/mA(85℃，120Hz)	尺寸/mm($\phi D\times L$)
25V（32V）1E							
4.7	39.5	38	5×11.5	330	0.56	510	10×12.5
10	18.6	55	5×11.5	470	0.40	545	10×12.5
22	8.44	82	5×11.5	1000	0.19	996	10×20
33	5.63	100	5×11.5	2200	0.10	1660	12.5×25
47	3.95	118	5×11.5	3300	0.07	2030	16×25
100	1.86	199	6.3×11.5	4700	0.06	2650	16×31.5
220	0.84	349	8×11.5	6800	0.05	3290	18×35.5
35V（44V）1V							
4.7	33.9	40	5×11.5	330	0.48	542	
10	15.9	59	5×11.5	470	0.34	664	
22	7.24	87	5×11.5	1000	0.16	1210	
33	4.83	107	5×11.5	2200	0.08	1950	
47	3.39	130	5×11.5	3300	0.06	2510	
100	1.59	214	6.3×11.5	4700	0.05	2990	
220	0.72	443	8×11.5				
50V（63V）1H							
0.1	1327	3	5×11.5	33	4.02	126	5×11.5
0.22	603	6	5×11.5	47	2.82	155	6.3×11.5
0.33	402	9	5×11.5	100	1.33	260	8×11.5
0.47	282	13	5×11.5	220	0.60	443	10×12.5
1	133	21	5×11.5	330	0.40	595	10×16
2.2	60.3	31	5×11.5	470	0.28	887	12.5×20
3.3	40.2	38	5×11.5	1000	0.13	1400	16×25
4.7	28.2	45	5×11.5	2200	0.07	2340	16×35.5
10	13.3	66	5×11.5	3300	0.06	2810	18×35.5
22	6.03	98	5×11.5				
63V（79V）1J							
4.7	25.4	45	5×11.5	100	1.19	300	10×12.5
10	11.9	66	5×11.5	220	0.54	470	10×16
22	5.43	100	5×11.5	330	0.36	710	10×20
33	3.62	140	6.3×11.5	470	0.25	900	12.5×20
47	2.54	170	6.3×11.5	1000	0.12	1300	16×25

（续）

额定电压（浪涌电压）6.3V（7.2V）1C				额定电压（浪涌电压）10V（13V）1A			
电容量/μF	最大ESR/Ω（20℃，120Hz）	额定纹波电流/mA（85℃，120Hz）	尺寸/mm（$\phi D\times L$）	电容量/μF	最大ESR/Ω（20℃，120Hz）	额定纹波电流/mA（85℃，120Hz）	尺寸/mm（$\phi D\times L$）
100V（125V）2A							
0.1	1062	2.1	5×11.5	22	4.83	130	6.3×11.5
0.22	484	4.7	5×11.5	33	3.22	180	8×11.5
0.33	322	7	5×11.5	47	2.26	230	10×12.5
0.47	226	10	5×11.5	100	1.06	370	10×20
1	106.2	21	5×11.5	220	0.48	620	12.5×25
2.2	48.3	30	5×11.5	330	0.32	760	16×25
3.3	32.2	40	5×11.5	470	0.23	1000	16×25
4.7	22.6	45	5×11.5	1000	0.11	1380	18×40
10	10.6	75	6.3×11.5				
160V（200V）2C							
0.47	339	15	6.3×11.5	22	7.24	151	10×16
1	159	22	6.3×11.5	33	4.83	202	10×20
2.2	72.4	32	6.3×11.5	47	3.39	266	12.5×20
3.3	48.3	40	6.3×11.5	100	1.59	422	12.5×25
4.7	33.9	48	6.3×11.5	220	0.72	783	16×31.5
10	15.9	81	8×11.5	330	0.48	1080	18×31.5
200V（250V）2D							
0.47	339	15	6.3×11.5	22	7.24	170	10×20
1	159	22	6.3×11.5	33	48.3	223	12.5×20
2.2	72.4	32	6.3×11.5	47	3.39	265	12.5×20
3.3	48.3	40	6.3×11.5	100	1.59	483	16×25.5
4.7	33.9	56	8×11.5	220	0.72	882	18×36
10	15.9	94	8×11.5				
250V（300V）2E							
0.47	423	15	6.3×11.5	10	19.9	101	10×12.5
1	199	22	6.3×11.5	22	9.05	182	10×20
2.2	90.5	32	6.3×11.5	33	6.03	243	12.5×20
3.3	60.3	48	8×11.5	47	4.23	295	12.5×25
4.7	42.3	56	10×12.5	100	1.99	528	16×31.5
315V（350V）2F							
0.47	423	15	6.3×11.5	10	19.9	115	10×16
1	199	22	6.3×11.5	22	9.05	182	12.5×20
2.2	90.5	38	8×11.5	33	6.03	277	16×25.5
3.3	60.3	53	10×12.5	47	4.23	330	16×25.5
4.7	42.3	65	10×12.5	100	1.99	567	18×31.5

（续）

额定电压（浪涌电压）6.3V（7.2V）1C				额定电压（浪涌电压）10V（13V）1A			
电容量/μF	最大ESR/Ω（20℃，120Hz）	额定纹波电流/mA（85℃，120Hz）	尺寸/mm（$\phi D \times L$）	电容量/μF	最大ESR/Ω（20℃，120Hz）	额定纹波电流/mA（85℃，120Hz）	尺寸/mm（$\phi D \times L$）
350V（400V）2V							
0.47	423.5	15	6.3×11.5	10	19.9	115	10×20
1	199	22	6.3×11.5	22	9.05	197	12.5×20
2.2	90.5	38	6.3×11.5	33	6.03	277	12.5×25
3.3	60.3	53	8×11.5	47	4.23	330	16×25.5
4.7	42.3	65	10×12.5	100	1.99	507	18×31.5
400V（450V）2G							
0.47	565	15	6.3×11.5	22	12.1	197	12.5×25
1	265	22	6.3×11.5	33	8.04	277	16×25.5
2.2	121	38	8×11.5	47	5.65	361	16×25.5
3.3	80.4	54	10×12.5	68	3.9	423	18×25.5
4.7	56.5	71	10×12.5	82	3.2	509	18×31.5
10	26.5	123	10×20	100	2.7	595	18×36
450V（500V）2W							
0.47	649	18	6.3×11.5	22	13.9	226	12.5×25
1	305	25	6.3×11.5	33	9.2	304	16×25.5
2.2	139	43	8×11.5	47	6.5	380	16×31.5
3.3	92.5	59	10×12.5	68	4.5	436	18×25.5
4.7	64.9	76	10×16	82	3.7	530	18×31.5
10	30.5	123	10×20	100	2.6	610	18×36
500V（550V）2H							
1	305	35	10×12.5	4.7	64.9	100	12.5×20
2.2	139	45	10×16	10	30.5	165	12.5×25
3.3	92.5	75	10×20				

CD110系列铝电解电容器是目前国内最低性能要求的一般用途电解电容器，特点是价格低廉（高频低阻铝电解电容器价格的1/2以下），在要求不高的应用中可以满足性能要求。

CD110系列电解电容寿命与温度、纹波电流的关系如图15-2所示。

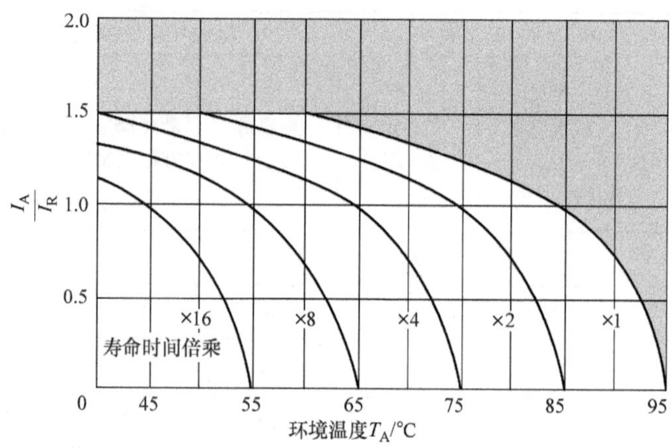

图 15-2　寿命与温度、纹波电流的关系

15.4 导针式电解电容器 CD285 系列数据

CD285 系列电解电容器是高频低阻导针型电解电容器，为低压电解电容器产品，寿命为 105℃、6000~10000h，是高频低阻铝电解电容器中 ESR 相对最低、纹波电流相对最高的一款型号。

CD285 系列铝电解电容器数据见表 15-9~表 15-14。

表 15-9　CD285 系列铝电解电容器性能概述

<table>
<tr><th>性能</th><th colspan="10">数据</th></tr>
<tr><td>工作温度范围/℃</td><td colspan="10">-40~105</td></tr>
<tr><td>电压范围/V</td><td colspan="10">6.3~1000</td></tr>
<tr><td>电容量范围/μF</td><td colspan="10">8.2~8200</td></tr>
<tr><td>容差（20℃，120Hz）</td><td colspan="10">±20%</td></tr>
<tr><td>漏电流/μA（2min 后的读数）</td><td colspan="10">0.01CU_R 或 3μA，取相对大的数</td></tr>
<tr><td rowspan="3">损耗因数（20℃，120Hz）</td><td>电压/V</td><td>6.3</td><td>10</td><td>16</td><td>25</td><td>35</td><td>50</td><td>63</td><td>80</td><td>100</td></tr>
<tr><td>tanδ</td><td>0.22</td><td>0.19</td><td>0.16</td><td>0.14</td><td>0.12</td><td>0.10</td><td>0.09</td><td>0.08</td><td>0.08</td></tr>
<tr><td colspan="10">当电容量大于 1000μF 时，tanδ 不大于表中数值的 0.02，小于 1000μF 时与表中数据基本相同</td></tr>
<tr><td rowspan="3">低温稳定性（120Hz 下的阻抗比例）</td><td>电压/V</td><td>6.3</td><td>10</td><td>16</td><td>25</td><td>35</td><td>50</td><td>63</td><td>80</td><td>100</td></tr>
<tr><td>$Z_{-25℃}/Z_{+20℃}$</td><td>4</td><td>3</td><td colspan="7">2</td></tr>
<tr><td>$Z_{-40℃}/Z_{+20℃}$</td><td>12</td><td>10</td><td>8</td><td>6</td><td>4</td><td colspan="4">3</td></tr>
</table>

表 15-10　寿命

寿命/h		8000（ϕ≤6.3） 10000（ϕ=8） 12000（ϕ≥10） （使用寿命）	110000 （ϕ>8） （使用寿命）	6000（ϕ≤6.3） 8000（ϕ=8） 10000（ϕ≥10） （负载寿命）	7000（ϕ≤6.3） 10000（ϕ=8） 12000（ϕ≥10） （耐久性测试）	500（高温存储寿命）
漏电流		不大于设定值				
电容量变化		不大于初始值的±30% （6.3V、10V：±40%）		不大于初始值的±25% （6.3V、10V：±30%）	不大于初始值的±20% （6.3V、10V：±30%）	不大于初始值的±20%
损耗因数		不大于设定值的300% （6.3V、10V：400%）		不大于设定值的200% （6.3V、10V：300%）	不大于设定值的200% （6.3V、10V：300%）	不大于设定值的200%
测试条件电压	电压	U_R	U_R	U_R	U_R	$U_R=0$
	电流	I_R	$1.4I_R$	I_R	$I_R=0$	$I_R=0$
	温度	105℃	60℃	105℃	105℃	105℃

注：完成高温试验后，电容器施加 U_R30min，24h 后测试。

表 15-11　外形及尺寸　（单位：mm）

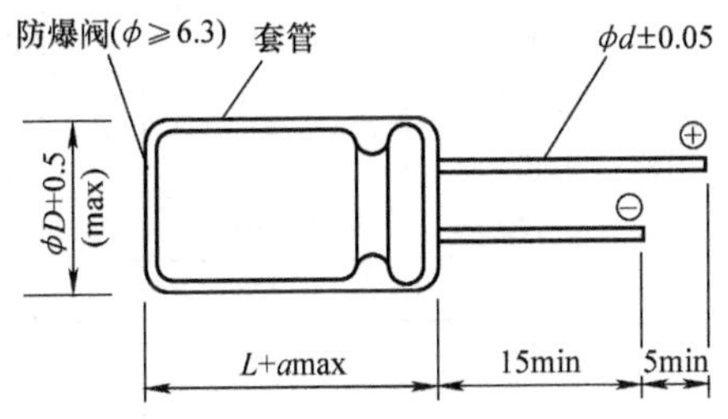

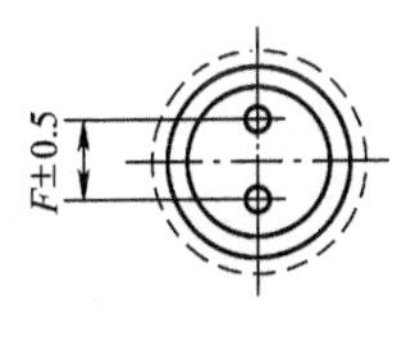

ϕD	5.0	6.3	8.0	10.0	12.5	16.0	18.0
F	2.0	2.5	3.5	5.0		7.5	
ϕd	0.5		0.6			0.8	
a	1.5			2.0			

表 15-12　频率折算系数

电容量/μF	120Hz	1kHz	10kHz	100kHz
8.3～33	0.42	0.70	0.90	1.00
47～270	0.50	0.73	0.92	1.00
330～680	0.55	0.77	0.94	1.00
820～1800	0.60	0.80	0.96	1.00
2200～8200	0.70	0.85	0.98	1.00

表 15-13　温度折算系数

温度/℃	≤65	85	105
系数	2.0	1.7	1.0

表 15-14 CD285 系列铝电解电容器电气参数

额定电压/V (浪涌电压/V) 电压码	电容量 /μF	最大 ESR/Ω (20℃, 120Hz)	最大阻抗/Ω (20℃, 100kHz)	最大阻抗/Ω (-10℃, 100kHz)	额定纹波电流/mA (105℃, 100kHz)	尺寸/mm ($\phi D \times L$)
6.3 (7.1) 0J	220	1.327	0.400	1.200	345	5×11.5
	470	0.621	0.170	0.510	540	6.3×11.5
	820	0.356	0.075	0.230	945	8×11.5
	1000	0.292	0.059	0.180	1250	8×16
	1200	0.243	0.053	0.160	1330	10×12.5
	1500	0.195	0.041	0.130	1500	8×20
	1800	0.162	0.038	0.120	1760	10×16
	2700	0.118	0.028	0.084	1960	10×16
	3300	0.105	0.024	0.072	2250	10×25
	3900	0.088	0.025	0.075	2480	12.5×20
	4700	0.079	0.019	0.057	2900	12.5×25
	5600	0.071	0.018	0.054	3450	12.5×30
	6800	0.062	0.021	0.063	3250	16×20
	6800	0.062	0.016	0.048	3570	12.5×35
	8200	0.058	0.017	0.051	3630	16×25
10 (13) 1A	150	1.681	0.400	1.200	450	5×11.5
	330	0.764	0.170	0.510	700	6.3×11.5
	560	0.450	0.075	0.230	1200	8×11.5
	680	0.371	0.059	0.180	1600	8×16
	820	0.307	0.053	0.160	1700	10×12.5
	1000	0.252	0.041	0.130	1960	8×20
	1200	0.210	0.038	0.120	2000	10×16
	1800	0.140	0.028	0.084	2500	10×20
	2200	0.127	0.024	0.072	2900	10×25
	2700	0.103	0.075	0.075	2600	12.5×20
	3300	0.092	0.019	0.057	3200	12.5×25
	4700	0.071	0.018	0.054	3660	12.5×30
	4700	0.071	0.021	0.063	3330	16×20
	5600	0.064	0.016	0.048	4120	12.5×35
	5600	0.064	0.017	0.051	3810	16×25
16 (20) 1C	120	1.769	0.400	1.200	450	5×11.5
	270	0.786	0.170	0.510	700	6.3×11.5
	470	0.452	0.075	0.230	1200	8×11.5
	560	0.379	0.059	0.180	1600	8×16
	680	0.312	0.053	0.160	1700	10×12.5
	820	0.259	0.041	0.130	1960	8×20
	1000	0.212	0.038	0.120	2000	10×16
	1500	0.142	0.028	0.084	2500	10×20
	1800	0.118	0.024	0.072	2900	10×25

（续）

额定电压/V（浪涌电压/V）电压码	电容量/μF	最大 ESR/Ω（20℃，120Hz）	最大阻抗/Ω（20℃，100kHz）	最大阻抗/Ω（－10℃，100kHz）	额定纹波电流/mA（105℃，100kHz）	尺寸/mm（$\phi D \times L$）
16（20）1C	2200	0. 109	0. 025	0. 075	2600	12. 5×20
	2700	0. 088	0. 019	0. 057	3200	12. 5×25
	3300	0. 080	0. 018	0. 054	3660	12. 5×30
	3300	0. 080	0. 021	0. 063	3330	16×20
	3900	0. 068	0. 016	0. 048	4120	12. 5×35
	4700	0. 062	0. 017	0. 051	3810	16×25
25（32）1F	68	2. 732	0. 400	1. 200	450	5×11. 5
	150	1. 238	0. 170	0. 510	700	6. 3×11. 5
	3300	0. 563	0. 075	0. 230	1200	8×11. 5
	390	0. 476	0. 059	0. 180	1600	8×16
	470	0. 395	0. 053	0. 160	1700	10×12. 5
	560	0. 332	0. 041	0. 130	1960	8×20
	680	0. 273	0. 038	0. 084	2000	10×16
	1000	0. 186	0. 028	0. 084	2500	10×20
	1200	0. 155	0. 024	0. 072	2900	10×25
	1500	0. 124	0. 025	0. 075	2600	12. 5×20
	1800	0. 103	0. 019	0. 057	3200	12. 5×25
	2200	0. 097	0. 018	0. 054	3660	12. 5×30
	2200	0. 097	0. 021	0. 063	3330	16×20
	2700	0. 079	0. 016	0. 048	4120	12. 5×35
	3300	0. 072	0. 017	0. 051	3810	16×25
35（44）1V	47	3. 388	0. 400	1. 200	450	5×11. 5
	100	1. 592	0. 170	0. 510	700	6. 3×11. 5
	180	0. 885	0. 075	0. 230	1200	8×11. 5
	220	0. 724	0. 059	0. 180	1600	8×16
	270	0. 590	0. 053	0. 160	1700	10×12. 5
	330	0. 483	0. 041	0. 130	1960	8×20
	390	0. 408	0. 041	0. 130	1960	8×20
	390	0. 408	0. 038	0. 120	2000	10×16
	470	0. 339	0. 038	0. 120	2000	10×16
	560	0. 284	0. 028	0. 084	2500	10×20
	680	0. 234	0. 024	0. 072	2900	10×25
	820	0. 194	0. 025	0. 075	2600	12. 5×20
	1000	0. 159	0. 025	0. 075	2600	12. 5×20
	1200	0. 133	0. 019	0. 057	3200	12. 5×25
	1500	0. 106	0. 018	0. 054	3660	12. 5×30
	1500	0. 106	0. 021	0. 063	3330	16×20
	1800	0. 088	0. 016	0. 048	4120	12. 5×35
	1800	0. 088	0. 017	0. 051	3810	16×25

（续）

额定电压/V（浪涌电压/V）电压码	电容量/μF	最大 ESR/Ω（20℃，120Hz）	最大阻抗/Ω（20℃，100kHz）	最大阻抗/Ω（-10℃，100kHz）	额定纹波电流/mA（105℃，100kHz）	尺寸/mm（$\phi D \times L$）
50（63）1H	27	4.915	0.480	1.500	310	5×11.5
	56	2.370	0.220	0.660	500	6.3×11.5
	100	1.327	0.120	0.360	950	8×11.5
	120	1.106	0.110	0.330	950	8×11.5
	120	1.106	0.082	0.250	1230	8×16
	150	0.885	0.073	0.220	1280	10×12.5
	180	0.737	0.081	0.240	1700	8×16
	180	0.737	0.058	0.180	1580	8×20
	220	0.603	0.071	0.210	1700	10×12.5
	220	0.603	0.053	0.160	1650	10×16
	270	0.493	0.058	0.170	2100	8×20
	330	0.402	0.052	0.160	2100	10×16
	330	0.402	0.038	0.120	2060	10×20
	390	0.340	0.032	0.100	2420	10×25
	470	0.282	0.037	0.110	1500	10×20
	470	0.282	0.040	0.120	2200	12.5×16
	470	0.282	0.032	0.100	2300	12.5×20
	560	0.238	0.031	0.093	2900	10×25
	680	0.195	0.029	0.087	2700	12.5×20
	680	0.195	0.025	0.080	2800	12.5×25
	820	0.162	0.023	0.074	3370	12.5×30
	820	0.162	0.026	0.084	3070	16×20
	1000	0.133	0.022	0.066	3000	12.5×25
	1000	0.133	0.020	0.060	3500	12.5×30
	1000	0.133	0.021	0.067	3810	12.5×35
	1000	0.133	0.022	0.070	3510	16×25
	1200	0.111	0.017	0.051	4000	12.5×35
	1200	0.111	0.023	0.069	3100	16×20
	1500	0.089	0.019	0.057	4500	12.5×40
	1500	0.089	0.018	0.054	3600	16×25
	1500	0.089	0.029	0.087	3200	18×20
	2200	0.060	0.018	0.054	4100	16×31.5
	2200	0.060	0.022	0.066	3700	18×25
	2700	0.049	0.016	0.048	4400	16×35.5
	2700	0.049	0.014	0.042	4800	16×40
	2700	0.049	0.019	0.057	4200	18×31.5
	3300	0.040	0.016	0.048	4600	18×35.5
	3900	0.040	0.014	0.042	5000	18×40

（续）

额定电压/V（浪涌电压/V）电压码	电容量/μF	最大ESR/Ω（20℃，120Hz）	最大阻抗/Ω（20℃，100kHz）	最大阻抗/Ω（-10℃，100kHz）	额定纹波电流/mA（105℃，100kHz）	尺寸/mm（$\phi D\times L$）
63（79）1J	18	6.635	0.710	3.200	240	5×11.5
	47	2.541	0.280	1.300	420	6.3×11.5
	82	1.456	0.180	0.790	720	8×11.5
	100	1.194	0.130	0.390	1000	8×11.5
	100	1.194	0.130	0.580	990	8×16
	120	0.995	0.095	0.440	1200	8×16
	120	0.995	0.110	0.430	1300	10×12.5
	150	0.796	0.096	0.430	1200	8×20
	150	0.796	0.080	0.240	1300	10×12.5
	180	0.663	0.069	0.210	1600	8×20
	180	0.663	0.076	0.310	1200	10×16
	220	0.543	0.058	0.170	1700	10×16
	270	0.442	0.056	0.230	1570	10×20
	270	0.442	0.072	0.270	1570	12.5×16
	330	0.362	0.042	0.130	2000	10×20
	330	0.362	0.046	0.190	1990	10×25
	330	0.362	0.045	0.140	1900	12.5×16
	390	0.306	0.035	0.110	2400	10×25
	390	0.306	0.041	0.130	1990	12.5×20
	470	0.254	0.033	0.099	2400	12.5×20
	470	0.254	0.031	0.093	2460	12.5×25
	560	0.213	0.028	0.084	2760	12.5×30
	560	0.213	0.032	0.096	2380	16×20
	680	0.176	0.025	0.075	2800	12.5×25
	680	0.176	0.024	0.072	3040	12.5×35
	820	0.146	0.022	0.066	3200	12.5×30
	820	0.146	0.025	0.075	2900	16×20
	820	0.146	0.025	0.075	2890	16×25
	1000	0.120	0.018	0.054	3500	12.5×35
	1000	0.120	0.020	0.060	3200	16×25
	1200	0.100	0.021	0.063	3800	12.5×40
	1200	0.100	0.032	0.096	3000	18×20
	1500	0.080	0.020	0.060	3500	16×31.5
	1500	0.080	0.024	0.072	3200	18×25
	1800	0.067	0.017	0.051	3800	16×35.5

（续）

额定电压/V（浪涌电压/V）电压码	电容量/μF	最大 ESR/Ω（20℃，120Hz）	最大阻抗/Ω（20℃，100kHz）	最大阻抗/Ω（-10℃，100kHz）	额定纹波电流/mA（105℃，100kHz）	尺寸/mm（$\phi D\times L$）
63（79）1J	1800	0.067	0.020	0.060	3700	18×31.5
	2200	0.055	0.015	0.045	4100	16×40
	2200	0.055	0.170	0.051	3900	18×31.5
	2700	0.044	0.015	0.045	4300	18×40
80（100）1K	12	8.846	1.200	5.400	220	5×11.5
	27	3.932	0.460	2.100	370	6.3×11.5
	47	2.259	0.290	1.300	620	8×11.5
	56	1.896	0.200	0.900	780	8×16
	68	1.561	0.170	0.660	780	10×12.5
	82	1.295	0.160	0.660	1040	8×20
	100	1.062	0.110	0.470	1040	10×16
	150	0.708	0.084	0.340	1430	10×20
	150	0.708	0.110	0.340	1430	12.5×16
	180	0.590	0.069	0.280	1620	10×25
	220	0.483	0.062	0.180	1750	12.5×20
	270	0.393	0.047	0.140	2210	12.5×25
	330	0.322	0.042	0.130	2400	12.5×25
	330	0.322	0.048	0.150	1950	16×20
	390	0.272	0.036	0.110	2600	12.5×35
	470	0.226	0.032	0.095	2860	12.5×40
	470	0.226	0.038	0.120	2430	16×25
	470	0.226	0.045	0.140	2270	18×20
	560	0.190	0.032	0.095	2640	16×31.5
	680	0.156	0.029	0.086	2640	16×35.5
	680	0.156	0.036	0.110	2860	18×25
	820	0.129	0.027	0.081	3510	16×40
	820	0.129	0.030	0.090	2860	18×31.5
	1000	0.106	0.027	0.081	3510	18×35.5
	1200	0.088	0.026	0.076	3860	18×40
100（125）2A	8.2	12.946	1.200	5.400	220	5×11.5
	18	5.898	0.460	2.100	370	6.3×11.5
	33	3.217	0.290	1.30	620	8×11.5
	47	2.259	0.200	0.900	780	8×16
	56	1.896	0.170	0.660	780	10×12.5
	68	1.561	0.160	0.660	1040	8×20
	82	1.295	0.110	0.470	1040	10×16
	100	1.062	0.084	0.340	1430	10×20
	100	1.062	0.110	0.340	1430	12.5×16

（续）

额定电压/V（浪涌电压/V）电压码	电容量/μF	最大 ESR/Ω（20℃，120Hz）	最大阻抗/Ω（20℃，100kHz）	最大阻抗/Ω（-10℃，100kHz）	额定纹波电流/mA（105℃，100kHz）	尺寸/mm（$\phi D \times L$）
100（125）2A	120	0.885	0.069	0.280	1620	10×25
	150	0.708	0.062	0.180	1750	12.5×20
	220	0.483	0.047	0.140	2210	12.5×25
	270	0.393	0.042	0.130	2400	12.5×30
	270	0.393	0.048	0.150	1950	16×20
	330	0.322	0.036	0.110	2600	12.5×35
	390	0.272	0.032	0.095	2860	12.5×40
	390	0.272	0.038	0.120	2430	16×25
	390	0.272	0.045	0.140	2270	18×20
	470	0.226	0.032	0.095	2640	16×31.5
	470	0.226	0.036	0.110	2500	18×25
	560	0.190	0.029	0.086	2860	16×35.5
	560	0.190	0.030	0.090	2860	18×31.5
	680	0.156	0.028	0.081	3150	16×40
	680	0.156	0.027	0.081	3150	18×35.5
	820	0.129	0.026	0.076	3860	18×40

CD285 系列铝电解电容器寿命与温度、纹波电流的关系如图 15-3 所示。

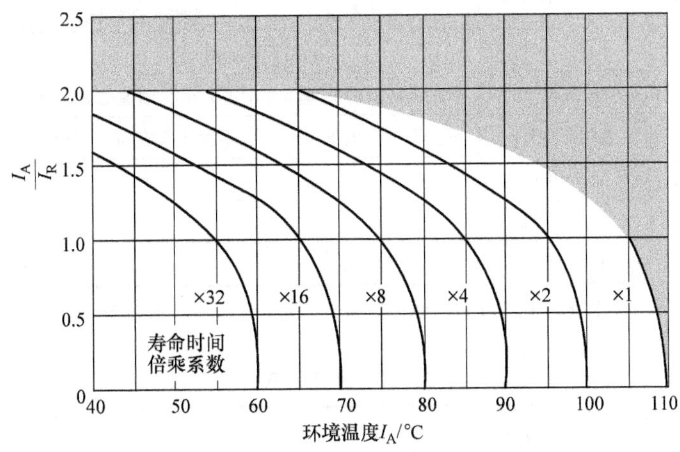

图 15-3　寿命与温度、纹波电流的关系

15.5　CD26HS 系列细长型电解电容器数据

有些电子电路如 LED 背光的平板电视机要求电路板加元器件高度不得高于 13.8mm，如果扣除电路板厚度（约 1.5mm）和焊针高度（约 1.5～2.5mm），不考虑安全空间（约 3mm），元器件的高度要求不得高于 10mm。对于 100～220μF/450V 电解电容器来说，制成高度不到 8mm 的“矮粗胖”几乎不可能，因此需要制造细长型电解电容器，应用时将其卧

放在电路板上，以尽可能降低电路板总高度，甚至可以采用多只并联方式满足电容量需求。

CD26HS 系列铝电解电容器的数据见表 15-15～表 15-20。

表 15-15 CD26HS 系列铝电解电容器性能概述

<table>
<tr><th>性能</th><th colspan="3">数据</th></tr>
<tr><td>工作温度范围/℃</td><td colspan="3">-25～105</td></tr>
<tr><td>电压范围/V</td><td colspan="3">200～500</td></tr>
<tr><td>电容量范围/μF</td><td colspan="3">33～220</td></tr>
<tr><td>容差（20℃，120Hz）</td><td colspan="3">±20%</td></tr>
<tr><td>漏电流/μA（2min 后的读数）</td><td colspan="3">$0.02C_RU_R$</td></tr>
<tr><td>损耗因数（20℃，120Hz）</td><td colspan="3"><table><tr><td>电压/V</td><td>200</td><td>250～420</td><td>450</td><td>500</td></tr><tr><td>tanδ</td><td>0.12</td><td>0.15</td><td>0.12</td><td>0.20</td></tr></table>当电容量大于 1000μF 时，tanδ 不大于表中数值的 0.02，小于 1000μF 时与表中数据基本相同</td></tr>
<tr><td rowspan="2">低温稳定性
（120Hz 下的阻抗比例）</td><td>电压/V</td><td>200～250</td><td>400～500</td></tr>
<tr><td>$Z_{-25℃}/Z_{20℃}$</td><td>3</td><td>8</td></tr>
</table>

表 15-16 寿命

<table>
<tr><td colspan="2">寿命
/h</td><td>6000（$\phi \leq 10$）
10000（$\phi > 10$）</td><td>≥250000
（使用寿命）</td><td>3000（$\phi \leq 10$）
5000（$\phi > 10$）
（负载寿命）</td><td>4000（$\phi \leq 10$）
50000（$\phi > 10$）
（耐久性测试）</td><td>1500
（高温存储寿命）</td></tr>
<tr><td colspan="2">漏电流</td><td colspan="5">不大于设定值</td></tr>
<tr><td colspan="2">电容量变化</td><td colspan="2">不大于初始值的 ±30%</td><td>不大于初始值的 ±25%</td><td>不大于初始值的 ±20%</td><td>不大于初始值的 ±20%</td></tr>
<tr><td colspan="2">损耗因数</td><td colspan="2">不大于设定值的 300%</td><td>不大于设定值的 200%</td><td>不大于设定值的 300%</td><td>不大于设定值的 200%</td></tr>
<tr><td rowspan="3">测试
条件
电压</td><td>电压</td><td>U_R</td><td>U_R</td><td>U_R</td><td>U_R</td><td>$U_R=0$</td></tr>
<tr><td>电流</td><td>I_R</td><td>$1.2I_R$</td><td>I_R</td><td>$I_R=0$</td><td>$I_R=0$</td></tr>
<tr><td>温度</td><td>105℃</td><td>60℃</td><td>105℃</td><td>105℃</td><td>105℃</td></tr>
</table>

注：完成高温试验后，电容器施加 U_R30min，24h 后测试。

表 15-17 外形及尺寸 （单位：mm）

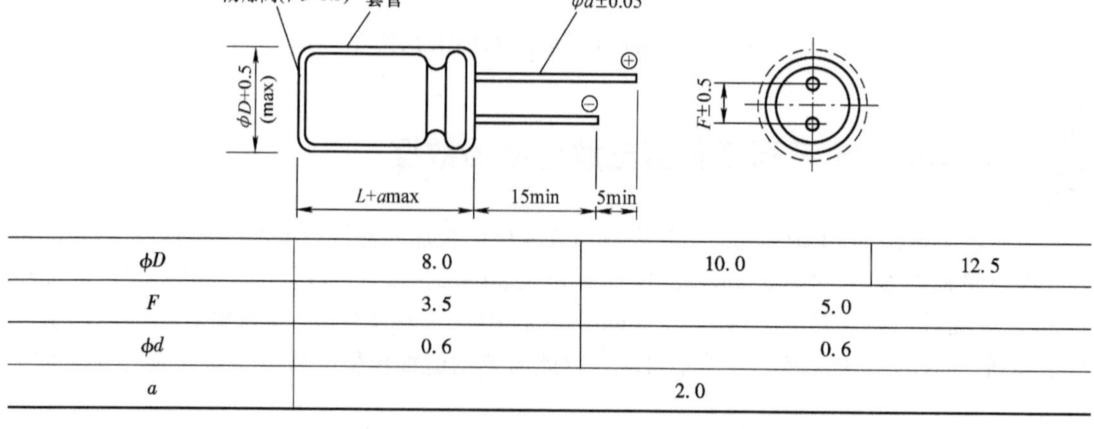

ϕD	8.0	10.0	12.5
F	3.5	5.0	
ϕd	0.6	0.6	
a	2.0		

表 15-18　纹波电流的频率折算系数

电压/V	50/60Hz	120Hz	500Hz	1kHz	≥10kHz
200～250	0.80	1.00	1.20	1.30	1.40
400～500	0.80	1.00	1.25	1.40	1.50

表 15-19　纹波电流的温度折算系数

温度/℃	≤70	85	105
系数	1.8	1.4	1.0

表 15-20　CD26HS 系列铝电解电容器电气参数

额定电压/V（浪涌电压/V）电压码	电容量/μF	最大 ESR/Ω（20℃，120Hz）	阻抗典型值/Ω（20℃，120Hz）	额定纹波电流/mA（105℃，120Hz）	尺寸/mm（$\phi D\times L$）
200（250）2D	82	1.9	1.0	420	10×36
	100	1.6	0.9	480	10×40
	120	1.3	0.7	540	10×45
	150	1.1	0.6	650	12.5×36
	180	0.9	0.5	730	12.5×42
	220	0.7	0.4	840	12.5×45
250（300）2E	47	4.2	2.3	310	8×50
	68	2.9	1.6	340	10×36
	82	2.4	1.3	440	10×43
	100	2	1.1	500	10×50
	120	1.7	0.9	580	12.5×40
	150	1.3	0.7	680	12.5×40
	180	1.1	0.6	760	12.5×50
	220	0.9	0.5	880	12.5×61
400（450）2G	33	6.0	3.3	290	10×40
	47	4.2	2.3	390	10×50
	47	4.2	2.3	390	12.5×35
	56	3.6	2	440	12.5×40
	68	2.9	1.6	500	12.5×45
	82	2.4	1.3	540	12.5×61
	100	2	1.1	610	12.5×61
420（470）2X	39	4.1	2.2	320	10×45
	47	3.4	1.9	370	10×50
	56	2.8	1.6	450	12.5×40
	68	2.3	1.3	520	12.5×45
	82	1.9	1.1	580	12.5×61
450（500）2W	33	4.8	2.7	290	10×45
	39	4.1	2.2	330	10×50
	39	4.1	2.2	330	12.5×36

（续）

额定电压/V （浪涌电压/V） 电压码	电容量 /μF	最大 ESR/Ω （20℃，120Hz）	阻抗典型值/Ω （20℃，120Hz）	额定 纹波电流/mA （105℃，120Hz）	尺寸/mm （$\phi D \times L$）
450 （500） 2W	47	5.6	2.8	400	12.5×40
	53	5.0	2.5	430	12.5×45
	56	4.7	2.4	460	12.5×50
	68	2.3	1.3	540	12.5×50
	82	1.9	1.0	600	12.5×61
500 （550） 2H	47	5.6	2.8	410	12.4×50
	53	5.0	2.5	440	12.5×61
	56	4.7	2.4	470	12.5×61

CD26HS 系列铝电解电容器寿命与温度、纹波电流的关系如图 15-4 所示。

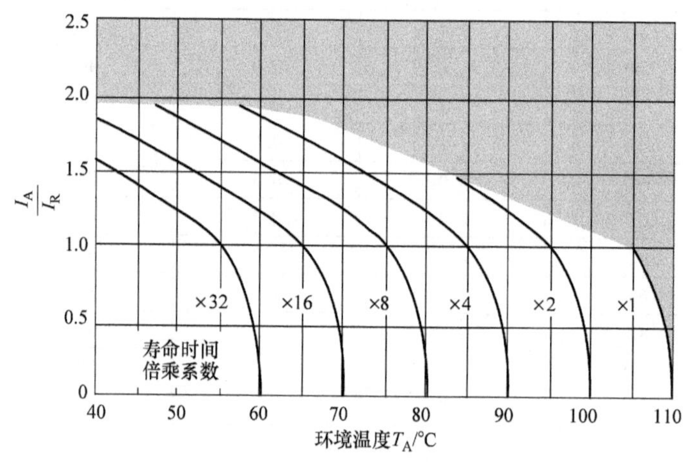

图 15-4 寿命与温度、纹波电流的关系

15.6 国产小高压、高温、长寿命电解电容器 CD11GA 系列数据

电子照明、电源适配器应用中，需要电解电容器具有足够长的寿命，特别是高压铝电解电容器。由于是封闭的空间，电解电容器的环境温度很高，需要耐高温铝电解电容器，如105℃/10000h 或 125～130℃/2000～5000h。本节以 CD11GA 高温电解电容器为例介绍。

CD11GA 高温电解电容器性能概述见表 15-21。

表 15-21 CD11GA 高温电解电容器性能概述

性能	数据
工作温度范围/℃	-40～130
额定电压范围/V_{DC}	200～500
电容量容差 （20℃，120Hz）	±20%

（续）

<table>
<tr><th>性能</th><th colspan="6">数据</th></tr>
<tr><td rowspan="2">漏电流</td><td rowspan="2" colspan="2">施加到额定电压 2min 后测试</td><td colspan="2">200～400V</td><td colspan="2">450～500V</td></tr>
<tr><td colspan="2">$I \leqslant 0.02CU_R + 10\mu A$</td><td colspan="2">$I \leqslant 0.03CU_R + 10\mu A$</td></tr>
<tr><td rowspan="2">损耗因数</td><td>额定电压/V</td><td>200</td><td>250</td><td>350</td><td>400</td><td>450</td></tr>
<tr><td>损耗因数</td><td>0.15</td><td>0.15</td><td>0.20</td><td>0.20</td><td>0.20</td></tr>
</table>

注：上表中损耗因数一行另有 500V 对应 0.24，完整如下：

额定电压/V	200	250	350	400	450	500
损耗因数	0.15	0.15	0.20	0.20	0.20	0.24

低温阻抗比	200	250	350	400	450	500
额定电压/V	200	250	350	400	450	500
$Z_{-25℃}/Z_{20℃}$	3	3	5	5	6	6
$Z_{-40℃}/Z_{20℃}$	6	6	6	6	9	15

性能	数据
耐久性	在 130℃或 105℃环境温度下施加额定纹波电流到指定时间后，电容器恢复到 20℃，电压峰值不超过额定电压时，应符合如下规格： 电容量变化≤初始值的 ±30%； 损耗因数≤规定值的 300%； 漏电流在规定值以内
高温存储	电容器在 130℃下、无偏置电压 1000h 后，恢复到 20℃，应满足： 电容量变化≤初始值的 ±20%； 损耗因数≤规定值的 200%； 漏电流≤规定值的 200% 以内

寿命与尺寸的关系见表 15-22。

表 15-22 寿命与尺寸的关系

直径/mm	≤6.3	8	10	≥12.5
寿命/h	2000	3000	4000	5000

纹波电流频率折算系数见表 15-23。

表 15-23 纹波电流频率折算系数

频率/Hz	120	1k	10k	100k
折算系数	0.5	0.8	0.9	1.0

CD11GA 外形及尺寸见表 15-24。

表 15-24 CD11GA 外形及尺寸 （单位：mm）

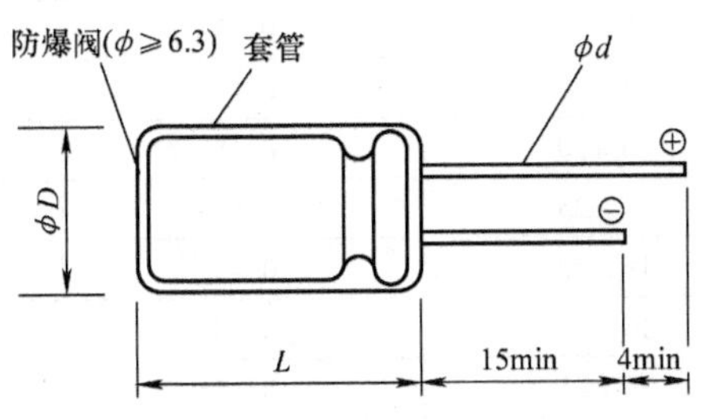

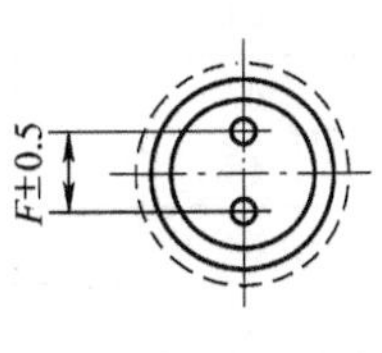

（续）

ϕD	5	6.3	8	10	13	16	18
ϕd	0.5	0.5	0.5/0.6	0.6	0.6/0.7	0.8	0.8
F	2	2.5	3.5	5	5	7.5	7.5
ϕD	ϕD+0.5max						
L	L+2.0max						

电气参数见表 15-25。

表 15-25　CD11GA 系列铝电解电容器电气参数

额定电压/V	电容量/μF	尺寸/mm（$\phi D \times L$）	损耗因数（120Hz，25℃）	额定纹波电流/mA（130℃，100kHz）
200	1.0	6.3×9	0.15	40
	1.5	6.3×9	0.15	42
	2.2	6.3×9	0.15	50
	2.7	6.3×11	0.15	55
	3.3	6.3×11	0.15	68
	4.7	6.3×12	0.15	100
	4.7	8×9	0.15	105
	4.7	8×12	0.15	120
	5.6	8×9	0.15	118
	5.6	8×12	0.15	130
	6.8	8×9	0.15	125
	6.8	8×12	0.15	140
	8.2	8×12	0.15	142
	8.2	8×12	0.15	148
	10	8×9	0.15	155
	10	8×12	0.15	118
	15	8×12	0.15	225
	15	8×16	0.15	235
	22	10×13	0.15	240
	22	10×16	0.15	285
	22	10×20	0.15	320
	33	10×20	0.15	370
	33	13×20	0.15	390
	47	13×20	0.15	408
	47	13×25	0.15	430
	47	16×20	0.15	435
	68	13×25	0.15	490
	68	16×20	0.15	520
	82	16×20	0.15	570
	100	16×25	0.15	690
	100	16×30	0.15	750
	150	16×30	0.15	790

（续）

额定电压/V	电容量/μF	尺寸/mm（$\phi D\times L$）	损耗因数（120Hz，25℃）	额定纹波电流/mA（130℃，100kHz）
250	1.0	6.3×9	0.15	42
	1.5	6.3×9	0.15	42
	2.2	6.3×9	0.15	48
	2.2	6.3×11	0.15	52
	2.7	6.3×11	0.15	60
	3.3	6.3×9	0.15	65
	3.3	6.3×11	0.15	72
	4.7	8×9	0.15	92
	4.7	8×12	0.15	120
	5.6	8×9	0.15	118
	5.6	8×12	0.15	130
	6.8	8×9	0.15	125
	6.8	8×12	0.15	160
	8.2	8×12	0.15	180
	8.2	8×16	0.15	192
	8.2	10×13	0.15	195
	10	8×12	0.15	185
	10	8×16	0.15	205
	10	10×13	0.15	210
	15	8×16	0.15	220
	15	10×13	0.15	225
	22	8×16	0.15	300
	33	13×18	0.15	375
	33	13×20	0.15	395
	47	13×20	0.15	410
	47	13×25	0.15	495
	68	13×25	0.15	520
	68	16×20	0.15	540
	82	18×25	0.15	825
	100	18×20	0.15	900
350	1.0	6.3×9	0.20	40
	1.5	6.2×11	0.20	45
	1.8	6.3×11	0.20	52
	1.8	8×10	0.20	55
	2.2	8×10	0.20	62
	2.2	8×12	0.20	65
	2.7	8×12	0.20	68
	3.3	8×12	0.20	75
	4.7	8×12	0.20	108
	5.6	8×12	0.20	108
	5.6	8×16	0.20	122

（续）

额定电压/V	电容量/μF	尺寸/mm（$\phi D \times L$）	损耗因数（120Hz，25℃）	额定纹波电流/mA（130℃，100kHz）
350	5.6	10×13	0.20	125
	6.8	8×16	0.20	120
	6.8	8×20	0.20	140
	8.2	8×20	0.20	160
	10	10×16	0.20	175
	10	10×20	0.20	195
	15	10×20	0.20	245
	22	13×20	0.20	305
	33	16×20	0.20	390
	47	16×20	0.20	480
	47	16×25	0.20	520
	68	18×25	0.20	570
	100	18×32	0.20	750
400	1.0	6.3×9	0.20	50
	1.0	6.3×11	0.20	55
	1.5	6.3×11	0.20	65
	1.5	8×12	0.20	75
	1.8	8×9	0.20	70
	1.8	8×12	0.20	76
	2.2	6.3×9	0.20	55
	2.2	6.3×12	0.20	72
	2.2	8×10	0.20	74
	2.2	8×12	0.20	80
	2.7	8×12	0.20	85
	3.3	6.3×20	0.20	75
	3.3	8×9	0.20	78
	3.3	8×12	0.20	96
	4.7	8×12	0.20	110
	4.7	8×16	0.20	120
	5.6	8×12	0.20	116
	5.6	10×13	0.20	120
	5.6	10×16	0.20	135
	6.8	8×14	0.20	122
	6.8	8×16	0.20	130
	6.8	10×16	0.20	148
	8.2	10×13	0.20	135
	8.2	10×16	0.20	162
	8.2	10×20	0.20	172
	10	10×16	0.20	185
	10	10×20	0.20	195
	12	10×16	0.20	190

（续）

额定电压/V	电容量/μF	尺寸/mm（$\phi D\times L$）	损耗因数（120Hz，25℃）	额定纹波电流/mA（130℃，100kHz）
400	12	10×20	0.20	200
	15	10×20	0.20	205
	15	13×20	0.20	260
	22	13×20	0.20	315
	22	13×25	0.20	345
	33	13×20	0.20	350
	33	13×25	0.20	360
	47	16×25	0.20	455
	68	16×25	0.20	475
	68	18×25	0.20	543
	100	18×32	0.20	650
450	1.0	6.3×11	0.20	55
	1.5	8×12	0.20	72
	1.8	10×16	0.20	74
	2.2	6.3×13	0.20	58
	2.2	8×12	0.20	65
	2.2	8×16	0.20	78
	2.7	8×16	0.20	95
	3.3	8×16	0.20	100
	4.7	10×13	0.20	110
	5.6	10×16	0.20	135
	6.8	10×16	0.20	130
	6.8	10×20	0.20	150
	8.2	10×16	0.20	150
	8.2	10×20	0.20	170
	10	10×16	0.20	165
	10	10×20	0.20	185
	15	13×20	0.20	260
	22	13×25	0.20	310
	22	16×20	0.20	325
	33	16×25	0.20	430
	47	16×25	0.20	455
	47	18×25	0.20	530
	68	18×30	0.20	580
	82	18×32	0.20	640
500	10	10×20	0.24	168

15.7　导针式电解电容器弯脚

1. 导针式电解电容器引脚弯折的需求

导针式电解电容器不仅可以直接插装在电路板上，也可以卧装在电路板上，小直径高压电解电容器引脚间距比较小，装配在电路板上可能会使电路板焊盘间距过小而不能满足绝缘要求，可以通过扩大电解电容器引脚间距来适应电路板上的绝缘距离要求。

导针式电解电容器卧置在电路板上时，需要将电解电容器引脚折弯，以插入对应的焊盘中，根据折弯方向不同分为右弯与左弯，折弯的引脚根据正负极分为长弯脚和短弯脚。

为了限制导针式电解电容器的插入位置，需要将引脚折弯成“K”型或固定电解电容器在焊盘上使其在焊接前不至于脱落。

表面贴装的电子元器件应用越来越多，很多原来插件的电子元器件逐渐改为表面贴装。对应的电解电容器也进入了表面贴装时代，表面贴装电解电容器可以简单地理解为将导针式电解电容器装配在表面贴装专用底座。

廉价电子产品对表面贴装电解电容器的需求越来越多，但带表面贴装底座的电解电容器成本比导针式电解电容器高出近 40%。如果能实现不用表面贴装底座的电解电容器无疑会明显降低表面贴装电解电容器的成本。于是，弯脚式表面贴装电解电容器封装形式问世，并在中高压电解电容器领域中替代了很多带有底座的表面贴装电解电容器。

从可靠性角度考虑，电解电容器忌直接手工弯折，这样做会使芯子因受到外力作用而损伤。如果是样机试验，需要用工具夹紧电解电容器引脚根部后再手工弯折；如果是大批量生产，最好的解决方案就是电解电容器制造商直接按客户要求将电解电容器引脚弯折并切脚。

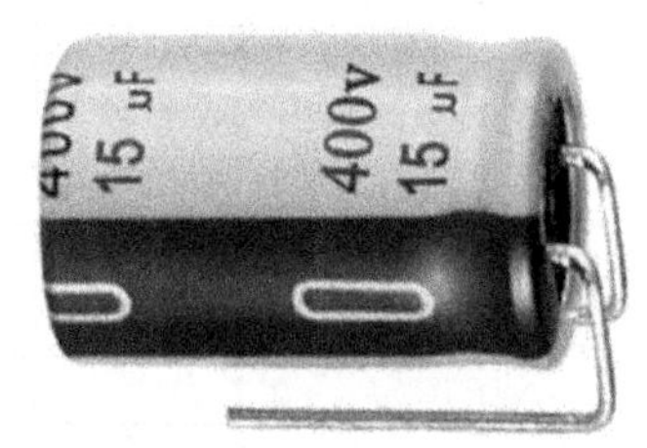

图 15-5 L 型导针弯脚贴片电解电容器

2. 表面贴装折弯形式

表面贴装弯脚形式可以是 L 型、T 型、M 型、Z 型。

L 型导针弯脚贴片电解电容器如图 15-5 所示，外形如图 15-6 所示。

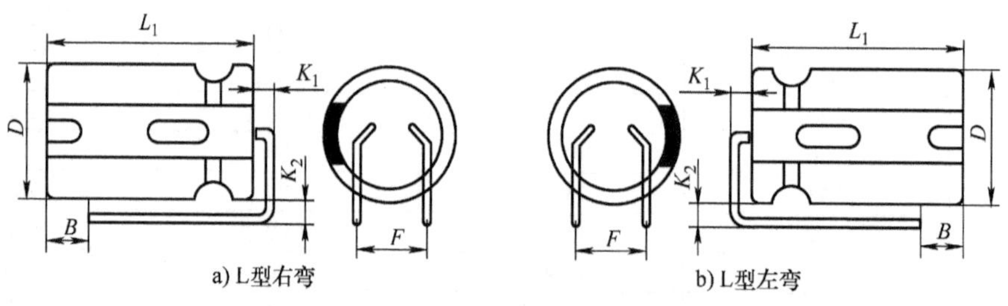

图 15-6 L 型导针弯脚贴片电解电容器外形

L 型导针弯脚贴片电解电容器直径为 6.3 ~ 10mm，长度为 9 ~ 20mm，见表 15-26。20mm 长度明显长于带有表面贴装底座的贴片电解电容器（10×10mm）。

表 15-26 L 型导针弯脚贴片电解电容器外形尺寸 （单位：mm）

$\phi D\times L$	D	L_1	K_1	B	A	d
6.3×7	+0.5	+1.5	1.8±0.3	3.0±0.5	4.0±0.5	0.6±0.05
6.3×9	+0.5	+1.5	1.8±0.3	3.0±0.5	4.0±0.5	0.6±0.05
8×10	+0.5	+1.5	1.8±0.3	3.0±0.5	5.5±0.5	0.6±0.05
8×12	+0.5	+1.5	1.8±0.3	3.0±0.5	5.5±0.5	0.6±0.05
8×14	+0.5	+1.5	2.0±0.3	3.0±0.5	5.5±0.5	0.6±0.05

（续）

$\phi D\times L$	D	L_1	K_1	B	A	d
8×16	+0.5	+1.5	2.0±0.3	3.0±0.5	5.5±0.5	0.6±0.05
10×13	+0.5	+1.5	2.0±0.3	3.0±0.5	7.0±0.5	0.6±0.05
10×16	+0.5	+1.5	2.0±0.3	3.0±0.5	7.0±0.5	0.6±0.05

T型导针弯脚贴片电解电容器如图15-7所示，外形如图15-8所示，外形尺寸见表15-27。

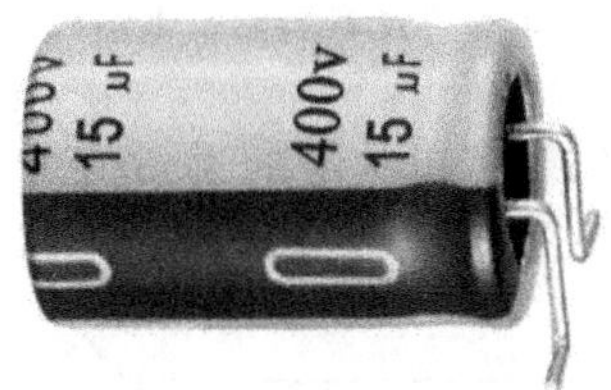

图15-7　T型导针弯脚贴片电解电容器

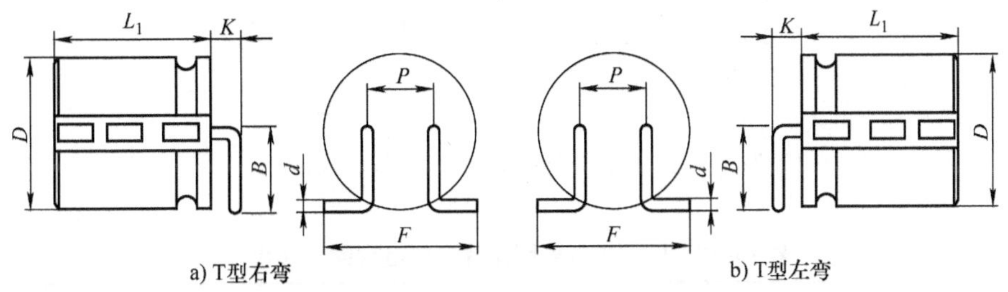

图15-8　T型导针弯脚贴片电解电容器外形

表15-27　T型导针弯脚电解电容器外形尺寸　（单位：mm）

$\phi D\times L$	D	L_1	K	B	F	P	d
6.3×7	+0.5	+1.5	1.6±0.3	3.6±0.5	6.5±0.3	2.6±0.5	0.6±0.05
6.3×9	+0.5	+1.5	1.6±0.3	3.6±0.5	6.5±0.3	2.6±0.5	0.6±0.05
8×10	+0.5	+1.5	1.6±0.3	4.5±0.5	8.0±0.3	3.5±0.5	0.6±0.05
8×12	+0.5	+1.5	1.6±0.3	4.5±0.5	8.0±0.3	3.5±0.5	0.6±0.05
8×14	+0.5	+1.5	1.6±0.3	4.5±0.5	8.0±0.3	3.5±0.5	0.6±0.05
8×16	+0.5	+1.5	1.6±0.3	4.5±0.5	8.0±0.3	3.5±0.5	0.6±0.05
10×13	+0.5	+1.5	1.8±0.3	5.5±0.5	10.0±0.3	5.0±0.5	0.6±0.05
10×16	+0.5	+1.5	1.8±0.3	5.5±0.5	10.0±0.3	5.0±0.5	0.6±0.05

M型导针弯脚贴片电解电容器如图15-9所示，外形如图15-10所示。

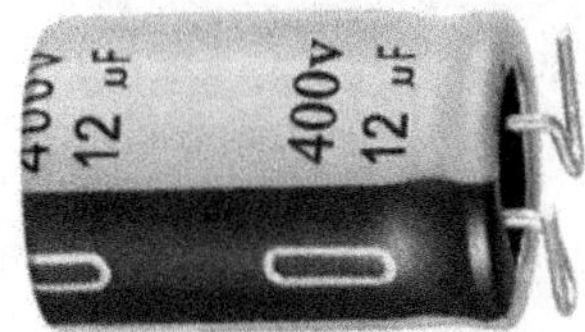

图15-9　M型导针弯脚贴片电解电容器

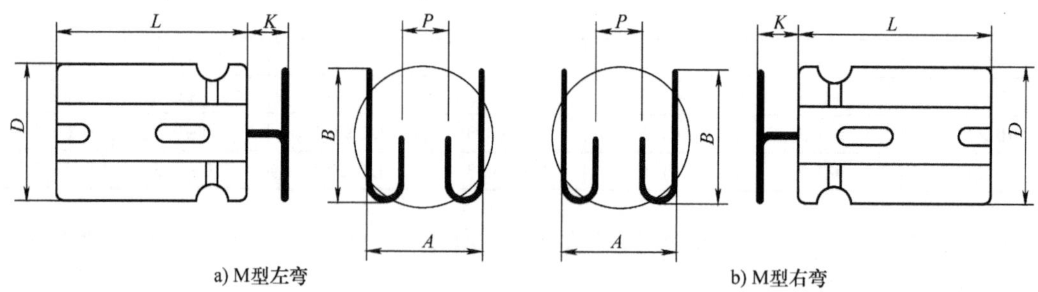

图 15-10 M 型导针弯脚贴片电解电容器外形

将 M 型导针弯脚形状稍加修改就可以得到 C 型导针弯脚贴片电解电容器，外形如图 15-11所示，外形尺寸见表 15-28。

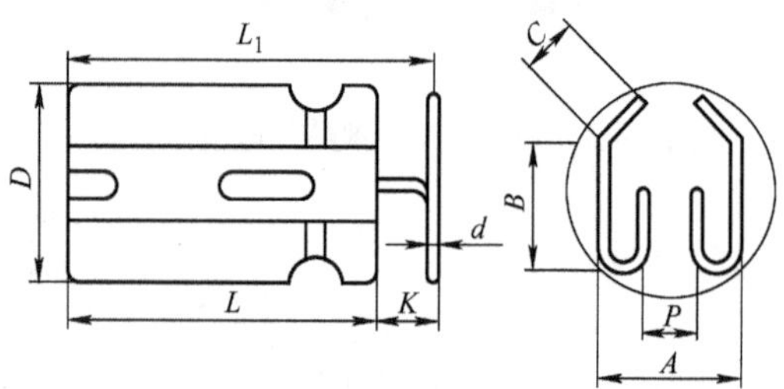

图 15-11 C 型导针弯脚贴片电解电容器外形

表 15-28 C 型导针弯脚贴片电解电容器外形尺寸 （单位：mm）

$\phi D\times L$	D	L_1	K	B	A	d
6.3×7	+0.5	≤10.4	1.8±0.3	5.0±0.5	6.0±0.5	0.6±0.05
6.3×9	+0.5	≤11.9	1.8±0.3	5.0±0.5	6.0±0.5	0.6±0.05
8×10	+0.5	≤12.4	1.8±0.3	5.0±0.5	7.0±0.5	0.6±0.05
8×12	+0.5	≤14.9	1.8±0.3	5.0±0.5	7.0±0.5	0.6±0.05
8×14	+0.5	≤16.9	2.0±0.3	5.0±0.5	7.0±0.5	0.6±0.05
8×16	+0.5	≤18.9	2.0±0.3	5.0±0.5	7.0±0.5	0.6±0.05
10×13	+0.5	≤15.3	2.0±0.3	5.0±0.5	8.0±0.5	0.6±0.05
10×16	+0.5	≤18.3	2.0±0.3	5.0±0.5	8.0±0.5	0.6±0.05

Z 型导针弯脚贴片电解电容器如图 15-12 所示，外形如图 15-13 所示。

图 15-12 Z 型导针弯脚贴片电解电容器

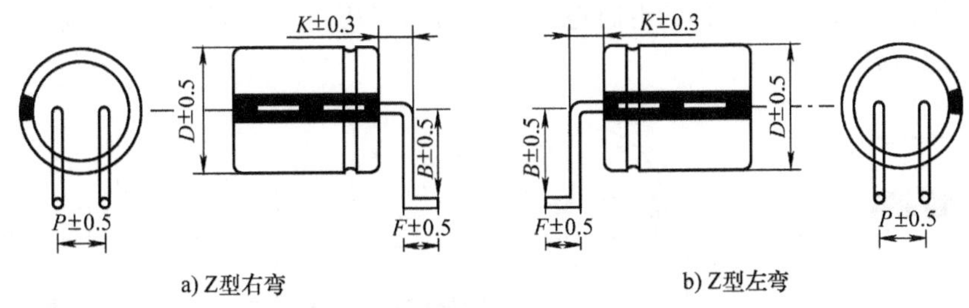

图 15-13　Z 型导针弯脚贴片电解电容器外形

3. 卧式安装方式的弯脚形式

导针式电解电容器采用插件方式可以立式安装和卧式安装。卧式安装方式需要将引脚折弯。最简单的就是直脚折弯，不同的制造商给出不同的标注，如图 15-14 所示。为了适合电路板的不同装配方向，卧式弯脚需要分为右弯和左弯。

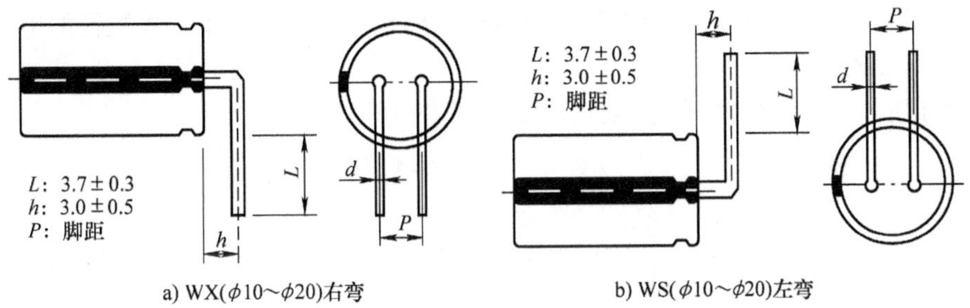

图 15-14　插件式弯脚贴片电解电容器外形

弯脚形式也可以采用外“K”弯脚方式，如图 15-15 所示。

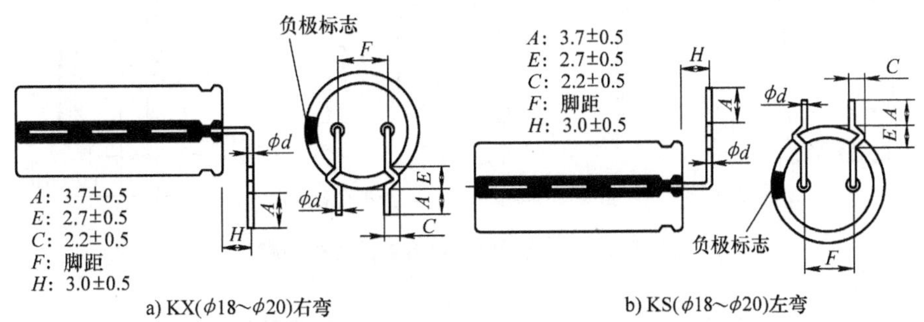

图 15-15　插件式外 K 弯脚贴片电解电容器外形

小直径电解电容器的脚距较小，如 2.5mm 或 3.5mm。为了适应电路板爬电距离要求，需要将扩大脚距，图 15-16 所示为引脚外扩的弯脚方式。

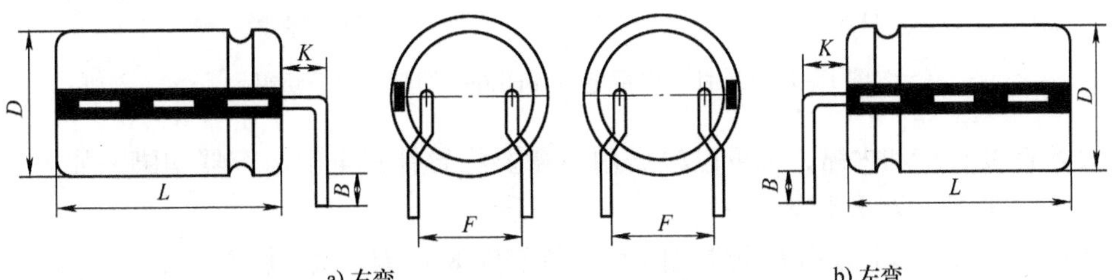

图 15-16　插件式外扩弯脚贴片电解电容器外形

为了方便电路板布线，弯脚的电解电容器也可以采用正负极交错方式，通常为负极短弯脚方式，如图 15-17 所示。

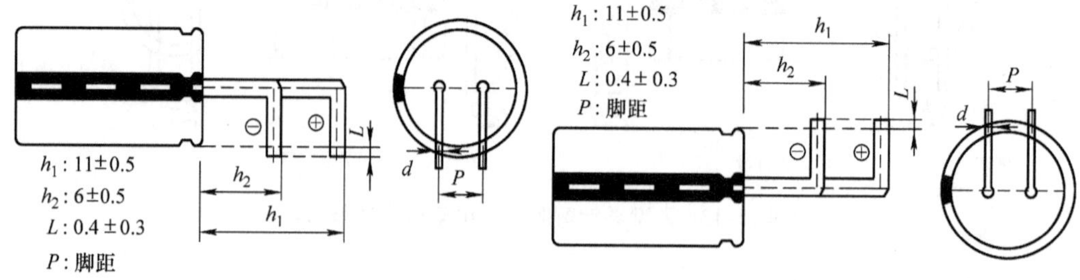

图 15-17 短负极弯脚贴片电解电容器外形

4. 直立安装方式的弯脚形式

直立装配也有各种弯脚方式。

直立安装的小直径电解电容器引脚也可以采用外扩弯脚方式，个别大直径的电解电容器采用内缩弯脚方式。

外扩引脚或内缩切脚电解电容器如图 15-18、图 15-19 所示。

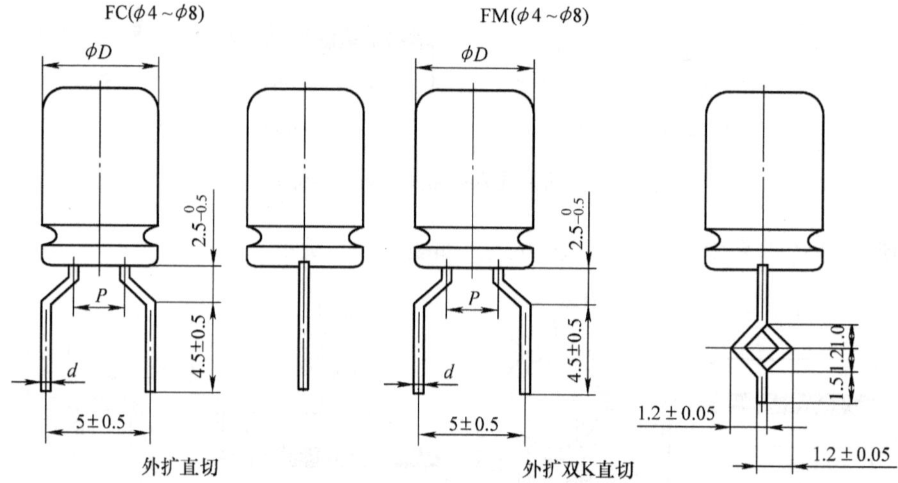

图 15-18 小直径电解电容器的外扩切脚

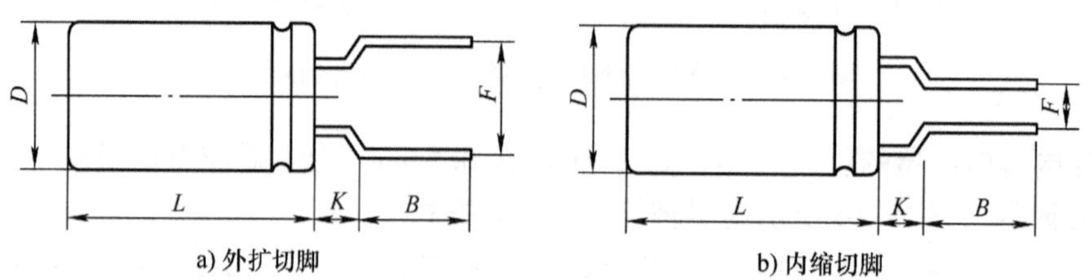

图 15-19 导针式电解电容器的外扩切脚与内缩切脚

即使不需要外扩和内缩，也可以根据用户需要将导针式电解电容器切脚，如内 K 切脚与外 K 切脚、直切、双 K 切脚。

图 15-20、图 15-21 分别为插件式内 K 切脚与外 K 切脚以及引脚直切方式。

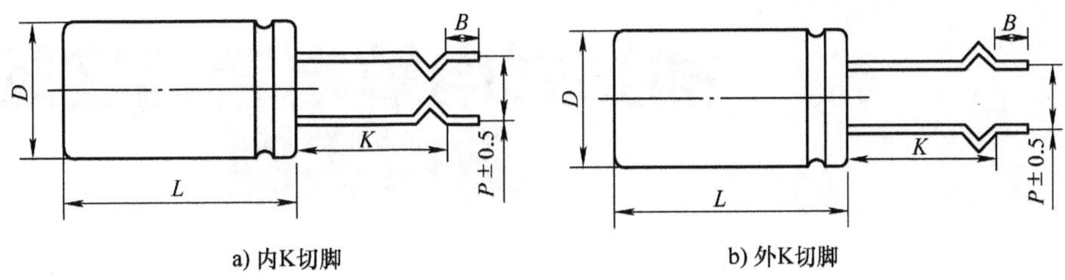

图 15-20　插件式电解电容器的内 K 切脚与外 K 切脚

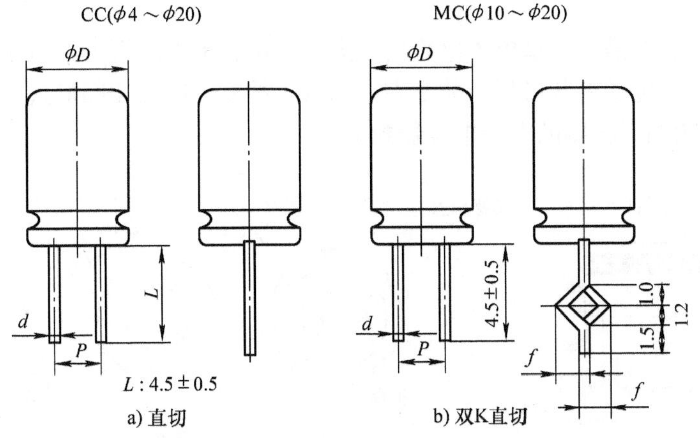

图 15-21　插件式电解电容器的直切系列

第16章 插脚式电解电容器实际数据实例

16.1 插脚式电解电容器封装形式

插脚式电解电容器是中大型电解电容器，大多直接装配电路板上。由于插脚式电解电容器的尺寸跨度很大，为了将其可靠地装配在电路板上需要不同的插脚形式。

图 16-1 所示为两只插脚的电解电容器封装。

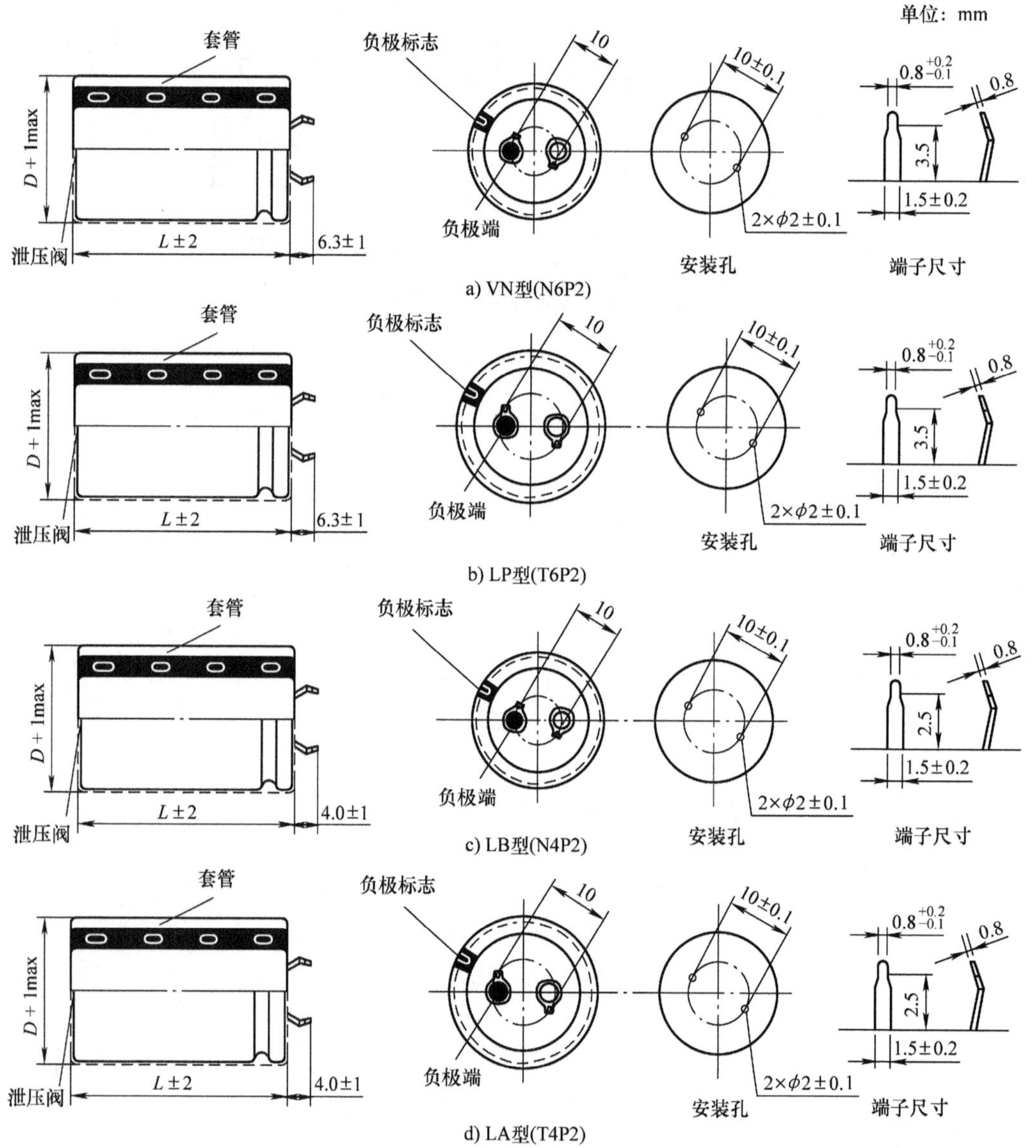

图 16-1 两只插脚的电解电容器封装

为了在装配电路板以及焊接过程中，电解电容器不会从电路板上脱落，插脚设计成弯脚型，插进电路板相应的安装孔后可以将插脚“卡”在安装孔中。

插脚的尺寸和插脚在电路板上的安装孔尺寸也体现在图 16-1 中。

电解电容器是有极性器件，正极和负极需要有明确的区别或标志。插脚式电解电容器在套管上有负极标识，如图 16-1a～d 的左 1 图示。

除此之外，插脚式电解电容器还在插脚的铆钉上带有明显的负极标识，或者是在负极铆钉面有明显的“麻点”或涂黑，如图 16-1a～d 的左 2 图示，以便在制造过程的套管工艺过程能准确地将套管上负极标识与负极插脚对正。

随着尺寸的增大，两只插脚不能可靠地将电解电容器固定在电路板上，于是有了四插脚电解电容器，如图 16-2 所示。

图 16-2 中两种规格封装形式的不同主要是插脚形状或长度的微小差异。

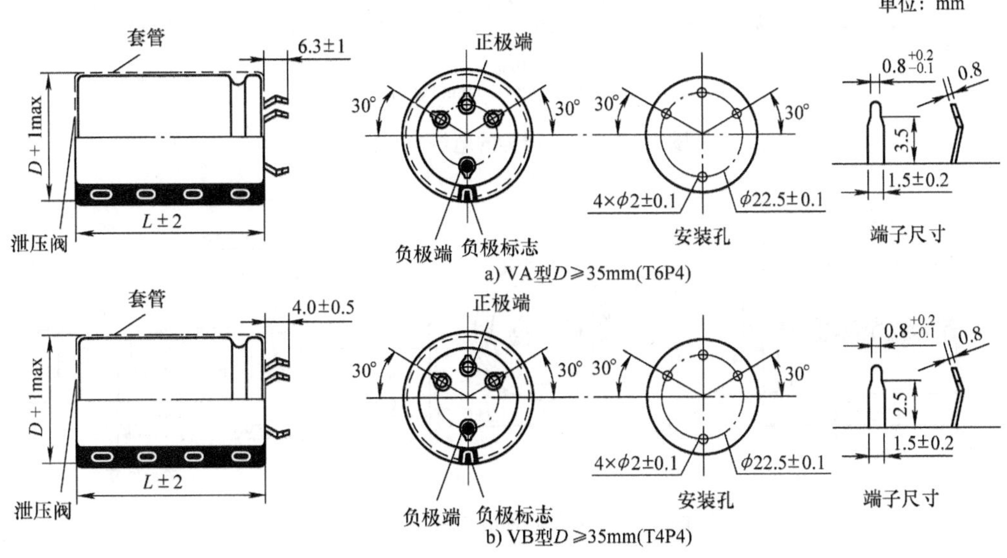

图 16-2　四只插脚的电解电容器封装

除了插脚从两只变成四只外，四只插脚封装形式与两只插脚封装形式相同。

当插脚式电解电容器尺寸在四插脚封装基础上继续增大，如≥35mm 后，往往需要五只插脚的封装方式，图 16-3 所示为五只插脚的电解电容器封装。

四只插脚中，远端的插脚为负极，彼此靠近的三只插脚的中间插脚为正极，其余两个插脚为空脚，起作用仅仅是为了更好地固定电解电容器。

图 16-3a 的封装为正负极各为一只电极插脚，其余均为空插脚。图 16-3b 的封装则是正负极各用两只插脚，剩下一只插脚为空脚。每个电极采用两只插脚可以增强电解电容器电流流通能力，常见于大纹波电流规格。

四插脚和五插脚封装的电解电容器的插脚均为“防呆”设计，可以杜绝电解电容器插反的可能性，而两只插脚的电解电容器存在极性插反的可能性，因此装配时需要判定其正负极。

为了消除两只插脚装配电路板时极性反装，可以改进为插片式封装形式，如图 16-4 所示。

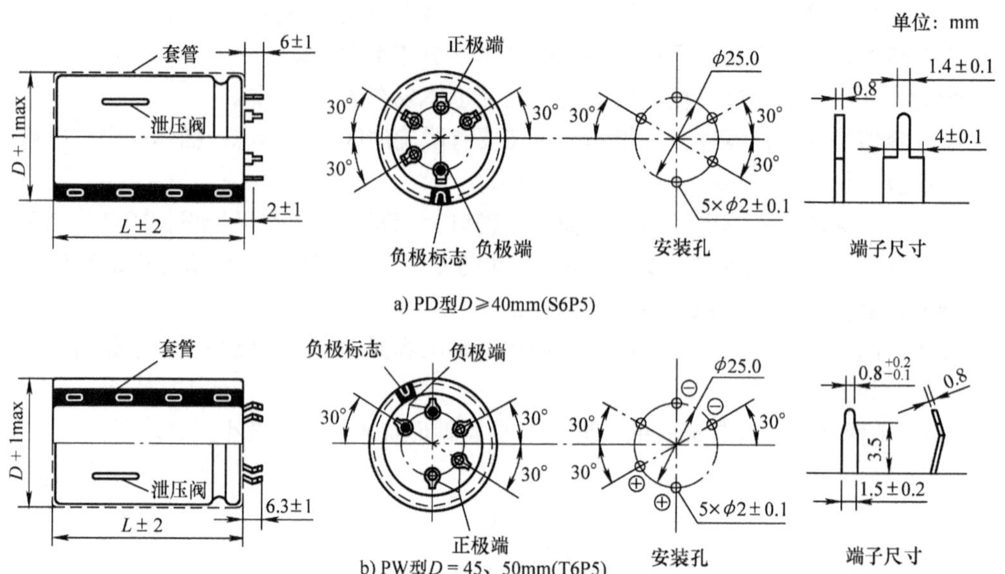

a) PD型$D \geqslant 40mm$(S6P5)

b) PW型$D = 45$、50mm(T6P5)

图 16-3　五只插脚的电解电容器封装

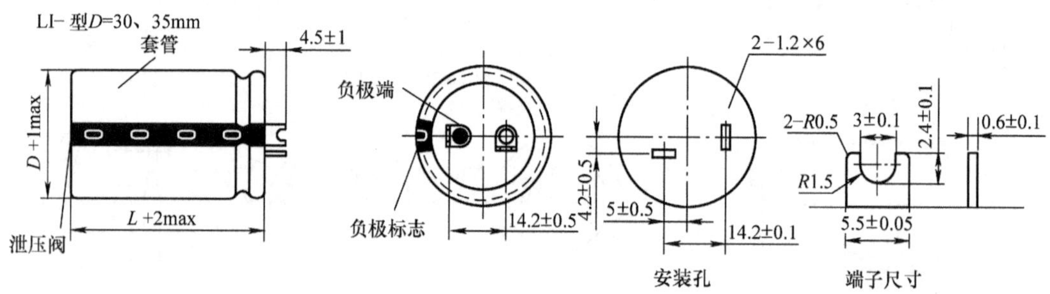

图 16-4　两只插片的电解电容器封装

在图 16-4 中，正负极插片的方向不同可以彻底消除极性反向的误插现象，实现了“防呆”设计。同时，插片与电路板接触面积加大，可以使电解电容器更牢固的装配到电路板上，流通的电流也可以加大。

当插脚式电解电容器外形“细长”时，为了限制电路板高度，往往需要将插脚式电解电容器“躺平”。为了适应将插脚式电解电容器“躺平”，需要将插脚“折弯”，因此有了弯脚式插脚电解电容器封装形式，如图 16-5 所示。

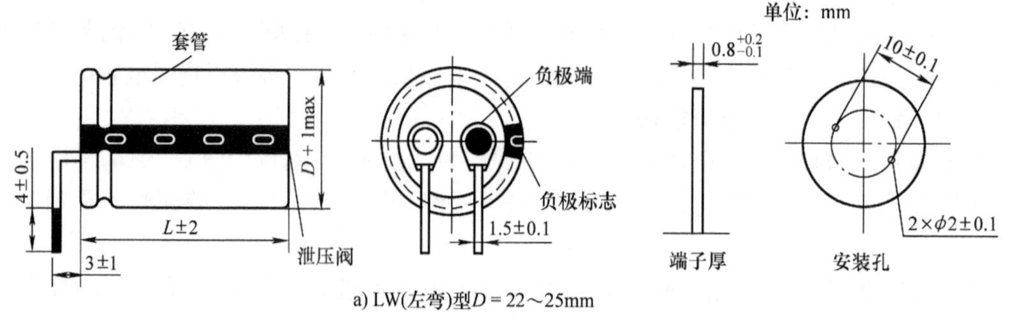

a) LW(左弯)型$D = 22 \sim 25mm$

图 16-5　弯脚式插脚电解电容器封装

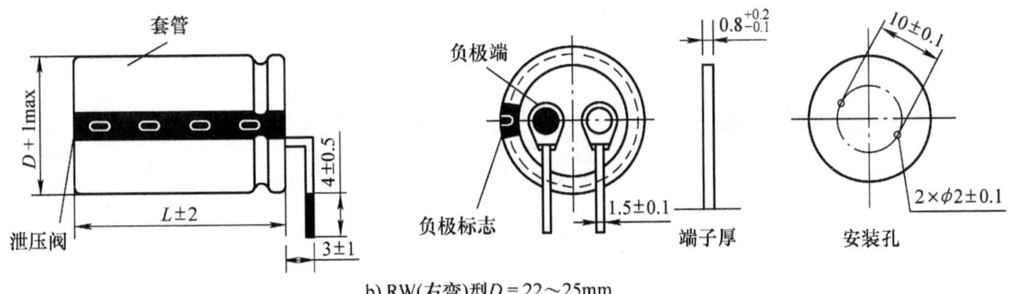

b) RW(右弯)型D = 22～25mm

图 16-5　弯脚式插脚电解电容器封装（续）

由于电解电容器有极性，因此弯脚式插脚电解电容器也需要有左弯和右弯两种形式。

除了插脚式封装形式，中大型电解电容器还有插片式，用多只插片的脚可以更好地将电解电容器固定在电路板上，如图 16-6 所示。

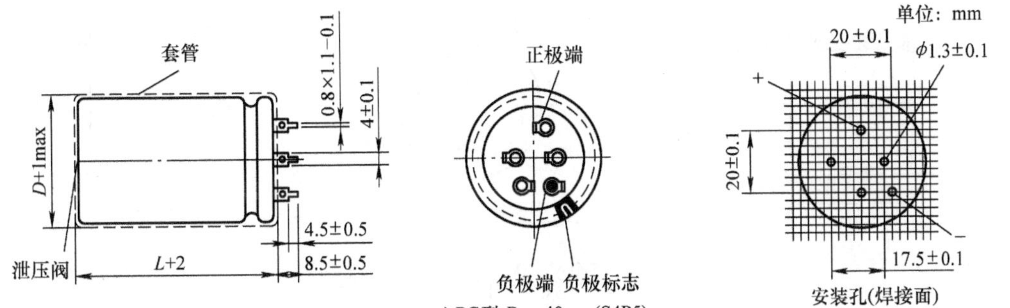

单位：mm

a) PC型 D = 40mm(S4P5)

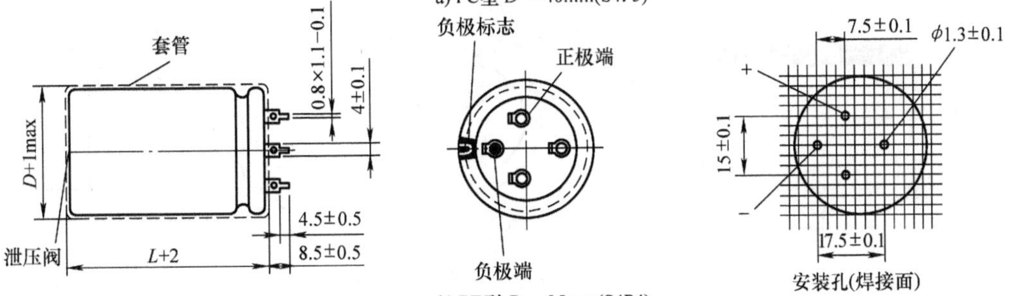

b) PE型 D = 35mm(S4P4)

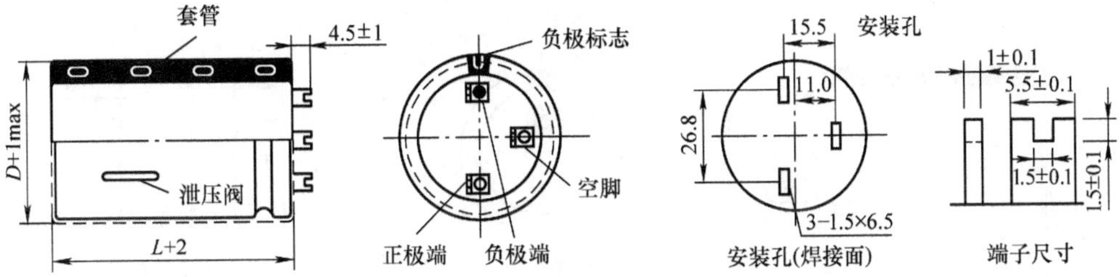

c) S型 D = 51mm

图 16-6　多脚插片式电解电容器封装

也有将两只插脚的封装方式改进成负极铆钉引出两只插脚的形式，解决了两只插脚电解电容器的“防呆”设计，并提高了装配电路板上的牢固程度，如图 16-7 所示。

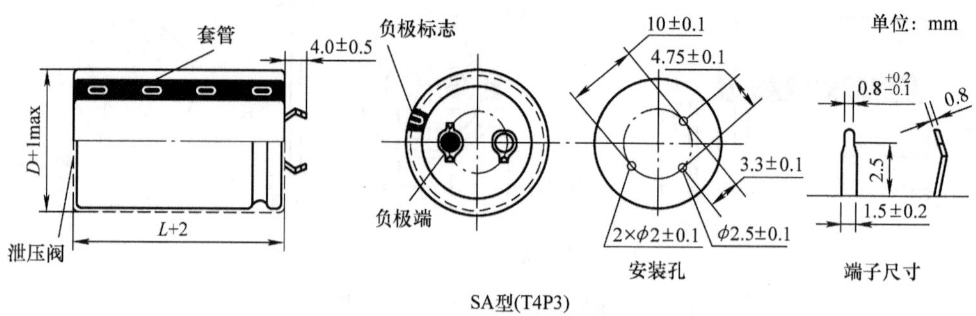

SA型(T4P3)

图 16-7 两端三插针电解电容器封装

如果电解电容器不直接焊接在电路板上，还可以将电极形式做成焊片形式，如图 16-8 所示。

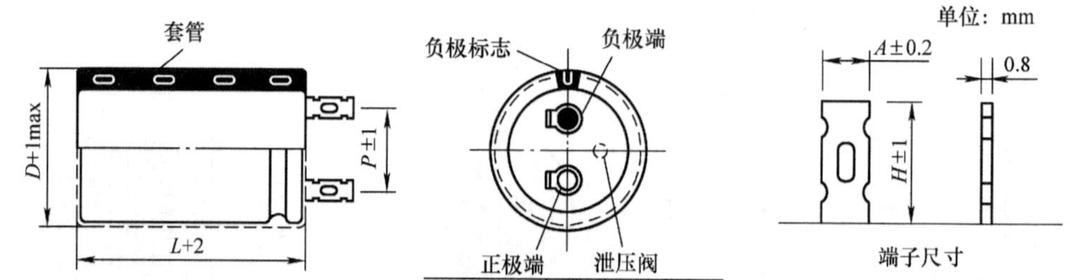

D	P	A	H
φ25～φ35	10.0	4.7	11
φ40, φ45	14.0	5.5	13
φ50	20.0	5.5	13

a) FT型

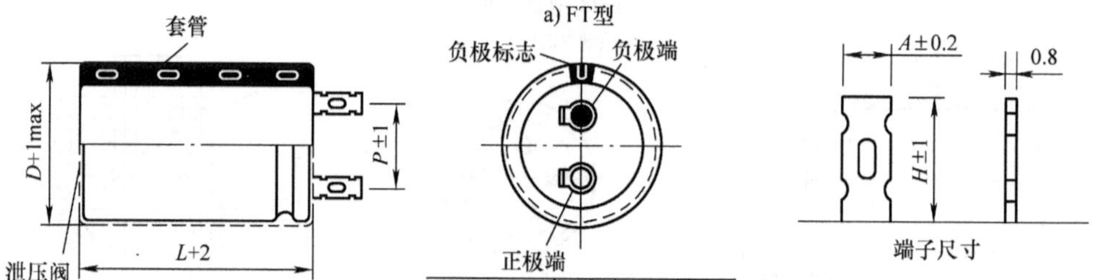

D	P	A	H
φ25～φ35	10.0	4.7	11
φ40, φ45	14.0	5.5	13
φ50	20.0	5.5	13

b) HD型

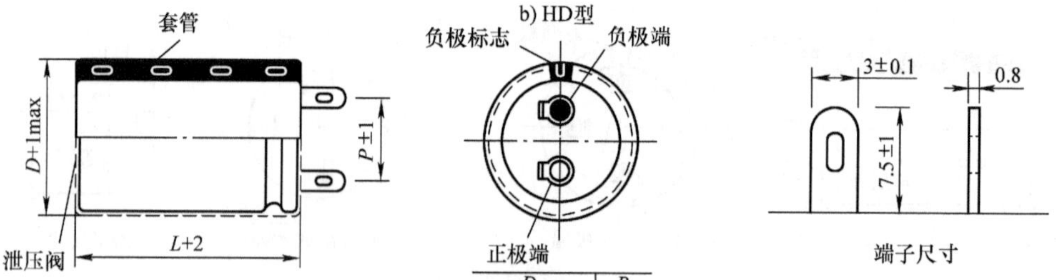

D	P
φ22～φ30	8.0
φ35	10.0

c) HX型

图 16-8 焊片式电解电容器封装

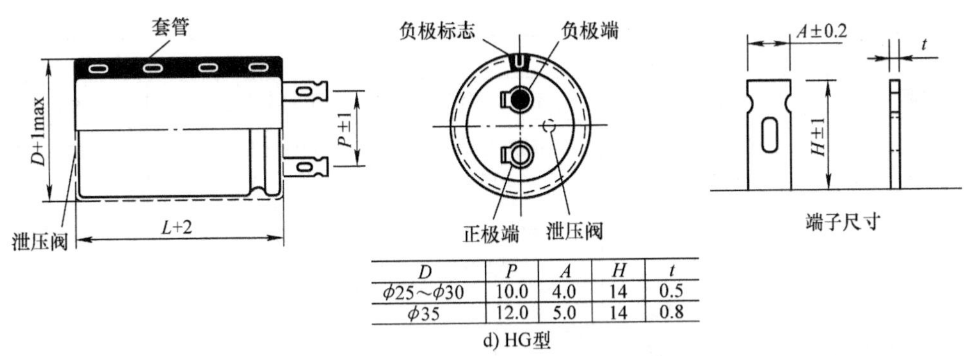

D	P	A	H	t
φ25～φ30	10.0	4.0	14	0.5
φ35	12.0	5.0	14	0.8

d) HG型

图 16-8　焊片式电解电容器封装（续）

图 16-8 所示的电解电容器仅需要将引线焊在电解电容器的焊片上，从而使电解电容器的装配位置相对灵活，但这种装配方式并不适合于开关型功率变换器。

如果焊接不方便，图 16-8 所示的电解电容器也可以采用插片的接插件连接方式。

16.2　CD293 插脚式电解电容器数据

CD293 是 85℃/2000h 的通用型插脚式铝电解电容器，额定电压为 10 ~ 500V，电容量为 100 ~ 82000μF。

CD293 型插脚式铝电解电容器一般数据见表 16-1 ~ 表 16-4。

表 16-1　CD293 型插脚式铝电解电容器性能概述

<table>
<tr><th>性能</th><th colspan="9">数据</th></tr>
<tr><td>工作温度范围/℃</td><td colspan="5">-40 ~ 85</td><td colspan="4">-25 ~ 85</td></tr>
<tr><td>电压范围/V</td><td colspan="5">10 ~ 400</td><td colspan="4">420 ~ 500</td></tr>
<tr><td>电容量/μF</td><td colspan="9">100 ~ 82000</td></tr>
<tr><td>容差（20℃，120Hz）</td><td colspan="9">±20%</td></tr>
<tr><td>漏电流</td><td colspan="9">20℃时额定电压下 5min 后测试漏电流不大于 0.01CU_R 或 1.5mA</td></tr>
<tr><td rowspan="5">损耗因数
（20℃，120Hz）</td><td>额定电压/V
电容量</td><td>10 ~ 16</td><td>25</td><td>35 ~ 50</td><td>63</td><td>80 ~ 100</td><td>额定电压/V
φ</td><td>160 ~ 200</td><td>250 ~ 500</td></tr>
<tr><td>≤2700μF</td><td></td><td></td><td>0.20</td><td>0.15</td><td>0.15</td><td rowspan="2">22 ~ 30mm</td><td rowspan="2">0.10</td><td rowspan="2">0.15</td></tr>
<tr><td>3300 ~ 4700μF</td><td></td><td>0.35</td><td>0.25</td><td>0.20</td><td>0.15</td></tr>
<tr><td>5600 ~ 6800μF</td><td>0.40</td><td>0.35</td><td>0.30</td><td>0.20</td><td>0.20</td><td rowspan="2">35mm</td><td rowspan="2">0.12</td><td rowspan="2">0.15</td></tr>
<tr><td>≥8200μF</td><td>0.40</td><td>0.35</td><td>0.35</td><td>0.25</td><td>0.25</td></tr>
<tr><td rowspan="3">温度阻抗比
（120Hz）</td><td colspan="2">额定电压/V</td><td>10</td><td colspan="2">10 ~ 35</td><td>50 ~ 100</td><td>160 ~ 200</td><td>250 ~ 420</td><td>420 ~ 500</td></tr>
<tr><td colspan="2">$Z_{-25℃}/Z_{20℃}$</td><td>5</td><td colspan="2">4</td><td colspan="2">3</td><td colspan="2">4</td></tr>
<tr><td colspan="2">$Z_{-40℃}/Z_{20℃}$</td><td>18</td><td colspan="2">15</td><td>10</td><td>6</td><td>8</td><td></td></tr>
<tr><td rowspan="2">寿命</td><td colspan="3">使用寿命/h</td><td colspan="2">负载寿命/h</td><td colspan="2">耐久性测试/h</td><td colspan="2">存储寿命/h</td></tr>
<tr><td colspan="2">4000</td><td>>65000</td><td colspan="2">2000</td><td colspan="2">3000</td><td colspan="2">1000</td></tr>
</table>

（续）

性能		数据				
漏电流		不大于规定值		不大于规定值	不大于规定值	不大于规定值
电容量变化		不超过初始值的±30%		不超过初始值的±15%	不超过初始值的±20%	不超过初始值的±15%
损耗因数		不超过初始值的±300		不超过初始值的±150	不超过初始值的±20	不超过初始值的±150
测试条件	电压	U_R	U_R	U_R	U_R	$U=0$
	电流	I_R	$1.2I_R$	I_R	I_R	$I=0$
	温度	85℃	85℃	40	85℃	85℃

注：所有的测试在施加到额定电压后 0.5～24h 内完成。

表 16-2　CD293 型插脚式铝电解电容器电气参数

额定电压/V（浪涌电压/V）电压码	电容量/μF	ESR 最大值/mΩ（20℃，120Hz）	ESR 典型值/mΩ（20℃，120Hz）	额定纹波电流/A（85℃，120Hz）	尺寸/mm（$\phi D\times L$）
10（13）1A	18000	30	24	3.6	25×30
	22000	25	20	4.0	22×40
	22000	25	20	4.1	25×35
	22000	25	20	4.1	30×25
	33000	17	13	4.6	25×40
	33000	17	13	4.8	30×30
	33000	17	13	4.8	35×25
	39000	14	10.9	5.2	25×45
	39000	14	10.9	5.3	30×35
	47000	12	9.1	5.8	25×50
	47000	12	9.1	6.0	30×40
	47000	12	9.1	6.0	35×30
	56000	9.5	7.6	6.7	30×45
	56000	9.5	7.6	6.8	35×35
	68000	7.9	6.3	7.5	30×50
	68000	7.9	6.3	7.7	35×40
	82000	6.5	5.2	8.7	35×45
16（20）1C	15000	36	29	3.3	22×40
	15000	36	29	3.3	25×30
	15000	36	29	3.4	30×25
	18000	30	24	3.8	22×45
	18000	30	24	3.7	25×35
	22000	25	20	4.2	22×50
	22000	25	20	4.2	25×40
	22000	25	20	4.2	30×30
	27000	20	16	5.0	25×45

（续）

额定电压/V（浪涌电压/V）电压码	电容量/μF	ESR 最大值/mΩ（20℃，120Hz）	ESR 典型值/mΩ（20℃，120Hz）	额定纹波电流/A（85℃，120Hz）	尺寸/mm（$\phi D \times L$）
16（20）1C	27000	20	16	5.0	30×35
	33000	17	13	5.6	30×40
	33000	17	13	5.6	35×30
	39000	14	11	6.2	30×45
	39000	14	11	6.2	35×35
	47000	12	9.1	7.0	30×45
	47000	12	9.1	7.2	35×40
	56000	9.5	7.6	8.0	35×45
25（32）1E	10000	47	38	2.9	22×40
	10000	47	38	2.8	25×30
	10000	47	38	3.0	30×25
	12000	39	31	3.3	22×45
	12000	39	31	3.2	25×35
	12000	39	31	3.4	30×30
	15000	31	25	3.7	25×40
	15000	31	25	3.9	35×25
	18000	26	21	4.3	25×50
	18000	26	21	4.3	30×35
	18000	26	21	4.4	35×30
	22000	22	17	4.8	30×40
	22000	22	17	5.0	35×35
	33000	15	10	6.5	35×40
	39000	12	10	7.5	35×45
	47000	10	8	8.8	35×50
35（44）1V	5600	72	57	2.3	25×30
	6800	59	47	2.9	22×40
	6800	59	47	2.6	25×35
	6800	59	47	2.7	30×25
	8200	57	46	2.8	22×50
	8200	57	46	2.8	25×40
	8200	57	46	2.8	30×30
	10000	47	38	3.1	25×45
	10000	47	38	3.2	30×35
	12000	39	31	3.5	25×50
	12000	39	31	3.5	30×40
	12000	39	31	3.6	35×30
	15000	31	25	4.1	30×45
	15000	31	25	4.1	35×35
	18000	26	21	4.6	30×50
	18000	26	21	4.7	35×40
	22000	22	17	5.3	35×45
	27000	18	14	7.0	35×50

（续）

额定电压/V（浪涌电压/V）电压码	电容量/μF	ESR 最大值/mΩ（20℃，120Hz）	ESR 典型值/mΩ（20℃，120Hz）	额定纹波电流/A（85℃，120Hz）	尺寸/mm（$\phi D \times L$）
50（63）1H	3900	86	69	2.1	25×30
	4700	71	57	2.4	22×40
	4700	71	57	2.4	25×35
	5600	72	57	2.5	22×50
	5600	72	57	2.5	25×40
	5600	72	57	2.5	30×30
	6800	59	47	2.8	25×45
	6800	59	47	2.8	30×35
	8200	57	46	3.2	25×50
	8200	57	46	3.0	30×40
	8200	57	46	3.0	35×30
	10000	47	38	3.4	30×45
	10000	47	38	3.4	35×35
	12000	39	31	3.8	30×50
	12000	39	31	3.8	35×40
	15000	31	25	4.5	35×50
63（79）1J	2700	74	59	2.3	25×30
	3300	81	65	2.3	25×40
	3300	81	65	2.3	24×35
	3300	81	65	2.3	30×25
	3900	69	55	2.6	25×40
	3900	69	55	2.6	30×30
	3900	69	55	2.7	35×25
	4700	56	45	3.0	25×45
	4700	56	45	3.0	30×30
	5600	48	38	3.1	25×45
	5600	48	38	3.2	30×35
	5600	48	38	3.3	35×30
	6800	40	32	3.6	30×40
	6800	40	32	3.7	35×35
	8200	41	33	3.7	30×50
	8200	41	33	3.8	35×40
	10000	34	27	4.3	35×45
	120000	28	23	4.8	35×50
80（100）1K	1800	111	89	1.9	25×30
	2200	91	73	2.1	22×40
	2200	91	73	2.2	25×35
	2200	91	73	2.2	30×25
	2700	74	59	2.5	22×50

（续）

额定电压/V（浪涌电压/V）电压码	电容量/μF	ESR 最大值/mΩ（20℃，120Hz）	ESR 典型值/mΩ（20℃，120Hz）	额定纹波电流/A（85℃，120Hz）	尺寸/mm（$\phi D\times L$）
80（100）1K	2700	74	59	2.5	25×40
	2700	74	59	2.5	30×30
	2700	74	59	2.5	35×25
	3300	61	49	2.8	25×45
	3300	61	49	2.8	30×45
	3900	52	41	3.1	25×50
	3900	52	41	3.2	30×40
	3900	52	41	3.2	35×30
	4700	43	34	3.6	30×45
	4700	43	34	3.6	35×35
	5600	48	38	3.8	30×50
	5600	48	38	3.8	35×40
	6800	40	32	4.1	35×40
	8200	41	33	4.7	35×50
	10000	34	27	5.2	35×50
	120000	28	23	5.8	35×55
100（125）2A	1200	166	133	1.6	25×30
	1500	133	107	1.8	22×40
	1500	133	107	1.7	25×35
	1500	133	107	1.8	30×25
	1800	111	89	2.1	22×50
	1800	111	89	2.0	25×40
	1800	111	89	2.1	30×30
	1800	111	89	2.2	35×25
	2200	91	73	2.2	25×45
	2200	91	73	2.3	30×35
	2200	91	73	2.5	35×30
	2700	74	59	2.6	25×50
	2700	74	59	2.7	30×40
	3300	61	49	3.0	30×45
	3300	61	49	3.1	35×35
	3900	52	41	3.4	30×50
	3900	52	41	3.4	35×40
	4700	43	34	4.0	35×50
160（200）2A	470	283	226	1.6	25×30
	560	237	190	1.9	25×30
	560	237	190	2.0	30×25
	680	196	157	2.1	22×40
	680	196	157	2.2	25×35

（续）

额定电压/V（浪涌电压/V）电压码	电容量/μF	ESR 最大值/mΩ（20℃，120Hz）	ESR 典型值/mΩ（20℃，120Hz）	额定纹波电流/A（85℃，120Hz）	尺寸/mm（$\phi D \times L$）
160（200）2A	820	162	130	2.5	22×50
	820	162	130	2.4	25×40
	820	162	130	2.5	30×30
	820	195	136	2.4	35×25
	1000	133	107	2.7	25×45
	1000	133	107	2.8	30×35
	1000	160	128	2.7	35×30
	1200	111	89	3.1	25×50
	1200	111	89	3.2	30×40
	1200	133	107	3.0	35×35
	1500	89	71	3.9	30×45
	1500	107	85	3.5	35×40
	1800	89	71	3.9	35×45
	2200	73	58	4.5	35×50
180（225）2K	470	283	226	1.7	20×30
	470	283	226	1.8	30×25
	560	237	190	1.9	22×40
	560	237	190	2.0	25×35
	680	196	157	2.3	22×50
	680	196	157	2.2	25×40
	680	196	157	2.3	30×30
	680	235	188	2.2	35×25
	820	162	130	2.5	25×45
	820	162	130	2.6	30×35
	820	162	156	2.5	35×30
	1000	133	107	2.9	25×50
	1000	133	107	2.9	30×40
	1200	111	89	3.3	30×45
	1200	133	107	3.1	35×35
	1500	107	85	3.6	35×45
	1800	89	71	4.1	35×50
200（250）2D	390	341	273	1.6	25×30
	470	283	226	1.8	22×40
	470	283	226	1.9	30×25
	560	237	190	2.9	22×45
	560	237	190	2.0	25×35
	560	237	190	2.1	30×30
	560	285	190	2.0	35×25
	680	196	157	2.3	25×40

（续）

额定电压/V（浪涌电压/V）电压码	电容量/μF	ESR 最大值/mΩ（20℃，120Hz）	ESR 典型值/mΩ（20℃，120Hz）	额定纹波电流/A（85℃，120Hz）	尺寸/mm（$\phi D\times L$）
200（250）2D	680	196	157	2.4	30×35
	820	162	130	2.6	25×50
	820	162	130	2.7	30×40
	820	195	156	2.5	35×30
	1000	133	107	3.1	30×45
	1000	160	128	2.8	35×35
	1200	111	89	3.4	30×50
	1200	133	107	3.2	35×40
	1500	107	85	3.8	35×50
250（300）2E	330	603	483	1.4	22×40
	330	603	483	1.4	25×30
	330	603	483	1.5	30×25
	390	511	409	1.6	22×45
	390	511	409	1.6	25×35
	470	424	339	1.8	22×50
	470	424	339	1.8	25×40
	470	424	339	1.8	30×30
	470	424	339	1.8	35×25
	560	356	285	2.0	25×45
	560	356	285	2.0	30×35
	680	293	235	2.3	30×40
	680	293	235	2.3	35×30
	820	243	195	2.6	30×45
	820	243	195	2.6	35×35
	1000	199	160	3.0	35×40
	1200	166	133	3.4	35×45
315（365）2F	180	1106	885	1.0	25×30
	220	905	724	1.1	22×40
	220	905	724	1.1	25×35
	220	905	724	1.1	30×25
	270	737	590	1.2	22×45
	270	737	590	1.3	25×40
	270	737	590	1.3	30×30
	270	737	590	1.3	35×25
	330	603	483	1.4	25×45
	330	603	483	1.4	30×35
	390	511	409	1.6	25×50
	390	511	409	1.6	30×40
	390	511	409	1.6	35×30

（续）

额定电压/V（浪涌电压/V）电压码	电容量/μF	ESR 最大值/mΩ（20℃，120Hz）	ESR 典型值/mΩ（20℃，120Hz）	额定纹波电流/A（85℃，120Hz）	尺寸/mm（$\phi D \times L$）
315（365）2F	470	424	339	1.8	30×45
	470	424	339	1.8	35×35
	560	356	285	2.0	30×50
	560	356	285	2.0	35×40
	680	293	235	2.3	35×45
350（400）2V	150	1327	1062	1.0	25×30
	180	1106	885	1.1	22×40
	180	1106	885	1.1	30×25
	220	905	724	1.2	22×45
	220	905	724	1.2	25×35
	220	905	724	1.2	30×30
	220	905	724	1.3	35×25
	270	737	590	1.4	25×45
	270	737	590	1.4	30×35
	330	603	483	1.6	25×50
	330	603	483	1.6	35×30
	390	511	409	1.7	30×40
	390	511	409	1.8	35×35
	470	424	339	2.0	30×45
	470	424	339	2.0	35×40
	560	356	285	2.3	35×45
	680	293	235	2.6	35×50
	820	243	195	2.8	35×60
400（450）2G	150	1327	1062	0.9	25×30
	180	1106	885	1.0	22×40
	180	1106	885	1.0	25×30
	220	905	724	1.1	22×50
	220	905	724	1.2	25×40
	270	737	590	1.3	25×45
	270	737	590	1.5	30×30
	330	603	483	1.6	25×45
	330	603	483	1.7	30×35
	390	511	409	1.8	35×30
	390	511	409	1.9	30×40
	470	424	339	2.1	35×35
	560	356	285	2.3	35×40
	680	293	235	2.7	35×45
	820	242	194	3.1	35×50
	1000	100	107	3.7	35×60

（续）

额定电压/V（浪涌电压/V）电压码	电容量/μF	ESR 最大值/mΩ（20℃，120Hz）	ESR 典型值/mΩ（20℃，120Hz）	额定纹波电流/A（85℃，120Hz）	尺寸/mm（$\phi D \times L$）
420（470）2X	120	1658	1327	0.8	25×30
	150	1327	1062	1.0	25×30
	180	1106	885	1.1	25×35
	180	1106	885	1.2	30×30
	220	905	724	1.2	25×40
	220	905	724	1.3	30×30
	270	737	590	1.3	25×45
	270	737	590	1.4	30×35
	330	603	483	1.7	30×40
	390	511	409	1.8	30×45
	390	511	409	1.9	35×35
	470	424	339	2.1	35×45
	470	424	339	2.2	35×50
	560	356	285	2.4	35×45
	680	293	235	2.8	35×50
	820	242	194	3.2	35×60
	1000	199	107	4.0	40×60
450（500）2W	120	1658	1327	0.8	25×30
	150	1327	1062	1.0	22×45
	150	1327	1062	1.0	25×35
	180	1106	885	1.1	25×40
	180	1106	885	1.1	30×30
	220	905	724	1.2	25×45
	220	905	724	1.3	30×35
	270	737	590	1.5	30×40
	330	603	480	1.7	35×45
	3900	511	409	1.9	35×40
	4700	424	339	2.2	35×50
	560	356	285	2.4	35×50
	580	293	235	2.8	35×55
	830	242	194	3.2	35×60
	1000	199	107	4.2	35×70
500（550）2H	100	1990	1592	0.9	25×30
	120	1658	1327	1.0	25×35
	150	1327	1062	1.2	30×30
	180	1106	885	1.4	25×45
	180	1106	885	1.3	30×35
	220	905	724	1.6	25×50
	220	905	724	1.5	30×40

（续）

额定电压/V（浪涌电压/V）电压码	电容量/μF	ESR 最大值/mΩ（20℃，120Hz）	ESR 典型值/mΩ（20℃，120Hz）	额定纹波电流/A（85℃，120Hz）	尺寸/mm（$\phi D \times L$）
500（550）2H	270	737	590	1.8	30×45
	330	603	483	2.0	35×35
	390	511	409	2.3	35×40
	470	424	339	2.6	35×50
	560	356	285	2.9	35×55
	680	293	235	3.2	35×65

表 16-3　频率折算系数

电压/V	50/60Hz	120Hz	300Hz	1kHz	10kHz	≥50kHz
≤50V	0.88	1.00	1.07	1.15	1.15	1.15
63～100V	0.80	1.00	1.17	1.32	1.45	1.50
≥160V	0.80	1.00	1.16	1.30	1.41	1.43

表 16-4　温度折算系数

电压/V	40℃	55℃	70℃	85℃
<160	2.1	1.8	1.5	1.0
≥160	1.7	1.5	1.3	1.0

CD293BZ 系列寿命与纹波电流、温度的关系如图 16-9、图 16-10 所示。

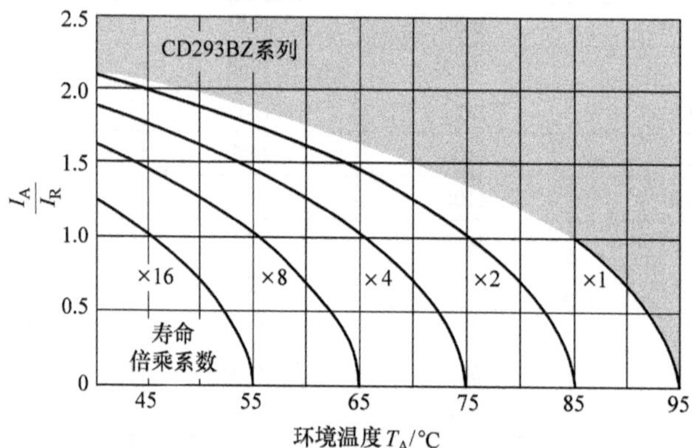

图 16-9　$U_R<160$V 规格的寿命曲线

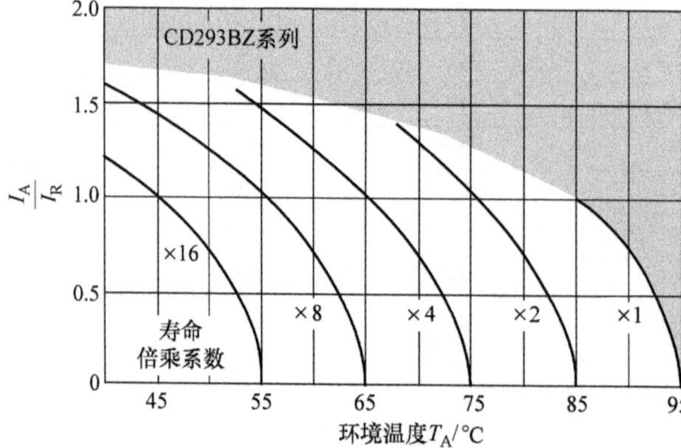

图 16-10　$U_R \geq 160$V 规格的寿命曲线

16.3　CD29H 系列插脚式电解电容器数据

CD29H 是一款 105℃/3000h、高纹波电流插脚式电解电容器。

CD29H 型插脚式铝电解电容器一般数据见表 16-5～表 16-8。

表 16-5　CD29H 型插脚式铝电解电容器性能概述

性能	数据					
工作温度范围/℃	-40～105					
电压范围/V	160～450					
电容量/μF	120～2200					
容差（20℃，120Hz）	±20%					
漏电流/μA	额定电压 20℃ 5min 后测试漏电流不大于 0.01CU_R或 1.5mA					
损耗因数	额定电压/V	160	200	250	350	400～450
	损耗因数	0.15				0.12
温度阻抗比（120Hz）	额定电压/V	160～450				
	$Z_{-40℃}/Z_{20℃}$	4				
寿命	使用寿命/h		负载寿命/h	耐久性测试/h	存储寿命/h	
	5000	>100000	3000	4000	1000	
漏电流	不大于规定值		不大于规定值	不大于规定值	不大于规定值	
电容量变化	不超过初始值的±30%		不超过初始值的±20%	不超过初始值的±20%	不超过初始值的±20%	
损耗因数	不超过初始值的300%		不超过初始值的200%	不超过初始值的130%	不超过初始值的200%	
测试条件	电压	U_R	U_R	U_R	U_R	$U=0$
	电流	I_R	$1.4I_R$	I_R	I_R	$I=0$
	温度	105℃	50℃	105℃	105℃	105℃

注：所有的测试在施加到额定电压后 0.5～24h 内完成。

表 16-6　CD29H 型插脚式铝电解电容器电气参数

额定电压/V（浪涌电压/V）电压码	电容量/μF	ESR 最大值/mΩ（20℃，120Hz）	ESR 典型值/mΩ（20℃，120Hz）	额定纹波电流/A（105℃，120Hz）	尺寸/mm（$\phi D\times L$）
160（200）2C	560	355	215	1.75	25×30
	560	355	215	1.75	30×25
	680	293	178	1.98	22×40
	680	293	178	1.98	25×35
	820	243	145	2.35	22×50
	820	243	145	2.35	25×40
	820	243	145	2.35	30×30

（续）

额定电压/V（浪涌电压/V）电压码	电容量/μF	ESR 最大值/mΩ（20℃，120Hz）	ESR 典型值/mΩ（20℃，120Hz）	额定纹波电流/A（105℃，120Hz）	尺寸/mm（$\phi D\times L$）
160（200）2C	820	243	145	2.35	35×25
	1000	199	115	2.50	25×45
	1000	199	115	2.50	30×35
	1000	199	115	2.50	35×30
	1200	166	95	2.87	25×50
	1200	166	95	2.87	30×40
	1200	166	95	2.87	35×35
	1500	133	75	3.57	30×45
	1500	133	75	3.60	35×40
	1800	111	58	4.15	35×45
	2200	91	58	4.65	35×50
200（250）2D	470	424	260	1.55	25×30
	470	424	260	1.60	30×25
	560	355	220	1.65	22×45
	560	355	220	1.76	25×35
	680	293	180	1.68	22×50
	680	293	180	1.92	24×40
	680	293	180	1.92	30×30
	680	293	180	2.20	35×25
	820	243	150	2.20	25×45
	820	243	150	2.20	30×35
	820	243	150	2.40	35×30
	1000	199	120	2.40	30×40
	1000	199	120	2.40	35×35
	1200	166	100	2.75	30×45
	1200	166	100	2.75	35×40
	1500	133	80	3.45	35×40
	2800	111	68	4.00	35×45
	2200	91	56	4.50	35×50
250（300）2E	330	603	380	1.30	22×40
	330	603	380	1.35	25×30
	330	603	380	1.35	30×25
	390	510	325	1.40	22×45
	390	510	325	1.45	25×35
	470	424	268	1.65	22×50
	470	424	268	1.65	30×30
	470	424	268	1.65	35×25
	560	355	225	1.85	25×45
	560	355	225	1.85	30×35
	560	355	225	1.85	35×30

（续）

额定电压/V（浪涌电压/V）电压码	电容量/μF	ESR 最大值/mΩ（20℃，120Hz）	ESR 典型值/mΩ（20℃，120Hz）	额定纹波电流/A（105℃，120Hz）	尺寸/mm（$\phi D \times L$）
250（300）2E	680	293	185	2.20	25×50
	680	293	185	2.20	30×40
	820	243	153	2.50	30×45
	820	243	153	2.50	30×50
	1000	199	125	2.90	30×50
	1000	199	125	2.90	35×40
	1200	166	105	3.30	35×45
	1500	133	85	3.80	35×45
350（400）2V	180	1106	580	1.11	22×45
	180	1106	580	1.11	25×35
	180	1106	580	1.12	30×30
	220	905	480	1.16	22×50
	220	905	480	1.20	25×40
	220	905	480	1.20	35×25
	270	737	390	1.26	25×50
	270	737	390	1.31	30×35
	270	737	390	1.26	35×30
	330	603	320	1.45	30×45
	330	603	320	1.45	35×35
	390	510	270	1.58	30×50
	390	510	270	1.58	35×40
	470	424	228	1.69	35×45
	560	355	190	1.89	35×50
400（450）2G	120	1327	718	0.71	25×30
	120	1327	718	0.71	30×25
	150	1062	575	0.85	22×40
	150	1062	575	0.85	25×35
	150	1062	575	0.85	30×25
	180	885	479	1.00	22×50
	180	885	479	1.00	25×40
	180	885	479	1.00	30×30
	180	885	479	1.00	35×25
	220	724	292	1.20	25×45
	220	724	292	1.20	30×35
	220	724	292	1.20	35×30
	270	590	319	1.35	25×50
	270	590	319	1.35	30×40
	270	590	319	1.35	35×30
	330	483	260	1.60	30×45
	330	483	260	1.60	35×35

（续）

额定电压/V（浪涌电压/V）电压码	电容量/μF	ESR 最大值/mΩ（20℃，120Hz）	ESR 典型值/mΩ（20℃，120Hz）	额定纹波电流/A（105℃，120Hz）	尺寸/mm（$\phi D\times L$）
400（450）2G	390	408	220	1.80	30×50
	390	408	220	1.80	35×40
	470	339	183	2.10	35×45
	560	284	154	2.30	35×50
450（500）2W	120	1327	660	0.80	22×45
	120	1327	660	0.80	25×35
	150	1062	530	0.95	22×50
	150	1062	530	0.95	25×40
	150	1062	530	0.95	30×30
	150	1062	530	0.95	35×25
	180	885	440	1.05	25×45
	180	885	440	1.05	30×35
	220	724	360	1.30	25×50
	220	724	360	1.30	30×40
	220	724	360	1.30	35×30
	270	590	295	1.50	35×45
	270	590	296	1.50	35×35
	330	483	240	1.90	30×50
	330	483	240	1.90	35×40
	390	408	205	1.90	35×45
	470	339	170	2.20	35×50

表 16-7 频率折算系数

频率	50/60Hz	120Hz	300Hz	1kHz	10kHz	≥50kHz
频率折算系数	0.80	1.00	1.16	1.30	1.41	1.43

表 16-8 温度折算系数

温度/℃	40	55	70	85	105
温度折算系数	2.7	2.5	2.1	1.7	1.0

CD29H 系列寿命与纹波电流、温度的关系如图 16-11 所示。

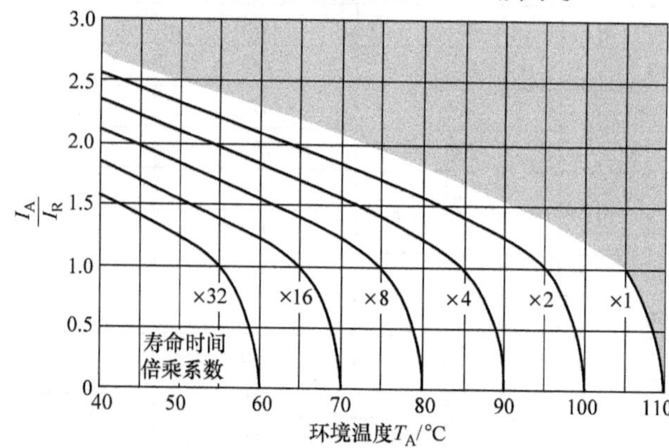

图 16-11 CD29H 系列寿命曲线

16.4　CD29L 系列插脚式电解电容器数据

CD29L 系列是大电容量、高纹波电流、全电压系列的插脚式电解电容器，额定电压范围为 16～500V，电容量最大可达 120000μF 即 0.12F。

CD29L 系列插脚式铝电解电容器性能概述见表 16-9。

表 16-9　CD29L 系列插脚式铝电解电容器性能概述

性能		数据							
工作温度范围/℃		-40～85				-25～85			
电压范围/V		16～400				450～500			
电容量/μF		390～120000							
容差（20℃，120Hz）		±20%							
漏电流/μA		额定电压 20℃ 5min 后测试漏电流不大于 $0.01CU_R$ 或 1.5mA							
损耗因数（20℃，120Hz）	额定电压/V	16	25	35	50	63～100	160～250	350～450	500
	损耗因数	0.60	0.50	0.40	0.30	0.20	0.15		
温度阻抗比（120Hz）	额定电压/V	16～35	50～100	160～200	250～400	450	500		
	$Z_{-25℃}/Z_{20℃}$	4	3		4				
	$Z_{-40℃}/Z_{20℃}$	15	10	16	8				
寿命		使用寿命/h		负载寿命/h	耐久性测试/h	存储寿命/h			
		7000	>100000	5000	5000	1000			
漏电流		不大于规定值		不大于规定值	不大于规定值	不大于规定值			
电容量变化		不超过初始值的±30%		不超过初始值的±20%	不超过初始值的±20%	不超过初始值的±20%			
损耗因数		不超过初始值的±300%		不超过初始值的±200%	不超过初始值的±200%	不超过初始值的±200%			
测试条件	电压	U_R	U_R	U_R	U_R	$U=0$			
	电流	I_R	$1.2I_R$	I_R	I_R	$I=0$			
	温度	85℃	40℃	85℃	85℃	85℃			

注：所有的测试在施加到额定电压后 0.5～24h 内完成。

CD29L 系列插脚式铝电解电容器纹波电流频率折算系数见表 16-10。

表 16-10　CD29L 系列插脚式铝电解电容器纹波电流频率折算系数

频率		50/60Hz	120Hz	300Hz	1kHz	10kHz	≥50kHz
频率折算系数	U_R≤50V	0.90	1.00	1.07	1.15	1.15	1.15
	U_R：63～100V	0.90	1.00	1.17	1.32	1.45	1.50
	U_R≥160V	0.80	1.00	1.16	1.30	1.41	1.45

CD29L 系列插脚式铝电解电容器纹波电流温度折算系数见表 16-11。

表 16-11 CD29L 系列插脚式铝电解电容器纹波电流温度折算系数

温度/℃		40	55	70	85
温度折算系数	$U_R < 160V$	2.1	1.8	1.5	1.0
	$U_R \geqslant 160V$	1.7	1.5	1.3	1.0

CD29L 系列插脚式铝电解电容器详细数据见表 16-12。

表 16-12 CD29L 系列插脚式铝电解电容器电气参数

额定电压/V（浪涌电压/V）电压码	电容量/μF	ESR 最大值/mΩ（20℃，120Hz）	ESR 典型值/mΩ（20℃，120Hz）	额定纹波电流/A（85℃，120Hz）	尺寸/mm（$\phi D \times L$）
16（20）1C	56000	14	10	10.4	30×45
	56000	14	10	9.8	40×40
	68000	12	8	10.8	35×60
	68000	12	8	11.5	40×50
	82000	10	7	11.8	35×60
	82000	12	7	11.8	40×50
	100000	8	6	13.2	35×80
	100000	8	6	13.5	40×60
	120000	7	5	15.3	35×105
	120000	7	5	14.8	40×80
25（32）1E	33000	20	14	8.1	35×40
	33000	20	14	8.7	40×40
	39000	17	12	9.0	35×45
	39000	17	12	9.6	40×40
	47000	14	10	9.6	35×50
	56000	12	8	10.3	35×60
	56000	12	8	10.3	40×50
	68000	10	7	11.3	35×80
	68000	10	7	11.8	40×60
	82000	8	6	13.5	40×80
35（44）1V	27000	20	14	8.2	35×45
	27000	20	14	8.0	40×40
	33000	16	11	8.7	35×50
	39000	14	10	10.3	35×60
	39000	14	10	9.6	40×50
	47000	11	8	11.4	35×80
	47000	11	8	10.8	40×60
	56000	10	7	12.1	40×70
	68000	8	6	14.2	40×80
50（63）1H	15000	27	19	7.7	35×40
	15000	27	19	8.1	40×40
	18000	22	16	8.3	35×45

（续）

额定电压/V（浪涌电压/V）电压码	电容量/μF	ESR 最大值/mΩ（20℃，120Hz）	ESR 典型值/mΩ（20℃，120Hz）	额定纹波电流/A（85℃，120Hz）	尺寸/mm（$\phi D\times L$）
50（63）1H	18000	22	16	8.3	40×40
	22000	18	13	9.1	35×50
	22000	18	13	9.4	40×50
	27000	15	10	11.2	35×80
	27000	15	10	10.8	40×60
	33000	12	8	13.4	35×80
	33000	12	8	13.4	40×70
	39000	10	7	15.5	40×80
63（79）1J	12000	22	16	8.7	35×50
	12000	22	16	8.6	40×40
	15000	18	12	10.2	35×70
	15000	18	12	9.5	40×50
	18000	15	10	11.2	35×80
	18000	15	10	10.7	40×60
	27000	10	7	12.7	40×80
80（100）1K	8200	32	23	6.9	35×50
	10000	27	19	8.7	35×60
	12000	22	16	9.7	35×70
	12000	22	16	9.0	40×50
	15000	18	12	10.5	35×80
	15000	18	12	10.2	40×60
	18000	15	10	12.3	40×80
100（125）2A	5600	47	33	7.0	35×45
	5600	47	33	7.4	40×40
	6800	39	27	8.0	35×50
	6800	39	27	8.9	40×50
	8200	32	23	9.6	35×70
	8200	32	23	9.6	40×60
	10000	27	19	10.4	35×80
	10000	27	19	10.2	40×60
	12000	22	16	12.3	40×80
160（200）2C	2200	91	63	4.9	35×45
	2700	74	52	5.3	35×50
	3300	60	42	5.5	35×70
	3300	60	42	5.5	40×60
	3900	51	36	5.9	35×80
	4700	42	30	7.3	40×80
200（250）2D	1500	133	93	4.3	35×40
	1800	111	77	4.7	35×45
	2200	91	63	5.4	35×50

（续）

额定电压/V（浪涌电压/V）电压码	电容量/μF	ESR 最大值/mΩ（20℃，120Hz）	ESR 典型值/mΩ（20℃，120Hz）	额定纹波电流/A（85℃，120Hz）	尺寸/mm（$\phi D \times L$）
200（250）2D	2200	91	63	5.4	40×40
	2700	74	52	5.9	35×60
	2700	74	52	5.9	40×50
	3300	60	42	6.5	35×80
	3300	60	42	6.5	40×60
	3900	51	36	7.0	40×80
	4700	42	30	9.2	40×90
250（300）2E	1000	199	139	3.7	35×40
	1200	166	116	3.8	35×45
	1500	133	93	4.4	35×50
	1500	133	93	4.5	40×40
	1800	111	77	5.0	35×70
	1800	111	77	5.0	40×50
	2200	91	63	5.4	35×70
	2700	74	52	6.9	40×80
350（400）2V	680	293	205	3.6	35×45
	680	293	205	3.6	40×40
	820	243	170	4.5	35×60
	820	243	170	4.3	40×50
	1000	199	139	5.2	35×70
	1000	199	139	4.9	40×60
	1200	166	116	5.5	35×80
	1200	166	16	5.6	40×70
	1500	133	93	6.5	40×80
	1500	133	93	6.2	45×70
	1800	111	77	7.9	40×100
	1800	111	77	7.1	45×70
	2200	91	63	8.7	40×100
400（450）2G	560	355	249	3.2	35×50
	560	355	249	2.8	40×40
	680	293	205	3.8	35×60
	680	293	205	4.2	40×50
	820	243	170	4.2	35×60
	820	243	170	4.1	40×50
	1000	199	139	4.9	35×70
	1000	199	139	4.8	40×60
	1000	199	139	4.6	45×50
	1200	166	116	5.8	35×80
	1200	166	116	5.5	40×60
	1500	133	93	6.9	40×90

（续）

额定电压/V （浪涌电压/V） 电压码	电容量 /μF	ESR 最大值/mΩ （20℃，120Hz）	ESR 典型值/mΩ （20℃，120Hz）	额定纹波电流/A （85℃，120Hz）	尺寸/mm （$\phi D \times L$）
400 （450） 2G	1500	133	93	6.6	45×70
	1500	133	93	6.8	45×80
	1800	111	77	7.9	40×100
	1800	111	77	7.3	45×80
	2200	91	63	8.8	40×110
	2200	91	63	8.3	45×90
450 （500） 2W	470	424	296	3.0	35×50
	470	424	296	3.0	40×40
	560	355	249	3.1	35×50
	560	355	249	3.3	35×60
	560	355	249	3.4	40×50
	680	293	205	3.5	35×60
	680	293	205	3.8	35×70
	680	293	205	3.8	40×60
	820	243	170	4.6	35×80
	820	243	170	4.4	40×60
	1000	199	139	5.7	35×80
	1000	199	139	5.2	40×60
	1200	166	116	5.9	40×70
	1200	166	116	6.2	45×70
	1500	133	93	7.3	40×100
	1500	133	93	7.0	45×80
	1800	111	77	7.9	45×100
500 （550） 2H	390	510	357	1.9	35×50
	470	424	296	2.3	35×60
	560	355	249	2.5	35×60
	560	355	249	2.7	40×60
	680	293	205	3.1	35×80
	680	293	205	2.8	40×70
	820	243	170	3.4	35×90
	820	243	170	3.3	40×70
	1000	199	139	3.9	40×80
	1000	199	139	3.9	45×70
	1200	166	116	4.3	40×90
	1500	133	93	4.8	40×100

CD29L 系列寿命曲线如图 16-12、图 16-13 所示。

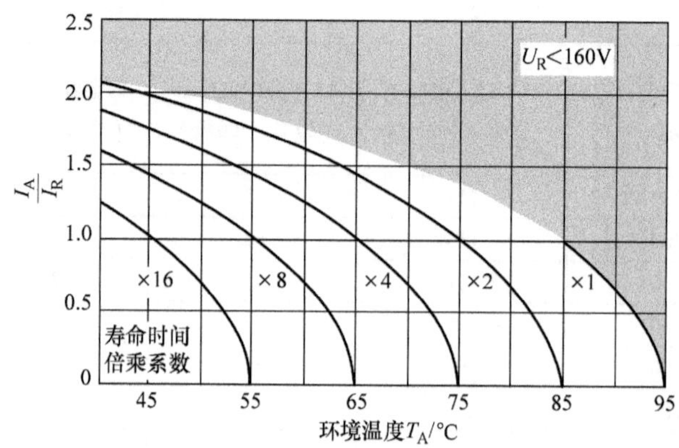

图 16-12　CD29L 系列低压规格的寿命曲线

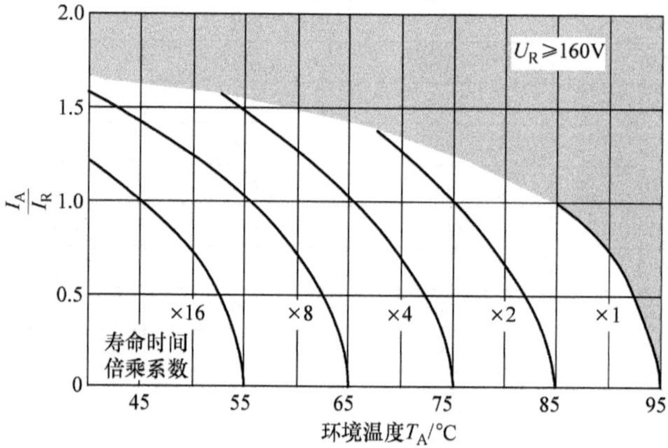

图 16-13　CD29L 系列高压规格的寿命曲线

第17章 螺栓式电解电容器实际数据实例

17.1 CD135 系列螺栓式电解电容器数据

CD135 系列铝电解电容器是 85℃/2000h 寿命的通用型螺栓式电解电容器，其外形如图 17-1所示，一般数据见表 17-1 ~ 表 17-5。

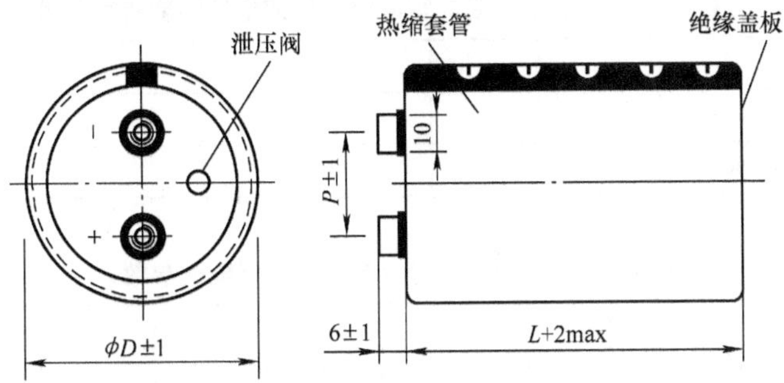

图 17-1　CD135 系列铝电解电容器外形

表 17-1　CD135 系列铝电解电容器性能概述

<table>
<tr><td colspan="2">性能</td><td colspan="7">数据</td></tr>
<tr><td colspan="2">工作温度范围/℃</td><td colspan="3">−40 ~ 85</td><td colspan="4">−25 ~ 85</td></tr>
<tr><td colspan="2">电压范围/V</td><td colspan="3">16 ~ 250</td><td colspan="4">350 ~ 500</td></tr>
<tr><td colspan="2">电容量/μF</td><td colspan="7">470 ~ 820000</td></tr>
<tr><td colspan="2">容差（20℃，120Hz）</td><td colspan="7">±20%</td></tr>
<tr><td colspan="2">漏电流/μA</td><td colspan="7">额定电压 20℃ 5min 后测试漏电流不大于 0.01CU_R 或 1.5mA</td></tr>
<tr><td colspan="2" rowspan="3">温度阻抗比
（120Hz）</td><td>额定电压/V</td><td>16 ~ 35</td><td>50 ~ 100</td><td>160 ~ 200</td><td>250 ~ 400</td><td>450</td><td>500</td></tr>
<tr><td>$Z_{-25℃}/Z_{20℃}$</td><td>4</td><td colspan="2">3</td><td colspan="3">4</td></tr>
<tr><td>$Z_{-40℃}/Z_{20℃}$</td><td>15</td><td>10</td><td>16</td><td>8</td><td colspan="2"></td></tr>
<tr><td colspan="2" rowspan="2">寿命</td><td colspan="2">使用寿命/h</td><td colspan="2">负载寿命/h</td><td>耐久性测试/h</td><td colspan="2">存储寿命/h</td></tr>
<tr><td>>4000</td><td>>65000</td><td colspan="2">2000</td><td>2000</td><td colspan="2">1000</td></tr>
<tr><td colspan="2">漏电流</td><td colspan="2">不大于规定值</td><td colspan="2">不大于规定值</td><td>不大于规定值</td><td colspan="2">不大于规定值</td></tr>
<tr><td colspan="2">电容量变化</td><td colspan="2">不超过初始值的±30%</td><td colspan="2">不超过初始值的±20%</td><td>不超过初始值的±10%</td><td colspan="2">不超过初始值的±20%</td></tr>
<tr><td colspan="2">损耗因数</td><td colspan="2">不超过初始值的±300%</td><td colspan="2">不超过初始值的±200%</td><td>不超过初始值的±130%</td><td colspan="2">不超过初始值的±200%</td></tr>
<tr><td rowspan="3">测试条件</td><td>电压</td><td>U_R</td><td>U_R</td><td colspan="2">U_R</td><td>U_R</td><td colspan="2">$U=0$</td></tr>
<tr><td>电流</td><td>I_R</td><td>$1.2I_R$</td><td colspan="2">I_R</td><td>I_R</td><td colspan="2">$I=0$</td></tr>
<tr><td>温度</td><td>85℃</td><td>40℃</td><td colspan="2">85℃</td><td>85℃</td><td colspan="2">85℃</td></tr>
</table>

注：所有的测试在施加到额定电压后 0.5 ~ 24h 内完成。

表 17-2 CD135 系列铝电解电容器端子间距尺寸

ϕD/mm	36	51	64	77	90
P/mm	12.7	22.0	28.2	31.4	31.4

表 17-3 CD135 系列铝电解电容器纹波电流频率折算系数

频率		50/60Hz	120Hz	300Hz	1kHz	10kHz	≥50kHz
频率折算系数	U_R≤50V	0.90	1.00	1.07	1.15	1.15	1.15
	U_R：63～100V	0.90	1.00	1.17	1.32	1.45	1.50
	U_R≥160V	0.80	1.00	1.16	1.30	1.41	1.45

表 17-4 CD135 系列铝电解电容器纹波电流温度折算系数

温度/℃		40	55	70	85
温度折算系数	U_R<160V	2.1	1.8	1.5	1.0
	U_R≥160V	1.7	1.5	1.3	1.0

表 17-5 CD135 系列铝电解电容器电气参数

额定电压/V（浪涌电压/V）电压码	电容量/μF	损耗因数（20℃，120Hz）	ESR 典型值/mΩ（20℃，120Hz）	额定纹波电流/A（85℃，120Hz）	尺寸/mm（$\phi D \times L$）
10（13）1A	33000	0.8	21	4.3	36×53
	39000	0.8	18	4.7	36×53
	47000	0.8	15	5.2	36×65
	56000	0.8	13	6.1	36×83
	68000	0.8	10	6.7	36×83
	82000	0.8	9	7.7	36×100
	100000	0.8	8	8.8	36×100
	120000	0.8	7	10.0	36×121
	150000	1.00	7	10.8	36×121
	180000	1.00	6	12.0	51×96
	220000	1.00	5	11.2	51×121
	270000	1.00	4	12.8	51×121
	330000	1.00	4	15.3	64×96
	390000	1.00	3	17.3	64×115
	470000	2.00	3	16.7	64×130
	560000	2.00	3	19.0	77×115
	680000	2.0	3	21.7	77×130
	820000	2.0	2	24.7	77×155
16（20）1C	22000	0.6	22	4.1	36×53
	27000	0.6	19	4.5	36×53
	33000	0.6	16	5.0	36×53
	39000	0.6	13	5.9	36×65

（续）

额定电压/V（浪涌电压/V）电压码	电容量/μF	损耗因数（20℃，120Hz）	ESR 典型值/mΩ（20℃，120Hz）	额定纹波电流/A（85℃，120Hz）	尺寸/mm（$\phi D\times L$）
16（20）1C	47000	0.6	11	6.4	36×83
	56000	0.6	10	7.3	36×83
	68000	0.6	8	8.4	36×100
	82000	0.8	7	8.3	36×100
	100000	0.8	6	9.5	36×121
	120000	0.8	5	10.9	36×121
	150000	1.0	4	11.3	51×96
	180000	1.0	3	12.8	51×115
	220000	1.0	3	15.3	51×130
	270000	1.0	3	17.6	64×96
	330000	1.5	3	16.8	64×115
	390000	1.5	3	18.3	64×130
	470000	1.5	2	21.3	77×115
	560000	1.5	2	23.6	77×130
	680000	1.5	2	27.6	77×155
	820000	2.0	2	27.1	90×157
25（32）1E	15000	0.50	22	3.7	36×53
	18000	0.50	18	4.1	36×53
	22000	0.50	16	4.5	36×53
	27000	0.50	13	5.0	36×65
	33000	0.50	11	5.9	36×83
	39000	0.50	9	6.7	36×83
	47000	0.50	8	7.7	36×100
	56000	0.60	7	7.9	36×100
	68000	0.60	6	9.1	36×121
	82000	0.60	5	10.4	36×121
	100000	0.80	4	10.3	51×96
	120000	0.80	4	11.7	51×115
	150000	0.80	3	14.1	51×130
	180000	0.80	3	15.7	64×96
	220000	1.00	3	16.1	64×115
	270000	1.00	3	18.6	64×130
	330000	1.00	2	21.9	64×155
	390000	1.00	2	22.0	77×115
	470000	1.20	2	25.6	77×115
	560000	1.20	2	27.9	90×131
	680000	1.20	2	32.5	90×157
35（44）1V	10000	0.40	24	3.4	36×53
	12000	0.40	20	3.7	36×53

（续）

额定电压/V（浪涌电压/V）电压码	电容量/μF	损耗因数（20℃，120Hz）	ESR 典型值/mΩ（20℃，120Hz）	额定纹波电流/A（85℃，120Hz）	尺寸/mm（$\phi D \times L$）
35（44）1V	15000	0.40	17	4.2	36×65
	18000	0.40	14	4.9	36×83
	22000	0.40	12	5.7	36×83
	27000	0.40	9	6.3	36×100
	33000	0.40	9	7.2	36×100
	39000	0.50	8	7.3	36×121
	47000	0.50	8	8.7	51×96
	56000	0.60	8	8.6	51×96
	68000	0.60	6	9.8	51×115
	82000	0.60	5	11.6	64×96
	100000	0.60	4	13.3	64×115
	120000	0.60	4	14.8	64×121
	150000	0.80	4	14.9	64×130
	180000	0.80	3	17.0	77×115
	220000	0.80	3	20.0	77×130
	270000	1.00	3	20.3	77×155
	330000	1.00	2	23.5	90×131
	390000	1.00	2	26.4	90×157
	470000	1.00	2	29.6	90×157
50（63）1H	5600	0.30	46	3.0	36×53
	6800	0.30	38	3.3	36×53
	8200	0.30	31	3.6	36×53
	10000	0.30	26	4.0	36×65
	12000	0.30	22	4.7	36×83
	15000	0.30	15	5.5	36×83
	18000	0.30	12	6.2	36×100
	22000	0.40	11	6.3	36×121
	27000	0.40	10	7.1	36×121
	33000	0.40	9	8.2	51×96
	39000	0.50	8	8.1	51×96
	47000	0.50	8	9.3	51×115
	56000	0.50	6	10.5	64×96
	68000	0.50	5	12.0	64×96
	82000	0.50	4	13.7	64×115
	100000	0.60	4	14.7	77×115
	120000	0.60	3	16.7	77×115
	150000	0.60	3	19.3	77×130
	180000	0.60	3	21.9	77×155
	220000	0.60	2	21.4	90×131
	270000	0.60	2	24.6	90×157

（续）

额定电压/V（浪涌电压/V）电压码	电容量/μF	损耗因数（20℃，120Hz）	ESR 典型值/mΩ（20℃，120Hz）	额定纹波电流/A（85℃，120Hz）	尺寸/mm（$\phi D\times L$）
63（79）1J	3900	0.25	47	2.7	36×53
	4700	0.25	39	3.0	36×53
	5600	0.25	38	3.3	36×53
	6300	0.25	32	3.6	36×65
	8200	0.25	26	4.3	36×83
	10000	0.25	23	4.9	36×83
	12000	0.25	18	5.6	36×100
	15000	0.30	16	5.9	36×100
	18000	0.30	15	6.7	36×121
	22000	0.30	13	7.8	36×121
	27000	0.40	12	7.4	51×96
	33000	0.40	8	8.4	51×96
	39000	0.40	7	9.5	51×115
	47000	0.40	6	11.3	51×130
	56000	0.40	6	12.8	64×115
	68000	0.50	5	12.7	64×121
	82000	0.50	4	14.5	64×130
	100000	0.50	4	16.7	77×115
	120000	0.50	3	18.8	77×130
	150000	0.50	2	22.4	77×155
	180000	0.60	2	22.4	90×131
	220000	0.60	2	26.2	90×157
80（100）1K	3300	0.25	54	2.5	36×53
	3900	0.25	46	2.8	36×53
	4700	0.25	38	3.0	36×65
	5600	0.25	32	3.6	36×83
	6800	0.25	26	3.9	36×83
	8200	0.25	22	4.5	36×83
	10000	0.25	17	5.2	36×100
	12000	0.25	15	5.9	36×100
	15000	0.25	12	6.8	36×121
	18000	0.25	10	7.8	36×121
	22000	0.30	10	8.0	51×96
	27000	0.30	8	9.2	51×96
	33000	0.30	7	10.5	51×115
	39000	0.30	6	12.0	51×130
	47000	0.30	5	13.6	64×115
	56000	0.40	4	13.4	64×130
	68000	0.40	4	15.4	77×115

（续）

额定电压/V（浪涌电压/V）电压码	电容量/μF	损耗因数（20℃，120Hz）	ESR 典型值/mΩ（20℃，120Hz）	额定纹波电流/A（85℃，120Hz）	尺寸/mm（$\phi D\times L$）
80（100）1K	82000	0.40	4	17.5	77×130
	100000	0.40	3	20.5	77×155
	120000	0.40	2	22.4	90×131
	150000	0.40	2	26.5	90×157
100（125）2A	1800	0.25	48	1.9	36×53
	2200	0.25	44	2.1	36×53
	2700	0.25	39	2.3	36×53
	3300	0.25	35	2.6	36×65
	3900	0.25	28	3.0	36×83
	4700	0.25	26	3.5	36×83
	5600	0.25	23	3.9	36×100
	6800	0.25	22	4.5	36×100
	8200	0.25	20	5.1	36×121
	10000	0.25	19	5.9	36×121
	12000	0.25	16	6.4	51×75
	15000	0.25	12	7.0	51×96
	18000	0.25	10	8.3	51×115
	22000	0.25	8	10.0	51×130
	27000	0.25	7	11.5	64×115
	33000	0.25	6	11.9	64×130
	39000	0.25	5	13.4	77×115
	47000	0.35	5	14.2	77×130
	56000	0.35	4	16.0	77×155
	68000	0.35	3	18.8	90×131
	82000	0.35	3	20.5	90×157
	100000	0.35	3	24.0	90×171
160（200）2C	3300	0.25	31	5.2	36×121
	4700	0.25	31	5.9	51×75
	5600	0.25	19	7.0	51×96
	6800	0.25	16	7.8	51×96
	10000	0.25	13	10.4	64×96
	12000	0.25	10	11.6	51×120
	15000	0.25	9	14.3	64×130
	18000	0.25	8	15.6	63×130
	22000	0.25	6	18.3	77×130
	33000	0.25	4	23.8	90×131
	39000	0.25	2	27.9	90×157
200（250）2D	2200	0.25	38	3.9	36×100
	3300	0.25	24	4.9	51×75

（续）

额定电压/V（浪涌电压/V）电压码	电容量/μF	损耗因数（20℃，120Hz）	ESR典型值/mΩ（20℃，120Hz）	额定纹波电流/A（85℃，120Hz）	尺寸/mm（$\phi D \times L$）
200（250）2D	4700	0.25	20	6.4	51×96
	5600	0.25	18	7.6	51×115
	6800	0.25	14	8.8	51×130
	8200	0.25	11	9.4	64×96
	10000	0.25	9	10.4	64×96
	15000	0.25	7	14.4	77×96
	18000	0.25	6	16.5	77×130
	22000	0.25	4	19.6	77×155
	33000	0.25	3	25.3	90×157
250（300）2E	1500	0.25	49	3.2	36×100
	2200	0.25	33	4.0	51×75
	3300	0.25	23	5.4	51×96
	4700	0.25	17	7.1	64×96
	6800	0.25	12	9.1	64×115
	8200	0.25	11	10.0	64×115
	10000	0.25	11	11.7	64×130
	15000	0.25	7	15.1	77×130
	18000	0.25	6	17.7	77×155
	22000	0.25	3	20.9	90×157
350（400）2V	470	0.2	228	2.2	36×83
	680	0.2	152	2.6	36×83
	1000	0.2	104	3.4	36×100
	1500	0.2	72	4.3	51×75
	1800	0.2	58	5.1	51×96
	2200	0.2	48	5.7	51×96
	2700	0.2	39	7.1	51×130
	3300	0.2	32	7.9	51×130
	3900	0.2	28	9.0	64×115
	4700	0.2	25	10.3	64×130
	5600	0.2	22	11.4	77×115
	6800	0.2	17	13.1	77×130
	8200	0.2	14	15.4	77×155
	10000	0.2	12	18.1	90×157
	12000	0.2	10	20.0	90×157
	15000	0.2	8	24.5	90×196
	18000	0.2	6	28.8	90×236
400（450）2G	470	0.2	178	2.2	36×83
	680	0.2	119	2.8	36×100
	1000	0.2	82	3.5	51×75

（续）

额定电压/V （浪涌电压/V） 电压码	电容量 /μF	损耗因数 （20℃，120Hz）	ESR 典型值/mΩ （20℃，120Hz）	额定纹波电流/A （85℃，120Hz）	尺寸/mm （$\phi D \times L$）
400 （450） 2G	1200	0.2	68	3.8	51×75
	1500	0.2	58	4.7	51×96
	1800	0.2	47	5.2	51×96
	2200	0.2	35	6.4	51×120
	2700	0.2	33	7.0	64×96
	3300	0.2	25	8.2	64×115
	3900	0.2	25	9.4	64×130
	4700	0.2	24	10.4	77×115
	5600	0.2	19	11.9	77×130
	6800	0.2	16	14.1	77×155
	8200	0.2	14	16.4	90×157
	10000	0.2	11	18.3	90×157
	12000	0.2	10	21.8	90×196
	15000	0.2	8	26.2	90×236
450 （500） 2W	470	0.2	200	2.2	36×83
	680	0.2	140	2.8	36×100
	820	0.2	96	3.2	51×75
	1000	0.2	82	3.5	51×75
	1200	0.2	72	4.2	51×96
	1500	0.2	58	5.1	51×115
	1800	0.2	46	5.9	51×130
	2200	0.2	33	6.3	64×96
	2700	0.2	32	7.5	64×115
	3300	0.2	30	8.7	64×130
	3900	0.2	29	9.5	77×115
	4700	0.2	24	10.0	77×130
	5600	0.2	16	12.8	77×155
	6800	0.2	14	15.0	90×157
	8200	0.2	12	16.5	90×157
	10000	0.2	10	20.0	90×196
	12000	0.2	8	23.6	90×236
500 （550） 2H	1000	0.25	85	4.6	51×115
	1500	0.25	60	5.7	64×96
	2200	0.25	41	6.9	64×130
	2700	0.25	36	8.1	77×115
	3300	0.25	32	9.6	77×130
	3900	0.25	30	10.8	77×130
	4700	0.25	27	12.1	77×155
	5600	0.25	21	13.8	90×157

（续）

额定电压/V（浪涌电压/V）电压码	电容量/μF	损耗因数（20℃，120Hz）	ESR 典型值/mΩ（20℃，120Hz）	额定纹波电流/A（85℃，120Hz）	尺寸/mm（$\phi D \times L$）
500	6800	0.25	18	15.8	90×171
(550)	8200	0.25	14	17.2	77×220
2H	10000	0.25	10	22.1	90×236

CD135 系列铝电解电容器温度寿命曲线如图 17-2 所示。

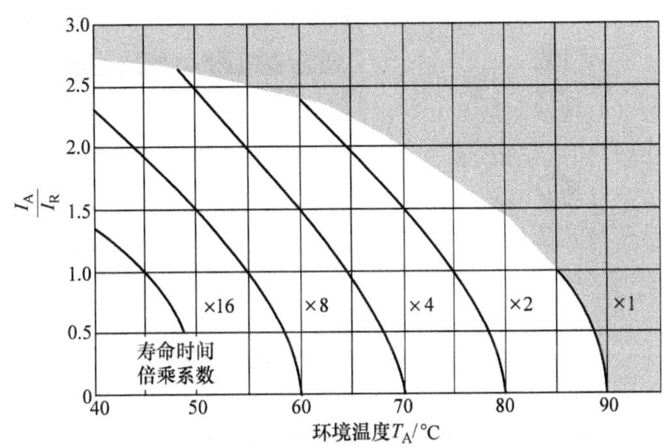

图 17-2　CD135 系列铝电解电容器温度寿命曲线

17.2　CD139 系列螺栓式电解电容器数据

CD139 系列铝电解电容器是 105℃/5000h 寿命高压电解电容器其外形如图 17-3 所示，一般数据见表 17-6 ~ 表 17-10。

表 17-6　CD139 系列铝电解电容器性能概述

性能	数据				
工作温度范围/℃	-40 ~ 105				
电压范围/V	350 ~ 500				
电容量/μF	1000 ~ 15000				
容差（20℃，120Hz）	±20%				
漏电流/μA	额定电压 20℃ 5min 后测试漏电流不大于 0.01CU_R 或 1.5mA				
损耗因数	小于 0.15				
低温电容量稳定性	$C_{-25℃}/C_{20℃} \geqslant 0.7$				
寿命	使用寿命/h		负载寿命/h	耐久性测试/h	存储寿命/h
	>9000	>200000	5000	5000	1000
漏电流	不大于规定值		不大于规定值	不大于规定值	不大于规定值
电容量变化	不超过初始值的±30%		不超过初始值的±20%	不超过初始值的±10%	不超过初始值的±20%

（续）

性能		数据				
损耗因数		不超过初始值的±300%		不超过初始值的±200%	不超过初始值的±130%	不超过初始值的±200%
测试条件	电压	U_R	U_R	U_R	U_R	$U=0$
	电流	I_R	$1.2I_R$	I_R	I_R	$I=0$
	温度	105℃	40℃	105℃	105℃	105℃

注：所有的测试在施加到额定电压后 0.5～24h 内完成。

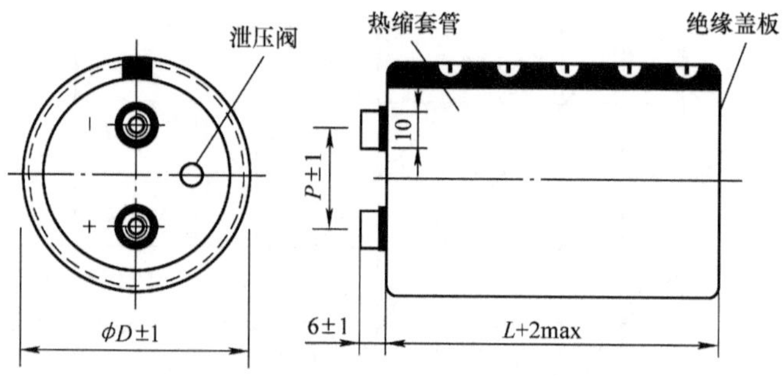

图 17-3 CD139 系列铝电解电容器外形

表 17-7 CD139 系列铝电解电容器端子间距尺寸

ϕD/mm	51	64	77	90	101
P/mm	22.0	28.2	31.4	31.4	4.15

表 17-8 CD139 系列铝电解电容器纹波电流频率折算系数

频率	50/60Hz	120Hz	300Hz	1kHz	>10kHz
频率折算系数	0.80	1.00	1.10	1.30	1.40

表 17-9 CD139 系列铝电解电容器纹波电流温度折算系数

温度/℃	40	60	85	105
温度折算系数	2.44	2.16	2.0	1.0

表 17-10 CD139 系列铝电解电容器电气参数

额定电压/V（浪涌电压/V）电压码	电容量/μF	ESR 最大值/mΩ（20℃，120Hz）	ESR 典型值/mΩ（20℃，120Hz）	额定纹波电流/A（105℃，120Hz）	尺寸/mm（$\phi D\times L$）
350（400）2V	1000	259	69	3.9	51×75
	1200	215	65	4.2	51×75
	1500	172	55	5.2	51×96
	1800	143	43	5.7	51×96
	2200	117	30	7.1	51×130
	2700	96	27	7.7	64×96

（续）

额定电压/V（浪涌电压/V）电压码	电容量/μF	ESR 最大值/mΩ（20℃，120Hz）	ESR 典型值/mΩ（20℃，120Hz）	额定纹波电流/A（105℃，120Hz）	尺寸/mm（$\phi D\times L$）
350（400）2V	3300	78	23	9.1	64×115
	3900	66	19	10.4	64×130
	4700	55	15	12.2	64×155
	4700	55	16	11.5	77×115
	5600	46	13	14.6	64×195
	5600	46	14	13.1	77×130
	6800	38	13	15.5	77×155
	8200	31	11	18.1	90×157
	10000	26	10	19.9	90×157
	12000	22	8	23.8	90×196
	15000	17	6	28.8	90×236
400（450）2G	1000	215	70	3.9	51×75
	1200	179	64	4.6	51×96
	1500	143	54	5.6	51×115
	1800	119	43	6.4	51×130
	2200	98	41	6.9	64×96
	2700	80	38	8.2	64×115
	3300	65	29	9.5	64×130
	3900	55	26	11.1	64×155
	3900	55	28	10.4	77×115
	4700	46	20	13.4	64×195
	4700	46	22	12.0	77×130
	5600	39	19	14.6	64×195
	5600	39	19	14.0	77×155
	6800	32	17	16.5	90×157
	8200	26	15	18.1	90×157
	10000	22	12	21.7	90×196
	12000	18	8	25.8	90×236
450（500）2W	1000	215	70	4.2	51×96
	1200	179	66	5.0	51×115
	1500	143	54	5.9	51×130
	1800	119	44	6.3	64×96
	2200	98	42	7.4	64×115
	2700	80	40	8.6	64×130
	2700	80	42	8.7	77×115
	3300	65	31	10.2	64×155
	3300	65	35	10.1	77×130
	3900	55	28	12.3	64×195
	4700	46	25	12.9	77×155
	5600	38	22	15.4	77×195

（续）

额定电压/V （浪涌电压/V） 电压码	电容量 /μF	ESR 最大值/mΩ （20℃，120Hz）	ESR 典型值/mΩ （20℃，120Hz）	额定纹波电流/A （105℃，120Hz）	尺寸/mm （$\phi D\times L$）
450 （500） 2W	5600	38	24	14.9	90×157
	6800	32	21	18.0	90×196
	8200	27	18	19.8	90×196
	10000	22	16	23.6	90×236

CD139 系列铝电解电容器温度寿命曲线如图 17-4 所示。

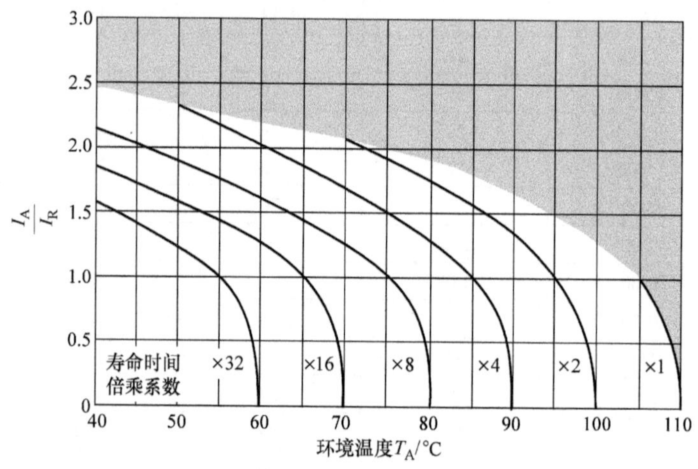

图 17-4　CD139 系列铝电解电容器温度寿命曲线

CD139 系列铝电解电容器 ESR、阻抗频率特性曲线如图 17-5、图 17-6 所示。

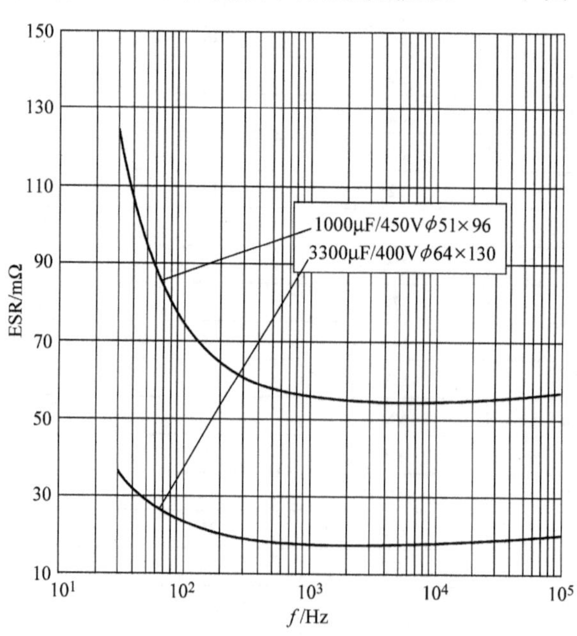

图 17-5　CD139 系列铝电解电容器 ESR 频率特性曲线

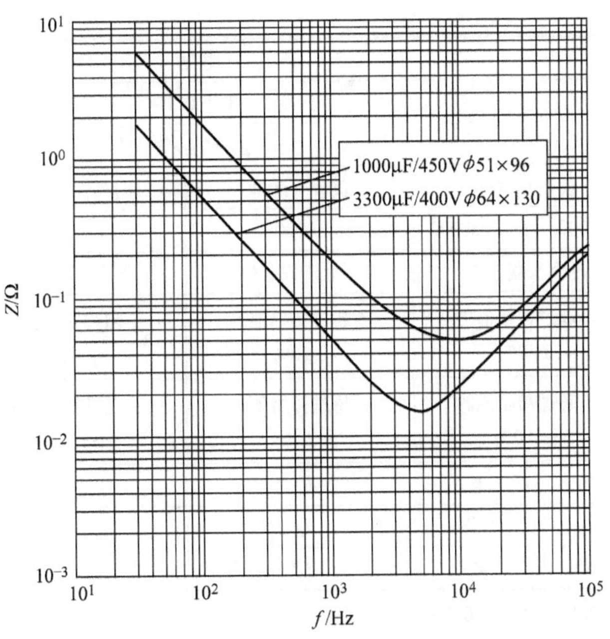

图 17-6　CD139 系列铝电解电容器阻抗频率特性曲线

17.3　CD138S 系列螺栓式电解电容器数据

CD138S 系列 105℃/10000h 寿命高压电解电容器具有高纹波电流、长寿命性能其外形如图 17-7 所示，一般数据见表 17-11～表 17-15。

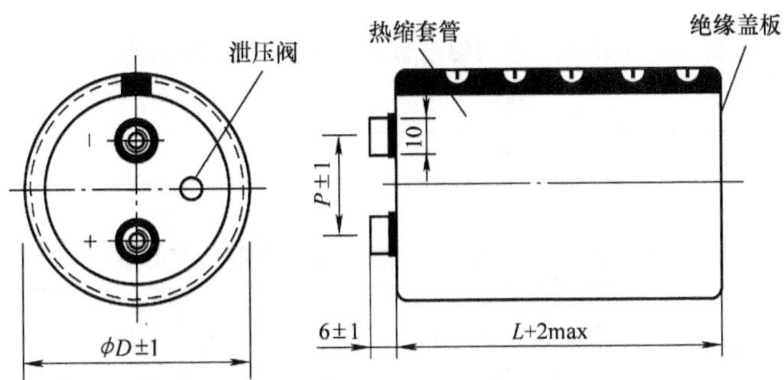

图 17-7　CD138S 系列铝电解电容器外形

表 17-11　CD138S 系列铝电解电容器性能概述

性能	数据
工作温度范围/℃	−40～85
电压范围/V	350～500
电容量/μF	1500～12000
容差（20℃，120Hz）	±20%
漏电流/μA	额定电压 20℃ 5min 后测试漏电流不大于 0.01CU_R 或 1.5mA

（续）

<table>
<tr><td colspan="2">性能</td><td colspan="5">数据</td></tr>
<tr><td colspan="2">损耗因数</td><td colspan="5">小于 0.15</td></tr>
<tr><td colspan="2">低温电容量稳定性</td><td colspan="5">$C_{-25℃}/C_{20℃}\geqslant 0.7$</td></tr>
<tr><td colspan="2" rowspan="2">寿命</td><td colspan="2">使用寿命/h</td><td>负载寿命/h</td><td>耐久性测试/h</td><td>存储寿命/h</td></tr>
<tr><td>15000</td><td>>250000</td><td>10000</td><td>12000</td><td>1000</td></tr>
<tr><td colspan="2">漏电流</td><td colspan="2">不大于规定值</td><td>不大于规定值</td><td>不大于规定值</td><td>不大于规定值</td></tr>
<tr><td colspan="2">电容量变化</td><td colspan="2">不超过初始值的 ±30%</td><td>不超过初始值的 ±20%</td><td>不超过初始值的 ±10%</td><td>不超过初始值的 ±20%</td></tr>
<tr><td colspan="2">损耗因数</td><td colspan="2">不超过初始值的 ±300%</td><td>不超过初始值的 ±200%</td><td>不超过初始值的 ±130%</td><td>不超过初始值的 ±200%</td></tr>
<tr><td rowspan="3">测试条件</td><td>电压</td><td>U_R</td><td>U_R</td><td>U_R</td><td>U_R</td><td>$U=0$</td></tr>
<tr><td>电流</td><td>I_R</td><td>$1.2I_R$</td><td>I_R</td><td>I_R</td><td>$I=0$</td></tr>
<tr><td>温度</td><td>85℃</td><td>40℃</td><td>85℃</td><td>85℃</td><td>85℃</td></tr>
</table>

注：所有的测试在施加到额定电压后 0.5 ~ 24h 内完成。

表 17-12 CD138S 系列铝电解电容器端子间距尺寸

ϕD/mm	51	64	77	90	101
P/mm	22.0	28.2	31.4	31.4	4.15

表 17-13 CD138S 系列铝电解电容器纹波电流频率折算系数

频率	50/60Hz	120Hz	300Hz	1kHz	>10kHz
频率折算系数	0.80	1.00	1.10	1.30	1.40

表 17-14 CD138S 系列铝电解电容器纹波电流温度折算系数

温度/℃	40	60	85
温度折算系数	1.89	1.67	1.00

表 17-15 CD138S 系列铝电解电容器电气参数

额定电压/V（浪涌电压/V）电压码	电容量/μF	ESR 最大值/mΩ（20℃，120Hz）	ESR 典型值/mΩ（20℃，120Hz）	额定纹波电流/A（85℃，120Hz）	尺寸/mm（$\phi D\times L$）
350（400）2V	3900	50	25	14.6	64×96
	4700	40	20	16.9	64×115
	5600	34	17	19.8	64×130
	5600	34	17	21.6	77×115
	6800	28	14	25.0	77×143
	6800	28	14	26.2	90×105
	8200	24	12	29.3	77×143
	8200	24	12	30.1	77×155
	10000	18	9	35.7	90×157
	12000	16	8	39.1	90×157

（续）

额定电压/V（浪涌电压/V）电压码	电容量/μF	ESR 最大值/mΩ（20℃，120Hz）	ESR 典型值/mΩ（20℃，120Hz）	额定纹波电流/A（85℃，120Hz）	尺寸/mm（$\phi D \times L$）
400（450）2G	2700	76	38	11.5	64×96
	3300	60	30	14.2	64×115
	3900	52	26	16.5	64×115
	3900	52	26	17.2	77×105
	4700	42	21	18.1	64×130
	4700	42	21	20.8	77×115
	5600	36	18	22.7	77×130
	5600	36	18	23.8	90×105
	6800	30	15	26.6	77×155
	6800	30	15	27.4	90×130
	8200	24	12	32.2	90×157
	10000	20	10	35.7	90×157
450（500）2W	2200	92	46	10.4	64×96
	2200	92	46	11.5	77×80
	2700	76	38	12.8	64×115
	3300	60	30	15.2	64×130
	3300	60	30	15.8	77×105
	3900	54	27	16.5	64×130
	3900	54	27	18.0	77×115
	4700	42	21	20.8	77×143
	4700	42	21	21.8	90×105
	5600	36	18	24.2	77×143
	5600	36	18	24.9	90×130
	6800	30	15	29.4	90×157
	8200	24	12	32.2	90×157
	10000	20	10	36.9	90×171
500（550）2H	1500	148	74	8.6	64×96
	1800	132	62	10.0	64×115
	2200	102	51	11.7	64×130
	2700	82	41	15.0	77×115
	3300	68	34	17.5	77×130
	3900	58	29	20.2	77×143
	4700	48	24	21.8	90×130
	5600	40	20	25.3	90×157
	6800	32	16	29.0	90×171

CD138S系列铝电解电容器温度寿命曲线、ESR频率特性曲线、阻抗频率特性曲线如图17-8～图17-10所示。

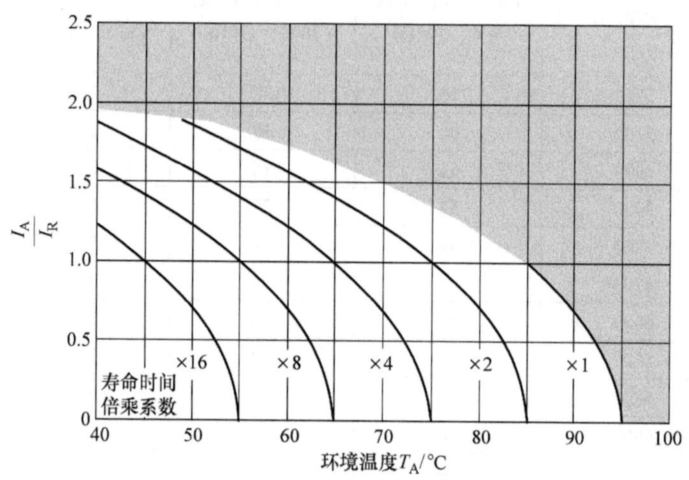

图 17-8　CD138S 系列铝电解电容器温度寿命曲线

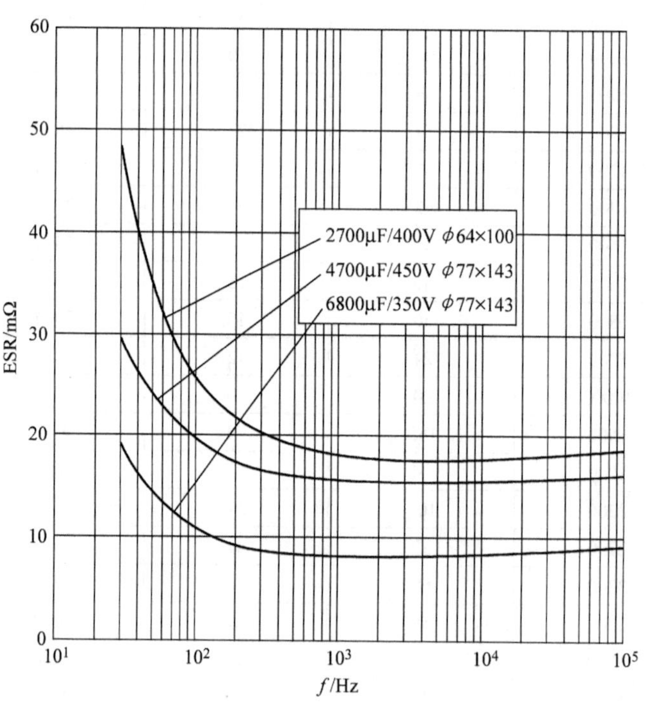

图 17-9　CD138S 系列铝电解电容器 ESR 频率特性曲线

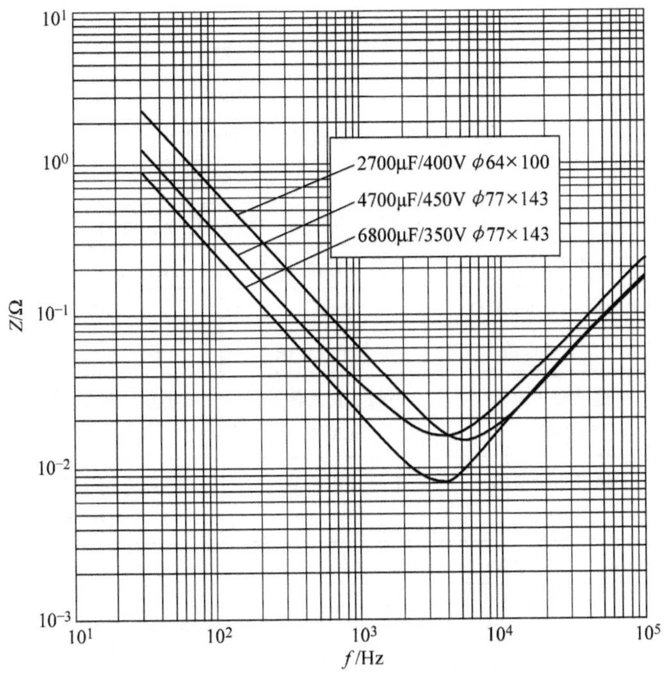

图 17-10　CD138S 系列铝电解电容器阻抗频率特性曲线

17.4　CDVT 系列螺栓式电解电容器数据

CDVT 系列铝电解电容器具有缩体、高纹波电流、长寿命的特点，其最大特点是电解电容器中心部位带有可插入散热棒的孔，有利于电解电容器散热其外形如图 17-11 所示，一般数据见表 17-16 ~ 表 17-20。

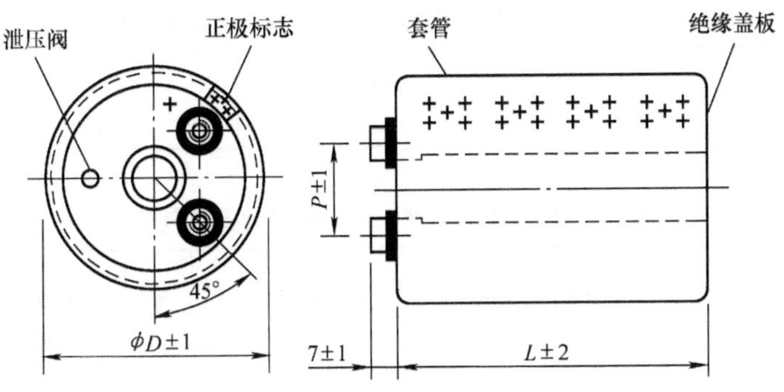

图 17-11　CDVT 系列铝电解电容器外形

表 17-16　CDVT 系列铝电解电容器性能概述

性能	数据
工作温度范围/℃	-40 ~ 105
电压范围/V	350 ~ 500
电容量/μF	680 ~ 10000

（续）

性能		数据				
容差（20℃，120Hz）		±20%				
漏电流/μA		额定电压 20℃ 5min 后测试漏电流不大于 $0.01CU_R$ 或 1.5mA				
损耗因数		小于 0.15				
振动试验		10～55Hz 正弦波三轴振动试验，每轴振动 2h				
寿命		使用寿命/h		负载寿命/h	耐久性测试/h	存储寿命/h
		>9000	>20000	5000	5000	1000
漏电流		不大于规定值		不大于规定值	不大于规定值	不大于规定值
电容量变化		不超过初始值的±30%		不超过初始值的±20%	不超过初始值的±10%	不超过初始值的±20%
损耗因数		不超过初始值的±300%		不超过初始值的±200%	不超过初始值的±130%	不超过初始值的±200%
测试条件	电压	U_R	U_R	U_R	U_R	$U=0$
	电流	I_R	$1.2I_R$	I_R	I_R	$I=0$
	温度	105℃	40℃	105℃	105℃	105℃

注：所有的测试在施加到额定电压后 0.5～24h 内完成。

表 17-17 CDVT 系列铝电解电容器端子间距尺寸

ϕD/mm	77
P/mm	31.8

表 17-18 CDVT 系列铝电解电容器纹波电流频率折算系数

频率	50/60Hz	120Hz	300Hz	1kHz	>10kHz
频率折算系数	0.80	1.00	1.10	1.30	1.40

表 17-19 CDVT 系列铝电解电容器纹波电流温度折算系数

温度/℃	45	65	85	105
温度折算系数	2.45	2.12	1.73	1.00

表 17-20 CDVT WT 系列铝电解电容器电气参数

额定电压/V（浪涌电压/V）电压码	电容量/μF	ESR 最大值/mΩ（20℃，120Hz）	ESR 典型值/mΩ（20℃，120Hz）	额定纹波电流/A（105℃，120Hz）	尺寸/mm（$\phi D \times L$）
350（400）2V	1800	47.3	31.2	11.8	77×54
	2700	31.9	21.1	15.4	77×67
	3300	26.4	17.4	17.1	77×79
	4700	18.7	12.3	21.6	77×92
	5600	15.4	10.2	24.9	77×105
	6800	13.2	8.8	30.2	77×130
	8200	11.0	7.3	34.5	77×143
	10000	8.8	5.8	41.0	77×168

（续）

额定电压/V（浪涌电压/V）电压码	电容量/μF	ESR 最大值/mΩ（20℃，120Hz）	ESR 典型值/mΩ（20℃，120Hz）	额定纹波电流/A（105℃，120Hz）	尺寸/mm（$\phi D \times L$）
400（450）2G	1500	58.3	38.5	10.7	77×54
	2200	39.6	26.1	13.9	77×67
	2700	33.0	21.8	15.4	77×79
	3300	26.4	17.4	18.1	77×92
	3900	23.1	15.2	20.8	77×105
	4700	18.7	12.3	24.0	77×117
	5600	15.4	10.1	27.4	77×130
	6800	13.2	8.7	31.4	77×143
	8200	11.0	7.3	37.1	77×168
420（470）2X	1200	97.9	64.6	9.3	77×54
	1800	64.9	42.8	12.2	77×67
	2200	44.0	29.0	14.9	77×79
	3300	35.2	23.2	17.5	77×92
	3900	29.7	19.6	20.1	77×105
	4700	25.3	16.7	24.2	77×130
	5600	20.9	13.8	27.6	77×143
	6800	17.6	11.6	32.7	77×168
450（500）2W	1000	97.9	64.6	9.3	77×54
	1500	64.9	42.8	12.2	77×67
	2200	52.8	34.8	13.5	77×79
	2700	44.0	29.0	15.9	77×93
	3300	35.2	23.2	18.5	77×105
	3900	29.7	19.6	21.1	77×117
	4700	25.3	16.7	24.2	77×130
	5600	20.9	13.8	28.6	77×155
500（550）2H	680	226.6	149.6	6.5	77×54
	1000	154.0	101.6	8.4	77×67
	1500	102.3	67.5	10.3	77×79
	1800	85.8	56.6	12.0	77×92
	2200	70.4	46.5	14.0	77×105
	2700	57.2	37.8	16.3	77×117
	3300	46.2	30.5	19.6	77×143
	3900	39.6	26.1	22.1	77×168

CDVT 系列铝电解电容器温度寿命曲线如图 17-12 所示。

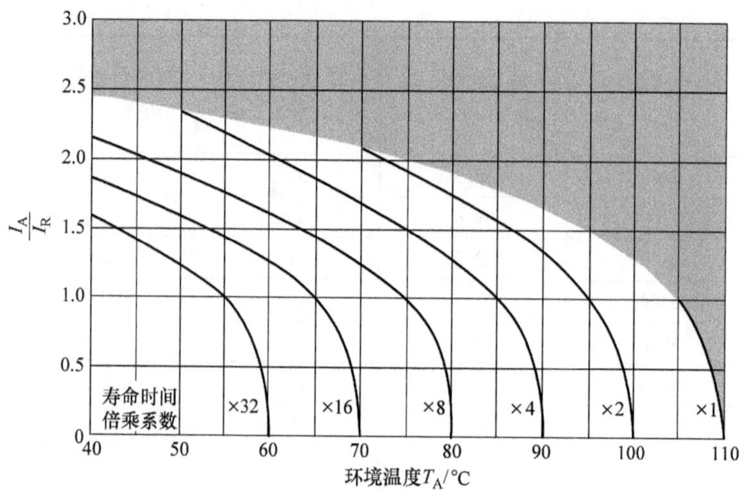

图 17-12　CDVT 系列铝电解电容器温度寿命曲线

第18章 固态铝电解电容器与固液混合铝电解电容器数据实例

18.1 HEN 系列固态电解电容器数据

HEN 系列固态电解电容器是一种导针式低压固态铝电解电容器，具有低 ESR 和高纹波电流特性，其外壳没有热缩塑料套管，外形及尺寸见表 18-1。

表 18-1　HEN 系列固态铝电解电容器外形及尺寸　　（单位：mm）

尺寸码	$\phi D\pm0.5$	L	a_{max}	$F\pm0.5$	$\phi d\pm0.5$
BAB	8.0	11.5	1.5	3.5	0.6
C10	10.0	10.0	1.0	5.0	0.6
CAC	10.0	12.5	1.5	5.0	0.6

HEN 系列固态铝电解电容器一般参数见表 18-2 ~ 表 18-4。

表 18-2　HEN 系列固态铝电解电容器性能概述

性能	数据	
温度范围/℃	-55 ~ 105	
额定电压/V	2.5 ~ 16	
电容量范围/μF	180 ~ 2700	
容差（20℃，120Hz）	±20%	
浪涌电压/V	额定电压 ×1.15	
温度系数 阻抗比	$Z_{105℃}/Z_{20℃}\leqslant1.25$ $Z_{-55℃}/Z_{20℃}\leqslant1.25$	
耐久性	105℃，2000h 额定电压	$\Delta C/C\leqslant$初始值的 ±20% 损耗因数≤初始值的 150% ESR≤初始值的 150% 漏电流≤初始规定值
存储寿命	105℃，1000h	$\Delta C/C\leqslant$初始值的 ±20% 损耗因数≤初始值的 150% ESR≤初始值的 150% 漏电流≤初始规定值
湿热试验	60℃， 相对湿度 85% ~ 90% 2000h 额定电压	$\Delta C/C\leqslant$初始值的 ±20% 损耗因数≤初始值的 150% ESR≤初始值的 150% 漏电流≤初始规定值

（续）

性能	数据	
焊接热耐受性	回流焊工艺 (260±5)℃×5s	$\Delta C/C$≤初始值的±5% 损耗因数≤初始值 ESR≤初始值 漏电流≤初始规定值

表 18-3 HEN 系列固态铝电解电容器电气参数

额定电压/V 电压码	电容量/μF (20℃，120Hz)	最大阻抗/mΩ (20℃，100kHz)	额定纹波 电流/mA (105℃，100kHz)	损耗因数/% (20℃，120Hz)	漏电流/μA (20℃，2min)	尺寸/mm ($\phi D\times L$)
2.5 0E	680	7	5700	8	340.0	8×11.5
	820	7	6100	8	410.0	8×11.5
	1000	7	6100	8	500.0	8×11.5
	1500	7	6100	8	750.0	8×11.5
	1000	6	6640	8	500.0	10×12.5
	1200	6	6640	8	600.0	10×12.5
	1500	7	6100	8	750.0	10×12.5
	2700	7	6100	8	1350	10×12.5
4 0G	560	7	6100	8	448.0	8×11.5
	680	7	6100	8	544.0	8×11.5
	820	7	6100	8	656.0	8×11.5
	1000	7	6100	8	800.0	8×11.5
	1200	7	6100	8	960.0	8×11.5
	820	6	6640	8	656.0	10×12.5
	1000	6	6640	8	960.0	10×12.5
	1200	7	6100	8	960.0	10×12.5
	1800	7	6100	8	1440.0	10×12.5
	2200	7	6100	8	1760.0	10×12.5
6.3 0J	330	7	5700	8	415.8	8×11.5
	390	7	5700	8	491.4	8×11.5
	470	7	5700	8	592.2	8×11.5
	560	7	5700	8	705.6	8×11.5
	680	7	5700	8	856.8	8×11.5
	820	7	5700	8	1033.2	8×11.5
	1000	7	5700	8	1260.0	8×11.5
	1500	7	5700	8	1890.0	8×11.5
	680	7	6640	8	856.8	10×12.5
	820	7	6640	8	1033.2	10×12.5
	1000	7	6100	8	1260.0	10×12.5
	1500	10	5560	8	1890.0	10×12.5
	2200	10	5560	8	2770.0	10×12.5

（续）

额定电压/V 电压码	电容量/μF （20℃，120Hz）	最大阻抗/mΩ （20℃，100kHz）	额定纹波电流/mA （105℃，100kHz）	损耗因数/% （20℃，120Hz）	漏电流/μA （20℃，2min）	尺寸/mm （$\phi D\times L$）
10 1A	270	8	5650	8	540.0	8×11.5
	390	8	5650	8	780.0	8×11.5
	470	8	5650	8	940.0	8×11.5
	560	8	5650	8	1120.0	8×11.5
	680	8	5650	8	1360.0	8×11.5
	470	7	6100	8	940.0	10×12.5
	560	7	6100	8	1120.0	10×12.5
	680	7	6100	8	1360.0	10×12.5
	1000	8	6100	8	2000.0	10×12.5
16 1C	180	11	5100	8	576.0	8×11.5
	270	10	5100	8	864.0	8×11.5
	330	10	5100	8	1056.0	8×11.5
	330	10	6100	8	1056.0	10×12.5
	470	10	6100	8	1504.0	10×12.5
	560	10	6100	12	1792.0	10×12.5
	680	10	6100	12	2176.0	10×12.5
	820	10	6100	12	2624.0	10×12.5
	1000	10	6100	12	3200.0	10×12.5

表 18-4　纹波电流频率折算系数

频率	120Hz≤f<1kHz	1kHz≤f<10kHz	10kHz≤f<100kHz	100kHz≤f<500kHz
折算系数	0.05	0.3	0.7	1.0

18.2　HPNA 系列固态电解电容器数据

HPNA 系列固态电解电容器是一种导针式低压固态铝电解电容器，具有极低 ESR 和高纹波电流特性，其外壳没有热缩塑料套管，外形及尺寸见表 18-5。

表 18-5　HPNA 固态铝电解电容器外形及尺寸　　（单位：mm）

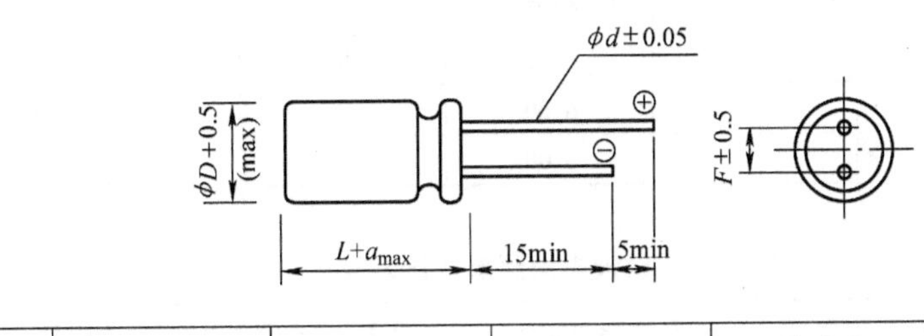

外壳码	ϕD±0.5	L	a_{max}	F±0.5	ϕd±0.5
BOB	8.0	8	1.5	3.5	0.6

HPNA 系列固态铝电解电容器一般参数见表 18-6 ~ 表 18-8。

表 18-6 HPNA 系列固态铝电解电容器性能概述

性能	数据	
温度范围/℃	-55 ~ 105	
额定电压/V	2.5 ~ 6.3	
电容量范围/μF	470 ~ 1000	
容差（20℃，120Hz）	±20%	
浪涌电压/V	额定电压 ×1.15	
温度系数 阻抗比	$Z_{105℃}/Z_{20℃} \leq 1.25$ $Z_{-55℃}/Z_{20℃} \leq 1.25$	
耐久性	105℃，2000h 额定电压	ΔC/C≤初始值的 ±20% 损耗因数≤初始值的 150% ESR≤初始值的 150% 漏电流≤初始规定值
湿热试验	60℃， 相对湿度 85% ~90% 2000h 额定电压	ΔC/C≤初始值的 ±20% 损耗因数≤初始值的 150% ESR≤初始值的 150% 漏电流≤初始规定值
焊接热耐受性	回流焊工艺 (260 ±5)℃ ×5s	ΔC/C≤初始值的 ±5% 损耗因数≤初始值 ESR≤初始值 漏电流≤初始规定值

表 18-7 HPNA 系列固态铝电解电容器电气参数

额定电压/V 电压码	电容量/μF (20℃，120Hz)	最大阻抗/mΩ (20℃，100kHz)	额定纹波 电流/mA (105℃，100kHz)	损耗因数（%） (20℃，120Hz)	漏电流/μA (20℃，2min)	尺寸/mm (ϕD×L)
2.5 0E	560	6	6100	8	500	8×8
	820	6	6100	8	500	8×8
	1000	6	6100	8	500	8×8
4 0G	560	6	6100	8	500	8×8
	680	6	6100	8	544	8×8
	820	6	6100	8	656	8×8
6.3	470	7	6100	8	592	8×8
0J	560	7	6100	8	705	8×8

表 18-8 纹波电流频率折算系数

频率	120Hz≤f<1kHz	1kHz≤f<10kHz	10kHz≤f<100kHz	100kHz≤f<500kHz
折算系数	0.05	0.3	0.7	1.0

18.3　HPF 系列固态电解电容器数据

HPF 系列固态电解电容器也是一种导针式低压固态铝电解电容器，具有低 ESR 和高纹波电流特性，其外壳也没有热缩塑料套管。它的外形及尺寸见表 18-9。

表 18-9　HPF 系列固态铝电解电容器外形及尺寸　　　　（单位：mm）

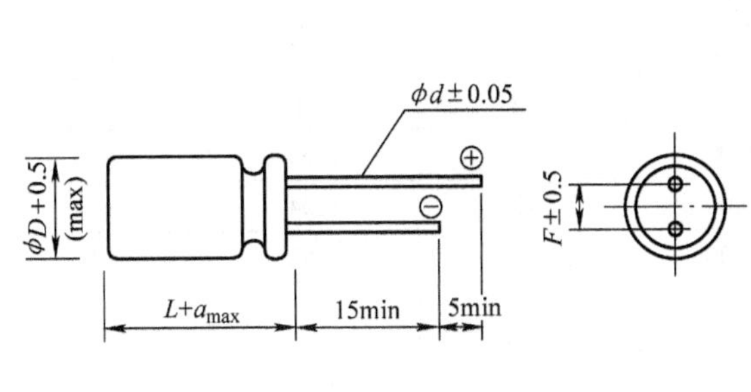

尺寸码	$\phi D\pm0.5$	L	a_{max}	$F\pm0.5$	$\phi d\pm0.5$
E05	5.0	5.0	1.0	2.0	0.45
F05	6.3	5.0	1.0	2.5	0.45
F08	6.3	8.0	1.0	2.5	0.50
B06	8.0	6.0	1.0	3.5	0.45
B08	8.0	8.0	1.5	3.5	0.60
BAB	8.0	11.5	1.5	3.5	0.60
CAC	10.0	12.5	1.5	5.0	0.60

HPF 系列固态铝电解电容器一般参数见表 18-10～表 18-12。

表 18-10　HPF 系列固态铝电解电容器性能概述

性能	数据	
温度范围/℃	-55～105	
额定电压/V	16～200	
电容量范围/μF	4.7～1200	
容差（20℃，120Hz）	±20%	
浪涌电压	额定电压×1.15	
漏电流	见表 18-11（达到额定电压 2min 时测试值）	
温度系数 阻抗比	$Z_{105℃}/Z_{20℃}\leqslant1.25$ $Z_{-55℃}/Z_{20℃}\leqslant1.25$	
耐久性	105℃，3000h 额定电压	$\Delta C/C\leqslant$初始值的±20% 损耗因数≤初始值的 150% ESR≤初始值的 150% 漏电流≤初始规定值
湿热试验	60℃ 相对湿度 85%～90% 2000h 额定电压	$\Delta C/C\leqslant$初始值的±20% 损耗因数≤初始值的 150% ESR≤初始值的 150% 漏电流≤初始规定值
焊接热耐受性	回流焊工艺 (260±5)℃×5s	$\Delta C/C\leqslant$初始值的±5% 损耗因数≤初始值 ESR≤初始值 漏电流≤初始规定值

表 18-11 HPF 系列固态铝电解电容器电气参数

额定电压/V 电压码	电容量/μF (20℃，120Hz)	最大阻抗/mΩ (20℃，100kHz)	额定纹波电流/mA (105℃，100kHz)	损耗因数（%） (20℃，120Hz)	漏电流/μA (20℃，2min)	尺寸/mm ($\phi D\times L$)
16 1C	100	38	1900	12	320	5×5
	150	25	2800	12	480	6.3×5
	180	25	2800	12	576	6.3×5
	270	22	3300	12	864	6.3×8
	330	22	3300	12	1056	6.3×8
	270	22	3300	12	864	8×6
	330	22	3300	12	1056	8×6
	470	16	4400	12	1504	8×8
	560	16	4400	12	1782	8×8
	470	14	4950	12	1504	8×11.5
	560	14	4950	12	1792	8×11.5
	680	14	4950	12	2176	8×11.5
	1000	12	54000	12	3200	10×12.5
	1200	12	5400	12	3840	10×12.5
20 1D	68	40	1900	12	272	5×5
	82	40	1900	12	328	5×5
	120	28	2650	12	480	6.3×5
	150	28	2650	12	600	8×6
	220	24	3200	12	880	6.3×8
	220	24	3200	12	880	8×6
	270	24	3200	12	1080	8×6
	330	17	4300	12	1320	8×8
	390	17	4300	12	1560	8×8
	390	14	4950	12	1560	8×11.5
	470	14	4950	12	1880	8×11.5
	560	14	4950	12	2240	8×11.5
	560	12	5400	12	2240	10×12.5
	680	12	5400	12	2720	10×12.5
	820	12	5400	12	3280	10×12.5
25 1E	56	50	1700	12	280	5×5
	68	50	1700	12	340	5×5
	100	30	2550	12	500	6.3×5
	120	30	2550	12	600	6.3×5
	180	24	3200	12	900	6.3×8
	180	24	3200	12	900	8×6
	220	24	3200	12	1100	8×6
	270	18	4100	12	1350	8×8
	330	18	4100	12	1650	8×8
	330	16	4650	12	1650	8×11.5
	390	16	4650	12	1950	8×11.5

（续）

额定电压/V 电压码	电容量/μF （20℃，120Hz）	最大阻抗/mΩ （20℃，100kHz）	额定纹波 电流/mA （105℃，100kHz）	损耗因数（%） （20℃，120Hz）	漏电流/μA （20℃，2min）	尺寸/mm （$\phi D\times L$）
25 1E	470	16	4650	12	2350	8×11.5
	470	14	5000	12	2350	10×12.5
	560	14	5000	12	2800	10×12.5
	680	14	5000	12	3400	10×12.5
28 1L	47	50	1700	12	263	5×5
	82	33	2450	12	459	6.3×5
	150	28	2950	12	840	6.3×8
	150	28	2950	12	840	8×6
	180	22	3700	12	1008	8×8
	220	22	3700	12	1232	8×8
	270	18	4350	12	1512	8×11.5
	330	18	4350	12	1848	8×11.5
	470	16	4650	12	2632	10×12.5
	560	16	4650	12	3136	10×12.5
32 1F	68	35	2350	12	435	6.3×5
	120	30	2800	12	768	6.3×8
	120	30	2800	12	768	8×6
	180	24	3600	12	1152	8×8
	220	20	4000	12	1408	8×11.5
	270	20	4000	12	1728	8×11.5
	390	18	4400	12	2496	10×12.5
	470	18	4400	12	3008	10×12.5
35 1V	33	55	1600	12	231	5×5
	47	35	2350	12	329	6.3×5
	56	35	2350	12	392	6.3×5
	100	30	2800	12	700	6.3×8
	100	30	2800	12	700	8×6
	150	24	3600	12	1050	8×8
	180	24	3600	12	1260	8×11.5
	220	20	4000	12	1540	8×11.5
	330	18	4400	12	2310	10×12.5
	390	18	4400	12	2730	10×12.5
40 1G	22	60	1550	12	176	5×5
	33	40	2200	12	264	6.3×5
	39	37	2300	12	312	6.3×5
	82	32	2700	12	656	6.3×8
	82	32	2700	12	656	8×6
	120	26	3500	12	960	8×8
	150	16	3500	12	1200	8×11.5
	220	18	4400	12	1760	10×12.5
	270	18	4400	12	2160	10×12.5
	330	18	4400	12	2640	10×12.5

（续）

额定电压/V 电压码	电容量/μF （20℃，120Hz）	最大阻抗/mΩ （20℃，100kHz）	额定纹波 电流/mA （105℃，100kHz）	损耗因数（%） （20℃，120Hz）	漏电流/μA （20℃，2min）	尺寸/mm （$\phi D\times L$）
50 1H	10	70	1400	12	100	5×5
	12	70	1400	12	120	5×5
	22	40	2200	12	220	6.3×5
	39	35	2600	12	390	6.3×8
	33	35	2600	12	330	8×6
	39	35	2600	12	390	8×6
	56	29	3300	12	560	8×8
	68	29	3300	12	680	8×8
	82	25	3800	12	820	8×11.5
	100	25	3800	12	1000	8×11.5
	100	20	4300	12	1000	10×12.5
	120	20	4300	12	1200	10×12.5
	150	20	4300	12	1500	10×12.5
63 1J	10	50	1950	12	126	6.3×5
	12	50	1950	12	151	6.3×5
	22	45	2350	12	277	6.3×8
	22	45	2350	12	277	8×6
	27	45	2350	12	340	8×6
	33	30	3200	12	416	8×8
	39	30	3200	12	491	8×8
	47	26	3600	12	592	8×11.5
	56	26	3600	12	706	8×11.5
	56	22	4100	12	706	10×12.5
	68	22	4100	12	857	10×12.5
	82	22	4100	12	1033	10×12.5
	100	22	4100	12	1260	10×12.5
	120	22	4100	12	1512	10×12.5
80 1K	22	36	2900	12	352	8×8
	27	36	2900	12	432	8×8
	33	32	3200	12	528	8×11.5
	39	32	3200	12	624	8×11.5
	47	28	3600	12	752	10×12.5
	56	28	3600	12	896	10×12.5
100 2A	12	36	3000	12	240	8×11.5
	15	36	3000	12	300	8×11.5
	22	32	3300	12	440	10×12.5
	27	32	3300	12	540	10×12.5
125 2B	10	45	2700	12	250	8×11.5
	12	45	2700	12	300	8×11.5
	18	40	3000	12	450	10×12.5
	22	40	3000	12	550	10×12.5

（续）

额定电压/V 电压码	电容量/μF （20℃，120Hz）	最大阻抗/mΩ （20℃，100kHz）	额定纹波电流/mA （105℃，100kHz）	损耗因数（%） （20℃，120Hz）	漏电流/μA （20℃，2min）	尺寸/mm （$\phi D \times L$）
160 2C	8.2	70	2100	12	262	8×11.5
	10	60	2400	12	320	10×12.5
	12	60	2400	12	384	10×12.5
200 2D	4.7	120	1600	12	188	8×11.5
	8.2	100	1850	12	328	10×12.5
	10	100	1850	12	400	10×12.5

表 18-12　纹波电流频率折算系数

频率	120Hz≤f<1kHz	1kHz≤f<10kHz	10kHz≤f<100kHz	100kHz≤f<500kHz
折算系数	0.05	0.30	0.70	1.00

18.4　HVX 系列固态铝电解电容器数据

HVX 系列是一种 SMD 封装的低压固态铝电解电容器，具有超低 ESR 和高纹波电流特性。其外形及尺寸如图 18-1 和表 18-13 所示。

HVX 系列固态铝电解电容器如图 18-1 所示。

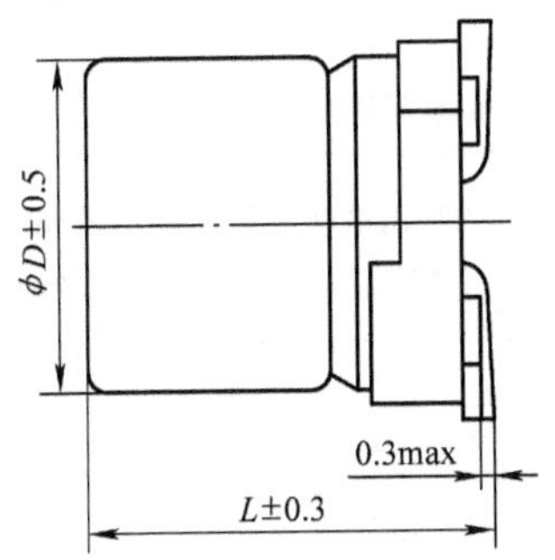

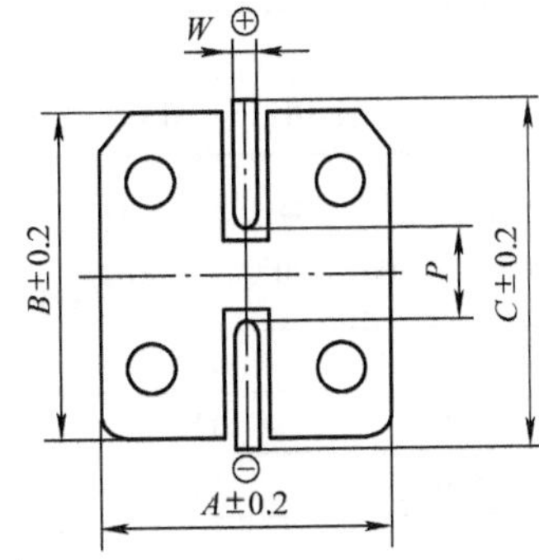

图 18-1　HVX 系列固态铝电解电容器外形

表 18-13　HVX 系列固态铝电解电容器尺寸　　（单位：mm）

尺寸码	$\phi D \pm 0.5$	L	$A \pm 0.2$	$B \pm 0.2$	$C \pm 0.2$	W	$P \pm 0.2$
F60	6.3	5.7	6.6	6.6	7.3	0.5～0.8	2.0
B70	8	5.7	8.3	8.3	9.0	0.5～0.8	3.1

HVX 系列固态铝电解电容器一般参数见表 18-14～表 18-16。

表 18-14　HVX 系列固态铝电解电容器性能概述

性能	数据
温度范围/℃	-55～105
额定电压/V	2.5～10

（续）

性能	数据	
电容量范围/μF	120~680	
容差（20℃，120Hz）	±20%	
浪涌电压	额定电压×1.15	
漏电流	见表18-15（达到额定电压2min时测试值）	
温度系数 阻抗比	$Z_{105℃}/Z_{20℃}\leq 1.25$ $Z_{-55℃}/Z_{20℃}\leq 1.25$	
耐久性	105℃，2000h 额定电压	ΔC/C≤初始值的±20% 损耗因数≤初始值的150% ESR≤初始值的150% 漏电流≤初始规定值
湿热试验	60℃ 相对湿度85%~90% 1000h 额定电压	ΔC/C≤初始值的±20% 损耗因数≤初始值的150% ESR≤初始值的150% 漏电流≤初始规定值
焊接热耐受性	回流焊工艺 (260±5)℃×5s	ΔC/C≤初始值的±10% 损耗因数≤初始值的130% ESR≤初始值的130% 漏电流≤初始规定值

表18-15 HVX系列固态铝电解电容器电气参数

额定电压/V 电压码	电容量/μF (20℃，120Hz)	最大阻抗/mΩ (20℃，100kHz)	额定纹波 电流/mA (105℃，100kHz)	损耗因数（%） (20℃，120Hz)	漏电流/μA (20℃，2min)	尺寸/mm (φD×L)
2.5 0E	390	11	3900	12	195	6.3×5.7
	560	11	4500	12	280	8×6.7
	680	11	4500	12	340	8×6.7
4 0G	330	11	3900	12	264	6.3×5.7
	390	11	3900	12	312	6.3×7.7
	470	11	4500	12	376	8×6.7
	560	11	4500	12	448	8×6.7
6.3 0J	220	11	3900	12	277	6.3×5.7
	330	11	4500	12	415.8	8×6.7
	390	11	4500	12	491.4	8×6.7
	470	11	4500	12	592.2	8×6.7
10 1A	120	15	3200	12	240	6.3×5.7
	220	15	3800	12	440	8×6.7
	270	15	3800	12	540	8×6.7
	330	15	3800	12	660	8×6.7

表 18-16　纹波电流频率折算系数

频率	120Hz≤f<1kHz	1kHz≤f<10kHz	10kHz≤f<100kHz	100kHz≤f<500kHz
折算系数	0.05	0.30	0.70	1.00

18.5　HVF 系列固态铝电解电容器数据

HVF 系列是一种 SMD 封装的宽电压范围（16～200V）固态铝电解电容器，具有低 ESR 和高纹波电流特性。HVF 系列固态铝电解电容器的外形及尺寸如图 18-2 和表 18-17 所示。

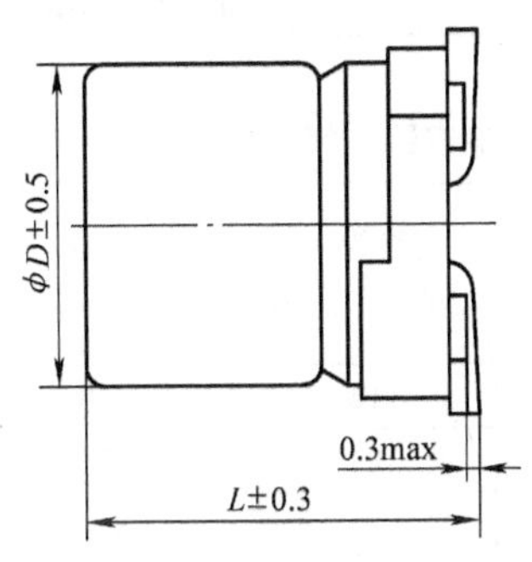

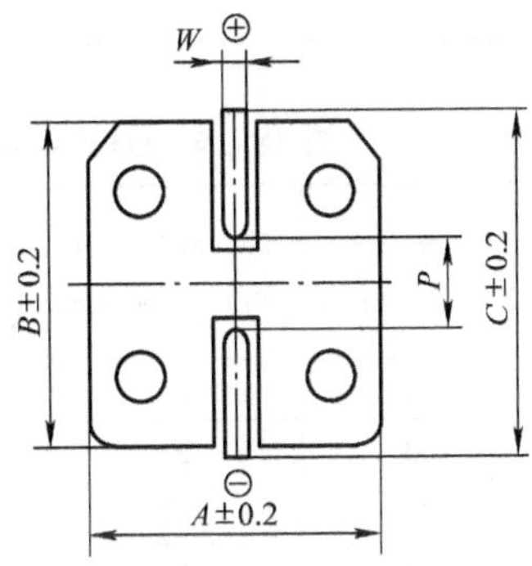

图 18-2　HVF 系列固态铝电解电容器外形

表 18-17　HVF 系列固态铝电解电容器尺寸　（单位：mm）

尺寸码	$\phi D\pm0.5$	L	$A\pm0.2$	$B\pm0.2$	$C\pm0.2$	W	$P\pm0.2$
F60	6.3	5.7	6.6	6.6	7.3	0.5～0.8	2.0
B70	8	5.7	8.3	8.3	9.0	0.5～0.8	3.1
B12	8	12.2	8.3	8.3	9.0	0.7～1.1	3.1
C12	10	12.2	10.3	10.3	11.0	0.7～1.1	4.6

HVF 系列固态铝电解电容器一般参数见表 18-18～表 18-20。

表 18-18　HVF 系列固态铝电解电容器性能概述

性能	数据	
温度范围/℃	-55～105	
额定电压/V	16～200	
电容量范围/μF	4.7～1200	
容差（20℃，120Hz）	±20%	
浪涌电压	额定电压×1.15	
漏电流	见表 18-19（达到额定电压 2min 时测试值）	
温度系数 阻抗比	$Z_{105℃}/Z_{20℃}\leqslant1.25$ $Z_{-55℃}/Z_{20℃}\leqslant1.25$	
耐久性	105℃，3000h 额定电压	$\Delta C/C$≤初始值的 ±20% 损耗因数≤初始值的 150% ESR≤初始值的 150% 漏电流≤初始规定值

（续）

性能	数据	
湿热试验	60℃ 相对湿度 85% ~90% 1000h 额定电压	ΔC/C≤初始值的 ±20% 损耗因数≤初始值的 150% ESR≤初始值的 150% 漏电流≤初始规定值
焊接热耐受性	回流焊工艺 (260 ±5)℃ ×5s	ΔC/C≤初始值的 ±5% 损耗因数≤初始值 ESR≤初始值 漏电流≤初始规定值

表 18-19　HVF 系列固态铝电解电容器电气参数

额定电压/V 电压码	电容量/μF (20℃，120Hz)	最大阻抗/mΩ (20℃，100kHz)	额定纹波 电流/mA (105℃，100kHz)	损耗因数（%） (20℃，120Hz)	漏电流/μA (20℃，2min)	尺寸/mm (ϕD×L)
16 1C	150	25	2800	12	480	6.3×5.7
	180	25	2800	12	576	6.3×5.7
	270	22	3300	12	864	8×6.7
	330	22	3300	12	1056	8×6.7
	470	14	4950	12	1504	8×12.2
	560	14	4950	12	1792	8×12.2
	680	14	4950	12	2176	8×12.2
	1000	12	5400	12	3200	10×12.2
	1200	12	5400	12	3840	10×12.2
20 1D	120	28	2650	12	480	6.3×5.7
	150	28	2650	12	600	8×6.7
	220	24	3200	12	880	8×6.7
	270	24	3200	12	1080	8×6.7
	390	14	4950	12	1560	8×12.2
	470	14	4950	12	1880	8×12.2
	560	14	4950	12	2240	8×12.2
	560	12	5400	12	2240	10×12.2
	680	12	5400	12	2720	10×12.2
	820	12	5400	12	3280	10×12.2
25 1E	100	30	2550	12	500	6.3×5.7
	120	30	2550	12	600	6.3×5.7
	180	24	3200	12	900	8×6.7
	220	24	3200	12	1100	8×6.7
	330	16	4650	12	1650	8×12.2
	390	16	4650	12	1950	8×12.2
	470	16	4650	12	2350	8×12.2
	470	14	5000	12	2350	10×12.2
	560	14	5000	12	2800	10×12.2
	680	14	5000	12	3400	10×12.3

（续）

额定电压/V 电压码	电容量/μF （20℃，120Hz）	最大阻抗/mΩ （20℃，100kHz）	额定纹波 电流/mA （105℃，100kHz）	损耗因数（%） （20℃，120Hz）	漏电流/μA （20℃，2min）	尺寸/mm （$\phi D \times L$）
28 1L	82	33	2450	12	459	6.3×5.7
	150	28	2950	12	840	8×6.7
	270	18	4350	12	1512	8×12.2
	330	18	4350	12	1848	8×12.2
	470	16	4650	12	2632	10×12.2
	560	16	4650	12	3136	10×12.2
32 1F	68	35	2350	12	435	6.3×5.7
	120	30	2800	12	768	8×6.7
	220	20	4000	12	1408	8×12.2
	270	20	4000	12	1728	8×12.2
	390	18	4400	12	2496	10×12.2
	470	18	4400	12	3008	10×12.2
35 1V	47	35	2350	12	329	6.3×5.7
	56	35	2350	12	329	6.3×5.7
	100	30	2800	12	700	8×6.7
	180	30	2800	12	849	8×6.7
	180	20	4000	12	1260	8×12.2
	220	20	4000	12	1540	8×12.2
	330	18	4400	12	2310	10×12.2
	390	18	4400	12	2730	10×12.2
40 1G	33	40	2200	12	264	6.3×5.7
	39	37	300	12	312	6.3×5.7
	39	32	2700	12	656	8×6.7
	82	32	2700	12	656	8×6.7
	150	21	3900	12	1200	8×12.2
	220	18	4400	12	1760	10×12.2
	270	18	4400	12	2160	10×12.2
	330	18	4400	12	2640	10×12.2
50 1H	22	40	2200	12	220	6.3×5.7
	33	35	2600	12	330	8×6.7
	39	35	2600	12	390	8×6.7
	82	25	3800	12	830	8×12.2
	100	25	3800	12	1000	8×12.2
	100	20	4300	12	1000	10×12.2
	120	20	4300	12	1200	10×12.2
	150	20	4300	12	1500	10×12.2
63 1J	10	50	1950	12	126	6.3×5.7
	12	50	1950	12	151	6.3×5.7
	22	45	2350	12	277	8×6.7
	27	45	2350	12	340	8×6.7

（续）

额定电压/V 电压码	电容量/μF （20℃，120Hz）	最大阻抗/mΩ （20℃，100kHz）	额定纹波电流/mA （105℃，100kHz）	损耗因数（%） （20℃，120Hz）	漏电流/μA （20℃，2min）	尺寸/mm （$\phi D \times L$）
63 1J	47	26	3600	12	592	8×6.7
	56	26	3600	12	706	8×12.2
	56	22	4100	12	706	8×12.2
	68	22	4100	12	857	10×12.2
	82	22	4100	12	1033	10×12.2
	100	22	4100	12	1260	10×12.2
80 1K	33	32	3200	12	528	8×12.2
	39	32	3200	12	624	8×12.2
	47	28	3600	12	752	10×12.2
	56	28	3600	12	896	10×12.2
100 2A	12	36	3000	12	240	8×12.2
	15	36	3000	12	300	8×12.2
	22	32	3300	12	440	10×12.2
	27	32	3300	12	540	10×12.2
125 2B	10	45	2700	12	250	8×12.2
	12	45	2700	12	300	8×12.2
	18	40	3000	12	450	10×12.2
	22	40	3000	12	550	10×12.2
160 1C	8.2	70	2100	12	262	8×12.2
	10	60	2400	12	320	10×12.2
	12	60	2400	12	384	10×12.2
200 2D	4.7	120	1600	12	188	8×12.2
	8.2	100	1850	12	328	10×12.2
	10	100	1850	12	400	10×12.2

表 18-20 纹波电流频率折算系数

频率	120Hz≤f<1kHz	1kHz≤f<10kHz	10kHz≤f<100kHz	100kHz≤f<500kHz
折算系数	0.05	0.30	0.70	1.00

18.6 HPA 系列叠片固态电解电容器数据

HPA 系列叠片固态铝电解电容器的外形封装及尺寸见表 18-21。

表 18-21 HPA 系列叠片固态铝电解电容器的外形封装及尺寸

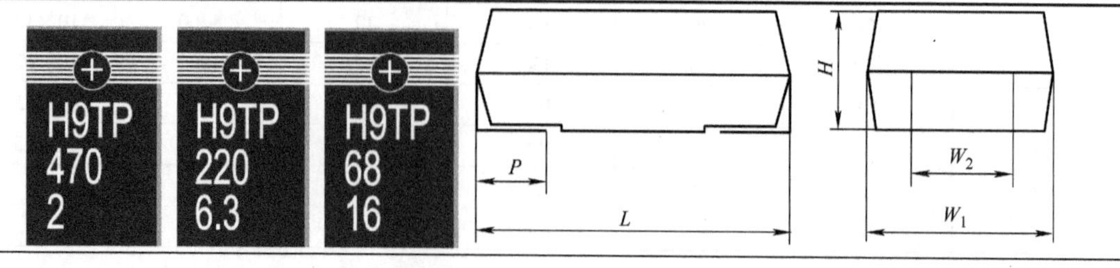

（续）

尺寸码		L	+0.3 / -0.1	W_1	+0.3 / -0.1	H	+0.3 / -0.1	P ±0.3	W_2 ±0.1
江海公司	EIA 公司								
V	7343－21	7.3mm		4.3mm		1.9mm		1.3mm	2.4mm
D	7342－31	7.3mm		4.3mm		2.8mm		1.3mm	2.4mm

HPA 系列叠片固态铝电解电容器电气参数见表 18-22。

表 18-22　HPA 系列叠片固态铝电解电容器电气参数

额定电压/V	电容量/μF（20℃，120Hz）	最大阻抗/Ω（20℃，100kHz）	额定纹波电流/mA（105℃，100kHz）	损耗因数（%）	漏电流/μA（20℃，2min）	尺寸码
2	100	16	4900	6	20	V
	150	9	6300	6	30	V
	220	9	6300	6	44	V
	270	9	6300	6	54	V
	330	7	7000	6	66	V
	330	9	6300	6	66	V
	470	4.5	8500	6	94	V
	470	6	6300	6	94	V
2.5	100	16	4900	6	25.0	V
	150	9	6300	6	37.5	V
	220	9	6300	6	55.0	V
	270	9	6300	6	67.5	V
	330	9	6300	6	82.5	V
4	68	20	4400	6	27.2	V
	82	16	4900	6	32.8	V
	150	16	4900	6	60.0	V
6.3	10	55	2700	6	6.3	V
	22	45	3000	6	13.9	V
	33	25	3900	6	20.8	V
	47	25	3900	6	29.6	V
	68	15	5100	6	42.8	V
	100	15	5100	6	63.0	V
	150	9	6300	6	94.5	V
	150	15	5100	6	94.5	V
	220	9	6300	6	138.6	V
	220	15	5100	6	138.6	V
8	150	10	6000	6	360	V
	220	12	5600	6	480	V
10	10	55	2700	6	30	V
	22	28	3700	6	66	V
	33	25	3900	6	99	V
	100	15	5100	6	300	V

（续）

额定电压/V	电容量/μF（20℃，120Hz）	最大阻抗/Ω（20℃，100kHz）	额定纹波电流/mA（105℃，100kHz）	损耗因数（%）	漏电流/μA（20℃，2min）	尺寸码
12.5	10	55	2700	6	37.5	V
	15	45	3000	6	56.3	V
	22	30	3600	6	82.5	V
	33	35	3900	6	123.8	V
	47	20	4400	6	176.3	V
	56	15	5100	6	210.0	V
	100	12	5600	6	375.0	V
16	6.8	70	2400	6	32.6	V
	10	60	2600	6	48.0	V
	15	40	3200	6	72.0	V
	22	30	3600	6	105.6	V
	33	30	3600	6	158.4	V
	47	55	2700	6	225.6	V
	68	30	3600	6	326.4	V
2	100	16	4900	6	20	D
	150	9	6300	6	30	D
	220	9	6300	6	44	D
	270	9	6300	6	54	D
	330	7	7000	6	66	D
	330	9	6300	6	66	D
	470	4.5	8500	6	94	D
	470	6	7500	6	94	D
	470	9	6300	6	94	D
2.5	100	16	4900	6	25.0	D
	150	9	6300	6	37.5	D
	180	12	5600	6	45.0	D
	220	9	6300	6	55.0	D
	270	9	6300	6	67.5	D
	330	7	7000	6	82.5	D
	330	9	6300	6	82.5	D
	470	4.5	8500	6	117.5	D
	470	6	7500	6	117.5	D
	470	9	6300	6	117.5	D
4	68	20	4400	6	27.2	D
	82	16	4900	6	32.8	D
	150	18	4600	6	60	D
6.3	10	55	2700	6	6.3	D
	22	45	3000	6	13.9	D
	33	25	3900	6	20.8	D
	47	25	3900	6	29.6	D

（续）

额定电压/V	电容量/μF（20℃，120Hz）	最大阻抗/Ω（20℃，100kHz）	额定纹波电流/mA（105℃，100kHz）	损耗因数（%）	漏电流/μA（20℃，2min）	尺寸码
6.3	68	15	5100	6	42.6	D
	100	15	5100	6	63.0	D
	150	10	6000	6	94.5	D
	150	15	5100	6	94.5	D
	220	10	6000	6	138.6	D
	220	15	5100	6	138.6	D
8	150	10	6000	6	360	D
	220	12	5600	6	480	D
10	10	55	2700	6	30	D
	22	28	3700	6	66	D
	33	25	3900	6	99	D
	68	15	5100	6	204	D
	100	15	5100	6	300	D
12.5	10	55	2700	6	37.5	D
	15	45	3000	6	56.3	D
	22	30	3600	6	82.5	D
	33	25	3900	6	123.8	D
	47	20	4400	6	176.3	D
	56	15	5100	6	210.0	D
	100	12	5600	6	375.0	D
16	6.8	70	2400	6	32.6	D
	10	60	2600	6	48.0	D
	15	40	3200	6	72.0	D
	22	30	3600	6	105.6	D
	33	30	3600	6	158.4	D
	47	30	3600	6	225.4	D
	68	30	3600	6	326.4	D
	100	25	3900	6	480.0	D

纹波电流温度降额值见表18-23。

表18-23 纹波电流温度降额值

环境温度	$T \leqslant 45℃$	$45℃ < T \leqslant 85℃$	$85℃ < T \leqslant 1055℃$
降额系数	1.00	0.70	0.25

18.7 HPLA/HPVA系列固液混合铝电解电容器数据

本节以HPLA/HPVA系列固液混合铝电解电容器为例介绍固液混合铝电解电容器数据。其中，HPLA系列是导针式封装，HPVA系列是SMD封装，两个系列除了封装不同外，性能参数完全相同。

105℃/5000h 固液混合铝电解电容器性能概述见表 18-24。

表 18-24 固液混合铝电解电容器性能概述

性能	数据					
温度范围/℃	-55～105					
额定电压/V	25～80					
电容量范围/μF	33～680					
容差（20℃，120Hz）	±20%					
浪涌电压	额定电压×1.15					
损耗因数	额定电压/V	16	25	35	50	63	80
	损耗因数	0.16	0.14	0.12	0.10	0.08	0.08
漏电流	$I \leqslant 0.01CU_R$ 或 3μA （达到额定电压 2min 后测量）					
温度系数 阻抗比	$Z_{-55℃}/Z_{20℃} \leqslant 2.0$ $Z_{-55℃}/Z_{20℃} \leqslant 1.5$ （100kHz）					
耐久性	105℃，5000h AC+DC≤额定电压	ΔC/C≤初始值的±30% 损耗因数≤初始值的200% ESR≤初始值的200% 漏电流≤初始规定值				
存储寿命	105℃，1000h	ΔC/C≤初始值的±30% 损耗因数≤初始值的200% ESR≤初始值的200% 漏电流≤初始规定值				
湿热试验	85℃ 相对湿度 85%～90% 2000h 额定电压	ΔC/C≤初始值的±30% 损耗因数≤初始值的200% ESR≤初始值的200% 漏电流≤初始规定值				
焊接热耐受性	回流焊工艺 (260±5)℃×5s	ΔC/C≤初始值的±30% 损耗因数≤初始值的200% ESR≤初始值的200% 漏电流≤初始规定值				

普通型 SMD 封装固液混合铝电解电容器外形及尺寸如图 18-3 和表 18-25 所示。

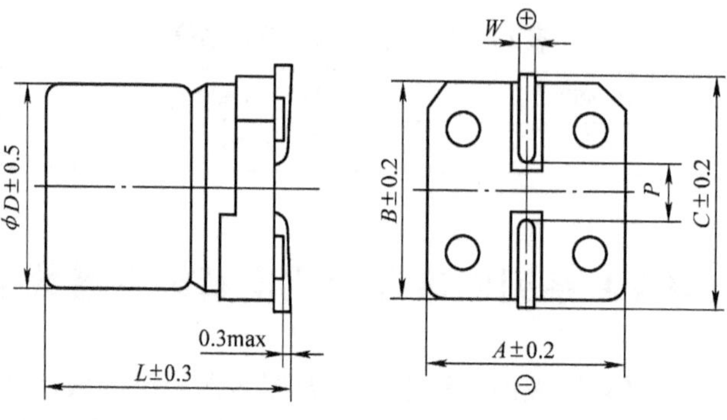

图 18-3 普通型 SMD 封装固液混合铝电解电容器外形

表 18-25　普通型 SMD 封装固液混合铝电解电容器尺寸　　（单位：mm）

尺寸码	$\phi D\pm0.5$	L	$A\pm0.2$	$B\pm0.2$	$C\pm0.2$	W	$P\pm0.2$
B10	8	8.3 ±0.3	8.3	8.3	9.0	0.7 ~ 1.1	3.2
C10	10	10 ±0.5	10.3	10.3	11.0	0.7 ~ 1.1	4.6

耐振型 SMD 封装固液混合铝电解电容器外形及尺寸如图 18-4 和表 18-26 所示。

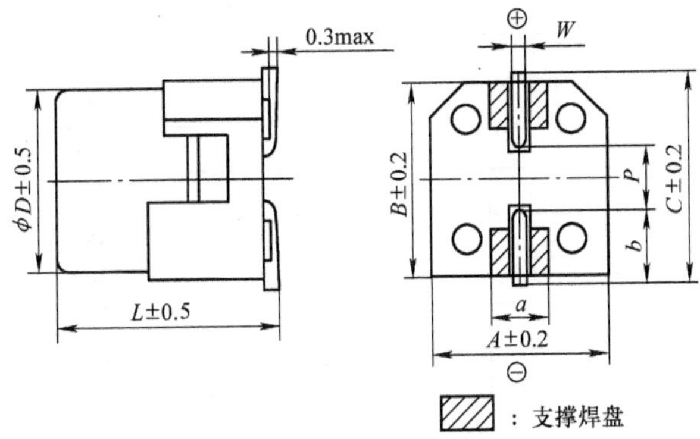

图 18-4　耐振型 SMD 封装固液混合铝电解电容器外形

表 18-26　耐振型 SMD 封装固液混合铝电解电容器尺寸　　（单位：mm）

尺寸码	$\phi D\pm0.5$	L	$A\pm0.2$	$B\pm0.2$	$C\pm0.2$	W	$P\pm0.2$	a	b
B10	8	8.3 ±0.3	8.3	8.3	9.0	0.7 ~ 1.1	3.2	4.0	3.0
C10	10	10 ±0.5	10.3	10.3	11.0	0.7 ~ 1.1	4.6	4.4	3.2

导针式固液混合铝电解电容器外形如图 18-5 所示。

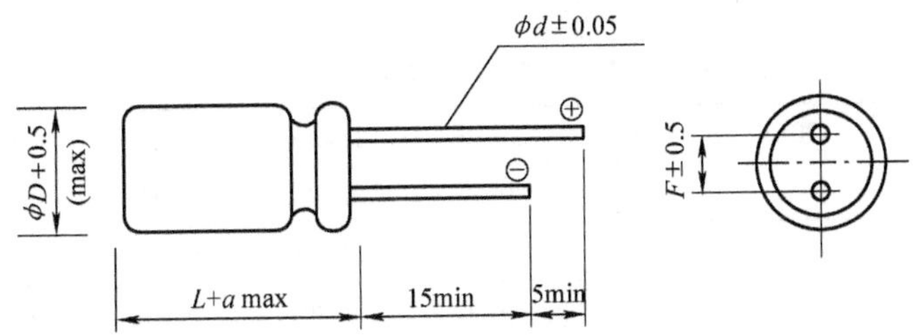

图 18-5　导针式固液混合铝电解电容器外形

导针式固液混合铝电解电容器尺寸见表 18-27。

表 18-27　导针式固液混合铝电解电容器尺寸　　（单位：mm）

尺寸码	$\phi D\pm0.5$	L	a_{max}	$F\pm0.5$	$\phi d\pm0.5$
BAB	8.0	11.5	1.5	3.5	0.6
CAC	10.0	12.5	1.5	5.0	0.6

HPLA/HPVA 系列固液混合铝电解电容器电气参数见表 18-28。

表 18-28　HPLA/HPVA 系列固液混合铝电解电容器电气参数

额定电压/V 电压码	额定电容量/μF (20℃，120Hz)	ESR (max) /mΩ (20℃，100kHz)	额定纹波电流/mA (105℃，100kHz)	尺寸/mm ($\phi D \times L$)
25V 1E	150	27	2300	8×10
	220	27	2300	8×10
	330	20	2500	10×10
	390	20	2500	10×10
35V 1V	100	27	2300	8×10
	150	27	2300	8×10
	220	20	2500	10×10
	270	20	2500	10×10
50 1H	33	30	1800	8×10
	47	30	1800	8×10
	56	30	1800	8×10
	68	30	1800	8×10
	100	28	2000	10×10
	120	28	2000	10×10
63 1J	33	40	1700	8×10
	47	40	1700	8×10
	56	30	1800	10×10
	82	30	1800	10×10
	100	30	1800	10×10
80 1K	56	306	1700	10×10

纹波电流的频率折算系数见表 18-29。

表 18-29　纹波电流的频率折算系数

电容量/μF	120Hz	1kHz	5kHz	10kHz	20kHz	30kHz	100~500kHz
1~10	0.03	0.30	0.50	0.60	0.70	0.75	1.00
15~33	0.07	0.30	0.50	0.60	0.70	0.75	1.00
47~180	0.10	0.40	0.60	0.70	0.80	0.80	1.00
220~560	0.13	0.45	0.65	0.75	0.85	0.85	1.00

18.8　HT 系列小型固态铝电解电容器数据

这是一款 500μF/7.5V 固态铝电解电容器，外形及尺寸如图 18-6 和表 18-30 所示。

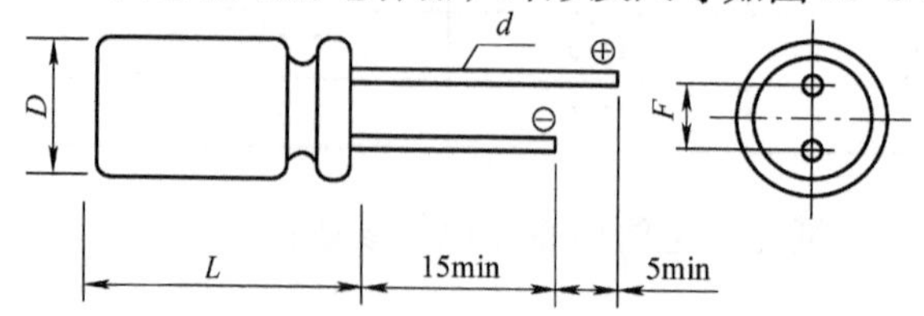

图 18-6　500μF/7.5V 固态铝电解电容器外形

500μF/7.5V 固态铝电解电容器外形见表 18-30。

表 18-30　500μF/7.5V 固态铝电解电容器外形　（单位：mm）

D		L		F		D	
5.5	±0.5	9	0~1	2.5	±0.3	0.5	±0.05

额定技术参数见表 18-31。

表 18-31　额定技术参数

电容量/μF（120Hz，20℃）	容差（%）（120Hz，20℃）	额定电压/V_{dc}	浪涌电压/V_{dc}	寿命/h（105℃）
500	±20	7.5	8.63	2000
损耗因数（%）（120Hz，20℃）	**漏电流/μA（20℃，2min）**	**ESR/mΩ（100kHz，25℃）**	**最大纹波电流/mA（100kHz，105℃）**	**工作温度范围/℃**
8	750	15	3100	-55~105

阻抗比见表 18-32。

表 18-32　阻抗比

阻抗比	阻抗比值
$Z_{-55℃}/Z_{20℃}$	≤1.25
$Z_{105℃}/Z_{20℃}$	≤1.25

纹波电流频率折算系数见表 18-33。

表 18-33　纹波电流频率折算系数

频率	120Hz	1000Hz	10kHz	100kHz
折算系数	0.05	0.30	0.70	1.00

18.9　ZY 系列超小型固态铝电解电容器数据

该款固态铝电解电容器的最大特点是体积相对其他固态铝电解电容器小。本节将给出 ZY 系列中超小型规格，见表 18-34。

表 18-34　ZY 系列固态铝电解电容器中超小型规格数据

额定电压/V（浪涌电压/V）	电容量/μF（容差 ±20%）	尺寸/mm（$\phi D \times L$）	漏电流/μA	ESR/mΩ_{max}（100k~300kHz）	额定纹波电流/mA（105℃，100kHz）
2.5（2.875）	820	6.3×5.5	1000	10	4000
6.3（7.245）	220	5×5.5	700	12	3600
	270	5.45×5.5	700	17	2890
	330	5×7	600	15	3700
	390	5.45×7	600	15	3400
	390	6.3×7	600	15	3400

(续)

额定电压/V (浪涌电压/V)	电容量/μF (容差±20%)	尺寸/mm ($\phi D\times L$)	漏电流 /μA	ESR/mΩ_{max} (100k~300kHz)	额定纹波电流/mA (105℃, 100kHz)
6.3 (7.245)	470	5×9	600	9	4500
	470	5.45×7	600	15	3400
	560	5.45×9	900	8	4600
	820	5.45×11	1200	7	5400
	1000	6.3×9	1500	7	5500
	1200	6.3×11	1600	7	5600
	1500	8×9	1900	7	6300
	2200	8×12	2800	7	6350
	2200	10×9	2800	7	6350
	3300	8×15	4200	7	6400
	3300	10×11	4200	7	6400
10 (11.5)	220	5.45×5.5	750	15	2600
	330	5.45×7.5	700	15	2700
	470	6.3×7	1000	12	3500
	560	6.3×7.5	1200	12	4200
	680	6.3×8	1360	7	5200
	820	6.3×10	1650	7	5400
	1000	6.3×12	2000	7	5500
	1000	8×8	2000	7	6300
	2200	8×14	4400	7	6400
	2200	10×11	4400	7	6400
	3300	8×18	6600	7	6500
	3300	10×13	6600	7	6500
16 (18.4)	100	5×5.5	500	30	2000
	220	5.45×7.5	750	15	2000
	270	5.45×7.5	700	15	4000
	270	6.3×5.5	800	25	3000
	330	6.3×7	1056	15	3800
	470	5.45×11	1504	12	4500
	470	6.3×9	1504	9	4800
	470	8×6	2256	35	2700
	560	6.3×9	1792	9	5700
	560	8×7.5	2400	35	2800
	680	6.3×11	2176	15	4800
	680	8×8	2176	9	6000
	820	6.3×12	2624	15	4900
	820	8×9	2624	9	6300
	1000	8×10	3200	9	6300
	1000	10×8.5	3200	13	5000
	1500	8×13	4800	10	6000

（续）

额定电压/V（浪涌电压/V）	电容量/μF（容差 ±20%）	尺寸/mm（$\phi D \times L$）	漏电流/μA	ESR/$m\Omega_{max}$（100k ~300kHz）	额定纹波电流/mA（105℃，100kHz）
16（18.4）	1500	10×10	4800	8	6500
	2200	10×12	7040	8	6500
	3300	10×16	10560	8	6500
25（28.75）	47	6.3×4.5	200	45	1700
	100	6.3×4.5	600	60	1900
	120	5×7	300	30	2800
	180	5×8.5	300	30	2800
	220	5.45×8.5	1100	15	4500
	220	6.3×7	1100	15	4500
	330	5.45×11.5	1230	15	4500
	330	6.3×9	1230	15	4500
	330	8×7.5	1230	15	4500
	470	6.3×11	1700	10	5800
	470	8×8	1700	10	5800
	560	6.3×12	2300	10	5800
	560	8×9	2300	10	5800
	680	6.3×14	3000	10	5800
	680	8×10	3000	10	5800
	820	6.3×16	3500	10	5800
	820	8×11	3500	10	5800
	1000	8×13	4000	9	6300
	1000	10×10	4000	9	6300
	1500	10×12.5	5000	9	6300
	2200	10×16	7000	9	6300
	3300	10×21	8000	9	6300
35（40.25）	100	5.45×8.5	70	35	2100
	470	8×11	200	30	2300
	470	10×9	200	25	2600
	680	8×14	500	25	2600
	680	10×11	500	25	2600
	820	10×12	500	25	2600
	1000	10×14	500	20	4500
	1500	10×18	500	20	4500
50（57.5）	470	10×13	300	20	2500

第19章 轴向引线和“皇冠”封装铝电解电容器

19.1 电解电容器的耐振性能需求

随着汽车电子的迅速发展，对电解电容器的需求也在快速增长。一般的电解电容器能否进入汽车电子领域发挥正常作用？从电气性能需求看是可以的，如果一般用途电解电容器性能不能满足要求，可以使用高频低阻电解电容器，甚至可以使用固态电解电容器；如果需要长寿命，可以使用长寿命产品。但是这些电解电容器是否满足汽车电子对电容器的性能要求呢？这不仅要看电气性能，还要看机械性能和高温性能。

首先看机械性能。汽车电子的特殊性在于汽车正常工作即行驶过程中，一定会存在振动，而一般的电解电容器不考核其耐振性能。

在实际应用中，直径 10～20mm、高 50mm 的导针式电解电容器常由两只导针固定在电路板上，一旦受到振动，就会在导针与整个电解电容器之间产生应力，而导针的作用是将电解电容器芯子的正极和负极铝箔的电极引出，导针与铝箔之间使用铆接方式连接，不宜受到大的机械应力。如果电解电容器尺寸较小，如直径和高度均不大于 10mm，可能会通过车规的振动试验；如果尺寸较大，将无法通过车规的振动试验。

由于导针式电解电容器芯子与外壳之间存在空间，防止正常使用过程的内压过高而凸底，所以电解电容器芯子实际上是顶在外壳底部，用胶塞使外壳底部将芯子固定。但是这种固定仅能保证芯子不会轴向移动，横向振动会导致芯子在壳体内晃动，最终导致失效。

综上所述，尺寸超过 $\phi10\times10$mm 的电解电容器需要对芯子加固，体积更大的则需要将外壳固定在电路板上，电极仅仅作为流过电流用。“皇冠”型外壳、可束腰型轴向引线外壳的电解电容器消除了横向振动的可能，这种封装成为满足车规要求的大尺寸电解电容器的封装模式。

轴向引线式电解电容器和“皇冠”型外壳电解电容器实物如图 19-1、图 19-2 所示。

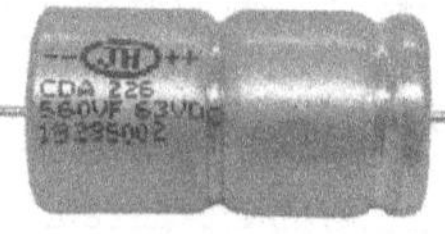

图 19-1　轴向引线式电解电容器实物图

对于小体积电解电容器，还需要高纹波电流和极低的 ESR，一般用途时可以选择固态铝电解电容器，但在汽车电子应用中，固态铝电解电容器无法满足振动试验，因此它无法进入汽车电子应用领域。可以选择折中方式：固液混合电解电容器，满足车规的振动试验和极低的 ESR 以及高

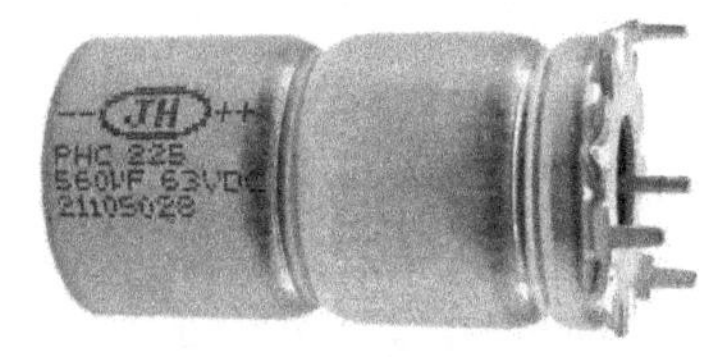

图 19-2　“皇冠”型外壳电解电容器实物图

纹波电流，若采用贴片封装需要在底座上带有辅助焊盘来满足车规振动试验要求。

轴向引线式电解电容器和“皇冠”型外壳电解电容器外形如图 19-3、图 19-4 所示。

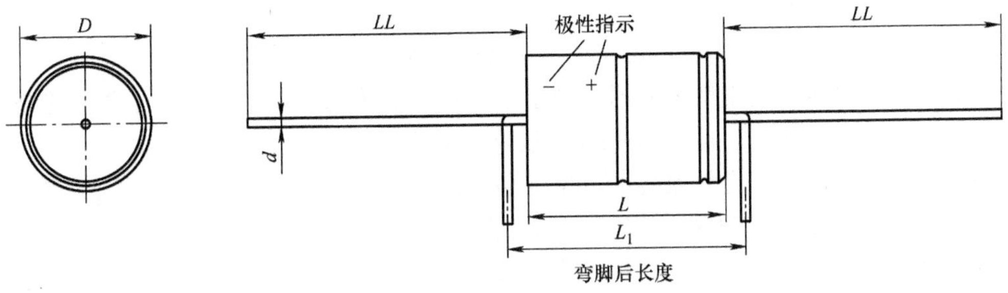

图 19-3　轴向引线式电解电容器外形

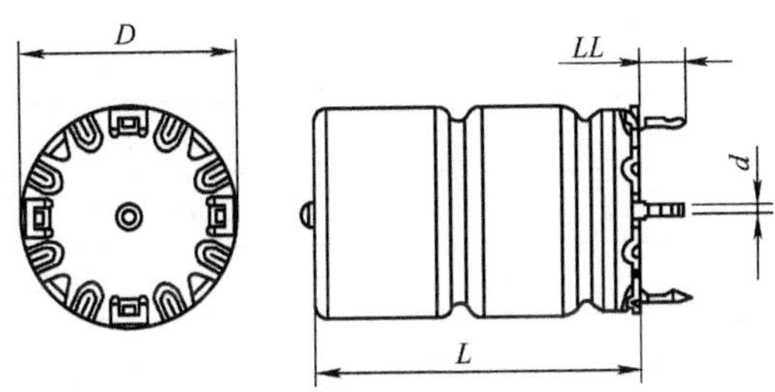

图 19-4　“皇冠”型外壳电解电容器外形

轴向引线式电解电容器和“皇冠”型外壳电解电容器尺寸见表 19-1、表 19-2。

表 19-1　轴向引线式电解电容器尺寸

壳号	D(±0.5) /mm	L(±1.0) /mm	L_1(最小) /mm	d(±0.03) /mm	LL(±2.0) /mm	估计质量/g
160027	16.0	27.5	33	1.0	40	8
160035	16.0	35.5	41	1.0	40	11
200027	20.0	27.5	33	1.0	40	13
200035	20.0	35.5	41	1.0	40	20
200047	20.0	43.5	49	1.0	40	24

表 19-2　“皇冠”型外壳电解电容器尺寸

壳号	D (±0.5) /mm	L (±1.0) /mm	d (±0.03) /mm	LL (±0.5) /mm	估计质量/g
160027	16.0	27.5	1.0	3.3	8
160035	16.0	35.5	1.0	3.3	11
200027	20.0	27.5	1.0	3.3	13
200035	20.0	35.5	1.0	3.3	20
200047	20.0	43.5	1.0	3.3	24

19.2 CDA226/CDC226 系列电解电容器数据

汽车电子需要的电解电容器的额定电压为 25～80V。

CDA226/CDC226 系列电解电容器是满足车规振动试验的电解电容器，工作温度范围为 −40～150℃，具有长寿命、低 ESR 和高纹波电流特性。

CDA226/CDC226 系列电解电容器数据（包括外壳直径与长度）相同，不同的是封装形式，CDA226 为轴向引线式封装，CDC226 为“皇冠”型外壳封装。

CDA226/CDC226 系列电解电容器性能概述见表 19-3。

表 19-3 CDA226/CDC226 系列电解电容器性能概述

性能	数据
工作温度范围/℃	−40～150
电压范围/V	25～63
电容量范围/μF	250～4700
容差（20℃，100Hz）	−10%～30%（也可以选择 ±20%）
漏电流/μA	温度 20℃，施加到额定电压 5min 后的电流，不大于 $0.003CU_R+4$ 电容量单位为 μF，U_R 单位为 V
ESR （20℃，100Hz/100kHz）	不大于规定值
负载寿命	纹波电流：标准条件下的特定电流 电压：直流电压 + 交流电压峰值不大于额定电压 *D*/mm ｜ +125℃寿命/h 16 ｜ 6300 18/20 ｜ 8400 电容量变化不大于初始值的 15%（测试条件环境温度 20℃） ESR 不大于初始值的 200%（测试条件环境温度 20℃） 漏电流不大于规定值（测试条件环境温度 20℃）
无电压置放寿命	5000h（+105℃）或 10 年（+40℃）
振动试验	满足 IEC60384，AEC−Q200

频率折算系数见表 19-4。

表 19-4 频率折算系数

频率	100Hz	300Hz	1kHz	5kHz	100kHz
折算系数	0.35	0.57	0.80	1.00	1.04

CDA226/CDC226 系列电解电容器电气参数见表 19-5。

表 19-5 CDA226/CDC226 系列电解电容器电气参数

额定电压/V 电压码	电容量/μF (20℃,100Hz)	最大 ESR/mΩ			最大纹波电流/mA (≥5kHz)			额定纹波电流 /mA (125℃,≥5kHz)	尺寸/mm ($\phi D \times L$)
		20℃,100Hz	20℃,100kHz	125~150℃,5~100kHz	125℃	140℃	150℃		
25V 1E	1500	72	36	12.7	16.8	10.6	4.7	5.9	16×27
	2200	51	26	9.7	19.2	12.1	5.4	7.2	16×35
	2200	50	25	10.6	22.2	14.0	6.3	7.1	20×27
	3300	34	17	7.8	25.8	16.3	7.3	8.9	20×35
	4700	25	13	6.4	28.5	18.0	8.1	10.3	20×43
40 1G	800	100	36	13.6	16.2	10.2	4.6	5.6	16×27
	1200	69	26	10.3	18.6	11.8	5.3	7.0	16×35
	1500	57	22	10.0	22.8	14.4	6.5	7.3	20×27
	2200	41	17	7.9	25.7	16.2	7.3	8.9	20×35
	2700	32	13	6.9	27.9	17.6	7.9	10.1	20×43
63 1J	250	227	53	26.9	11.5	7.3	3.3	4.0	16×27
	370	155	37	19.2	13.6	8.6	3.9	5.1	16×35
	470	125	32	17.5	17.3	10.9	4.9	5.5	20×27
	680	87	23	13.0	20.0	12.7	5.7	6.9	20×35
	900	67	18	10.6	22.2	14.0	6.3	8.1	20×43

参 考 文 献

[1] 徐友龙. 铝电解电容器 [M]. 西安：西安交通大学出版社，2020.
[2] 陈永真. 电容器及其应用 [M]. 北京：科学出版社，2005.
[3] 陈永真，李锦. 电容器手册 [M]. 北京：科学出版社，2008.
[4] 陈永真. 整流滤波与 DC - Link：电容器特性 · 工作状态分析 · 选型 [M]. 北京：科学出版社，2013.